Jürgen Becker, Harald Schönfeld, Günther Singer

Karriere-Handbuch für Interim Manager

Ein systematischer Leitfaden zum Erfolg als Freelancer im Management

Zweite, aktualisierte und erweiterte Auflage

Verlag Diplomatic Council Publishing, Mühlhohle 2, 65205 Wiesbaden, Germany, Oktober 2022, 446 Seiten, zahlreiche Abbildungen

ISBN: 978-3-98674-042-9 – Karriere-Handbuch Interim Manager Print

ISBN: 978-3-98674-043-6 – Karriere-Handbuch Interim Manager E-Book

Sämtliche Inhalte in diesem Buch geben die Meinung der Autoren wieder. Diese müssen nicht zwangsläufig den Meinungen und/oder Ansichten des Diplomatic Council und/oder seiner Mitglieder entsprechen.

Impressum

Bibliografische Information der Deutschen Nationalbibliothek:
Die Deutsche Nationalbibliothek verzeichnet diese Publikation in der Deutschen Nationalbibliografie; detaillierte bibliografische Daten sind im Internet über http://dnb.dnb.de abrufbar

Covergestaltung: Bruno Roeder, Thought Provoking Digital Artist, arcpics(dot)ch

Lektorat und Druckvorbereitung: Medienagentur Storks

Finishing: IMS International Media Services, Wiesbaden

Widmung

Wir, die Autoren, widmen dieses Buch allen Interim Managern, Geschäftspartnern und Kunden, mit denen wir in den letzten zwei Jahrzehnten vertrauensvoll zusammengearbeitet haben.

Unseren (Ehe-) Partnerinnen und Familien, unseren Freundeskreisen sowie den Mitarbeitern und Kollegen in unseren Unternehmen sowie Universitäten und Business Schools.

Wir danken für den wertvollen Austausch, die konstruktive Unterstützung und das Verständnis, dass ein erheblicher Teil der freien Zeit in dieses Buchprojekt investiert wurde.

Jürgen Becker, Dr. Harald Schönfeld, Dr. Günther Singer

Oktober 2022

Jürgen Becker

Dr. Harald Schönfeld

Dr. Günther Singer

Karriere-Handbuch für Interim Manager

Ein systematischer Leitfaden zum Erfolg als Freelancer im Management

Zweite, aktualisierte und erweiterte Auflage

Inhaltsverzeichnis

Vorwort des Verlages **15**

Vorwort der Autoren zur zweiten, aktualisierten Auflage **17**

1. Kapitel: Einführung **33**

1.1. Interim Manager: Spezialisierte Experten für die Umsetzung 38
1.2. Vorteile, Einsatzfelder und Besonderheiten beim Einsatz von Interim Managern 42
1.3. Klima – Corona – Ukraine – Energie – Inflation: Neuartige Krisen schaffen Arbeit für Interim Manager 45
1.4. Neue Anforderungen an Interim Manager: Eine Branche professionalisiert sich 52
1.5. Open Source Intelligenz, die eigene Marke - und eine Branchenweisheit 59
1.6. Karriere als Angestellter versus Karriere als Interim Manager 62
1.7. Sowohl für Einsteiger als auch für Profis im Interim Management 64
1.8. Für CEOs der eigenen Karriere: So lesen Sie dieses Handbuch 67
1.9. Quellenverzeichnis 71

2. Kapitel: Veränderungen der Arbeitswelt als Opportunitäten für Interim Manager **74**

2.1. Einleitung 74
2.2. Wir leben in einer VUCA-Welt 74
2.3. Interim Manager sind Knowledge Worker, oder? 76
2.4. Veränderungen der Arbeitswelt 79
2.5. Opportunitäten für Interim Manager 80
2.5.1. Opportunität 1 – Künstliche Intelligenz (KI) und Job Effekte 81
2.5.2. Opportunität 2 – Automatisierung – Industrie 4.0 83
2.5.3. Opportunität 3 – Disruptive Transformation von Branchen 84
2.5.4. Opportunität 4 – Demografie – Millenials und Babyboomer 87
2.5.5. Opportunität 5 – Globalisierung und Regionalisierung der Arbeitsmärkte 88
2.5.6. Opportunität 6 – Ende der Langzeitarbeitsverhältnisse 89

2.5.7. Opportunität 7 – „Workforce Composition“ 90
2.5.8. Opportunität 8 – Nachhaltigkeit / ESG 92
2.6. Die acht Opportunitäten und Konsequenzen für Interim Manager 95
2.6.1. Opportunität 1 – Künstliche Intelligenz (KI) und Job Effekte 95
2.6.2. Opportunität 2 – Automatisierung – Industrie 4.0 96
2.6.3. Opportunität 3 – Disruptive Transformation von Branchen 97
2.6.4. Opportunität 4 – Demografie – Millenials und Babyboomer 97
2.6.5. Opportunität 5 – Globalisierung und Regionalisierung der Arbeitsmärkte 98
2.6.6. Opportunität 6 – Ende der Langzeitarbeitsverhältnisse 98
2.6.7. Opportunität 7 – „Workforce Composition“ 99
2.6.8. Opportunität 8 – „Nachhaltigkeit“ 99
2.7. Quellenverzeichnis 101

3. Kapitel: Der Markt für Interim Management in der DACH-Region: Zahlen / Daten / Fakten 105

3.1. Einleitung und Marktentwicklung 105
3.1.1. Anzahl der Interim Manager 108
3.1.2. Tagessätze 110
3.1.3. Auslastung 112
3.1.4. Projekte 114
3.2. Branchen, die Interim Manager einsetzen 115
3.3. Projekte nach Kategorien 118
3.4. Projekte nach betrieblicher Funktion 121
3.5. Was verdient ein Interim Manager? 123
3.6. Quellenverzeichnis 129

4. Kapitel: So kommen Angebot und Nachfrage zusammen 130

4.1. Zielgruppen: Die Kunden und Vermittler von Interim Managern 135
4.2. Unternehmen als Nachfrager 139
4.2.1. Entscheider, Gatekeeper und Beteiligte 139
4.2.2. Der Entscheidungsprozess 142
4.2.3. Quellen und Qualität der Entscheidungsgrundlagen 146
4.3. Interim Management Provider als klassische Vermittler 150
4.3.1. Charakterisierung und Anbieter 150

4.3.2. Vertragsmodelle 157
4.3.3. Vorteile für Unternehmen 158
4.3.4. Vorteile für Interim Manager 162
4.3.5. Wahrscheinlichkeit, über Provider einen Auftrag zu erhalten 165
4.4. Personalberater als Nachfrager 166
4.5. Unternehmensberater als Nachfrager 168
4.6. Kapitalbeteiligungsgesellschaften als Nachfrager 169
4.7. Andere Interim Manager als Vermittler 171
4.8. Megatrends: Plattformen und direkter Vertrieb 172
4.8.1. Plattformen 174
4.8.2. Direkter Vertrieb 181
4.9. Integration der vertrieblichen Handlungsfelder 183
4.9.1. Persönliche Kontakte 184
4.9.2. Provider 185
4.9.3. Online-Provider / Vermittler-Plattformen 186
4.9.4. Offene Plattformen 188
4.9.5. Social Selling im Business der Interim Manager 189
4.10. Quellenverzeichnis 193

5. Kapitel: Dynamik des Umfelds, Mittelstand und Interim 4.0 197

5.1. VUCA-Welt als Erklärungsversuch für den Wandel 198
5.1.1. Wertschöpfungsketten verändern sich 198
5.1.2. Die Fähigkeit zur Transformation als kritischer Erfolgsfaktor 199
5.2. Kernzielgruppe Mittelstand 203
5.2.1. Der Mittelstand ist Hauptauftraggeber 203
5.2.2. Besondere Engpässe als Chance für Interim Manager 204
5.3. Leitlinien einer Branchenentwicklung: Interim 1.0 bis Interim 4.0 209
5.3.1. Interim 1.0: Persönlicher Kontakt 211
5.3.2. Interim 2.0: Analoge Vermittlung durch Provider 213
5.3.3. Interim 3.0: Vermittlungs-Plattform bzw. Online-Provider 219
5.3.4. Interim 4.0: Offene Plattformen 223
5.3.5. Selbstvermarktung der Interim Manager 232
5.3.6. Evolution der Provider 234
5.4. Quellenverzeichnis 242

6. Kapitel: 10 Irrtümer über Interim Management 244

1. Irrtum: Interim Manager werden nur im Sanierungsfall eingesetzt 245
2. Irrtum: Interim Manager werden nur auf Geschäftsführerebene eingesetzt 248
3. Irrtum: Interim Manager machen das gleiche wie Unternehmensberater 250
4. Irrtum: Interim Manager brauchen zu lange, bis sie einen echten Beitrag liefern 254
5. Irrtum: Das sind Führungskräfte, die keinen festen Job mehr bekommen 259
6. Irrtum: Interim Manager sind zu teuer 262
7. Irrtum: Interim Manager identifizieren sich nicht mit Unternehmenszielen 267
8. Irrtum: Interim Manager lohnen sich nur für große Unternehmen 271
9. Irrtum: Vertrieb machen Interim Manager dann, wenn ihr Projekt endet 273
10. Irrtum: Erfahrung ist der Schlüssel zu erfolgreichem Interim Management 278

7. Kapitel: Das richtige Skill-Set und wie Sie dieses erwerben! 284

7.1. Einleitung 284
7.2. Was sind Skills? 284
7.3. Skills – Beschäftigungsfähigkeit in einer digitalen Welt 285
7.3.1. Lebenslanges Lernen 286
7.3.2. Die Engpassfaktoren sind „soft" 286
7.4. Skills für Manager 287
7.4.1. Skills von Managern – Das sagt Peter F. Drucker 287
7.4.2. Skills von Managern in postindustriellen Organisationen 289
7.5. Interim Manager - Berufsbild 293
7.5.1. Was machen Interim Manager? 293
7.5.2. Rollen von Interim Managern 294
7.6. Skills für Interim Manager 295
7.6.1. Kernkompetenz – Fach-Skills 296
7.6.2. Management und Change Management 296
7.6.3. Projekt-Management 296
7.6.4. Komplexe Problemlösungen 297
7.6.5. Soft-Skills 297
7.6.6. Lern-Skills 297
7.6.7. Selbst-Management 298
7.6.8. Networking und Kollaborations-Skills 299
7.6.9. Englisch 299

7.6.10. Personal Branding und Selbstvermarktung 300
7.6.11. IKT-Skills 301
7.7. Erwerben, Erhalten und Nachweisen von Skills 302
7.8. Methoden zur Skill-Entwicklung 304
7.8.1. Attraktive Projekte – Learning on the Job 304
7.8.2. Eingebunden in attraktive Communities 305
7.8.3. Lesen – folgen – abonnieren – selber posten 306
7.8.4. Kurse - Lehrgänge 307
7.8.5. Coaching 309
7.9. Nachweisen von Skills und Kompetenzen 310
7.9.1. Nachweisen von Soft-Skills 312
7.9.2. Skills für das eigene Unternehmen: Unternehmer sein 312
7.10. Quellenverzeichnis 315

8. Kapitel: Karrierestrategien für Interim Manager 317

8.1. Einleitung 317
8.2. Neueinsteiger-Studie 317
8.3. Motivation im biografischen Kontext 319
8.3.1. Motivation von Interim Managern 320
8.3.2. Karriereanker – Edgar Schein 321
8.3.3. Karriereanker – Bedeutung für Interim Manager 322
8.4. Strategie – Baukastensatz 323
8.4.1. Begriffsklärung: Strategie 324
8.4.2. Anpassung von Karrierestrategien 326
8.4.3. Explizite versus implizite Strategie 326
8.5. Strategiestile der Karriere 326
8.5.1. Strategiestil – Laissez-faire 327
8.5.2. Strategiestil – Alles planen 327
8.5.3. Strategiestil – Surfen 328
8.6. Kernstrategien von Karrieren 328
8.6.1. Konsekutive Strategie 328
8.6.2. Portfolio-Strategie 329
8.7. Unterstützende Strategien 330
8.7.1. Private Strategie 331
8.7.2. Professionelle Fachstrategie 332

8.7.3. Produktentwicklung und Lernstrategie 332
8.7.4. Netzwerkstrategie - Networking 334
8.7.5. Finanzstrategie – ein möglicher Killer 334
8.7.6. Risikostrategie 337
8.7.7. Risikoreduzierende und geldsparende Maßnahmen 337
8.8. Karrierestrategie und Künstliche Intelligenz (KI) 341
8.8.1 Automatisierung versus Augmentierung 341
8.8.2. Karrierestrategien – Augmentierung – Davenport 342
8.9. Karrierestrategie entwickeln 343
8.9.1. Beim Unternehmer als Person beginnen 343
8.9.2. Design-Fragen für die Karrierestrategie 344
8.10. Positionierung im Markt der Freelancer 349
8.10.1. Abgrenzung zu Consultants 350
8.10.2. Abgrenzung zu Gig Workern 351
8.10.3. Grenzen ziehen: Von „Freelance" zu „Freelancer Management Dienstleistungen" 354
8.11. Business Modell einer Karriere: Planungstemplate 357
8.11.1. Kernstrategie 357
8.11.2. Unterstützende Strategien 357
8.11.3. Angebotsplanung 358
8.11.4. Kundenplanung 358
8.11.5. Vertriebsplanung 359
8.12. Finanzplanung 359
8.12.1. Kostenplanung 360
8.12.2. Umsatzplanung 361
8.12.3. Gewinnplanung 361
8.12.4. Finanzreserven 361
8.13. Karriere-Workshop für Interim Manager – iCareer – Online 362
8.14. Quellenverzeichnis 363

9. Kapitel: Verkaufsunterlagen für Interim Manager 365

9.1. Einleitung: Verkaufsunterlagen für Interim Manager 365
9.1.1. Weshalb tun sich Interim Manager mit dem Verkauf in eigener Sache so schwer? 366
9.1.2. Die beiden alles entscheidenden Fragen als Basis für Ihren

Vertriebserfolg 367
9.1.3. Anforderungen Analoge Welt vs. Digitale Welt 368
9.2. Curriculum Vitae (CV) 368
9.2.1. Langweilen Sie nicht! 369
9.2.2. Fakten, Fakten, Fakten! Und stets an die Leser denken! 370
9.2.3. Positionierung und Nutzenversprechen 370
9.3. Softskills 371
9.4. Homepage 372
9.5. Video 373
9.6. Fallstudien 374
9.7. Referenzen 375
9.8. Blog 376
9.9. Profile auf Plattformen 376
9.9.1. General Interest Plattformen 377
9.9.2. Special Interest-Plattformen 378
9.9.3. Offene Special Interest Plattform: UNITEDINTERIM 379
9.9.4. Sonderform 379
9.10. Quellenverzeichnis 380

10. Kapitel: Marktbearbeitung – Ihr Weg zu Projekt und Umsatz 381

10.1. Einleitung und Kernaussagen zur Marktbearbeitung als Unternehmer in eigener Sache 381
10.2. Zentralen Herausforderungen begegnen 387
10.2.1. Unternehmerische Voraussetzungen - vor allem zum Einstieg 387
10.2.2. Die überragende Rolle der Selbstvermarktung 388
10.2.3. Perspektive Kunde: „Zu teuer“ und „kein Bedarf“ 389
10.2.4. Perspektive Interim Manager: Kunden spiegeln und dann Nutzen aufzeigen 392
10.3. Die eigene Marke aufbauen und pflegen 396
10.3.1. Die eigene Identität ist Chefsache 396
10.3.2. Personal Branding in der digitalen Welt 397
10.3.3. Der Marktauftritt von Interim Managern 400
10.4. Nur effiziente Wege zum Kunden nutzen 403
10.4.1. Argumente für Direktvertrieb 408
10.4.2. Argumente für den indirekten Vertrieb 409

10.4.3. Trends verstärken sich gegenseitig 410
10.5. Relevante Inhalte wirksam und effizient inszenieren 412
10.5.1. Content is King 414
10.5.2. Relevant für den Kunden sein 415
10.6. Vertriebskanäle smart verknüpfen 417
10.6.1. Nutzung aller vier Handlungsfelder 417
10.6.2. Die goldene Kombination und pragmatische Tipps 420
10.6.3. Hands-on: Acht zentrale „To dos“ für nachhaltigen Erfolg in der Praxis 422
10.7. Schlusswort: Erfolgreich auf dem Karriereweg als Interim Manager 428
10.8. Quellenverzeichnis 431

11. Autorenvorstellung 433

12. Weitere Veröffentlichungen der Autoren zu Interim Management sowie Bücher im Diplomatic Council Verlag 436

13. Über Diplomatic Council 441

14. Über UNITEDINTERIM 442

15. Über Life and Career Design Consulting 444

Vorwort des Verlages

„Ein guter Interim Manager erzeugt schon am ersten Tag Wirkung!“

Das ist sicherlich richtig – aber wie wird man ein guter Interim Manager? Und wie ist man als Interim Manager erfolgreich – und bleibt es dann auch über viele Jahre?

Diese und alle damit zusammenhängenden Fragen beantworten die drei Autoren des vorliegenden Buches mit Akribie und Bravour sowie einer außerordentlichen Praxisnähe. Genau das macht das Werk im wahrsten Sinne des Wortes einzigartig. Das „Karriere-Handbuch für Interim Manager“ hat sich seit dem Erscheinen der ersten Auflage 2020 zu *dem* Standardwerk für Interim Manager im deutschsprachigen Raum entwickelt. Es adressiert gleichermaßen Neueinsteiger in die Branche, die Orientierungshilfe suchen, wie auch langjährige Profis, denen an einer stetigen Optimierung ihrer Arbeit gelegen ist.

Vor diesem Hintergrund ist die Unterzeichnerin dieses Vorworts sehr stolz, dass sich die Autoren entschieden haben, die hier vorliegende zweite, aktualisierte und erweiterte Auflage im Verlag des Diplomatic Council zu publizieren. Der „fit“ passt perfekt, denn ebenso wie die drei Autoren legen wir als globaler Think Tank mit Beraterstatus bei den Vereinten Nationen höchsten Wert auf Qualität.

Die Aufnahme des „Karriere-Handbuch für Interim Manager“ in den Verlag des Diplomatic Council ist kein Zufall. Vielmehr gründet sich dieser Schritt auf unserer langjährigen vertrauensvollen Zusammenarbeit mit unserer Mitgliedsfirma UNITEDINTERIM, der führenden Online-Plattform für qualitätsgesichertes Interim Management. Zwei der Autoren, Jürgen Becker und Dr. Harald Schönfeld, sind zugleich die Herausgeber der Fachbuchreihe „Von Interim Managern lernen“, die ebenfalls im Verlag des Diplomatic Council erscheint. Als Autoren schreiben in dieser Reihe ausschließlich qualitätsgesicherte Interim Manager, die auf der Plattform von UNITEDINTERIM eingeschrieben sind. So schließt sich der Kreis.

Interim Manager gelten zu Recht als leistungsstarke Ressource im Management, weil sie durch vielfältige Einsätze mit unterschiedlichen Herausforderungen bei verschiedenen Unternehmen über einen besonders breiten Erfahrungsschatz verfügen – in der Regel weit mehr als jeder festangestellte „Line Manager“. Nach einer aktuellen Definition der Berufsverbände der Branche in Deutschland, Österreich, der Schweiz und Liechtenstein (DDIM, DSIM, DÖIM, VRIM, AIMP) vom 1. Juli 2022 handelt es sich bei Interim Managern um führungserfahrene und umsetzungsstarke Problemlöser. Sie stehen einem Unternehmen zeitnah für spezifische Aufgaben und auf begrenzte Zeit zur Verfügung. Sie schaffen unternehmerischen Mehrwert.

Um diesem hohen Anspruch zu genügen, bedarf es natürlich einer hochkarätigen, sorgfältigen und umfassenden Aus- und Weiterbildung – und das kontinuierlich.

Genau diesen Zweck erfüllt das vorliegende Buch von Jürgen Becker, Dr. Harald Schönfeld und Dr. Günther Singer. Der Dank ist ihnen gewiss, denn sie haben ein wesentliches Fundament für die gesamte Branche des Interim Managements geschaffen.

Der Leserschaft wünsche ich stets eine nicht enden wollende Nachfrage und eine glückliche Hand bei allen zu bewältigenden Aufgaben. Das sorgfältige Studium dieses Buches stellt für beides eine hervorragende Grundlage dar.

Hang Nguyen

Generalsekretärin Diplomatic Council

Vorwort der Autoren zur zweiten, aktualisierten Auflage:

Es hat sich viel verändert!

Eine Karriere als Interim Manager – als Unternehmer in eigener Sache – kann etwas sehr Attraktives sein. Daran hat sich seit dem Erscheinen der ersten Auflage nichts geändert. Dennoch ist uns, den Autoren, in den letzten 2 Jahren geradezu Bahnbrechendes aufgefallen. Das verändert die Nachfrage der Unternehmen nach Interim Managern und deren berufliche Chancen, aber auch die Art und Weise, wie Interim Manager Aufträge gewinnen und nachhaltig erfolgreich tätig sein werden:

1. Der Einsatz von Interim Managern erfolgt immer mehr im Umfeld von **Krisen,** die von vielen Menschen als „neuartig“, als „Einschnitt“ oder geradezu als „Zeitenwende“ erlebt werden. Dazu gehören z.B. die Corona-Pandemie, der Ukraine-Krieg sowie die Themen Umwelt, Klima, Energie, Ernährung und Inflation. Die VUCA-Welt ist deutlich spürbarer geworden. Das belastetet und fordert viele Menschen; auch Entscheider in Unternehmen und Investoren, die im Hinblick auf die Umsetzung der erforderlichen Veränderungen und Anpassungen neue Wege unter Einsatz neuen Wissens und neuer Technologie gehen müssen – und das auch noch in bisher oft ungekannter Schnelligkeit und Präzision.

2. Als unumstösslich geltende Glaubenssätze und **Trends** – wie z.B. die Globalisierung der Supply Chain – zeigen ihre Schwächen oder drehen sich in kürzester Zeit geradezu um (Stichworte: Deglobalisierung und Onshoring, Energieversorgung). Es offenbaren sich umfassende und vielschichtige Risiken mit den Notwendigkeiten zur Transformation ganzer Märkte, Unternehmen, Belegschaften und Strategien. Bisherige Denkgewohnheiten im Management und Gewissheiten werden weiter infrage gestellt.

3. Neue **Formen der Arbeit** wie Crowdwork und Clickwork (Singer, 08.07.2022) sind nur die Spitzen einer sich verändernden Arbeits- und Berufswelt, die unter dem Rahmenbegriff New Work diskutiert wird. Es verändern sich nicht nur der Arbeitsort, sondern auch die vertragsrechtliche Beziehung zwischen Arbeitgeber (Unternehmen) und Arbeit-

nehmer (Dienstleister). Neue Formen der Arbeit eröffnen in einem über ein Jahrhundert Industriegeschichte gewachsener und eingefrorener Arbeitsbeziehungen Opportunitäten für Interim Manager. Unterstützt wird dies durch das Phänomen der "New Resignation", das ursprünglich in den USA im Jahr 2021 beobachtet wurde und nun auch in Europa zu erkennen ist. Arbeitnehmer verlassen in Scharen Unternehmen für Jobs mit flexibleren Arbeitsbedingungen.

4. Der **Manager-Beruf** verändert sich: Von „command & control" zum „agil leading" in einer eher coachenden und unterstützenden Rolle. Damit entstehen neue Anforderungen an die Persönlichkeit von Menschen, die in einer „alten Führungswelt" beruflich sozialisiert wurden und durchaus einen erfolgreichen und gut bezahlten Karriereweg gegangen sind. Der Nutzen bzw. der Mehrwert einer Führungskraft scheint sich neu zu definieren. Parallel dazu wird der Wert von Erfolgen und Lösungswegen aus den letzten Dekaden („Heldengeschichten" im Management) für Aufgaben und Herausforderungen, welche die Zukunft betreffen, sehr differenziert betrachtet.

5. Der **Mitarbeitermangel** zeigt sich auch in einem grundsätzlichen **Führungskräftemangel**. Eine erste Schlussfolgerung könnte somit von einem bevorstehenden goldenen Zeitalter für kurzfristig verfügbare und flexibel einsetzbare Manager sprechen. Das Beherrschen von modernen, digitalen Kompetenzen im Fachlichen und in der Mitarbeiterführung erscheint dabei unabdingbar!

6. Unternehmen, d.h. die Kunden von Interim Managern, rekrutieren verstärkt auf digitalen Wegen, wofür ganz andere Spielregeln gelten. Vor allem informieren sich Unternehmen über Interim Manager als Lösungsanbieter verstärkt über „**Open Source Intelligence**" (d.h. öffentlich zugängliche Quellen wie Suchmaschinen, Business Netzwerke, Plattformen) – meist schon lange, bevor sie den Markt oder einen Anbieter wissen lassen, dass sie jemanden benötigen.

7. Der **B2B-Vertrieb** (in dem sich Interim Manager mit ihrer Dienstleistung für Unternehmen bewegen) hat sich radikal verändert und erfordert neue und professionellere Methoden der Kundenansprache und der Beziehungspflege.

8. **Gesamtgesellschaftlich** scheint sich empirisch die Annahme zu bestätigen, dass selbständige Wissensarbeiter, zu denen Interim Manager gehören, maßgeblich zur Innovationskraft eines Landes beitragen und dadurch Wachstum schaffen (Falck et al., 2021). Besonders wertvoll erscheint dabei, dass sie frische Erkenntnisse und frisches Wissen in die beauftragenden Unternehmen bringen sowie frei und außerhalb der etablierten Strukturen denken. Es liegt nahe, dass solche Erkenntnisse dem Berufsstand des Interim Managers in einer sich im Umbruch befindlichen Wirtschaft mit hohem Innovationsbedarf langfristig weiteren Rückenwind und vermehrte gesellschaftliche Anerkennung verschaffen werden.

Für die Tätigkeit als Interim Manager in der Praxis ergibt sich damit:

1 Es besteht ein **zunehmender Transformationsbedarf** bei den Kunden – also ein großes Marktpotential für Interim Manager, die ihren Kompetenzbereich in der Gestaltung und Umsetzung von Veränderungen sehen. Ebenfalls fördert der zunehmende Mangel an qualifizierten Fach- und Führungskräften die Nachfrage nach Interim Managern, die **offene Stellen** überbrücken können (Einsatz zur Vakanzüberbrückung)[1].

- Der Wandel auf Kundenseite erfordert bei den Interim Managern jedoch nicht nur neue – meist digitale – Zusatzqualifikationen auf der fachlichen Seite, sondern auch methodische Kompetenzen und neue

[1] Die Regelungen für die sog. „Scheinselbständigkeit“ sind deshalb vom Gesetzgeber an diese Situation anzupassen.

persönliche Führungsqualitäten. Es gilt, Wandel zu begreifen und zu verstehen, ihn auszuhalten, zielgerichtet – auch gegen Widerstände – zu gestalten und umzusetzen; und die Menschen im Kundenunternehmen und alle Stakeholder in motivierender Weise mitnehmen zu können. Das ist eine komplexe und mehrdimensionale Herausforderung.

- **Neue Themenfelder** rückten dabei in den Blickpunkt, z.B. ESG – Environmental, Social, Governance. In Zukunft werden neue Themen einen immer höheren Einfluss auf die Geschäfte jedes Kunden nehmen – und damit Schnittstellen zu fast jedem Interim Management Projekt, unabhängig vom Fachgebiet eines Interim Managers (z.B. Finanzen, Produktion, HR, Logistik oder Restrukturierung) bilden.

- Ebenfalls kommen neue (meist digitale) **Tools hinzu,** die Interim Manager beherrschen müssen, um ihre Tätigkeit ausüben zu können. Ein Beispiel sind die während der Corona-Krise in kürzester Zeit selbstverständlich gewordenen Kollaborations- und Kommunikationstools. Hierin unterscheidet sich die Welt der Interim Manager nicht vom Umfeld der angestellten Manager. Interim Manager müssen jedoch in der Lage sein, mehrere „Tool-Welten“ zu beherrschen (und das bei Projektantritt aus dem Stand heraus), weil Kunden meist unterschiedliche Systeme nutzen. Interim Manager können zudem i.d.R. beim Projektantritt keinen vertieften IT-Support oder gar Schulungen bei einem Kundenunternehmen erwarten, sondern müssen unverzüglich loslegen können. Wer meint, als Interim Manager diesem Digitalisierungsschub aus dem Wege gehen zu können, weil es ihn selbst „als Führungskraft“ nicht so betrifft, wird kaum noch Kunden (oder Mitarbeiter in seinen Projektteams beim Kunden) finden, die das akzeptieren. Wir erwähnen das, weil wir dieses Argument immer noch von vielen meist älteren Interim Managern aber auch Neueinsteigern („Digital Immigrants“) hören.

- Interim Manager müssen also ihre **Anschlussfähigkeit** an moderne, aktuelle Herausforderungen der Kunden ständig auf dem neuesten Stand halten. Wenn noch nicht erfolgt, dann ist es jetzt dringend notwendig, diese neuen Kompetenzen aufzubauen und nachzuweisen, z.B. durch eine Weiterbildung oder Zertifizierung. Das betrifft Neueinsteiger genauso wie langjährig tätige Interim Manager, die gefordert sind, während des Projektes (quasi auf dem Hotelzimmer am Abend) an Online-Kursen teilzunehmen oder die Pausen zwischen den Projekten ganz gezielt für **Weiterbildung** zu nutzen.

2 Durch die oben beschriebenen Krisen und notwenigen Transformationen gewinnen bestimmte Marktsegmente des Interim Managements in ihrer Bedeutung und Attraktivität **in kürzester Zeit** enorm hinzu, z.B. SCM – Supply Chain Management – aufgrund der Lieferkettenprobleme in der Folge der Corona-Pandemie; ebenfalls HR aufgrund der Mitarbeiterknappheit.

- Innerhalb dieser „Blasen“ entsteht temporär eine kaum zu befriedigende und in diesem Zeitraum sichtbar preistreibende Nachfrage nach entsprechend qualifizierten Interim Managern. Es ist durchaus plausibel, dass in den nächsten Jahren wieder andere Themen im Vordergrund stehen werden, die aktuell noch gar nicht auf dem Schirm sind.

- Damit ist es selbst für ausgewiesene Branchenkenner nicht so einfach, bestimmte Marktsegmente, in denen Interim Manager tätig sind, generell als *„langfristig sehr aussichtsreich mit höchsten Verdienstmöglichkeiten“* oder *„uninteressant, lassen Sie es lieber bleiben“* zu bezeichnen. Ein klassisches Beispiel für schwierige Vorhersehbarkeit ist das Marktsegment der Sanierungen und Restrukturierungen. Gerade in der Corona-Krise wurde dieser Tätigkeit von nahezu allen Branchenexperten ein unmittelbar bevorstehendes „goldenes Zeitalter“ vorhergesagt: Eine hohe Anzahl von künstlich am Leben gehaltener „Zombie-

Unternehmen" warte nur auf die Insolvenzverwalter und entsprechend qualifizierte Restrukturierer und Sanierer. Doch ein solcher „Boom" kam (zumindest bis zum Erscheinen der Neuauflage dieses Handbuchs) nicht.

- Für einen Interim Manager wird es immer wichtiger, „sein Ding" herauszuarbeiten: Das, wofür er steht – und das ist unabhängig von der Marktentwicklung und den Aussagen sogenannter Branchenexperten. Hier hilft es, ehrlich die Fragen zu beantworten: *„Was kann ich wirklich sehr gut – und auch besser als andere?"* und *„Was mache ich mit Freude und Leidenschaft – und halte mich deshalb gerne und nachhaltig auf dem aktuellen Stand des Wissens?"*

3 Die **Heterogenität der Kundenwelten** steigt: Die Kunden von Interim Managern, d.h. die Unternehmen, sind immer mehr gefordert, ihre Einzigartigkeit und besondere Leistungsfähigkeit im Markt herauszustellen. Auch wenn manche Themen geradezu „universell" sind, wie z.B. die Neugestaltung einer Supply Chain, werden die Unternehmen selbst in ihrer spezifischen Situation immer weniger vergleichbar. Die anstehenden Herausforderungen, die Problemstellungen und auch die Lösungswege werden immer individueller – quasi zu Sonderanfertigungen. Die Tätigkeit von Interim Managern wird daher noch abwechslungsreicher: Kaum ein Projekt gleicht dem anderen.

- Gleichzeitig steigen die Anforderungen, sich im jeweiligen „Unternehmens-Kosmos" (Produkte, Prozesse, Organisation, Markt, Mitarbeitende, Kunden, Technologie, IT-Systeme etc.), in den ein Interim Manager zum Projektstart eintaucht, immer wieder zurecht zu finden. Die **Sprünge zwischen unterschiedlichen „Kulturen"** der Auftraggeber – zum Teil durchaus in derselben Branche – gehören zu den größten Herausforderungen. Auch Erfolge aus vorausgegangenen Projekten oder gar aus früheren Festanstellungen werden durch diese Heterogenität immer weniger vergleichbar. Ebenfalls wird es (weder für die

Kunden, noch für Provider und sonstige Vermittler oder für den Interim Manager selbst) nicht einfacher, den Erfolg für einen neuen Auftrag zu prognostizieren, gerade wenn es sich um neuartige Aufgabenstellungen handelt.

- Entsprechend steigt die Bedeutung nachgewiesenen, lebenslangen Lernens und der Problemlösungskompetenz in komplexen Situationen, des Bewusst-Seins über sich selbst und sichtbarer Kompetenzen im Verständnis und Umgang mit dem „Unternehmens-Kosmos" des Mandanten.

4 Der **Zugang zu Entscheidungsträgern** bei potentiellen Kunden wird immer schwieriger. Diese befinden sich in einer immer „lauter" und komplexer werdenden Welt, in der vielfältige Anbieter von Produkten und Dienstleistungen sowie Stakeholder des Unternehmens um ihre Aufmerksamkeit und Gunst werben.

- Gerade die wichtigsten Entscheider werden über die unterschiedlichsten (und privatesten) analogen und digitalen Kanäle mit Informationen und Angeboten geradezu überflutet. Daher haben diese im Gegenzug auf ihrer Seite Strategien entwickelt, sich einerseits einem informativen Overkill zu entziehen und andererseits neue Wege zu beschreiten, um sich zu informieren und Entscheidungen vorzubereiten. Es entstehen neue, moderne – und professionelle – Vorgehensweisen (Policies & Procedures), wie Kunden Interim Manager rekrutieren (Stichwort: **Open Source Intelligence**).

- Folgende Glaubenssätze von Interim Managern und Einsteigern, die sich auf die Kunden beziehen, haben in der Coronakrise zuerst für massiven Frust und danach (zumindest bei den meisten) zu einem Umdenken geführt. Somit lassen sich diese Sätze, zumindest unter professionellen Berufskollegen und gut beratenen Einsteigern, kaum noch hören:

a. *„Der kennt mich doch aus früheren Zeiten als ich Kunde von dem war, und er weiß genau, was ich kann."* In diesem Satz wird der Begriff „Kunde" auch gern durch *„Arbeitskollege", „Studienkollege", „Lieferant"* oder *„Vorgesetzter"* ersetzt.

b. *„Ich schicke dem mal meine Unterlagen oder rufe den an, dann bekomme ich einen Termin, mich mal vorzustellen"*. Das Wort *„ich"* ist in diesem Zusammenhang meist noch in Großbuchstaben geschrieben.

c. *„Ein traditioneller CV reicht, um sich ein Bild von mir zu machen. Der Rest ist werblicher Schnick-Schnack und unwürdig für eine Führungskraft."*

d. *„Für die Erstellung von Content, wie Case Studies oder Fachbeiträge, habe ich gar keine Zeit. Wenn ich im Projekt bin, steht nur die Arbeit beim Kunden im Vordergrund. Und abgesehen davon ist es sehr vertraulich, was ich mache."*

e. *„Es reicht, wenn ich dem Markt Bescheid sage, dass ich wieder für ein neues Projekt zur Verfügung stehe, wenn mein aktuelles Projekt zu Ende ist."*

f. *„Ich mache das als Interim Manager mal für ein paar Jahre nach der Frühpension oder nach meiner Freistellung bis zur Rente. Mit meinem Erfahrungsschatz als langjährige Führungskraft komme ich als Interim Manager schon klar."*

g. *„Als Führungskraft brauche ich kein neues, digitales Wissen im Fachgebiet oder zu den Schnittstellen. Ich führe Menschen, manage und organisiere Organisationen und Prozesse – und brauche dafür keine digitalen Details, denn dafür habe ich meine Mitarbeiter. Ich brauche das erst recht nicht nachzuweisen."*

- Die neuen Zeiten und Veränderungen auf Kundenseite erfordern auf Seiten der Interim Manager ein viel **professionelleres Marketing** und vor allem eine Ausweitung des digitalen Vertriebs. Ein rudimentär gepflegtes Profil auf einer allgemeinen Business-Plattform wie LinkedIn oder Xing und eine Homepage reichen nicht mehr aus. Wichtige Elemente sind u.a.: Expertenpositionierung, Markenführung in eigener Sache (Branding einer Personenmarke), verstärkte Nutzung von Plattformen und Business Netzwerken (Sichtbarkeit), die Erstellung und Verbreitung von Content (Relevanz), Beziehungsaufbau und -pflege auf digitalen und analogen Wegen.

- Know-how und Kompetenz in Marketing & Vertrieb in eigener Sache (**Selbstvermarktungsfähigkeit**) wird immer mehr zu einer Schlüsselkompetenz für Interim Manager – und somit auch zum Erfolgsfaktor für die Karriere im Interim Management.

- Gerade bei der Akquisition von Projekten und Kontaktaufnahme mit potentiellen **Neukunden** spielen Suchmaschinen und bestimmte offene Plattformen eine zunehmende Rolle. Ein Interim Manager, Frank P. Neuhaus, schreibt im August 2022 in einem Kommentar auf LinkedIn: *„Vor ca. vier Jahren bemerkten wir einen schleichenden Wandel hin zur Kontaktaufnahme via Search Machines und Digital Social Network Platforms, in erster Linie LinkedIn. Heute machen LinkedIn und United-Interim zusammen zwischen 80-85 Prozent aller Neukontakte aus, also Kontakte, welche wir vorher nicht hatten/kannten. Plattformen wie Xing oder Reddit spielen keine Rolle. Auch Twitter wird von keinem Neukon-takt in erster Linie genannt, aber immer wieder erwähnt, dass man ei-nen Beitrag sah. Das zeigt, dass Twitter einen Support für die digitale Präsenz bei LinkedIn und UNITEDINTERIM liefert.“* (Neuhaus, 11.08.2022).

5 Als Einzelunternehmer oder Solo-Selbständige sind Interim Manager i.d.R. Einzelkämpfer. Der für einen solchen Einzelkämpfer typische Mangel an

Kompetenzen und Ressourcen zur Realisierung von Größenvorteilen und Skalierung (z.B. zur Erzielung von qualitativ hochwertiger Sichtbarkeit am Markt) wird immer mehr zu einer **fühlbaren, strukturellen Schwäche**.

- Es wird zunehmend zu einem Fass ohne Boden, sich als Einzelperson in einem Markt von Hundertausenden an potentiellen Kunden, mehreren Hundert Vermittlern (spezialisierten Interim-Providern, breit aufgestellten Multiservice-Personaldienstleistungen und Personalberatungen, die ebenfalls Interim Manager vermitteln) sowie kaum noch überschaubaren Sozialen Netzwerken und Business-Plattformen in gewünschter Weise darzustellen, dort von einer relevanten Anzahl von Entscheidern wahrgenommen zu werden, für relevant gehalten zu werden und dann auch noch kontinuierlich Beziehungen zu pflegen[2]. Allein der Zeitaufwand für Beziehungspflege, Erstellung der Unterlagen und des Contents sowie die Kosten werden jetzt schon nur noch von ganz wenigen, langjährig am Markt aktiven Branchenprofils – und auch das meist sehr selektiv – geleistet. Die meisten Interim Manager sind damit verständlicherweise überfordert.

- Es wird damit für den Einzelnen immer vorteilhafter, Strategien der Zusammenarbeit, wie die der **Koopetition**[3] (Englisch Coopetition) für sich zu prüfen und so Skaleneffekte zu realisieren. Im Markt zeigen sich schon jetzt dauerhafte oder auf eine bestimmte Aktion fokussierte Formen der Zusammenarbeit. Beispiele: Aktive Mitarbeit in Berufsverbänden, Zusammenschluss in Sozietäten, gemeinsame Erstellung von (Fach-) Büchern oder Auftritten in Wirtschaftszeitschriften, Nutzung von reichweitenstarken spezialisierten, offenen Plattformen.

---

[2] Selbstverständlich gibt es auch im Interim Management renommierte Provider bzw. Vermittler, die eine langjährige „Beziehung“ zu Interim Managern anbieten und offen für einen persönlichen Austausch und ein vertieftes Kennenlernen sind.

[3] Die Koopetition ist sowohl ein Zustand als auch ein Verhalten von (Wirtschafts-) Akteuren, bei dem Kooperation und Konkurrenz in einer Beziehung zusammenfallen. Der Begriff ist aus den Wörtern Kooperation (Zusammenarbeit) und Kompetition (Wettbewerb) zusammengesetzt.

- Die Teilhabe an einem **Delivery Netzwerk** kann nicht nur zur Leistungserstellung eine zunehmend wichtige Rolle spielen, sondern auch in der Akquisition; und sei es, dass man von einem anderen Interim Manager, der ein Projekt verantwortlich führt, punktuell oder ergänzend hinzugenommen wird. Ein Delivery Netzwerk kann zudem die Funktion eines Imagetransfers bzw. Qualitätsausweises übernehmen. Interim Manager, die sich in einem bestimmten, hochwertigen Umfeld bewegen und dort als Mitglied der Community wahrgenommen werden, profitieren von der zugeschriebenen Kompetenz und Qualität der anderen Mitglieder des Netzwerks.

- Effizienz und Effektivität in der Marktbearbeitung gelingt vor allem durch die Nutzung der **Netzwerkeffekte** von offenen Plattformen und deren Verbindung mit anderen vertrieblichen Kanälen. Wichtig ist jedoch der Anspruch der Plattform an Qualität, große Reichweite und Relevanz für die Zielgruppe.

- Als Falle für eine wirksame und breite Marktbearbeitung haben sich digitale **Insellösungen** herausgestellt. Das sind geschlossene Plattformen, die sich teilweise als Provider darstellen, teilweise jedoch auch als Marktplätze. Ihre Geschlossenheit beschränkt die Sichtbarkeit im Markt auf die Kunden des jeweiligen Anbieters. Es liegt in der Struktur geschlossener Systeme, eine die Provision schützende Mauer zu bauen. Sichtbar gestellte Profile (meist dann aber auch ohne Kontaktdaten) dienen maximal als „Köder" für Kunden, eine kostenpflichtige Geschäftsbeziehung mit einem Vermittler einzugehen. Geschlossene Systeme sind üblicherweise daran zu erkennen, dass es (1) kostenlos ist, sich als Interim Manager dort zu registrieren und (2) Kunden letztlich eine Provision zahlen, wenn es zum Projektabschluss kommt oder gar ganz normale Providerverträge (mit handelsüblichen Providermargen) geschlossen werden. Offene Systeme verdienen ihr Geld hingegen in der Regel durch ein Entgelt der Nutzer, z.T. gestaffelt je nach Leistungsumfang, jedoch unabhängig vom Erfolg. Beispiele: LinkedIn,

Xing (als General Interest Plattformen) und UNITEDINTERIM (als auf Interim Management fokussierte Special Interest Plattform).

6 Die Professionalisierung des Marktes stellt immer höhere Anforderung daran, die eigene Karriere als Interim Manager auf strukturierte Weise von Anfang an zu planen, aufzusetzen und ständig zu optimieren.

- Angestellte Manager kennen den jährlichen Budget-Prozess mit Zielen, Strategien, Maßnahmen und Kosten, basierend auf einer schonungslosen Analyse. Etwas Ähnliches entwickelt sich zurzeit für Interim Manager in eigenen (Karriere-) Angelegenheiten. Bei Neueinsteigern ist das mit den Gründern eines Start-ups zu vergleichen: Der **Business-Plan** ist das Herzstück des neuen Vorhabens. Im Interim Management sind Sie selbst das Produkt! Und zwar mit einem aktiven Mindset als Unternehmer!

- Dazu gehört eine grundsätzlich positive Einstellung zur Investition in sich selbst (Wissen, Kompetenzen, ständiges Lernen) und die eigene Marke und deren Sichtbarkeit im Markt, was einen signifikanten Teil des Umsatzes und auch an persönlicher Zeit und Energie kosten wird.

7 Interim Management kommt aus der „Schmuddelecke“. Es gibt immer noch gesellschaftliche Nischen, in denen eine Tätigkeit als Interim Manager (im Gegensatz zu einem traditionellen Angestelltenverhältnis) mit hochgezogenen Augenbrauen kommentiert wird. Motto: *„Nimmt Dich denn jetzt keiner mehr*?“ Gerade der Beitrag von Interim Managern zur Gestaltung des notwendigen Wandels, der Innovationsfähigkeit der Unternehmen und Bewältigung von Krisen führt jedoch zu einem breiten Umdenken und weiterer gesellschaftliche **Akzeptanz des Berufsstandes**; vor allem in einem Arbeitsumfeld, in dem eine hohe Flexibilität, Mobilität und Individualität abseits traditioneller Karrieremodelle mehr und mehr zum Normalfall des Arbeitens wird.

8 Die **Kehrseite der Medaille:** Wer als Interim Manager das neue fachliche Wissen nicht erwirbt, die neuen (digitalen) Kompetenzen in der Arbeitsweise zur Gestaltung der Veränderungen nicht mitbringt oder nachweisen kann, z.B. durch entsprechende Zertifizierungen oder Erfolgsnachweise aus aktuellen Projekten, wer nicht an seinen Netzwerken arbeitet – oder wer gar digital für potentielle Kunden nicht sichtbar ist – der hat zunehmend Probleme, Projektanfragen und Aufträge zu erhalten. Das ist dann häufig das (ungewollte) Ende der Karriere als Interim Manager. Auch das gehört klipp und klar gesagt.

> Seit Erscheinen der ersten Auflage dieses Handbuches hat sich sehr viel verändert – vor allem auf Seiten der Kunden. Corona und die nachfolgenden Krisen wurden geradezu zu einem Beschleuniger von Veränderungen in der Branche. Interim Management wird immer „normaler". Damit zeigen sich klare Trends, die in anderen Branchen schon zum Regelfall geworden sind, nun auch „wie selbstverständlich" und sehr deutlich im Interim Management. Beispiel: Kommunikation zwischen Anbieter und Nachfrager über digitale Kanäle im Hinblick auf die Akquisition von Aufträgen.

Alle in dieser zweiten Auflage aufgegriffenen Neuerungen sind mit Auswirkungen auf den „**Markenkern des Interim Managers**" verbunden. Entsprechend haben – parallel, wenn auch ungeplant – am 1. Juli 2022 die Verbände der deutsch sprechenden Länder (DDIM, DSIM, DÖIM, VRIM, AIMP) auf dem 6. Gipfeltreffen der Interim Management Branche in Luzern eine neue, breiter gefasste Definition des Berufsbildes des Interim Managers – sogar in der aktuellen „gender-gerechten" Sprache und Grammatik – formuliert (Schädler, 2022):

> *Interim Manager:innen sind führungserfahrene und umsetzungsstarke Problemlöser:innen. Sie stehen einem Unternehmen zeitnah für spezifische Aufgaben und auf begrenzte Zeit zur Verfügung. Sie schaffen unternehmerischen Mehrwert.*

Ein Punkt, der **Neueinsteiger** betrifft: Eine selbst durchgeführte Neueinsteiger-Studie im Jahr 2021 (vergleiche dazu **Kapitel 3**) zeigte, dass kein einziger der Studienteilnehmer vor Aufnahme der Tätigkeit als Interim Manager nennenswerte Vorbereitungen getroffen hatte (Vergleiche dazu **Kapitel 7-9**). Persönliche Eindrücke der Autoren aus Hunderten an Gesprächen über viele Jahre hinweg mit Neueinsteigern sowie Führungskräften, die sich in Outplacement-Maßnahmen befinden, wurden damit bestätigt. Erst bei Beginn oder unmittelbar vor Beginn der nach außen kommunizierten Absicht, als Interim Manager tätig zu sein, wurden einzelne „Marketingmaßnahmen" (und nur solche) gesetzt: Update oder Einrichtung von Social Media Accounts, Aufbau einer eigenen Website, Registrierung bei Vermittlern (Providern) und Online-Portalen für Interim Manager sowie die Aktivierung des eigenen persönlichen Netzwerks.

Wir gehen davon aus, mit diesem umfassenden und in der zweiten Auflage noch detaillierter vorliegenden Handbuch gerade für Neueinsteiger (i.d.R. noch als Angestellte tätige oder sich in einer Neuorientierungsphase befindliche Führungskräfte) wertvolle Informationen bereitstellen zu können. Wir hoffen, damit einen Beitrag leisten zu können, damit der Einstieg in eine Tätigkeit als Interim Manager „planvoller" und damit potentiell erfolgreicher und zügiger verlaufen kann.

Die nun vorliegende, aktualisierte zweite Auflage hat all dies – **für Neueinsteiger**, als auch **für erfahrene Professionals** – berücksichtigt und in den Auswirkungen auf das aktuelle Interim Management und eine (weiterhin) erfolgreiche Karriere als Interim Manager untersucht. Alle Daten, vor allem die Zahlen zum Markt wurden – einschließlich der Verdienstmöglichkeiten als Interim Manager – auf den neuesten Stand gebracht. Neu ist zudem die Verwendung von QR-Codes an mehreren Stellen des Handbuches. Sie bilden den Link zu aktuellen Informationen und zur Praxis des Interim Managements. Hier der erste QR-Code:

Nach unserer Kenntnis findet sich am Markt sonst an keiner anderen Stelle eine vergleichbare Hilfestellung für eine erfolgreiche Karriere im Interim Management.

Mit einem Dank für das Vertrauen der Leserschaft und die Zusammenarbeit mit allen, die uns auch bei dieser Neuauflage im Beruflichen und Privaten zur Seite gestanden, unterstützt und gestärkt haben! Die Neuauflage erscheint im Verlag des globalen Think Tank Diplomatic Council, der als Berater der Vereinten Nationen (UNO) für höchste inhaltliche Qualität und Relevanz steht. Unser Dank gilt daher auch Hang Nguyen und Andreas Dripke von Diplomatic Council.

Die Autoren

Jürgen Becker, Dr. Harald Schönfeld und Dr. Günther Singer

Quellenverzeichnis

Falck, O., Gründler, K., Pfaffl, C, Wölfl, A. (2021). Die Bedeutung solo-selbständiger Wissensarbeit für den Innovationsstandort Deutschland. ifo Institut, München, 2021, ifo Forschungsberichte / 125

Neuhaus, F.P. (11.08.2022). Kommentar zu Post „Will nicht jeder, macht nicht jeder, kann nicht jeder. Doch digitale Transparenz ist der Job-Booster.“ von Schönfeld, H. (11.08.2022). LinkedIn. https://www.linkedin.com/feed/update/urn:li:activity:6963374468932980737/

Schädler, K. (21.07.2022). 6. Gipfeltreffen und 1. Schweizer Forum für Interim Management. Von https://rheintal-interim.org/6-gipfeltreffen-und-1-schweizer-forum-fuer-interim-management/ heruntergeladen

Singer, G. (08.07.2022) Crowdwork - Clickwork - New Work. Von https://lifeandcareer.eu/blog1/crowdwork-clickwork-new-work

1. Kapitel: Einführung

„**Every crisis has both its dangers and its opportunities. Each can spell either salvation or doom.**" (*Martin Luther King, Jr.)*

Das E-Mail des Managers aus Norddeutschland – Anfang 50 – kommt mitten in der Corona-Krise bei einem der Verfasser an und trägt den Betreff: „**Bewerbung als Interim Manager**". Das Anschreiben offenbart eine einschneidende Herausforderung in seiner beruflichen Karriere:

> *„In meinem bisherigen Unternehmen hat sich die Konzernleitung massgeblich verändert. Der neue Zuschnitt meines Verantwortungsbereiches reduzierte meine Gestaltungsmöglichkeiten deutlich. Daher habe ich die Entscheidung getroffen, das Unternehmen zu verlassen und meine Erfahrungen anderen Unternehmen gezielt zur Verfügung zu stellen."*

Im Anhang zum Mail findet sich ein klassisch gestalteter Lebenslauf mit lückenloser, ausführlicher Dokumentation des gesamten Werdeganges seit dem Abitur und einer Familiensituation mit zwei fast erwachsenen Kindern, die sich noch in der Ausbildung befinden. Es zeigt sich, der Manager verfügt über mehr als zwanzig Jahre Führungserfahrung, davon zwölf Jahre als Bereichsleiter sowie acht Jahre als Geschäftsleitungsmitglied mit Verantwortung für mehrere europäische Standorte. Alles war im Angestelltenverhältnis. Die Zeugnisse sprechen von sehr guten Resultaten und höchster Zufriedenheit.

Ein anderer Manager – Jahrgang 1965 – aus dem Raum München, schickt wenige Wochen nach Beginn der Ukraine-Krise im Frühjahr 2022 einen großen weißen Briefumschlag. Darin findet sich ein zehnseitiger Lebenslauf, sauber abgeheftet in einem dunkelbraunen, seriös wirkenden Schnellhefter. Im Betreff wird klar, worum es geht: „**Gesucht: Interim Management Position**". Ein Auszug:

Die Fusion des Unternehmens mit einem großen Mitbewerber führt jetzt dazu, dass verschiedene Managementpositionen konsolidiert werden. Wir haben uns auf einen Aufhebungsvertrag verständigt (...) aktuell orientiere ich mich beruflich neu. Von besonderem Interesse wäre eine Interim Management Position (...). Bitte prüfen Sie, ob mein beruflicher Hintergrund zu einem Ihrer Projekte passt."

Wir haben beide Fälle mit mehreren versierten Headhuntern, Karriere-Coaches, Interim Management Providern und renommierten Experten für Outplacement besprochen. Die Kommentare:

„Beide sind grundsätzlich sehr gute Leute. Wir sehen beeindruckende Erfolge als Angestellte in der Vergangenheit. Aber man stellt sich jetzt die Frage, ob beide auch digital fit sind und relevante Zukunftsthemen wie z.B. Nachhaltigkeit in der Tiefe beherrschen und dabei voran gehen können... und sie dabei mit jüngeren Mitarbeitenden, divers zusammengestellten Teams und einer hybriden Führung ohne Statussymbole und beeindruckende Job Titel wirklich klar kommen ... Ab einem gewissen Alter ist es maximal schwierig, einen finanziell und inhaltlich passenden Anschlussjob – vielleicht sogar noch in der heimatlichen Region – und erst recht zu vergleichbaren Konditionen zu finden ... Die spricht keiner mehr für eine Festanstellung an .... Persönlich ist das jetzt fast tragisch, auch für die Familie ... Gut, dass es beide nun als Interim Manager probieren wollen .... Man merkt aber auch, dass sie noch keine Ahnung davon haben, was sie tun müssen, um an Aufträge zu kommen und nachhaltig als Interim Manager erfolgreich zu sein ... So wird das nichts!"

Eine solche Diagnose scheint inzwischen in Deutschland, Österreich und der Schweiz geradewegs zum Normalfall für Zehntausende von gesunden und leistungsfähigen Managern[4] im Alter zwischen Anfang 40 und Anfang 60 geworden zu sein. **Sprechen wir gar über das „Ende der Karriere", wie wir gewohnt sind, sie zu denken?**

Ja, wer seinen beruflichen Horizont auf eine Tätigkeit als Angestellter in Festanstellung einengt, für den endet das berufliche Leben im Managementbereich immer früher. Doch wenn unsere Gespräche mit Tausenden an Managern in die richtige Richtung weisen, dann macht es kaum jemanden glücklich, eine Zeitlang einen finanziellen Fallschirm zu geniessen (wenn dieser überhaupt gezahlt wird) und sich den Traum von ein paar Reisen mit dem Wohnmobil zu erfüllen. Viele hatten den Ruhestand ganz anders geplant – meist für viel später. Zumindest bei dem bisherigen Lebensstandard und wenn Kinder noch nicht auf eigenen Beinen stehen, wird dann auch das Thema der Finanzen relevant. Und auf der persönlichen Ebene ergeben sich Fragen wie:

> *Entspricht ein so nicht vorhergesehenes „Ende der Karriere" meinen Ansprüchen an mich selbst? Entspricht es meinem Selbstbild und meinen Vorstellungen an ein sinnerfülltes Leben, wenn all das, was ich kann und was ich mit Studium und jahrzehntelanger Praxis und nachweislichen Erfolgen aufgebaut habe, nun plötzlich nicht mehr gefragt sein soll? Mit was füllt sich mein Tag – in welchem Umfeld – und wofür? Wie kann noch Geld verdient werden?*

Viele fühlen sich grundsätzlich fit und leistungsfähig! Die Motivation für eine Neugestaltung des beruflichen Weges mag für jeden unterschiedlich sein und je nach persönlichen Präferenzen gewichtet werden. In Summe ist es nicht verwunderlich, dass sich viele einen Umstieg oder Neueinstieg ins Interim Management überlegen – oder sich bereits mit Blick auf eine neue oder neu gestaltete **„Karriere als Interim**

---

[4] Im Interesse einer besseren Lesbarkeit wird davon abgesehen, bei Fehlen einer geschlechtsneutralen Formulierung sowohl die männliche als auch weitere Formen anzuführen. Die nachstehend gewählten männlichen Formulierungen gelten deshalb uneingeschränkt auch für die weiteren Geschlechter.

Manager“ auf den Weg gemacht haben. Für manche hat das durchaus mit „sich selbst neu erfinden“ zu tun – und mit einem schmerzhaften „Abschied nehmen“ von so mancher liebgewordenen Eigenheit des Lebens als Angestellter.

Üblicherweise besteht dann der Wunsch, den Markt des Interim Managements besser zu verstehen und die eigenen Möglichkeiten und Chancen – aber auch die Anforderungen und notwendigen Veränderungen bei sich selbst – gezielt auszuloten. Typisch ist eine Nachricht über LinkedIn an einen der Verfasser im Frühjahr 2022:

> *„ ... ich bin momentan auf der Suche nach Interims Mandaten im Bereich Konsumgüterindustrie und Handel. Als Neuling im Bereich Interim gibt es da auch die ein oder andere Frage bezüglich der Modelle. Dazu wollte ich mich gerne mit Ihnen austauschen.“*

Der Neuling wurde herb enttäuscht. Es stellte sich heraus, er hatte gedacht, es würde reichen, sein Profil bei LinkedIn mit dem aktuellen Zusatz „Interim Manager und Unternehmensberater“ zu versehen und seinen aus Angestelltenzeiten vorhandenen CV mit einem netten Anschreiben an eine Handvoll der inzwischen fast 200 Vermittler im deutschsprechenden Raum zu schicken. Allenfalls konnte er sich noch vorstellen, sich zusätzlich noch auf 2 oder 3 Plattformen zu registrieren; er bräuchte dann nur abzuwarten, bis er lukrative Angebote als Interim Manager erhielte. Für die Vermittlung eines gut bezahlten Projektes wäre er dann natürlich auch gerne bereit, einen gewissen Prozentsatz als Honorar abzugeben. Umso größer war die Überraschung, erst einmal mit grundlegenden Fragen konfrontiert zu werden:

> *„Was können Sie denn nachweislich besser als andere?“. „Was ist das Besondere an Ihnen?“. „Was für einen Mehrwert generieren Sie für Ihre Kunden?“. „Wo finde ich denn im Web etwas über Sie, wo ich mich selbst und auch die Stakeholder eines möglichen Kunden sich detaillierter über Sie informieren können?“ „Haben Sie Fachartikel oder Case Studies zu einem*

bestimmten Kundenproblem?" „Haben Sie ein Video, wo wir einmal sehen können, wie Sie als Führungskraft rüberkommen?" „Wie gehen Sie als Interim Manager denn im Projekt methodisch vor?"

Doch dieses „Problem" findet sich nicht nur bei Neueinsteigern ins Interim Management. Malte Borchardt ist Spezialist für die Positionierung und das Eigenmarketing von Interim Managern. Seit fast 20 Jahren unterstützt er Interim Manager dabei, sich mit klarem Profil vom Wettbewerb zu differenzieren – unabhängig davon, wie lange jemand schon als Interim Manager tätig ist. Was er zu Beginn seiner Beratungen gar nicht so selten vorfindet, formuliert er so (DDIM, 2022):

> *„Ich habe viele Interim Manager gesehen, die fachlich und persönlich absolut spitze waren, die es aber nicht geschafft haben, sich professionell zu präsentieren. Im Ergebnis: Ein starker Typ, der seinen Kunden echten Mehrwert liefern könnte. Der wird aber nicht als solcher wahrgenommen."*

Schon an dieser Stelle der Einführung ein kleiner Vorgriff auf die folgenden Kapitel dieses Handbuches:

Eine erfolgreiche Karriere als Interim Manager erfordert eine sorgfältige **Karriere-Planung** und einen **Mindset als Unternehmer.** Das schliesst aktive Selbstvermarktung ausdrücklich ein. Es beginnt mit der **Positionierung** und Definition der eigenen **Marke.** Es folgen ein dazu passender, professioneller **Marktauftritt** und eine möglichst effiziente **Marktbearbeitung.**

Ganz wichtig ist dabei die **Sichtbarkeit**: Interim Manager müssen kontinuierlich (also auch in Zeiten, in denen sie im Projekt sind) dafür sorgen, dass sie von potentiellen Auftraggebern als relevanter Problemlöser für einen bestimmten Themenkreis wahrgenommen werden. Mit einem Großteil dieser Menschen müssen Sie „in Beziehung" kommen und kontinuierlich bleiben. Und dieser Kreis potentieller Auftraggeber ist viel größer als Sie jetzt vermutlich meinen. Vor Ihnen liegt kontinuierliche **Arbeit** – auch dann, wenn Sie als Interim Manager im Projekt sind: Ihr Markt erwartet detaillierte Informationen (**Content**) über Ihren Mehrwert in Top-Qualität – auf Geschäftsführungsniveau; dazu einen **Tagessatz**, der angemessen erscheint – und er will Sie **als Mensch spüren**!

Wenn Sie für sich selbst Aussagen wie: *„Ich bin doch kein Verkäufer"* oder *„Wenn ich im Projekt bin, dann arbeite ich und habe keine Zeit für irgendetwas anderes"* gelten lassen, behindern Sie sich selbst massiv darin, Projekte zu gewinnen, die wirklich sehr gut zu Ihnen passen und gutes Geld zu verdienen.

1.1. Interim Manager: Spezialisierte Experten für die Umsetzung

„Interim Manager" gibt es im deutschen Sprachraum seit mehr als 40 Jahren. In dieser Zeit haben sich die Aufgabenstellungen und Rollen verändert, für die Interim Manager und Managerinnen engagiert werden; ebenfalls die Kompetenzen und Qualifikationen, die notwendig sind, um Mehrwert zu erzielen und langfristig erfolgreich zu sein. Standen am Anfang eher die Restrukturierung und Sanierung sowie Projekte auf oberster Unternehmensebene im Vordergrund, die hauptsächlich von Männern kurz vor oder nach der Pensionierungsgrenze durchgeführt wurden, ist es heute eine vielfältige, bunte Mischung an Themen geworden. Interim Manager sind zudem in ihrer Gesamtheit weiblicher und jünger geworden. Die vielen Projekte im Personalbereich – eine statistisch überwiegend weibliche Domäne – stehen als Beispiel für zunehmend mehr Frauen, die sehr erfolgreich als Interim Managerinnen tätig sind.

Die Online-Ausgabe des Gabler Wirtschaftslexikons gibt folgende Definition (Interim Management, 2018):

> *Beim Interim Management arbeiten **selbstständig tätige** Interim Manager für einen **definierten Zeitraum** (üblicherweise 3-18 Monate) i.d.R. in unternehmerischer Verantwortung in einem Unternehmen in einer Führungsposition der ersten und zweiten Ebene. Interim Manager werden in unterschiedlichen Situationen und Aufgabengebieten eingesetzt, z.B. zur Überbrückung bei unvorhersehbaren Vakanzen beim Ausfall einer Führungskraft, zur Restrukturierung und Sanierung, im Projektmanagement, zur Einführung neuer Programme oder bei der Gründung, Übernahme oder Veräusserung von Unternehmen.*

In der Unternehmenspraxis werden Interim Manager zunehmend als Teil, der gesamtwirtschaftlich immer bedeutsamer werdenden und stark wachsenden Gruppe der **Freelancer** betrachtet. Dieser Markt ist jedoch nicht klar abgrenzt. Bezeichnungen wie „atypische“ oder „nicht traditionelle“ Arbeitsverhältnisse, „Gewerke“, „Projektarbeit“, „Service- und Beratungsleistungen“ kommen zur Anwendung. Die Begriffe gehen also aktuell noch etwas bunt durcheinander. Das ist typisch für eine Umbruchszeit und bedeutet, dass sich etwas grundsätzlich Neues entwickelt. Allein schon aufgrund ihrer Größe und Breite ist die generelle Kategorie der Freelancer jedoch kaum brauchbar, damit sich Interim Manager allein über diesen Begriff bei Kunden präsentieren können. In pragmatischer Weise wird Interim Management daher in diesem Handbuch als Teil eines Marktes für **„Freelance Management Dienstleistungen“** betrachtet.

In die gleiche Richtung zielt die DDIM (Dachgesellschaft Deutsches Interim Management e.V.) als führender Wirtschafts- und Berufsverband für Interim Management in Deutschland. Interim Management wird als **eigenes Angebotssegment im Markt der Management Dienstleistungen** bezeichnet, welches sich von der **Nachbarbranche** der Unternehmensberatung in der Art des Service unterscheidet (DDIM, Branchenprofil, 2020):

> *„Während Unternehmensberatungen einen externen, unabhängigen Service bieten, bei dem die Entscheidungsbefugnis und -verantwortung beim Auftraggeber verbleiben, arbeiten Interim Manager in der Regel in unternehmerischer Verantwortung im Mandanten-Unternehmen. Für einen definierten Zeitraum werden sie zum integralen Bestandteil des internen Teams. Interim Manager arbeiten freiberuflich und auf eigenes Risiko. Sie werden in Führungspositionen der ersten und zweiten Ebene eingesetzt."*

Eine andere Begriffsdefinition rückt den „**Markenkern** des Interim Managers" in den Blickpunkt. Sie wurde – wie bereits im **Vorwort** erwähnt – am 1. Juli 2022 von den Verbänden der deutsch sprechenden Länder (DDIM, DSIM, DÖIM, VRIM, AIMP) auf dem „6. Gipfeltreffen der Interim Management Branche" in Luzern gefunden und sogar in der aktuell viel verwendeten „gendergerechten" Sprache und Grammatik formuliert (Schädler, 2022):

> *Interim Manager:innen sind führungserfahrene und umsetzungsstarke Problemlöser:innen. Sie stehen einem Unternehmen zeitnah für spezifische Aufgaben und auf begrenzte Zeit zur Verfügung. Sie schaffen unternehmerischen Mehrwert.*

Der Vollständigkeit halber sei darauf hingewiesen, dass **im österreichischen Sprachraum** eine leicht veränderte Begrifflichkeit zu Deutschland und der Schweiz zu finden ist. Als Oberbegriff für den in Österreich häufig verwendeten Begriff „Interimsmanagement" (als ein Wort mit Bindungs-S geschrieben) wird in der Praxis vielfach (noch) „Unternehmensberater“ verwendet. So findet sich z.B. der „Unternehmensberater für Interimsmanagement“ (Industriemagazin, 2022). Rein sprachlich (und auch rechtlich) wird Interim Management in Österreich als Teil bzw. Untersegment der Unternehmensberatungs-Branche eingeordnet und ist nach unserer Einschätzung immer noch auf dem (jedoch eingeschlagenen) Weg dahin, sich als eigenständige Branche – auf Augenhöhe zum Consulting – zu etablieren.

Kernaussage: Interim Manager können als Freelancer im Management bezeichnet werden. In der Praxis haben sie vor allem mit Beratern einige Überschneidungen. Der wesentliche Unterschied wird darin gesehen, dass Interim Manager ihren Fokus auf die operative Umsetzung oder Durchsetzung von meist unternehmerisch bedeutsamen Maßnahmen legen. Diese können durchaus auf Empfehlungen aufsetzen, die vorher von einem Berater gegeben wurden – oder von dem Interim Manager selbst, der vorher eine Analyse gemacht hat. Wie später ausgeführt, ist es auch nicht mehr nur die erste oder zweite Ebene, auf der Interim Manager tätig werden. Einsätze in Projekten, z.B. zu Change- oder Transformationsthemen, für die eine hochwertige Expertise notwendig ist, umfassen inzwischen ein gutes Drittel der Gesamtumsätze im Interim Management-Bereich (AIMP, 2022). Tendenz steigend!

Eine Abgrenzung, die in der Branche sehr ernst genommen wird, ist die „nach unten“, nämlich zur **Zeitarbeit** bzw. zum **Personalleasing.** Die DDIM (DDIM, Branchenprofil, 2020) spricht von *„substituierbaren Tätigkeiten im ausführenden Bereich* (...). *Die Arbeitskräfte sind zumeist Angestellte der Leasingfirma und werden dem Auftraggeber für einen befristeten Zeitraum überlassen.“*

Selbst die Vermittler im Interim-Business (sogenannte „**Provider**“ oder „Interim-Provider“) ziehen eine deutliche Grenze zur Zeitarbeit. In den Voraussetzungen, die ein Mitglied in der Providervereinigung AIMP (Arbeitskreis Interim Management Provider) erfüllen muss, heisst es (AIMP, 2020):

> *„Das Unternehmen (...) grenzt sich deutlich erkennbar zur Nachbarbranche der gewerblichen Arbeitnehmerüberlassung (Zeitarbeit) ab. Die Provider im AIMP vermitteln und betreuen als Manager und Experten im Regelfall nur Dritte, die Gewerbetreibende oder Freiberufler, also selbständig sind."*

1.2. Vorteile, Einsatzfelder und Besonderheiten beim Einsatz von Interim Managern

Die **Kundenvorteile durch Interim Manager** fasst die DDIM so zusammen (DDIM, Kundenvorteile, 2020):

> *„Als Hauptgründe für den Einsatz von Interim Managern werden der akute Mangel an qualifizierten Managementkapazitäten, Ressourcenengpässe, steigende Flexibilitätsanforderungen an die Unternehmen sowie kurzfristige Vakanzen gesehen. Interim Manager fangen Management-Engpässe auf, bringen ein Plus an Unabhängigkeit und verschaffen Unternehmen durch Flexibilität, Know-how und zusätzliche Ressourcen messbare Wettbewerbsvorteile."*

Ihren Kundennutzen bringen Interim Manager in allen Phasen des Lebenszyklus von Unternehmen ein. So gibt es Interim Manager, die vor allem in der Unterstützung von jungen Unternehmen tätig sind, Interim Manager, die sich auf Wachstumsthemen und Transformationen spezialisiert haben und Interim Manager, die sich geradezu auf „Krisen" oder gar die „Beerdigung" von Unternehmen spezialisiert haben. In allen Phasen jedoch sind viele Interim Manager in der Überbrückung von Vakanzen tätig. Aktuelle Marktzahlen finden sich in den entsprechenden Folgekapiteln dieses Handbuches.

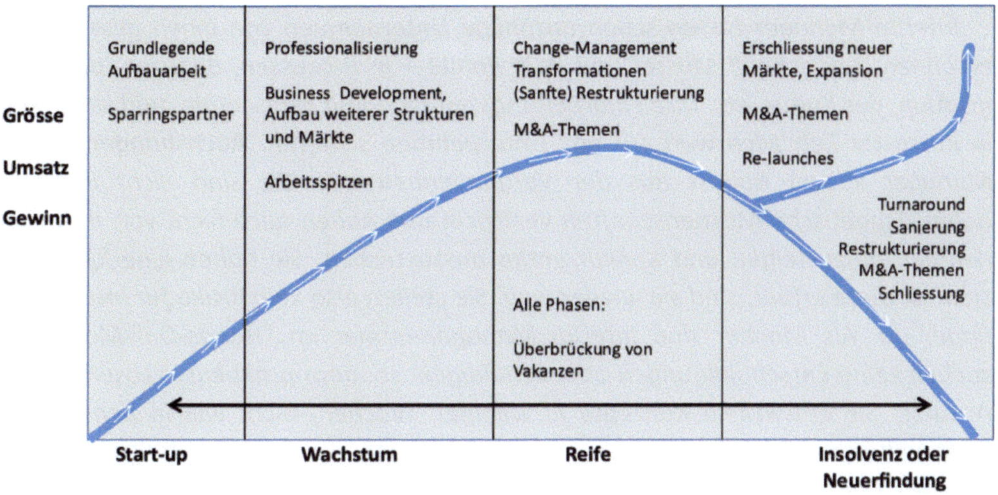

Abb.1: Einsatzfelder in unterschiedlichen Phasen des Lebenszyklus von Unternehmen (Quelle: Schönfeld, H., eigene Darstellung).

In der wirtschaftswissenschaftlichen Forschung wird Interim Management an manchen Stellen gar als „**Königsdisziplin für erfahrene Führungskräfte**" bezeichnet (Felfe & Holste, 2017). Nach dieser Studie „unterscheiden sich die erfolgreichsten Interim Manager am Markt (Top 15 Prozent) in Persönlichkeit und Führungsverhalten von weniger erfolgreichen Interim Managern. Noch deutlicher sind die Unterschiede zu dauerhaft festangestellten Führungskräften." Unsere Praxiserfahrung lehrt uns: Wer als Angestellter gut und erfolgreich war, muss es nicht automatisch als Interim Manager sein. Umgekehrt gilt die Aussage ebenfalls! Interim Management ist eine eigenständige professionelle Angelegenheit mit hohen und spezifischen Anforderungen: in fachlicher, methodischer und persönlicher Hinsicht!

Aus Sicht der **Praxis des Interim Managements** formuliert ein erfahrener und in der Branche mehrfach ausgezeichneter Interim Manager, Ulvi I. Aydin, die folgenden Unterschiede in der Tätigkeit zum „normalen" Management (Handelsblatt, Ausgabe vom 07.08.2022):

„Interim Manager haben schon unzählige Unternehmen von innen gesehen und erkennen sehr schnell Muster und Pain Points – in Prozessen, Bilanzen, der Organisation, der Kultur, etc. Ihre Einarbeitungszeit ist damit sehr gering, und sie können in kürzester Zeit Mehrwert für das Unternehmen schaffen. Auch bringen Interim Manager keinen Ballast aus der Vergangenheit mit. Sie sind nicht in unternehmenspolitische Machenschaften verstrickt und haben auch nicht vor, im Unternehmen aufzusteigen und Konkurrenten auszustechen. Sie haben eine klare Mission. Ist diese erfüllt, sind sie wieder weg. Sie stellen also kein Risiko für interne Manager da. Als Macher sind Interim Manager immer im "Hands-On"-Modus. Sie suchen keine Entschuldigungen oder Schuldigen, sondern praktikable Lösungen und Ansätze. Sie entwickeln Konzepte in wenigen Wochen, nicht wie in den meisten Unternehmen üblich, erst nach Monaten. Sobald ein Konzept freigegeben ist, machen sich Interim Manager mit den bereitgestellten Ressourcen an die Umsetzung."

Die Fähigkeit, Muster zu erkennen und praktikable, umsetzungsfähige Lösungen zu entwickeln und zu implementieren – und dabei auch noch eine besondere Beziehung zu den Menschen und politischen Gegebenheiten im Unternehmen aufzubauen, zu pflegen und im Sinne des Auftrages einzusetzen, weist auf eine ausgeprägte **Erfahrung** und damit verbundene persönliche **Reife** als Mensch und Führungskraft hin. Es liegt auf der Hand, dass eine solche Person „anders" agieren wird, nämlich „erfahrener" und „reifer als Mensch". Auch das ist eine besondere Qualität, die Interim Manager in ihrer Mehrzahl mitbringen, und die gerade bei der Auswahl des „richtigen" Interim Managers nicht leicht in definierbare Kriterien zu fassen ist.

Es liegt auf der Hand, dass die Tätigkeit als Interim Manager nicht „einfach so" eine Fortsetzung der bisherigen Karriere als Angestellter – nur mit einem anderen Vertrag in der Tasche – sein kann. Auch für Kunden kommt mit einem Interim Manager eine „reifere" und „erfahrenere" und im Hinblick auf eigene Interessen „neutralere" Person ins Unternehmen. Je professioneller und langjähriger sie als Interim Manager unterwegs ist, wird sie i.d.R. anders denken, empfinden und agieren als ein Angestellter. So sind „Job-Descriptions" von Firmen, die 1:1 die Erwartungen an einen aufstrebenden und karriereinteressierten Angestellten widerspiegeln, genauso deplatziert, wie „Bewerbungen" von Interim Managern. Beide ignorieren die Kenntnis um die besondere Rolle eines selbständigen und im Urteil und Handeln unabhängigen Externen, der sich „auf Augenhöhe" befindet und i.d.R. auch nicht mehr der Welt und sich selbst beweisen muss, wie gut er ist.

1.3. Klima – Corona – Ukraine – Energie – Inflation: Neuartige Krisen schaffen Arbeit für Interim Manager

Solange die Autoren dieses Handbuches zurückdenken können, befinden sich Unternehmen in einem Zwang, sich laufend zu verändern und zu optimieren. In den Vor-Corona-Jahren galten vor allem die Globalisierung mit ihren weltumspannenden Kunden-Lieferanten-Beziehungen, die Digitalisierung und vor allem das Klima als wichtige Treiber von Veränderungen. Das klassische Beispiel ist das Thema der Elektromobilität in einer immer globaler agierenden und in internationale Lieferketten eingebundenen Automobilindustrie. Unzweifelhaft gehört es zur DNA von Unternehmen, sich ständig den Marktveränderungen anzupassen und dabei für Profitabilität zu sorgen. Für viele Unternehmen und Führungskräfte waren die notwendigen Ansatzpunkte zur Gestaltung von Verbesserungen durchaus bekannte Herausforderungen, denen sie sich stellten. Sie hatten dafür jedoch viel umfangreichere zeitliche Spielräume für (Markt-) Analysen, für Diskussionen mit Beratern und Stakeholdern, für Produktentwicklungen und für Entscheidungen. Die Weiterentwicklung des Produktportfolios, der Geschäftsprozesse, der Marktbearbeitung und des Geschäftsmodells geschah somit eher geplant, Zug um Zug und evolutorisch.

Bis in den Jahren 2019 bis 2022 der weltweite **Brandbeschleuniger** auf die Weltbühne trat: Corona. In den einzelnen Corona-Wellen wurde gnadenlos aufgezeigt, wo die Schwachstellen und der Transformationsbedarf ganzer Wertschöpfungsketten liegen. Ein bekanntes Beispiel aus dem Bereich des Supply Chain Managements sind die Folgen der sogenannten „Chip-Krise".

Die Reaktion der Menschen (Entscheider, Mitarbeiter, Kunden, Lieferanten, aber auch der Öffentlichkeit) folgte einem klassischen Muster:

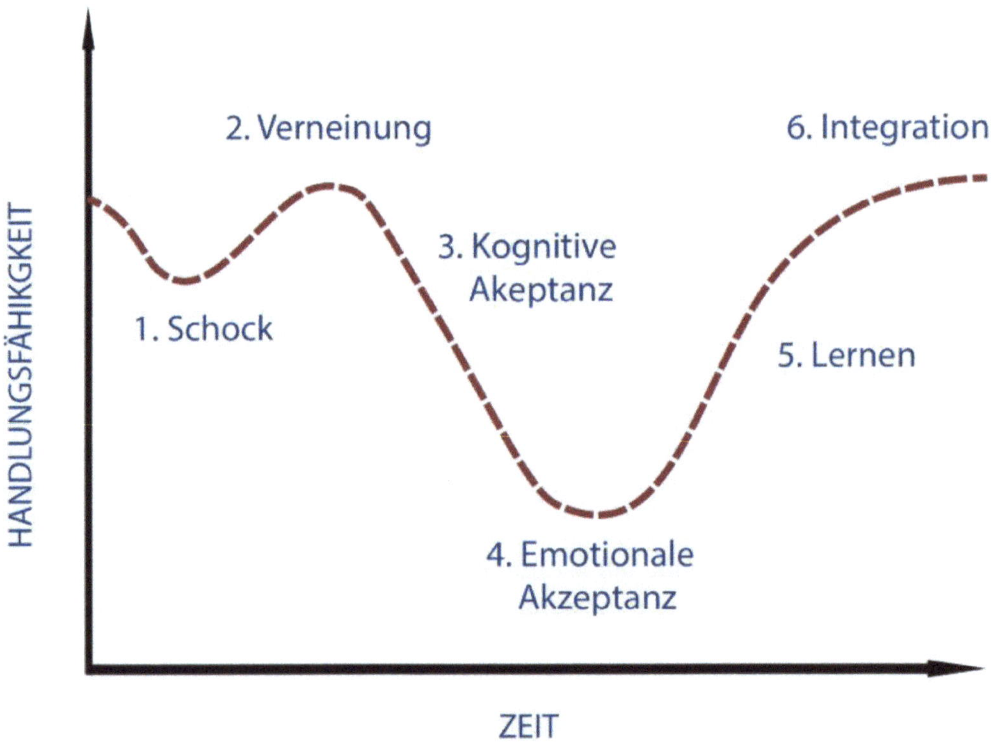

Abb.2: Phasen bei existenziellen Veränderungen (Quelle: Singer G., eigene Darstellung).

Die Pandemie und die damit verbundenen Ängste und Lockdowns führten anfangs zu einer „Schockstarre"; gesamthaft zu einem fast kompletten Stillstand der Wirtschaft. Zusammen mit einer „Verneinung" folgte ein Abwarten. In dieser Zeit wurden auch für Interim Manager in den meisten Branchen wie z.B. Automotive und Maschinenbau, die beide zusammen für fast die Hälfte der Aufträge verantwortlich sind, nur wenig neue Aufträge erteilt (vgl. Kapitel 3 dieses Handbuches zum Markt). Nach Durchlaufen eines „Tals der Tränen“ begannen Unternehmen, sich mit der Veränderung konstruktiv und akzeptierend auseinanderzusetzen; u.a. unter dem Schlagwort der „Business Resilienz“. So brachte es die Unternehmensberatung McKinsey mit untrüglichem Gespür für ein einträgliches Beratungsgeschäft in zwei Sätzen auf den Punkt und begann, den Unternehmen neue Wege aufzuzeigen (Nauck et al. 2021):

> *„2020 was a wake-up call. To thrive in the coming decade, companies must develop resilience—the* ***ability to withstand unpredictable threat or change*** *and then* ***to emerge stronger****.“*

Im Jahr 2022 folgte dann die **Ukraine-Krise** mit anschließender kriegerischer Auseinandersetzung in Europa und umfangreichen Sanktionen gegen Russland. Direkt damit verbunden: Die Themen „Energie“ und „Inflation / Zinsen“. Die Folgen daraus sind zum Zeitpunkt der Veröffentlichung dieses Buches für viele Menschen und auch für die Autoren dieses Handbuches noch nicht abzuschätzen. Besondere Aufmerksamkeit erhalten dadurch jedoch die **Risiken des Geschäftsmodells** vieler Unternehmen, die bisher noch nicht so „auf dem Zettel“ waren. Beispiele sind: Sicherheit und Schutz der Mitarbeiter, steigende Energiekosten, ein zunehmender Anstieg an Cyberangriffen (F24, 2022) oder Steigerungen der Lohnkosten als Ausgleich für Inflation. Selbst die Versorgung mit Nahrungsmitteln – über die letzten Jahrzehnte in Mitteleuropa eine Selbstverständlichkeit – rückte in den Blickpunkt.

Zusammenfassend lässt sich feststellen: Die Form des Wirtschaftens (und damit auch des Managements, wie in Kapitel 2 näher dargestellt) befindet sich in einem tiefgreifenden Wandel. In einigen Branchen erfolgt der Wandel aufgrund veränderter Wertvorstellungen und Prioritäten (z.B. rund um das Mega-Thema Klima). Andere Branchen, z.B. im Gesundheits- und Technologiebereich (ICT) oder im Onlinehandel, sind aufgrund der Pandemie und begleitender Digitalisierung innerhalb kürzester Zeit geradezu explodiert und verzeichnen hohe Wachstumsraten. Neue, dringende Bedürfnisse lagen vor (z.B. Gesundheitsschutz) bzw. bisherige Prozesse (Einkaufsverhalten, Art der Zusammenarbeit in den Unternehmen) konnten nicht mehr beschritten werden. Teilweise sorgten sogar Gesetze, wie die Pflicht zum Homeoffice oder Regelungen rund um das Thema der Nachhaltigkeit (ESG), für die Veränderung. In anderen Industrien war und ist die Zündschnur länger. Der Ukraine-Krieg hingegen hat Auswirkungen, die in der öffentlichen Diskussion als „Zeitenwende" beschrieben werden – und ein massives Umdenken mit veränderten Priorisierungen bei zentralen Themen wie z.B. dem Klima, der Versorgung mit Energie und Nahrungsmitteln, Sicherheit von Leib und Leben, physischer und psychischer Gesundheit, Organisation von Arbeit, Migration, Umgang mit Daten / Digitalisierung, der Natur und mit sich selbst als Mensch eingeleitet haben

Ganze Branchen haben in den letzten Jahren weitreichende Veränderungen rund um die „**Klima-Krise**" erlebt; mache sind immer noch mitten im Transformationsprozess. Dann galt es – parallel und unerwartet – mit den weitreichenden Folgen der „**Corona-Krise**" zu kämpfen. Mit der „**Ukraine-Krise**" stehen ganze Volkswirtschaften – ebenfalls völlig unerwartet – nun auch noch vor der zusätzlichen Herausforderung, mit den Auswirkungen eines multidimensionalen Krieges in Europa umzugehen. Eine neuartige „**Energie-Krise**" mit unerwarteten Neubewertungen von bisherigen Denkgewohnheiten (z.B. hinsichtlich der Nutzung der Atomenergie und des Umgangs mit Nahrungsmitteln) kommt hinzu – bis hin zu den Folgen einer in den letzten Jahren nicht gekannten Inflation und einer entsprechenden Änderung des Zinsniveaus.

In den von den oben benannten Krisen betroffenen Branchen haben die Menschen inzwischen mehrheitlich aufgehört, in einem Schock-Zustand zu verharren. Es wird nun akzeptiert, was ist („kognitive und emotionale Akzeptanz", siehe Phase 3 und 4 von Abbildung 2). Zumindest bei dem, was durch die Krisen ausgelöst wurde, erfolgt bei den meisten Unternehmen nun eine konkrete und aktive Auseinandersetzung mit den neuen Anforderungen und Aufgaben („Öffnung", „Neugierde“, „Lernen“, „Erkenntnis“ und „Probieren“). Das aktive Arbeiten an den eigenen Kompetenzen wird mit hoher Sicherheit in eine neue Routine im Umgang mit neuen Themenstellungen und Anforderungen sowie „Integration“ neuer Arbeitsweisen in den betrieblichen Alltag münden (Vergleiche dazu auch Schönfeld, 2022). Je nach Branche und nach Unternehmen, finden sich die Menschen in unterschiedlichen Phasen wieder.

Es mag überraschen, aber es gibt durchaus Einschätzungen, dass die 2020er Jahre – trotz oder gerade wegen dieser Krisen und dem damit verbundenen geradezu zwangsweisen Lernen, Integrieren und Umsetzen von Neuem – rückblickend als **Wirtschaftswunder 2.0** in die Geschichte eingehen könnten, anknüpfend an die Ludwig-Erhard-Zeit des Wiederaufbaus von 1949 bis 1963. Das Diplomatic Council (DC), ein Think Tank mit Beraterstatus bei den Vereinten Nationen, formuliert die Themen, die auf gesamtwirtschaftlicher Ebene für unsere geographische Region eine wichtige Rolle spielen werden: Internet der Dinge, Künstliche Intelligenz, Big Data, Biotech, Fintech, Digitalisierung – und über alle Branchen hinweg: eine aufblühende Startupszene (Dripke et al. 2021)[5].

Es gibt keine Vorbilder für das, was nun aufgrund der vielfältigen Veränderungen in so vielen Dimensionen – und auch noch in so kurzer Zeit – **auf der Ebene der Unternehmen,** dem Einsatzfeld von Interim Managern, passiert. Darum sind alle Prognosen mit Vorsicht zu geniessen. Der Digitalisierungsexperte und Innovator Frank Thelen erwartete jedoch schon vor Ausbruch des Ukraine-Kriegs: *„Die nächste Welle der Veränderungen wird noch größer sein“*. Gleichzeitig sagt er: *„Deutsche und europäische Unternehmen haben in den neuen Feldern große Chancen“*. In einem dokumentierten Gespräch (DIE DEUTSCHE WIRTSCHAFT, 2022) spricht Thelen von einer *„Zeit für einen Neuanfang“*. So erwartet er eine *„zweite große Welle“* der technologischen Entwicklung. Ein Blick auf die Qualität dieser Welle: Während es in den Zeiten des Wiederaufbaus in Westeuropa vorrangig darum ging, Trümmer beiseitezuräumen und die Industrie grundsätzlich wieder zum Laufen zu bringen, geht es nun in diesen westlichen Ländern vor allem um Innovationen bzw.

---

[5] Diese Einschätzung erfolgte noch vor Ausbruch des Ukraine-Konfliktes, der zwar im vorliegenden Werk schon Berücksichtigung findet, dessen *langfristige* Folgen zum Zeitpunkt der Publikation dieses Fachbuches aber noch nicht abschließend abzuschätzen sind.

um Transformation (Dripke et al 2021): die Gestaltung und Umsetzung von Neuem. Es erscheint sogar so, als ob Prozesse der Veränderung und eines fundamentalen, kontinuierlichen und starken Wandels geradezu zu einem Merkmal des aktuellen Zeitgeistes werden. Im Ergebnis gibt es viele Hinweise auf ein Potential für hohe Wachstumsraten und neuen Wohlstand.

Alle diese Veränderungen – und vor allem ihre Geschwindigkeit – haben massive Auswirkungen auf die Geschäftsmodelle, die Wertschöpfungsketten und darauf, wie sich Unternehmen (auch unter Einbindung von Externen, wie Interim Managern, Zeitarbeitern, Freelancern) organisieren[6]. In der Literatur und Praxis – und auch in der Consultingindustrie – wird fast im Monatstakt eine neue „Sau durchs Dorf getrieben". Einige der viel diskutierten Themen drehen sich um Strategie und Geschäftsmodelle, Digitale Transformation, Organisationstrukturen und -prozesse, den Einsatz von Künstlicher Intelligenz (KI / AI) neue Formen der Supply Chain, digitale Automatisierungstechnik (Industrie 4.0). Ebenfalls im Spiel sind Kryptowährungen, Blockchain und das **Metaverse.** Kurz gesagt: Alles und alle sind betroffen! Das eigene Unternehmen, die Mitarbeitenden, die Kapitalgeber, die Kunden, die Lieferanten und die Wettwerber. Niemand kann sich auf eine Insel zurückziehen, so weitermachen wie bisher und hoffen, ohne Veränderung auch in Zukunft wettbewerbsfähig zu bleiben.

So erkennt auch der im Moment wohl „dienstälteste" Provider Deutschlands, Christof Meier-Preschany, mit all seiner persönlichen Erfahrung aus mehr als einem Vierteljahrhundert in der Vermittlung von Interim Managern sehr viel Bedarf auf Seiten der Unternehmen, zukünftig noch mehr Interim Manager einzusetzen (Kläs, 2022). Die Fähigkeits- und Kapazitätslücken auf Seiten der Unternehmen sind offensichtlich:

> *„Interim-Management wird wachsen. Es ist ja heute schon so, dass der Einsatz von Interim Managern zunehmend zum strategischen Personal-Instrumentarium gehört, aber gleichzeitig gibt es auch noch viele Unter-*

[6] Mehr dazu im Kapitel zu den Veränderungen der Arbeitswelt als Opportunitäten für Interim Manager (Kapitel 2 dieses Handbuches).

nehmen, die sich noch gar keine Vorstellungen darüber machen, wie so etwas überhaupt funktionieren könnte. Bei den einen gehört Interim Management eben dazu, während andere bisher gut gefahren sind mit einer hervorragenden Personalpolitik. Ob das so bleibt, weiß man nicht. Zeigen Sie mir ein Unternehmen, das nicht einen kontinuierlichen Optimierungs-, Veränderungs- und somit Transformationsbedarf hat – und dann zeigen Sie mir eines, das auch wirklich kontinuierlich diesen Optimierungsbedarf intern vorantreiben kann. Da habe ich meine Zweifel ... der Einsatz von Interim Professionals bietet hier eine zusätzliche Möglichkeit!"

Einen ähnlich optimistischen Blick in die Zukunft wirft die Prognose des Branchenverbandes DDIM (DDIM, 2022) für Deutschland. Nach einem Corona-bedingten Einbruch im Jahr 2020 und einer Erholung in 2021, wird bei allen Parametern[7], die die Gesamtmarktentwicklung beeinflussen, für 2022 eine Steigerung erwartet[8]: Bei der Anzahl der Interim Manager, beim Honorarvolumen, bei der Auslastung und bei den Tagessätzen.

---

[7] * = Interim Manager der ersten zwei Führungsebenen (dritte Ebene abhängig von Unternehmensgröße) mit Übernahme von Führungs- und/oder Ergebnisverantwortung. **=Honorarvolumen Gesamtmarkt Dienstleistung Interim Management, einschließlich Providermarge. ***= Auf Basis der persönlichen Maximalkapazität der Interim Manager.

[8] Es sei ausdrücklich darauf hingewiesen, dass es sich um eine in der Branche und von den Autoren durchaus kontrovers diskutierte Erwartungshaltung auf Anbieterseite (Verbandsmitglieder) handelt. Die Umfrage erfolgte zudem noch vor dem Ausbruch der Ukraine-Krise ... Und „Krisen" hatten in den letzten Jahren (siehe im Kapitel zum Markt) bisher immer eine zunächst eher dämpfende Wirkung auf den Gesamtmarkt des Interim Managements. Selbstverständlich kann es innerhalb des Gesamtmarktes in bestimmten Segmenten zu hoher Nachfrage kommen. Ein Beispiel ist die hohe Nachfrage nach Experten für Einkauf und Supply-Chain-Management während der Lieferengpässe.

Kernaussage: Krisen bedeuten Veränderungen. Und Veränderungen erfordern „Veränderungs-Arbeit“. In den Unternehmen ist daher Umsetzungskompetenz zur Realisierung von Neuem erforderlich – und dafür sind Interim Manager vom Rollenbild her wie geschaffen! Sehr viele Anzeichen sprechen somit grundsätzlich für glänzende Zukunftsaussichten für Interim Manager.

Doch wer mit seinen Kompetenzen als Interim Manager nicht (mehr) auf der Höhe der Zeit ist, rein auf seinen Erfahrungen und Erfolgen aus der Vergangenheit aufbaut und mit modernen Themen nur oberflächlich vertraut ist, trifft bei veränderten Rahmenbedingungen nicht unbedingt die richtigen Entscheidungen. Solche Interim Manager können dann sogar zur Gefahr werden. Gerade in Zeiten der Veränderung brauchen Unternehmen bei der Auswahl des richtigen Interim Managers vor allem Sicherheit. Sie blicken daher mit der Lupe auf das, was Interim Manager anbieten – und schätzen verlässliche Informationen, denen sie vertrauen können.

1.4. Neue Anforderungen an Interim Manager: Eine Branche professionalisiert sich

Langjährige Profis im Interim Management wissen, dass sich vor diesem Hintergrund die Anforderungen an die Tätigkeit von Interim Managern in den letzten Jahren stark gewandelt haben – und ständig höher, komplexer und digitaler werden. Detaillierte Aussagen dazu finden sich im Vorwort zur zweiten Auflage am Anfang dieses Handbuches.

Die Einschätzung von Corona als Brandbeschleuniger – und den aktuellen Krisen als weitere „Förderer“ von Veränderungen – gilt erst recht für diese Branche! Es geht nicht nur um neues, aktuelles, digitales Fachwissen, das die Kunden brauchen. Auch neue Methoden und Arbeitsweisen im Management der Kundenprojekte, sind hinzugekommen. Vor allem: Mitarbeiter sind durch den vorher nicht so gekannten starken Wandel emotional belastet und brauchen in der Führung vermehrt Orientierung und Sicherheit.

Zu wissen, worauf es bei all dem Wandel wirklich für Interim Manager aktuell ankommt und die notwendigen Kompetenzen und das neue Wissen zu erwerben oder zu aktualisieren, ist eine **komplexe Herausforderung**. Es erfordert weit mehr als einen freundlichen kollegialen Austausch mit anderen Interim Managern oder ein Kennenlern- und Feedbackgespräch mit einem erfahrenden Provider. Auch im Hinblick auf ihr Spezialgebiet brauchen Interim Manager mehr als „ab und zu mal eine Weiterbildung" zu den aktuellen Trends in ihrem Tätigkeitsgebiet (fachlich und methodisch). Das Beherrschen von Video-Konferenzsystemen und digitalen Kollaborationstools, eine gute Selbstorganisation, Coaching-Kompetenzen und die Fähigkeit im Umgang mit sich selbst als Interim Professional kommen hinzu[9]. Nur wer bei den aktuellen und mitunter auch kontrovers diskutierten Themen seines Fachgebietes „bis in die Ecken" kompetent mitreden oder mit eigenem Beispiel vorausgehen kann, der kann die richtigen Entscheidungen treffen und seinen Mehrwert realisieren. Wer nicht auf der Höhe der Zeit ist, kann dann sogar zur Gefahr für seine Kunden werden. Genau hier erkennen wir den komplementären Part zu Unternehmen, die sich ständig den Bedürfnissen ihrer Kunden stellen und laufend neu erfinden müssen.

Ein Beispiel für all das, was sich im Moment für Führungskräfte – und damit auch für Interim Manager – verändert, zeigt ein Blick auf die Ergebnisse einer aktuellen Studie zu den „Leadership qualities necessary for the digital era" (Hill et al, Feb. 14, 2022). „Adaptability" (71 Prozent), „Curiosity" (48 Prozent), „Creativity" (47 Prozent) und „Comfort with ambiguity" (43 Prozent) werden am meisten genannt. Gerade für Interim Manager, die ständig in neue Unternehmen hineinkommen und sich in einem neuen Umfeld schnell zurechtfinden müssen, ist daher die oben benannte Adaptivität bzw. **Anschlussfähigkeit** an die Kunden von überragender Bedeutung. Wurde Anschlussfähigkeit in der Vergangenheit häufig mit „Kulturellem

---

[9] Gerade zum Start als Interim Manager (oder in Ergänzung zu einer Neuausrichtung und Aktualisierung des Leistungsangebotes als professioneller Interim Manager) empfehlen sich fundierte Zertifizierungslehrgänge wie z.B. die der Steinbeis Augsburg Business School zum Zertifizierten Interim Manager (m/w/d) https://steinbeis-ifem.de/. Orientierung bieten ebenfalls die einschlägigen Veranstaltungen der Branchenverbände DDIM, DSIM, DÖIM, VRIM und AIMP.

Fit“ oder gar „Stallgeruch“ umschrieben, zeigte sich in der Pandemie, wie schnell die Entwicklung gerade im Digitalen voranschritt (Singer, 22.01. 2022):

> *„Die Corona-Krise fungiert als Brandbeschleuniger. Nachhaltige Trends realisieren sich nicht mehr in 5-10 Jahren, sondern in ab jetzt bis in 5 Jahren. Digitale Disruption ist Fakt und führt zu neuen Anforderungen für den Zukauf von Interim Managern. Digitale Anschlussfähigkeit zur Gestaltung digital basierender Prozessketten ist unverzichtbar, um in der eigentlichen Kernkompetenz (Finanzen, Marketing, Human Resources) angefragt zu werden.*
>
> *Ich kann allen Interim Managern, die diese digitale Anschlussfähigkeit noch nicht besitzen, nur dringend raten, diese zu erwerben. Es ist eine Investition, die gut geplant werden muss und mehrere Monate an Lernzeit bedarf. Das Gelände ist hier sehr unübersichtlich und ich kann Ihnen nur empfehlen, diese Investition zur eigenen Transformation mit einem Coach/Lernscout zu planen. Er hilft Ihnen als Architekt. Bauen müssen Sie dann selbst.“*

Die Kompetenz im **Umgang mit Daten** – und zwar umfassend – kann dabei nicht stark genug betont werden (Hill et al, Feb. 14, 2022):

> *"Leaders must be empathic about the stress employees feel as they grapple with the complexity and change that comes with digital transformation (...)*
>
> *It’s important to remember that data, like all information, is power, and not everyone will embrace this transition readily. Functional experts and leaders can become resistors to change, especially if the data challenges deeply held assumptions based on experience or expertise or reveals unpleasant realities about customer or employee experiences. Some might consider the use of AI in "people decisions" dehumanizing. Again, leaders should prepare to manage the emotions associated with learning to use data to make better and faster decisions. Without a shared sense of purpose and attendant psychological safety, (...) employees will likely reject data instead of incorporating it into the daily practices in their organizations."*

Bei Interim Managern kommt hinzu, dass sie in jedem neuen Projekt mit unterschiedlichen Datenstrukturen, -Qualitäten und entsprechenden IT-Systemen (einschließlich digitaler Kollaborationstools) konfrontiert werden. Gerade um die oben benannte Anschlussfähigkeit zu gewährleisten – und letztlich auch für eine schnelle Akzeptanz bei den Mitarbeitenden und Kollegen – ist es unumgänglich, über eine sehr solide IT-Querschnittskompetenz auf aktuellem Stand zu verfügen.

Praxistipp: Wer als Einsteiger ins Interim Management noch zur Gruppe der „Digital Immigrants" gehört und bei seinem bisherigen Arbeitgeber nicht auf aktuellem Stand der digitalen Tools gearbeitet hat, dem kann nur mit höchster Priorität zur digitalen Weiterbildung geraten werden[10]. Aber auch für langjährige Profis gilt: Es ist integraler Teil des Berufsbildes von Interim Managern geworden, ohne Unterlass an den eigenen digitalen Kompetenzen zu arbeiten und sie auf dem aktuellen Stand der notwendigen Methoden und Tools zu halten. Die eigene Zukunftsfähigkeit steht und fällt mit Neugier, andauerndem Lernen und einem ständigen Optimieren der eigenen Leistung. Es gibt Weiterbildungsangebote zu digitalen Themen, die sich sehr gut berufsbegleitend und sogar parallel zu einem Projekt wahrnehmen lassen[11]. Häufig gehörte Aussagen von Interim Managern wie *„Neben meinem anspruchsvollen Projekt habe ich für digitale Weiterbildung keine Zeit; zudem bin ja Führungskraft und brauche das nicht im Detail zu wissen"*, werden von führenden Providern und Personalchefs der Kundenunternehmen zur Kenntnis genommen; die Konsequenzen brauchen hier nicht weiter erläutert werden.

---

[10] Ein Beispiel für Weiterbildungsangebote in diesem Bereich ist Coaching, das im 1:1-Modus stattfinden kann, um ganz gezielt anzusetzen und neues Wissen aufzubauen: https://www.unitedinterim.com/tools-und-methoden-im-digitalen-zeitalter

[11] Ein Beispiel sind die Angebote des Hasso Plattner Instituts in Potsdam. Es bietet Berufstätigen eine breite Palette an Weiterbildungsmöglichkeiten und Führungskräfteprogrammen an, u.a. zur Innovationsmethode Design Thinking sowie den Themen IT und digitale Transformation. https://hpi.de/. Empfohlen werden können auch die Weiterbildungen (mit Zertifikat!) der Steinbeis Augsburg Business School, die z.T. online durchgeführt werden, u.a. zum Change Management, Innovation, Digitalisierung und modernem Projekt- und Prozessmanagement. https://steinbeis-ifem.de/online-kurse-mit-zertifikat/

Die Anschlussfähigkeit von Interim Managern zeigt sich aber nicht nur im Hinblick auf das Digitale. Es ist auch die Art und Weise, wie in Unternehmen auf moderne Weise zusammengearbeitet wird. Stichworte sind hierbei beispielsweise: Remote Führung, agiles Projektmanagement, divers zusammengesetzte Teams; Sinn / Werte / Purpose. All das sind Elemente des Unternehmens-Kosmos, in den ein Interim Manager hineinkommt – und in dem er sich unverzüglich zurechtfinden muss, um zu verstehen, was ist und Akzeptanz bei den Menschen und Wirkung in der Sache erzielen zu können. Die **Sprünge zwischen unterschiedlichen „Kulturen"** (um all das begrifflich zusammenzufassen) seiner Auftraggeber – zum Teil durchaus in derselben Branche – gehören zu den größten Herausforderungen.

Entsprechend betont ein erfahrender und mehrfach in der Branche ausgezeichneter Interim Manager, Eckhart Hilgenstock, in einem Schreiben an einen der Autoren im September 2022 die Bedeutung lebenslangen **Lernens**, des **Bewusstseins über sich selbst** und Kompetenzen im Verständnis und Umgang mit der **Unternehmenskultur** des Mandanten.

> *„Lebenslanges Lernen – auch in der Vorbildfunktion – ist unumstritten, hoffe ich. Bewusstsein über sich selber (self awareness) – ich kann es nicht besser übersetzen – gehört dazu. Gleich wichtig finde ich das Verständnis über die Unternehmenskultur, in der man seine Leistung mit dem Team erbringt. Mir ist es schon passiert, dass ich erst nach langer Zeit verstanden habe, warum bestimmte Dinge nicht funktionieren, und dass das durch die starke Unternehmenskultur bedingt ist, an die sich alle halten. An die ungeschriebenen Regeln, an die sich jeder besser hält, bevor eine Situation eskaliert. Heißt dann für mich: wie passe ich mich in die Unternehmenskultur ein, wie kann ich darin meine Leistung erbringen? Oder passt das auch einmal nicht zusammen. Dann gehört Ehrlichkeit dazu und das Eingeständnis, dass das vielleicht das falsche Mandat ist. Manche Unternehmenskultur muss ich spüren, um sie wirklich zu verstehen. Dann kann ich in mich herein horchen, wie ich mich adaptieren kann."*

Die Erfahrung zeigt, dass es zum Berufsbild von Interim Managern – und zur Erwartungshaltung der Kunden – gehört, dass ihnen keine „100 Tage“ zugestanden werden, sich erst einmal zu orientieren. Meist gibt es auch keinen definierten Onboarding-Prozess durch die HR- oder Fachabteilung. Interim Manager sind also im Grunde auf sich allein gestellt und müssen ihren Anschluss selbständig organisieren und auf den Weg bringen. Ein erfahrender Interim Manager aus der Schweiz, René Bollier[12], ist der Ansicht, dass ein guter Interim Manager schon am ersten Tag Wirkung erzeugt (Bollier, 2022):

> *Ein Interim-Projekt ist (...) kein „business as usual“. In einem befristeten Zeitrahmen muss vom Interim Manager gemeinsam mit allen Beteiligten Ausserordentliches geleistet werden, um die vom Auftraggeber gesetzten – meist dringlichen – Ziele zu erreichen. Damit ist es zwingend, dass der Break Even zwischen Lernphase und Wirkung eines Interim Managers viel früher als bei einem Festangestellten einsetzt ...*
>
> ***Vorbereitung vor Projektbeginn***
>
> *Die Arbeit eines Interim Managers beginnt schon vor dem Antritt im Unternehmen vor Ort. Sie startet mit einer klaren Skizzierung des Projektes und dessen Zielen. Problematisch ist der Wunsch mancher Auftraggeber, im Vertrag spezifische, klar formulierte Ziele festzuschreiben In vielen Fällen können die Unternehmen das Problem, das sie lösen wollen, oder dessen Ursachen und Begleiterscheinungen aber nur vage beschreiben. Ich empfehle daher, vor Mandatsbeginn nur grobe Ziele abzustecken und einen „Sollzustand“ zu definieren. In dieser Diskussion versuche ich, die Denkweise und die Werte meines Auftraggebers zu internalisieren. Dieses Verständnis ist wertvoll, vermittelt es mir doch für später den richtigen Handlungsleitfaden – auch ohne detaillierte Absprache. In manchen Mandaten investieren meine Kunden bereits vor Vertragsunterzeichnung 1-2 Tage in eine gemein-*

[12] 2011 Auszeichnung als Interim Manager des Jahres (AIMP). 2018-2019: Präsident des Branchenverbandes DSIM (Dachverband Schweizer Interim Manager).

same Zieldefinition. So entsteht Verständnis füreinander und eine von allen Seiten getragene Übereinkunft.

Kalibrierung der Zusammenarbeit

Auftraggeber tragen entscheidend zum Gelingen des agilen Starts bei, indem sie persönlich sicherstellen, dass in der Startphase die wichtigsten Managementmitglieder vor Ort persönlich verfügbar sind. Ihre Aufgabe am ersten Tag ist es, die Bedeutung des Projektes und des Interim Managers mit aller Entschiedenheit zu vermitteln. Das heisst nichts anderes, als den Interim Manager klar zu bevollmächtigen.

Die Auftraggeber sollten zudem für den Interim Manager erreichbar und zugänglich sein. Wenn in den ersten 10 Tagen Feinabsprachen nötig sind, müssen diese zeitnah getroffen werden können. Das ist ein wichtiger Beitrag zum Kalibrieren der Zusammenarbeit. Ab Tag 1 steht dann die Plausibilisierung der Vorgaben und die Konkretisierung des Plans im Vordergrund:...

Das Resultat ist ein konkretisiertes Konzept. In manchen Unternehmen folgt dann noch ein offizieller Kick-off mit dem Auftraggeber (bzw. Geschäftsführung oder Vorstand) und in der Folge mit der Belegschaft am Ende der zweiten Woche."

Praxistipp: Nur wer als Interim Manager schnell versteht, wie ein neuer Auftraggeber „tickt“ und wer für alle Phasen des Projektes einen klaren Plan hat, wird nachhaltig erfolgreich sein. Professionelle Interim Manager verfügen daher über eine persönliche Toolbox für die unterschiedlichen Phasen eines Interim Management Projektes. Wer neu ins Interim Management einsteigt, muss dieses für sich selbst erst einmal erarbeiten: Es ist im eigenen Interesse!

1.5. Open Source Intelligenz, die eigene Marke – und eine Branchenweisheit

Spätestens in den Jahren der Pandemie gab es eine Zeitenwende bei den Einkäufern von Interim Management Dienstleistungen. Das Smartphone in der Hand wurde zum wichtigsten Tool zur Informationsbeschaffung: Wer einen Interim Manager braucht, der nutzt inzwischen alle öffentlich zugänglichen Quellen.

Open Source Intelligence: Die Nutzung aller öffentlich zugänglichen Quellen zur Informationsbeschaffung über Interim Manager ist zum Normalfall geworden: Bei den Entscheidern bzw. Recruitern, bei Providern (über einen eigenen Pool hinaus) – und letztlich auch den Mitarbeitern des Unternehmens, wenn der Interim Manager zum Einsatz kommt.

Gerade wenn es um Projekte geht, bei denen aktuelles Wissen oder bestimmte Erfahrungen erforderlich sind, und selbst wenn man einen bestimmten Interim Manager „im Hinterkopf“ hat oder gar „irgendwo in der Datenbank“ einen CV hat: Es wird “gegoogelt”, d.h. nachgeschaut, was sich im Web über diese Person findet.

Inzwischen hat sich in der Branche die Einsicht durchgesetzt, dass die eigene Marke – konsequent ausgerichtet an einer klar formulierten Positionierung – von herausragender Bedeutung ist, wenn es darum geht, Projektanfragen zu erhalten, oder gar den Zuschlag in Form eines Auftrages. Gerade im Hinblick auf die Monetarisierung der eigenen Dienstleistung gilt die Weisheit:

"Sind Sie keine Marke, dann entscheidet der Tagessatz über Ihre Zukunft." Die eigene Marke gehört zu den wichtigsten Assets eines Interim Managers – neben seinem Wissen, seiner Arbeitsmethodik, seiner Persönlichkeit und den Referenzen zufriedener Kunden – und damit zu den Grundbedingungen, dass eine Karriere als Interim Manager auch nachhaltig erfolgreich ist. Wer als hochbezahlter Experte Aufträge gewinnen will, muss von potentiellen Käufern seiner Dienstleistung – und auch von Empfehlungsgebern oder Vermittlern – deutlich und in professionell-authentischer Weise (also als Marke) wahrgenommen werden.

Kernaussage: Professionelle Interim Manager müssen (a) Ihre eigene **Marke schaffen**, (b) **Aufmerksamkeit** bei potentiellen Auftraggebern generieren, (c) die Marke dann auch **leben** – und für **Sichtbarkeit** sorgen. Das ist eine Frage der unternehmerischen Haltung und Grundvoraussetzung für eine nachhaltig erfolgreiche Monetarisierung des eigenen Geschäftsmodells als Interim Manager.

Der Weg zur eigenen Marke kann im Rahmen dieses Karriere-Handbuchs nur angedeutet werden. Dafür gibt es spezialisierte, weiterführende Literatur. Zentral ist dabei jedoch Professional Branding (Weber, 26. 01. 2022):

> "*Professional Branding lässt Unternehmen und Fachkräfte zur Marke werden. Eine ansprechende Onlinepräsenz (...) beweist Expertise. In einer Zeit, in der physische Präsenz (...) nicht immer möglich ist, werden Social-Media-Profile noch wichtiger als bisher. Sowohl für Kleinunternehmen, Mittelständler als auch für Arbeitnehmer kann ein professioneller Internetauftritt auf den gängigen Plattformen die Eintrittskarte für Jobs oder Aufträge sein.*"

Eine eigene Marke, ein professioneller digitaler Marktauftritt mit eigener Website und die Präsenz auf den wichtigsten Plattformen ist eine wichtige Grundlage, vergleichbar mit einer Eintrittskarte. Ein Interim Manager betritt damit sozusagen die Arena. Um jetzt Kunden wirklich gewinnen zu können, ist Aktivität – und zwar kontinuierlich – unabdingbar. An dieser Stelle rückt die Marktbearbeitung ins Bild, die in späteren Kapiteln noch näher beschrieben wird.

Aufbauend auf die Marke mit Sichtbarkeit, Reichweite und Relevanz kommt jetzt als Besonderheit der Branche das Menschliche ins Spiel – und zwar in Form der alten Branchen-Weisheit *„Interim Management ist letztlich People Business"*. Damit ist gemeint, dass der Aufbau und die Pflege von Beziehungen (Interaktion) zu relevanten Entscheidern oder Empfehlungsgebern die Voraussetzung für den Aufbau des im Interim Management so überragend wichtigen **Vertrauens** ist.

Ein Kunde möchte **den Menschen spüren** – um dann auch die Arbeit, die er leistet, besser begreifen und für sich einordnen zu können. Nur, wenn ein Auftraggeber das kann und dabei die Sicherheit gewinnt, dass die gewonnenen Eindrücke authentisch und stimmig sind, wird er einen Auftrag vergeben.

Kernaussage: Bei der großen Menge an möglichen Zielpersonen ist Reichweite für Sichtbarkeit eine notwendige Voraussetzung. Reichweite ist das Kerngeschäft von offenen digitalen Plattformen. Somit ist deren Nutzung gerade für Einzel-kämpfer unabdingbar. Und wer einen Interim Manager für ein bestimmtes Problem engagieren will, muss erkennen können, dass es sich um eine für die Lösung der Aufgabenstellung relevante Person handelt[13] (Relevanz wird erzeugt u.a. durch Content, basierend auf einer Experten-Positionierung). Das erzeugt dann bei potentiellen Kunden den Wunsch, mit der Marke interagieren – und eine Bindung zu dem entsprechenden Menschen aufbauen und pflegen zu wollen.

Alles, was von einem Interim Manager an Kommunikation und Arbeit an der eigenen Marke geleistet wird, muss ihn somit **authentisch als Mensch wahrnehmen lassen**; idealerweise rund um die Attribute, welche die eigene Identität in dem individuellen, professionellen Kontext ausmachen.

> Kunden fragen sich: *„Was ist das denn für ein Typ, dieser Herr xy? Für welche Werte steht er? Passt das zu uns?“*. Bewusst oder unbewusst schauen sie auf den Sprach-Code (*„Wie drückt der sich denn aus? Verstehen das so unsere Mitarbeitenden oder ist der zu kompliziert?*"), die Bildsprache (*„Zeigt der sich lebendig und offen im Dialog mit Menschen oder kann man nur erahnen, wie er als Führungskraft rüberkommt?")*, die Form der gewählten Darstellung (*„Können wir uns mal ein Bewerbungs-Video anschauen, einen Blick in seine Case Studies, in Fachbücher und Fachartikel werfen – oder hat*

[13] Die Studie von Edelman und LinkedIn (Edelmann, 2022) präzisiert, worauf es B2B-Entscheidern und C-Level Executives ankommt.

der nur einen trockenen CV? Was schreibt er denn so im Blog – hat der einen – lass uns mal lesen, was er so von sich gibt?") und die Orte (den Kontext), wo er sich professionell bewegt und wo sich Information über ihn findet („*Findet man ihn in Wirtschaftsmagazinen, bei Amazon als Buch-Autor, ist der bei einem Fach-Verband dabei, macht der gar in einem Think Tank mit, hält er Vorträge auf wichtigen Fachkonferenzen, hat er Awards gewonnen?"*).

1.6. Karriere als Angestellter versus Karriere als Interim Manager

Der Begriff „Karriere" ist im Wandel. Karriere wurde und wird teilweise noch heute als vertikale Aufwärtsentwicklung in einer Organisation in einem unselbständigen Dienstverhältnis, als Angestellter, verstanden. Dieses Verständnis von Karriere entspricht jedoch schon seit den 1990iger Jahren nicht mehr den realen Gegebenheiten. So gab es z.B. im Ausgang des 20. Jahrhunderts durch „downsizing" enorme Erschütterungen in großen Industriebetrieben: Ganze Hierarchieebenen, vor allem im mittleren Management, wurden „wegrationalisiert". Eigentlich hätte man damals schon das Ende der klassischen vertikalen Karriere ausrufen – und den Begriff der Karriere neu definieren – müssen.

Der im englischen Sprachraum verwendete Begriff „**Career**" ist hier offener. Eine direkte Übersetzung ist „Berufslaufbahn". Diese kann unterschiedliche Formen annehmen. Die Bezeichnungen „vertikal", „horizontal", „konsekutiv" oder „Portfolio" sind Beispiele für Verläufe einer „Career" bzw. Berufslaufbahn. Einzelne Abschnitte können wechselweise „als Unternehmer" oder „als Angestellter" erfolgen.

Im Hinterkopf vieler ist aber immer noch der vertikale Karrierebegriff vorhanden: Ein stetiges Klettern auf der Karriereleiter nach oben. Eine Abweichung davon wird oft als belastender „Karriereknick" erlebt. In der Praxis hat sich gezeigt, dass dies eine der wesentlichen Herausforderungen beim Wechsel vom Manager zum Interim Manager ist. Selbst wenn der prosperierende Interim Manager den "Career"-Begriff (wie oben dargestellt) für sich persönlich verinnerlicht hat, konfrontiert ihn das soziale Umfeld möglicherweise mit der folgenden Frage: *„Warum hast du denn eine so angesehene und sichere Position verlassen?“* Und gehen Sie mal zur Bank: Als festangestellter Manager einen Kontokorrentkredit zu bekommen ist ein Klacks – als neuer Selbständiger ist es jedoch eine Herausforderung.

Fast zeitgleich mit dem Einläuten des Endes der vertikalen Karriere als dominante Karriereform – sehr oft auch noch ausschließlich in einem einzigen Unternehmen (wie z.B. Siemens, Volkswagen, Deutsche Bank) – begann der eigentliche Aufschwung des Interim Managements: Eine immer internationaler und dynamischer werdende Weltwirtschaft erforderte flexiblere und schneller agierende Organisationsformen. Für neue Aufgabenstellungen und neue Produkte arbeiteten Unternehmen immer mehr in Projekten und brauchten die Infusion von ständig neuem Wissen und Kompetenzen – alles meist jedoch nur für einen bestimmten Zeit-Abschnitt. Der Einsatz von Interim Managern oder Consultants war ein sinnvoller Teil der Lösung: Die erforderlichen Kapazitäten und neues Wissen konnten auf diese Weise kurzfristig ins Unternehmen geholt werden; und auch nur so lange, wie sie gebraucht wurden! So entstanden **neue Karriere-Optionen.**

Selbst angestellte Manager, die heute noch sogenannte „konsekutive“ Karriereverläufe aufweisen, also von einem Unternehmen zum anderen wechseln, sind dazu gezwungen, ihre Karriere aktiv selbst zu managen. Angestellte erhalten aber i.d.R. durch die Personalabteilung Unterstützung – oder können zur Orientierung relativ leicht auf Rollen-Vorbilder im Kollegenkreis oder freundlich gesinnte Mentoren zurückgreifen. Sie brauchen sich aber nicht persönlich „als Unternehmen“ zu organisieren, sich zu branden und zu vermarkten. Bei Interim Managern ist das jedoch der Fall. Als Ein-Personen Unternehmen (EPU), Solo-Selbständige oder Freiberufler sind sie in ihrer Marktnische Individualisten – und weitgehend auf sich allein gestellt. Sie haben zudem weit komplexere und weniger sicher planbare Anforderungen, ihre „Career“ erfolgreich zu managen, als Angestellte. Ganz fest für den Hinterkopf: Die Beschäftigung mit der eigenen „Karriere als Interim Manager“ wird professionelle Interim Manager kontinuierlich begleiten. Hier ein Zitat eines langjährigen und äusserst erfolgreichen Interim Managers aus einem Mail, das einen der Herausgeber – zusammen mit guten Wünschen für das neue Jahr – Anfang des Jahres 2022 erreichte:

> *„2022 steht aus unserer Sicht im Zeichen einer Neuerfindung, das dritte Mal in 17 Jahren. ... Ach, wie schön war doch das Leben als angestellter Manager ... Oder aber auch halt nicht!!!"*

Wie oben dargestellt, ist dieses Karriere-Handbuch sowohl für „Noch-Angestellte", für Einsteiger, als auch für langjährige, erfolgreiche Interim-Profis nützlich. Es zeigt auf, wie Interim Manager als EPU (Ein-Personen-Unternehmung) nachhaltig erfolgreich sein können – um erfolgreich eine „Karriere" fortzusetzen oder neu zu begründen.

Praxistipp: Eine Karriere als Interim Manager beginnt mit einem fundierten (Karriere-) Plan. Notwendige Voraussetzung, sich auf den Weg machen zu können, ist ein Mindset als Unternehmer. Dazu gehört, sich von einer „Denke als Angestellter" zu verabschieden. Es folgt der Dreiklang: Positionierung – Marktauftritt – Marktbearbeitung. Immer im Blick: Die Herausforderungen der Zielgruppe. So lassen sich die richtigen und profitablen Kunden auf zielführende und nachhaltige Weise gewinnen und halten. Und so läuft dann auch die Karriere als Interim Manager!

1.7. Sowohl für Einsteiger als auch für Profis im Interim Management

Dieses Karriere-Handbuch ist für alle gedacht, die **heute noch Angestellte** sind oder dabei sind, zu überlegen, neu ins Interim Management einzusteigen. Sie erhalten wichtige Hinweise dafür, die ersten richtigen Schritte zu gehen, sich dabei zu fokussieren und nicht übermässig viel Zeit und Geld zu verschwenden: Wie sieht das Markt-Umfeld aus? Was wird gebraucht? Was kann ich verdienen? Mit welcher Strategie starte ich eine neue Karriere als Interim Manager? Wie komme ich konkret an Aufträge, vor allem, wenn es recht zügig gehen soll? Wie wichtig sind dafür eigentlich persönliche Beziehungen? Was brauche ich für meinen digitalen Auftritt und die digitale Zielkundenansprache und -Kommunikation?

Die zweite Gruppe, für die dieses Handbuch wertvoll ist, sind die **Profis im Interim Management**. Bei denen geht es um Optimierung. Das Ziel: Noch passgenauere Anfragen für eine gute Auslastung und angemessene Tagessätze, die dem realisierten Mehrwert im anvisierten Projekt entsprechen. Gerade das veränderte Informations- und Entscheidungsverhalten der Unternehmen hat den B2B-Vertrieb (siehe Kapitel 3) seit Corona massiv verändert. Es ist geradezu Pflicht jedes Interim Managers, das zu berücksichtigen, denn alte Wege zum Kunden funktionieren nur noch bedingt.

Gerade die immer selbstverständlicher werdende Nutzung digitaler Medien auf Kundenseite stellt daher **neue Anforderungen** an die Sichtbarkeit der eigenen Marke, die eigene Relevanz und den Nutzen bei potentiellen Kunden. Kunden müssen erkennen können – verstehen, begreifen, für wahr halten, darauf vertrauen –, wofür ein bestimmter Interim Manager einen Mehrwert erbringt, wenn sie das Angebot eines Interim Managers „kaufen" sollen. Im Kern sind es Antworten auf vier Fragen:

(1) **Wann:** Was sind die akut vorliegenden Problemstellungen beim Kunden; d.h. Anlässe, einen Interim Manager zu suchen und zu engagieren, bei denen ich als Interim Manager ein relevanter Lösungsanbieter bin? Kunden müssen sich in ihrer konkret vorliegenden Situation wiedererkennen können.

(2) **Mehrwert:** Welche konkreten Ergebnisse kann der Kunde erwarten, wenn er mich alsInterim Manager einsetzt (idealerweise dokumentierbar durch Referenzen, Case Studies etc.…)?

(3) **Leistungsfähigkeit:** Was zeichnet mich aus, um den unter (2) dargestellten Mehrwert für eine unter (1) bezeichnete Situation zu erreichen und was macht mich dabei – in Abgrenzung zu meinen Wettbewerbern – besonders? Kunden müssen darauf vertrauen können, dass bei ihnen das gewünschte Ergebnis auch erzielt wird. Anhaltspunkte sind: Dokumentierte

Kompetenzen, nachweislich vorliegende Qualifikationen, Erfahrungen, Zertifizierungen, Auszeichnungen, (aktuelle) Weiterbildungen.

(4) Generierung von **Projekt-Anfragen**: Wie stelle ich sicher, dass meine potentiellen Kunden an mich denken und auf mich zugehen, wenn bei ihnen eine der unter (1) aufgeführten Situationen vorliegt?

Es geht um die so wichtige (Experten-) Positionierung, den eigenen Marktauftritt und eine professionelle Marktbearbeitung mit entsprechenden Unterlagen und Content für eine möglichst hohe Sichtbarkeit. Vorgestellt werden wirksame Vertriebskanäle und Impulse für den Aufbau und die Pflege von Beziehungen zu potentiellen Kunden: Klassisch-analog, aber auch modern-digital; auf direktem Wege in der aktiven Selbstvermarktung (z.B. Social Selling über Business-Netzwerke und Plattformen) und auf indirektem Weg (z.B. über Provider).

Zwei der Autoren (**Jürgen Becker** und **Dr. Harald Schönfeld**) sind seit 20 Jahren als Insider, Thought Leader, Herausgeber und Autoren von Fachbüchern, Referenten auf Fachkonferenzen und Dozenten in der Interim-Szene unterwegs. Sie teilen ihre Praxiserfahrung aus der Zusammenarbeit mit Tausenden von Interim Managern und entsprechenden Projekten in der DACH-Region und international. Beide sind ausgewiesene Experten für die Selbstvermarktung – vor allem die **Marktbearbeitung** – von Interim Managern in der digitalen Welt. So finden sich u.a. bei YouTube (auf dem Kanal von UNITEDINTERIM) ganze Serien an Videos. Gerade die **Profis werden von ihren Tipps profitieren.**

Dr. Günther Singer ist spezialisiert auf Human Resource Management und Online-Services für Assessments, Recruiting und Personalentwicklung. Neben seiner Lehrtätigkeit arbeitet er international als Consultant und Career Coach. Er schreibt ein Blog zu Career, New Work und Themen, die für Interim Manager relevant sind (https://lifeandcareer.eu/blog).

1.8. Für CEOs der eigenen Karriere: So lesen Sie dieses Handbuch

Ein **Handbuch** soll dem Leser praktische Unterstützung für einen spezifischen Fachbereich geben. Hier: Ihre erfolgreiche Karriere als Interim Manager. Nach unseren Erfahrungen aus 20 Jahren im Markt brauchen Sie dafür **Informationen** und **Tipps** zu den relevanten längerfristigen Trends, zum spezifischen Interim Manager-Markt, zur Entwicklung Ihres Skill-Portfolios, zur benötigten Strategie – und natürlich auch zur Selbstvermarktung, damit Sie mit all dem auch Aufträge gewinnen. Sie sollen als Interim Manager schließlich gutes Geld verdienen!

Im Unterschied zu Romanen oder Forschungsartikeln liest man Handbücher meist nicht von vorne nach hinten durch. Das brauchen Sie auch hier nicht. Sie können somit **immer dort einsteigen oder weiterlesen, wo es für Sie interessant ist.** Dass Sie die eine oder andere Redundanz finden werden, wurde dafür bewusst in Kauf genommen. Dennoch haben wir versucht, einen logischen Fluss in die Abfolge der Kapitel zu bekommen:

1. Einführung
2. Veränderungen der Arbeitswelt
3. Der Markt
4. So kommen Angebot und Nachfrage zusammen
5. Trends und zukünftige Entwicklungen im Markt
6. Zehn Irrtümer über Interim Management
7. Das richtige Skill-Set
8. Karrierestrategien für Interim Manager
9. Verkaufsunterlagen
10. Ihr Weg zum Projekt und Umsatz

Das nachfolgende **Kapitel 2** widmet sich dem Kontext der Tätigkeit als Interim Manager in einer Arbeitswelt, die im Umbruch ist. Es geht um Change Driver und aktuelle Trends bis 2030, die eine Vielzahl von Opportunitäten für Interim Manager bieten. Der Text ist bewusst breit angelegt und bietet Ihnen einen Nährboden, die Chancen und Risiken für sich persönlich unmittelbar abzuleiten.

Kapitel 3 beschreibt Zahlen, Daten und Fakten zur Situation des Marktes für Interim Manager. Diese sind auf dem allerneuesten Stand. Sie finden reichhaltige Verweise zu Online-Quellen, die essentiell für die Navigation in der Branche im DACH-Raum sind. Die Publikationszyklen der meisten Studien sind meist einmal im Jahr. Wenn Sie auf dem Laufenden bleiben wollen: UNITEDINTERIM geht auf relevante Veränderungen in Blog-Artikeln und Vlogs mehrmals im Monat online ein (UNITEDINTERIM, 2022).

Die **Kapitel 4 und 5** zeigen, wie sich Angebot und Nachfrage im Markt finden und wie dieser sich weiterentwickelt. Ganz besondere Beachtung sollte die Veränderung im Einkaufsverhalten von Entscheidern finden. Seit den Corona-Jahren hat sich der B2B-Vertrieb, in dem Interim Manager agieren, massiv verändert. Ein tiefes Verständnis hierfür unterstützt klar die Entwicklung oder Optimierung des eigenen Business-Modells als Interim Manager.

Das **Kapitel 6** lenkt den Blick der Leser direkt in die Praxis. Zehn „Irrtümer", die sich immer wieder im Alltag – bei Kunden, Vermittlern und auch Interim Managern selbst – zeigen, werden konkret benannt und analysiert. In allen Fällen werden Erklärungen zu den Hintergründen und den Zusammenhängen gegeben, ebenso wie praxisbezogene Hinweise und Tipps aus 20 Jahren in der Branche. Zu diesem Kapitel existiert zudem eine Videoreihe:

Kapitel 7 und 8 betreffen den Interim Manager direkt als Person. Das richtige Skill-Set ist eng verbunden mit dem Thema der Karrierestrategien. Die im Kapitel 2 dargestellten Opportunitäten lassen sich nur mit dem richtigen Skill-Set, eingebettet in eine nachhaltige Karrierestrategie, nutzen. Die beiden Kapitel sind so gestaltet, dass Sie unmittelbar einen Handlungsplan entwickeln können. Online-Unterstützung hierzu finden Sie an weiterführenden Stellen: (Life and Career Design Consulting, 2022) und (iCareer-Online, 2022).

Kapitel 9 und 10 liefern die Handlungsanleitung: *„Hic Rhodus, hic salta*!" oder *„The rubber meets the road"* – Auf zur Gestaltung der Verkaufsunterlagen, eines wirklich sichtbaren Online-Auftritts und zur Anfrage bzw. Ihrem nächsten Auftrag als Interim Manager! Besondere Beachtung sollte dabei die Ausgestaltung der Experten-Positionierung und dann der Marktbearbeitung als Interim Manager finden.

Im gesamten Handbuch haben wir – vor allem für eilige Leser – die wesentlichen **Kernaussagen** sowie zentrale **Praxistipps** in besonders gekennzeichnete Kästen gesetzt.

Sie selbst haben viel darüber in der Hand, was Sie als Mensch ausmacht, wie Sie mit sich selbst umgehen – und wie Sie von anderen Menschen im Beruf wahrgenommen werden. Als Interim Manager wählen Sie den Ort und das Umfeld, in dem Sie tätig sind. Sie bestimmen die Themen, an denen Sie arbeiten, die Richtung und Qualität Ihrer Weiterbildung und Entwicklung. Sie entscheiden über die Zeit, die Sie für das Berufliche aufwenden, den Stil, wie Sie mit anderen Menschen umgehen. Sie gestalten massgeblich die Qualität der (Kunden-) Beziehungen, die Sie aufbauen und pflegen – und damit die Anfragen und Projekte, die Sie erhalten – und somit letztlich auch Ihr Einkommen.

Als Interim Manager sind Sie Unternehmer und der **CEO Ihrer eigenen Karriere.** Nur Sie!

Was wir **nicht** behandeln oder nur am Rande erwähnen: Alle Fragen rund um die formelle Existenzgründung, die passende Rechtsform, finanzielle Förder- und Unterstützungsmaßnahmen, Versicherungen, Banken, Verträge mit Kunden und Providern, erforderliche administrative und finanzielle Prozesse, sozialversicherungsrechtliche Aspekte, Formulierungen auf Rechnungen, steuerliche und sozialversicherungsrechtliche Fragestellungen (wie z.B. rund um die sog. „Scheinselbständigkeit“) sowie die notwendige IT-Ausstattung. Ganz ausdrücklich weisen wir darauf hin, dass wir keine Rechts- und Steuerberatung vornehmen. Wir empfehlen die entsprechenden Berufsstände und/oder ein Gespräch mit den einschlägigen Verbänden. Aus rechtlichen Gründen weisen wir zudem darauf hin, dass wir keinerlei Gewähr oder Haftung für unsere Aussagen übernehmen können.

Und nun viel Freude beim Lesen dieses Karriere-Handbuches. Gestalten Sie Ihre Erfolgsstory selbst!

Jürgen Becker

Dr. Harald Schönfeld

Dr. Günther Singer

1.9. Quellenverzeichnis

AIMP (07.08.2022). AIMP-Providerumfrage 2022. Von Webseite des AIMP - Arbeitskreis Interim Management Provider.
Von https://www.aimp.de/aimp-umfragen/aktuelle-aimp-umfragen

AIMP (17. 05. 2020). Satzung von 2019 AIMP Arbeitskreis Interim Management Provider. AIMP.
Von: https://www.aimp.de/fileadmin/data/Service/2019-04-26_Satzung_AIMP.pdf

Aydin, Ulvi, I. (19.04.2022). "Wer mich holt, erhält einen Klartexter." – Interim-Manager Ulvi I. Aydin zeigt Kante.
Von Webseite Handelsblatt
https://www.handelsblatt.com/adv/firmen/ulvi-i-aydin.html

Bollier, R. (11.März 2022). Wirkung von Anfang an: Die ersten 10 Tage eines Interim Management Projektes.
Von Webseite butterflymanager
https://www.butterflymanager.com/mehr-als-15-jahre-butterflymanager/wirkung-von-anfang-an/

DDIM. (17. 05. 2020). Branchenprofil.
Von https://www.ddim.de/interim-management/fuer-unternehmen/branchenprofil/

DDIM. (17. 05. 2020). Kundenvorteile. DDIM.
Von https://www.ddim.de/interim-management/fuer-unternehmen/kundenvorteile/

DDIM. (16. 02. 2022). forma interim. Marketing für Macher – Marketing für Interim Manager.
Von Website der DDIM https://ddim.de/portfolio-item/forma_interim/#:~:text=%20forma%20interim%2C%20Speziali%20f%C3%BCr%20die%20Positionierung%20und,3%20Professioneller%20Marktauftritt%20mit%20Logo%2C%20Gesch%C3%A4ftsausstattung%2C...%20More%20 heruntergeladen

DIE DEUTSCHE WIRTSCHAFT (28. 10. 2021). Was Frank Thelen zu seinem Ehrenpreis sagt – und wer als erster gratuliert. DIE DEUTSCHE WIRTSCHAFT.
Von https://die-deutsche-wirtschaft.de/innovator-frank-thelen/

Dripke, A. & Piel, C. & Schmuck, D. & Schönfeld, H. & von Siedmogrodzki, H. & Stoerk, S. & Walther, H. (2021). Denken 5.0. Diplomatic Council Publishing, Wiesbaden.

Drucker, P. F. (17. 05. 2020). Zitate berühmter Personen. Von https://beruhmte-zitate.de/zitate/1969010-peter-drucker-immer-wenn-sie-ein-erfolgreiches-geschaft-sehen-h/

F24 (05.04.2022). Herausforderungen durch die Ukraine Krise. Wie gut ist Ihr Unternehmen vorbereitet? Von https://f24.com/de/herausforderungen-fur-unternehmen-durch-die-ukraine-krise/?li_fat_id=e01168a8-d8ee-4b42-8c8f-674695517640.

Felfe, J., & Holste, E. (2017). Interim Leadership Personalities. Hamburg: Helmut-Schmidt-Universität. Universität der Bundeswehr Arbeits-, Organisations- und Wirtschaftspsychologie.

Edelmann und Linkedin-Studie (2022), Edelmann Trust Baroter, Von https://www.edelman.de/newsroom/edelman-trust-barometer-2022-vertrauen-im-sinkflug

Hill, L.A., Le Cam A., Menon, S, and Tedards E. (Feb. 14, 2022). Curiosity, Not Coding: 6 Skills Leaders Need in the Digital Age - HBS Working Knowledge. https://hbswk.hbs.edu/item/six-unexpected-traits-leaders-need-in-the-digital-era

iCareer-Online. (2022). Life and Career Design Consulting http://iCareer.online

Industriemagazin (10.06.2022). Consulting in Österreich: Die besten Unternehmensberater. Von https://industriemagazin.at/rankings-2/consulting-in- ProzentC3 ProzentB6sterreich-die-besten-unternehmensberater/

Interim Management. (14. 02. 2018). Gabler Wirtschaftslexikon - Online Lexikon. Von https://wirtschaftslexikon.gabler.de/definition/interim-management-52714/version-275829

Kläs, A. (15.03.2022). Christof Meier-Preschany: Unternehmerischer Erfolg durch Interim-Professionals. Interview. UNITERNEHMER JOURNAL . Von https://www.unternehmerjournal.de/christof-meier-preschany-von-interim-partner-interview/

Life and Career Design Consulting. (2022). https://www.lifeandcareer.eu

Life and Career Design Consulting. (2022). https://iCareer.online

Nauck, F., & Pancaldi, L. & Poppensieker, T. & White, O. (2021). The resilience imperative: Succeeding in uncertain times. Von: https://www.mckinsey.com/business-functions/risk/our-insights/the-resilience-imperative-succeeding-in-uncertain-times

Papcke, K. (2022). Interims-Manager*innen als feste Größe unter Führungskräften. In: Perspektiven. Magazin für Mitglieder im DFK-Verband für Fach- und Führungskräfte, Heft 1, 2022, S. 10-14.

Schädler, K. (21.07.2022). 6. Gipfeltreffen und 1. Schweizer Forum für Interim Management. Von https://rheintal-interim.org/6-gipfeltreffen-und-1-schweizer-forum-fuer-interim-management/

Schönfeld, H. (16. 02. 2022). Interim Management bei Wachstum: Was sich jetzt ändert. butterflymanager GmbH. Von https://www.butterflymanager.com/interim-management-bei-wachstum-was-sich-jetzt-aendert/#

Singer, G. (2022). Blog – Dr. Günther Singer. Life and Career Design Consulting. https://lifeandcareer.eu/blog

Singer, G. (22. 01. 2022). Human Resource Management. Universität für Weiterbilung Krems.

Thelen, F. (17. Februar 2022). In: Die 50 Trend- und Wachstumsmärkte der Zukunft. Von Webseite DIE DEUTSCHE WIRTSCHAFT Die 50 Trend- und Wachstumsmärkte der Zukunft - Die Deutsche Wirtschaft (die-deutsche-wirtschaft.de) heruntergeladen

UNITEDINTERIM. (2022). www.unitedinterim.com

Weber, A, (26.01.2022). Ansprechende Onlinepräsenz: Die digitale Visitenkarte. Von https://karriere.sn.at/karriere-ratgeber/arbeitswelt/ansprechende-onlinepraesenz-die-digitale-visitenkarte-11597132

2. Kapitel: Veränderungen der Arbeitswelt als Opportunitäten für Interim Manager

Autor: Dr. Günther Singer

2.1. Einleitung

Die Zukunft ist bekanntlich ungewiss. Dennoch lassen sich einige robuste Veränderungstreiber identifizieren, die aus heutiger Sicht die Gesellschaft, die Wirtschaft und die Art wie wir arbeiten, nachhaltig verändern. Sie bilden den **Kontext für die Tätigkeit von Interim Managern**. Ich habe dabei versucht, die wesentlichsten Aspekte für die nächsten zehn Jahre – also bis circa 2032 – zu identifizieren, um einen Planungshorizont abzustecken. So finden sich im Folgenden eine Reihe von aktuellen Opportunitäten für Interim Manager. Vorab sei bemerkt, dass bei jeder der benannten Aspekte in der Praxis proaktives Handeln erforderlich ist, um dieses Potential für sich persönlich auch wirklich nutzen zu können.

2.2. Wir leben in einer VUCA-Welt

Der Begriff VUCA ist ein Akronym, das vom U.S. Army War College in den 1990er Jahren kreiert wurde. **V**olatility, **U**ncertaintity, **C**omplexity und **A**mbiguity (Volatilität, Unsicherheit, Komplexität und Ambiguität) beschreiben das erste Quartal des 21. Jahrhunderts ganz treffend. Zurzeit erleben wir durch die COVID-Krise ein globales Großereignis dieser Kategorie. Wir hoffen alle, dass es bald vorüber ist und minimale Langzeitschäden hinterlässt.

Mit Sicherheit fungiert dieses VUCA-Ereignis jedoch auch als positiver Trigger für neue Geschäftsmodelle und Arbeitsformen; zumindest ist die Krise ein Stresstest. Bei Veränderungen scheint ein Muster darin zu bestehen, dass die meisten Beteiligten vorab selbst sehr große Veränderungen einfach nicht sehen können. Als Beispiel möge diese persönliche Erfahrung dienen:

Im Juli 1989 besuchte ich den Kongress der World Future Society in Washington D.C. Mehr als 2.000 Teilnehmer aus aller Welt kamen zusammen, um sich über Szenarien der Zukunft auszutauschen. Es gab ein umfangreiches Programm, das politische, wirtschaftliche, technische Bereiche in einer globalen Welt umfasste. Die methodischen Ansätze reichten von empirisch solider quantitativer Forschung bis hin zum Science-Fiction Roman. „Alle" Themenbereiche waren vorhanden. Bis auf einen: Der Fall der Berliner Mauer und die damit verbundene friedliche Öffnung des „Ostens" einige Monate später. Wer zum Beispiel prognostiziert hätte, dass die Tschechoslowakei sich in zwei Staaten spalten und Tschechien und die Slowakei 2004 der Europäischen Union beitreten würden, hätte dies wohl in der Kategorie „Science-Fiction" tun müssen.

Als unmittelbares Beispiel für "kollektive" Blindheit dient die derzeitige Kriegssituation in der Ukraine. Es darf wohl davon ausgegangen werden, dass der Einmarsch von langer Hand durch die politische Spitze in Russland vorbereitet wurde. Spätestens mit der Annektierung der Krim im Jahr 2014 hätten alle Glocken läuten müssen. Ja, und eine 80prozentige Abhängigkeit von Gas als Schlüsselenergieressource, wie z.B. in Österreich von einem Lieferanten, widerspricht allen Grundsätzen der Vermeidung eines Klumpenrisikos.

Doch soll auch ein dominant sichtbares Störfeuer des VUCA nicht davon abbringen, tieferliegende Veränderungen in Wirtschaft und Gesellschaft zu betrachten und **sinnvolle, nachhaltige Geschäfts- und Karriereentscheidungen** für sich selbst zu treffen. In diesem Beitrag werden Sie keine „Prognosen" über die Zukunft erhalten. Ich halte es eher mit Paul Saffo, der den Zweck in der Auseinandersetzung mit der Zukunft nicht in deren Vorhersage, sondern dem **Setzen sinnvoller Handlungen in der Gegenwart** sieht (Saffo, 2007). Wir werden uns daher im Folgenden mit tiefgreifenden Veränderungstreibern beschäftigen, die bereits im Laufen (und daher sichtbar) sind, und für die berufliche Karriere eines Interim Managers relevant sind.

Tipp für Interim Manager: Entscheidungen zur eigenen Karriere können zwar auch ohne die Auseinandersetzung mit Wachstumsbranchen, technologischen Verän-derungen, geopolitischen Umbrüchen und deren Auswirkungen auf Arbeitsmärkte und Anforderungen an Qualifikationen erfolgen. Ich empfehle es jedoch besonders Interim Managern nicht, diese Entwicklungen zu ignorieren. Es steht für Sie zu viel auf dem Spiel. Daher: Finden Sie heraus, was aus diesem Kontext „Ihr Ding" ist. **Investieren Sie dann gezielt in sich selbst!** Investitionen in neue Qualifikationen sind notwendig, kosten Zeit und Geld. Sie sind auch anstrengend, vor allem wenn sie berufsbegleitend erfolgen. Wichtig ist, dass Sie genau identifizieren, auf welche Opportunität Sie setzen, es auch potentiellen Kunden (die meist danach fragen werden) sagen können und letztlich konsequent tun, was notwendig ist.

2.3. Interim Manager sind Knowledge Worker, oder?

An diesem Punkt sei – als Vorgriff auf die nächsten Kapitel – ein kleiner Diskurs zum besseren Verständnis der „Natur" des Interim Managers angebracht, der essentiell für die Positionierung am Markt und die Qualifikation von Interim Managern ist. Was sind Interim Manager eigentlich? Sind es einfach „nur" Manager mit befristeten Verträgen, die eine Lücke füllen, oder sind es hochqualifizierte „Spezialisten", die definierte Ziele in einem zeitlich beschränkten Einsatz erreichen? Ist es eine eigene Berufsgruppe, vielleicht die „Aristokratie der Freelancer"? Wir könnten sie einfach als Dienstleister bezeichnen, was zwar nicht falsch, aber zu wenig präzise ist.

In der zweiten Hälfte des 20. Jahrhunderts hat Peter F. Drucker wertvolle Denkarbeit zum Thema des Managements – wozu das Interim Management ja auch gehört – geleistet. Er unterschied zwischen „Knowledge Worker", „Service Worker" und „Production Worker" (Drucker, 1993). Während Production Worker, also Produktionsarbeiter, gut durch den Ort ihrer Tätigkeit als Arbeiter in Produktionsanlagen definiert und lokalisiert werden können, ist die Abgrenzung zwischen

Knowledge Worker (Wissensarbeiter) und Service Worker (Service Arbeiter oder auch Dienstleister) nicht ganz so einfach. Vereinfacht lassen sich diese nach Höhe der Qualifikation und auch der Bezahlung, die sie für ihre Leistungen erhalten, unterscheiden. Beispiele für Knowledge Worker sind Anwälte, Ärzte, Consultants, Forscher, Dozenten und IT-Spezialisten. Beispiele für Service Worker sind Lehrer, Übersetzer, Handelsangestellte, Masseure und „einfache" Programmierer, die eine standardisierte Dienstleistung erbringen.

> *Wie nützlich, aber auch heikel die Kategorisierung ist, sei am Beispiel Dozent und Lehrer diskutiert. Beide unterrichten, beide sind meist akademisch qualifiziert. Der kritische Unterschied ist, dass der Dozent sein Curriculum innerhalb eines groben Rahmenlehrplans selbst erstellt und die Lehrunterlagen forschungs- und praxisorientiert selbst generiert. Lehrer unterrichten meist innerhalb eines eng definierten Lehrplanes, oft mit vorgegebenen Lehrunterlagen, an die sie sich strikt halten müssen. Dieser Unterschied macht die Dozenten zu Knowledge Workern und die Lehrer zur Service Workern. Bezahlung ist hier eine zweite Kategorie, die aber nicht schlüssig greift. Es gibt Lehrer, die besser als Dozenten verdienen. Dies ist kein Resultat von Qualifikation, sondern historisch durch starke Arbeitnehmervertretungen auf der primären und sekundären Stufe des formalen Bildungssystems in der DACH Region bedingt.*

Hier nachfolgend eine Grafik zur Veranschaulichung: „Knowledge" benötigen sowohl Knowledge- als auch Service Worker, um ihre Arbeit zu machen. Auch Knowledge Worker können standardisierte Arbeit vermeiden, und nicht alles ist immer in hohem Masse fachlich fordernd. Beim Knowledge Worker ist der Knowledge-Anteil ausgeprägter und die Standardisierbarkeit geringer, da das Mitwirken an Innovationen und Veränderungen ja zum Kern der Tätigkeit gehören. Der Service Worker benötigt aber nicht die Tiefe des Wissens.

Abb.1: Verteilung zwischen Knowledge und Service Worker (Quelle: Eigene Darstellung).

Was bedeutet dies nun für Interim Manager? Interim Manager, die im Bewusstsein des Kunden „nur“ eine Lücke füllen und eine standardisierte Leistung erbringen, sind eher als gehobene Service Worker zu sehen. Sie sind daher relativ einfach austauschbar - eine „Commodity“.

Interim Manager, die hingegen hochqualifizierte, innovative und spezialisierte Leistungen erbringen, können als Knowledge Worker bezeichnet werden. Dies drückt sich klar in den höheren Tagessätzen aus, die sich i.d.R. in den oberen Bereichen der üblichen Bandbreite (zwischen 700 und 2.500 Euro) bewegen.

Mehr zu Tagessätzen und Honorar finden Sie im **3.Kapitel „Der Markt für Interim Management in der DACH-Region“** dieses Handbuches.

Tipp für Interim Manager: Bei der nachhaltigen Eigenpositionierung ist jeder Interim Manager selbst gefordert, sich als Knowledge- oder Service Worker zu positionieren. Ersteres wird i.d.R. höher dotiert.

2.4. Veränderungen der Arbeitswelt

Aus einer etwas globaleren Perspektive auf die Praxis der Arbeitswelt in der DACH-Region, wird eine Parallelität bzw. Gleichzeitigkeit vielfältiger Arbeitsformen sichtbar:

Landwirtschaft: Auf der einen Seite findet sich immer noch eine kleinbäuerliche Landwirtschaft. Auf der anderen Seite besteht eine großflächige, industrielle Bewirtschaftung von Ackerflächen. Durch den Bio-Trend gibt es zudem die Widererstarkung eines sehr traditionellen Geschäftsmodells, das viele schon auf die Liste der aussterbenden Arten gesetzt hatten.

Industrie und Dienstleistung: Gerade der Blick auf die produzierende Industrie lässt erkennen, wie immer noch Tausende von Unternehmen als **klassische, industrielle Organisation** aufgestellt sind, die ihre fachlichen Wurzeln im Taylorismus hat. Aber auch in diesem Sektor – wie auch in der Dienstleistung – bestehen Tausende an Unternehmen mit **innovativen, prozessgetriebenen Organisationsformen**, die die Systemgrenzen von Unternehmungen sehr permeabel werden lassen. Weiter finden sich in allen Bereichen **post-industrielle Organisationsformen** mit flachen Organisationsstrukturen, moderner Teamarbeit, autonomem Arbeiten, Partizipation am Erfolg der Unternehmung, gelebten Prinzipien der intrinsischen Motivation und Selbstführung, bewusst attraktiver Gestaltung der Arbeitsumgebung und einer adäquaten Nutzung von Kommunikationstechnologien. Viele Unternehmungen hatten vor COVID mit Home-Office wenig am Hut, und quasi über Nacht wurde es implementiert. Für viele Unternehmen, die oft unnötiger Weise mit dem Betriebssystem der Industriellen Organisation operieren, funktioniert dies auch überraschenderweise gut. Es ist zu erwarten, dass das Home-Office (z.B. zwei von fünf Tagen) in vielen Unternehmen COVID überleben wird. Die Arbeitnehmer haben zumindest Lunte gerochen und werden dieses Element von „New Work" wohl einfordern.

Eines ist sicher: Das Ringen um effiziente Arbeitsformen geht weiter. Ich verweise hier auf den Begriff einer **High Performance Organisation**, der schon seit den 1990 Jahren in Gebrauch ist oder den Begriff der **Evolutionären Organisation**, wie er von Aaron Dignan in *„Brave new work: are you ready to reinvent your organization?"* (Dignan, 2019) im Zusammenhang mit **New Work** entwickelt wurde.

Es gibt viele Veränderungstreiber in diesem Ringen um effiziente Arbeitsformen für die involvierten Stakeholder. Diese sind unter anderem ökologischer, technischer, ökonomischer, sozialer und politischer Natur. Einige dieser Veränderungstreiber finden sich im Folgenden als Opportunitäten für Interim Manager dargestellt.

2.5. Opportunitäten für Interim Manager

Es gibt eine Vielzahl von starken Trends, Einflüssen bzw. Aspekten, die für einen Interim Manager bei der Modulierung seines persönlichen Geschäftsmodells wichtig sind. Die hier vorgestellten größeren „Veränderungen" müssen vom Interim Manager – wenn er sie für seine Positionierung und Marktbearbeitung verwenden möchte – jedoch **proaktiv** genutzt werden, um ihre positive Wirkung zu entfalten.

Die Opportunitäten sind als längerfristig beständig, also zumindest 10 Jahre in die Zukunft, zu verstehen. Sind sie dies aber in einer VUCA-Welt? Die im Folgenden dargestellten Opportunitäten 1-7 wurden ja schon im Jahre 2020 bei der ersten

Version dieses Buches definiert, und inzwischen hat sich ja einiges getan. Der Autor geht davon aus, dass diese weiter gültig sind und zumindest den kurzfristigen VUCA-Test bestanden haben. Es wird hier aber eine weitere hinzugefügt: **Opportunität 8 – Nachhaltigkeit / ESG.** Diese ist nicht neu, doch hat sich hier klar der Trend verstärkt.

Je nach Positionierung ist aber auch nicht jede Opportunität für jeden Interim Manager relevant. Hier der Überblick:

2.5.1. Opportunität 1 – Künstliche Intelligenz (KI) und Job Effekte

Wenn versucht wird, den Begriff der Künstlichen Intelligenz (KI) zu definieren, dann ist das wie Schiessen auf ein bewegliches Ziel: Der Standard bewegt sich ständig nach oben. Als 1996 Deep Blue (Wikipedia, 2019), der von IBM entwickelte Schachcomputer, den Schachweltmeister Gari Kasparow schlug, war Deep Blue die Verkörperung von KI. Die Fachwelt war begeistert, und niemand hatte Sorge, dass er jemanden einen Job wegnehmen könnte. Heute läuft auf einem Smart-Phone eine Schach-App, die wohl durch die meisten von uns nur durch die Einstellung eines niederen ELO-Faktors bezwungen werden kann.

Der nächste Meilenstein war im Februar 2011. „Watson“ (Wikipedia, 2011), eine weitere KI von IBM, konnte in der USA Quizsendung Jeopardy zwei Jeopardy-Spezialisten schlagen. Hier erfolgte die Eingabe nun in natürlicher Sprache. Die KI war damit der künstlichen Welt von 8x8 Feldern entkommen und betrat das Spielfeld der menschlichen Sprache. In der Zwischenzeit hat IBM massiv am praktischen Nutzen von Watson, zum Beispiel in der Medizin, gearbeitet. Das erste Marketinggetöse ist nun jedoch verklungen, und die Kritik häuft sich in mehreren Krankenhäusern in Deutschland, da Watson im Praxistest scheiterte (Ehrhard, 08.08.2018). Ich möchte hier nicht respektlos IBM gegenüber erscheinen, aber man war doch etwas laut im Propagieren des Nutzens. Thomas Davenport (Davenport, 2018) beschreibt dies anschaulich am Projekt des M.D. Anderson Cancer Center in Houston. Es war ein Moonshot-Projekt mit 50 Millionen Dollar Förderung durch einen asiatischen Milliardär. Nachdem etwa 62 Millionen Dollar verbraucht waren und noch kein einziger Patient behandelt werden konnte, wurde das Projekt 2016 abrupt beendet. IBM arbeitet aber auch an Industrie 4.0 Lösungen. Themen sind die Optimierung von Lieferketten, die Verbesserung von Abläufen und die Maximierung des Durchsatzes. Alles sind altbekannte, betriebswirtschaftliche Herausforderungen. Mehr hierzu auf der Website von IBM „Ist Ihre Fabrik intelligent genug?“ (IBM, 2019).

Zum jetzigen Zeitpunkt besteht ein Konsens darin, dass die KIs in Summe Jobs generieren und nicht reduzieren. Diese entstehen in der Forschung und im Vorbereiten auf das Lösen einer spezifischen Aufgabenstellung durch Data Scientists. Der Aufwand hierbei kann wenige Arbeitstage, aber auch Mannjahre, benötigen. Zurzeit augmentiert die KI Spezialisten, aber sie ersetzt sie nicht. Mehr hierzu später im **Kapitel 8. Karrierestrategien und Skills für Interim Manager**, die an dieser Stelle durchaus profitieren können.

Großes Aufsehen erregte die Vorstellung von Google Duplex im Mai 2018. Sundar Pichai, der CEO, präsentierte die neue Technologie (Google, 2018). Der per-sönliche Assistent rief selbstständig einen Friseursalon zur Vereinbarung eines Ter-mins an. Das klappte einwandfrei. Das zweite Beispiel (mit der Reservierung eines Tisches in einem Restaurant in den USA) war weit herausfordernder. Die Artiku-lation der Person, die den Anruf im Restaurant entgegennahm, war – ganz praxis-nah – schwer verständlich. Google Duplex meisterte die Aufgabe trotzdem. Gegen Ende 2018 war dieser Service in gewissen U.S. Bundesstaaten auf Pixel Telefonen im Praxistest verfügbar.

Chinesische Unternehmen haben hier sicher etwas mitzureden, wobei Alibaba möglicherweise Google etwas voraus ist. Alibaba hatte bereits in der zweiten Hälfte von 2018 einen Online-Sprachassistenten (bei der Logistik Firma Cainiao) im Praxiseinsatz. Jin Rong, der Dean von Alibaba’s Machine Intelligence and Technology Lab, sagt, dass der Sprachassistent mehrere Millionen von Kundenanfragen pro Tag beantwortet (Hao, Dec 4, 2018). Die Sprache ist Mandarin; die eingesetzte Technologie ist sicher auch für andere Sprachen geeignet.

Die Sprachassistenten werden massive Auswirkungen auf Call Center oder das erste Kontaktgespräch im Recruiting für Unternehmen mit einer hohen Anzahl von Bewerbern haben. Der sogenannte First Level Support im IT-Bereich könnte bald durch KIs durchgeführt werden. 1998 schlug Deep Blue den Schachweltmeister und zwei Jahrzehnte später beantwortet ein Online Sprachassistent non-lineare Logistikanfragen. Die Künstlichen Intelligenzen passieren vielleicht noch nicht den Turing Test doch zunehmend den Praxistest in Wirtschaftsunternehmen und werden damit für das Berufsbild eines Managers immer relevanter.

Fazit: Generell ist die Technologie der Künstlichen Intelligenz für Interim Manager als Opportunität zu bewerten. Der adäquate Umgang damit ist aber ein herausforderndes und sich dynamisch bewegendes persönliches Entwicklungsfeld. Also: Lassen Sie die Finger davon, wenn Sie bei dieser Opportunität keine Begeisterung gespürt haben – oder über wirklich signifikante Vorerfahrungen verfügen – oder bereit für eine (kosten- und zeitintensive) Weiterbildung sind.

2.5.2. Opportunität 2 – Automatisierung – Industrie 4.0

Opportunität 2 ist eng verwandt mit Opportunität 1. Artificial Intelligence ist ein Teil des Automatisierungsthemas, das im deutschen Sprachraum auch unter dem Begriff 4.0 gehandelt wird.

2013 gab es einen Weckruf durch die Publikation der Studie *„The Future of Employment: How Susceptible are Jobs to Computerisation (Frey & Osborne, 2013)"*. Benedikt Frey und Michael Osborne von der Universität Oxford analysierten, wie wahrscheinlich es ist, dass 702 Berufe automatisiert werden. Die Engpasskriterien waren Soziale Intelligenz, Kreativität und Wahrnehmung/Manipulation. Im Ergebnis zeigte sich bei 47 Prozent der Berufe in den USA ein hohes Risiko, in den nächsten 10-20 Jahren automatisiert zu werden. Wie zu erwarten war, schlugen diese Zahlen zuerst in der Fachwelt und dann in den Medien wie eine Bombe ein – auch wenn es so manche Fehlinterpretation gab: Manche Medien verwechselten „Berufe" mit „Ar-beitsplätzen". Wenn zum Beispiel Kartengeber („Gaming Dealer"; Nummer 62 auf der Liste) in Kasinos automatisiert werden, hat dies natürlich ein sehr geringes quantitatives Ausmass. Wenn aber Kassierer („Cashier"; Nummer 17 auf der Liste) wegfallen, ist das substanziell.

Die Katze war jedoch aus dem Sack und löste ein Erdbeben aus. Die Maxime des Handelns ist „**Was wirtschaftlich automatisiert werden kann, wird automatisiert werden**." (Singer, 2015)

Fazit: Es ist nichts Neues, dass standardisierbare Tätigkeiten digitalisiert und automatisiert werden. Die stattfindenden technologischen Sprünge sind jedoch für alle, die darin involviert sind, eine Herausforderung. Das trifft auch auf Führungskräfte und Personen im mittleren Qualifikations- oder Managementbereich zu. Für (zukünftige) Interim Manager gilt: Finger weg, wenn Sie bei dieser Opportunität keine Begeisterung gespürt haben – oder über wirklich signifikante Vorerfahrungen verfügen – oder bereit für eine (kosten- und zeitintensive) Weiterbildung sind.

2.5.3. Opportunität 3 – Disruptive Transformation von Branchen

Zwei in der DACH-Region äusserst relevante Branchen sind bereits dabei, sich grundlegend zu ändern. Es sind die Automobilindustrie (vor allem in Deutschland) und der Finanzsektor (vor allem in der Schweiz). Die Kernveränderungstreiber sind in beiden Sektoren technologiebasierend, was sich im Automotive-Bereich zusätzlich noch durch die aktuelle Umwelt- und Ethik-Diskussionen und entsprechende politische Initiativen verstärkt. Beide Sektoren sind seit langem internationalisiert. Und doch gibt es grundsätzliche Unterschiede, die sich nicht nur auf regionale Auswirkungen in der DACH-Region bzw. der Europäischen Union beschränken. Man ist sich einig, dass **beide Branchen im massiven Umbruch** sind, doch gibt es recht widersprüchliche Szenarien – je nach Ersteller von Studien.

Automotive

Die Automobilindustrie stellt in den nächsten Jahren vermehrt auf elektrische oder andere alternative Antriebsformen (Wasserstoff) zum Verbrennungskraftmotor um. Elektromobile sind weniger komplex in der Produktion und einfacher in der Wartung. Dies reduziert den Bedarf an Arbeitskräften in der Produktion und in den Werkstätten. Der damit verknüpfte Sektor mit Forschung und Entwicklung (z.B. Navigationssysteme) dürfte sich aber durchaus beleben. Hier werden aber anders qualifizierte Arbeitskräfte als in der Produktion benötigt (CEDEFOP, 2018, p. 23).

Ernst & Young publizierte 2018 in Kooperation mit Oxford Analytica (nicht zu verwechseln mit Cambridge Analytica, welche in den Facebook Data Mining Skandal verwickelt war) eine durchaus lesenswerte Studie „*What if employment as we know it today disappears tomorrow? A forward-looking view of the workplace in Germany, Switzerland and Austria in 2030*" (EY, 2018b). In dieser werden Szenarios für die drei Länder der DACH-Region mit den Konsequenzen für den Arbeitsmarkt entwickelt. Eine der Kernaussagen für Deutschland ist eine **Beschäftigungsreduktion in der Automobilindustrie.** Übereinstimmend kommen alle Szenarien zu dem Ergebnis, dass der Automobilfertigungssektor stark schrumpfen wird. Dabei wird für Deutschland von einem Rückgang der Beschäftigungsrate um 50 Prozent quer durch alle involvierten Beschäftigungsfelder ausgegangen." (EY, 2018a, p. 9)

Wenn das so wäre, hätte dies massive negative Auswirkungen auf die DACH-Region. Doch würde dies nicht nur die drei Länder treffen. Der Automotive-Sektor beschäftigte 13.8 Millionen Menschen in 2017 (ACEA, 2019, p. 11), das sind etwa 6,1 Prozent aller EU Jobs (ACEA, 2019, p. 12). Eine Reduktion von über 6,5 Millionen Arbeitskräften wäre im wahrsten Sinne disruptiv. Eine Studie von ECONOMIX-Research & Consulting (Economix, 2016) die im Auftrag des Bundesministeriums für Arbeit und Soziales (Deutschland) erstellt wurde und auch den Zeithorizont 2030 bearbeitet, weist auf dieses Thema nicht einmal explizit hin. Die Zahlen werden teil-weise im Bereich Maschinenbau (-244.000 Arbeitsplätze) subsumiert (Economix, 2016, p. 7). Die CEDEFOP Studie macht eine Prognose für die EU-Staaten für die Periode 2016-2030 (CEDEFOP, 2018, pp. 24-25). Für Deutschland wächst die Be-schäftigung im Basis-Szenario zwischen 0 und 1,5

Prozent im Bereich „Motor Vehi-cles“ in Österreich ist es im Minusbereich: Zwischen -1,5 und 0 Prozent.

Dass es massive strukturelle Veränderungen im automotiven Arbeitsmarkt geben wird, ist klar nachvollziehbar Als Beispiel möge die berufliche Zukunft eines hochqualifizierten Entwicklungsingenieurs für Verbrennungskraftmotoren dienen, der heute 40 Jahre alt ist. Damit er viel zu jung, um mit Hilfe staatlicher Unterstützung in Rente zu gehen. Bei den quantitativen Auswirkungen scheiden sich die Geister.

Fazit: Auf individueller Ebene wird es die Notwendigkeit des massiven Umbaus von Karrieren geben.

Finanzindustrie

Der Finanzsektor wird am stärksten durch die Wirksamkeit von KIs geprägt. Das betrifft alle Elemente der Wertschöpfungskette: Die Beurteilung von Bonität von Kunden, den Wertpapier- und Währungshandel, den First-Level Support und die Beratung von Kunden. **Der Sektor gilt spätestens seit der Finanzkrise von 2007 als angeschlagen bzw. im Umbruch.**

So tauchen „Player“ auf, deren Dienstleistungen vor wenigen Jahren einer breiten Öffentlichkeit völlig unbekannt waren und die – zumindest in der Selbstdarstellung – hohe Effizienz- und Kostenvorteile versprechen. Als Beispiel seinen Alipay, Apple Pay, BitCoin und PayPal genannt. Es sind alles Services, mit denen Kunden Zahlungen bei uns in Europa machen können. Jedoch wurde keines der benannten Unternehmen von klassischen Banken initiiert – oder ist gar in Europa beheimatet. Gleichzeitig zeigen sich an der Insolvenz von Wirecard im Sommer 2020 in geradezu dramatischer Weise – und wieder „überraschend“ und „unvorhergesehen“ – die Risiken, die mit neuen Entwicklungen und Playern verbunden sind.

Auch auf Kundenseite entstehen neue Chancen und Risiken. Als Beispiel diene das Wissen der Smart Finance-Systeme für die Nutzer (Unternehmen, aber auch Konsumenten), welches eine AI getriebene App (SmartFinance, 2019) generiert, der ein Nutzer Zugang zu gewissen Daten auf seinem Smart-Phone gewährt. Die App prognostiziert auf der Basis von vielen scheinbar nicht relevanten Daten die Wahrscheinlichkeit, dass der Nutzer einen Kredit über z.B. 10.000 Euro zurückzahlen wird. Zu diesen Daten gehört u.a., wie schnell das Geburtsdatum eingeben wird. Sogar der Ladestatus des Smartphones wird einbezogen. Dieses sind Beispiele aus dem Kapitel *„Fire your Banker"* (Lee, 2018, p. Pos. 1833) in einer äusserst spannenden Publikation von Kai Fu Lee. In *„AI Superpowers: China, Silicon Valley, and the New World Order"* gibt er tiefe Einsichten in das Thema Künstliche Intelligenz in China und Silicon Valley. Fortune CEO Alan Murray schreibt in der Widmung: *"Kai Fu Lee may have the most comprehensive view of the global technology scene of any living person"* (Murray). Auf der Website zum Buch finden Sie weitere Empfehlungen zu diesem Thema, u.a. eine „Who is Who"-Liste relevanter Personen.

Interessant ist, dass diese zu erwartenden starken Umbrüche im Finanzsektor sich nicht in angemessenem Mass in den Trendstudien wiederfinden. Der CEDEFOP Skill-Forecast weist selbst in der Szenario Variante „Stagnation" nur eine moderate Reduktion an Qualifizierten in dem Sektor „Financial and Insurance Activities" aus: 1.5 bis 0 Prozent in Deutschland und Österreich (CEDEFOP, 2018, pp. 38-39). Die Ernst & Young Studie sieht sogar leichte Wachstumspotentiale für die Schweiz (EY, 2018a, p. 3).

Fazit: Die Menge an Interim Managern auf dem Markt, die aus dem Finanzsektor kommen, dürfte in den nächsten Jahren signifikant größer werden. Der größte Anteil wird sich jedoch außerhalb des klassischen Bankensektors (nach heutiger Definition) betätigen müssen, da dieser schrumpft.

2.5.4. Opportunität 4 – Demografie – Millenials und Babyboomer

Über das Thema der demografischen Veränderungen ist viel geschrieben und diskutiert worden. Dennoch hier eine kurze Übersicht: Die geburtenstarken Jahrgänge der Babyboomer gehen innerhalb der nächsten 10 Jahre in Pension. Dies macht selbst im Managementbereich Platz für jüngere Generationen. Die Millenials, also die Generation, die im Zeitraum der frühen 1980er bis zu den späten 1990er Jahren geboren wurde, rückt nach.

Ohne Migrationseffekte schrumpft der berufstätige Anteil der Bevölkerung in der DACH-Region. Dies wird gesamtwirtschaftlich und rein quantitativ betrachtet helfen, einen gewissen Anteil der durch die Automatisierungseffekte entstehenden Jobverluste abzufedern.

Fazit: Progressive Pensionierungswellen - und damit das Ausscheiden „älterer" Mitarbeiter - führt bei vielen Unternehmen zu einem Verlust an wertvollem Know-how und Arbeitskapazitäten. Die damit verbundenen Herausforderungen sind eine klare Opportunität für Interim Manager aller Altersgruppen mit relevanten Erfahrungs- und Skillprofilen – ggfs. ergänzt durch ein „Update" (also Weiterbildung) zu einem aktuellen Spezialthema.

2.5.5. Opportunität 5 – Globalisierung und Regionalisierung der Arbeitsmärkte

Immer mehr Unternehmen der DACH-Region sind in einem globalen Kontext tätig und Teil **internationaler Wertschöpfungsketten**. So verfügen immer mehr Unternehmen über Kunden und Produktionsstätten in allen Teilen der Welt. „Cross-border-Themen" und länderübergreifende Projekte und Projektteams nehmen daher zu. Internationales Arbeiten ist im Management-Bereich zunehmend selbstverständlich geworden.

Gleichzeitig ermöglicht die Personen- und Dienstleistungsfreizügigkeit der Europäischen Union, die auch die Schweiz inkludiert, Berufstätigen das, was innerhalb der USA schon immer möglich war: Hohe Mobilität mit einem leichten Wechseln zwischen den Staaten. Interim Managern und Beratern ist es ebenfalls möglich, durch die kurzfristige Gestaltung von Verträgen sich selbst global ohne komplizierte Genehmigungsverfahren in Zielländern zu betätigen. Dies ist für Unternehmen auch oft leichter und günstiger – und schneller umzusetzen – als wenn sie einen Mitarbeiter als Expatriat-Manager entsenden. Die bekannten Probleme und Risiken der Rück-Integration von Expatriats werden zudem vermieden.

Bedingt durch die COVID Krise, Spannungen mit China und den Sanktionen gegen Russland gab es eine Diskussion, ob denn die Globalisierung am Ende sein. Dies ist sehr unwahrscheinlich, doch ist Russland wohl mittelfristig kein attraktiver Zielmarkt für Interim Manager.

Fazit: Internationale Aufgaben nehmen zu. Die Personen- und Dienstleistungsfreizügigkeit erlaubt es Interim Managern, den Unternehmen die Übernahme international geprägter Aufgabenstellungen anzubieten. Entsprechende Skills (z.B. Sprache, Kultur) sind natürlich Voraussetzung.

2.5.6. Opportunität 6 – Ende der Langzeitarbeitsverhältnisse

Die wahrscheinlich stärkste Veränderung für Karrieren und für das Human Resource Management in Unternehmen ist das Ende der lebenslangen Berufstätigkeit **bei nur einem einzigen Unternehmen**. Der implizite Kontrakt, nachhaltig gute Leistung gegen Jobsicherheit und hierarchischen Aufstieg in der Unternehmung bei besserem Gehalt zu tauschen, findet sich in der Praxis nur noch in wenigen Fällen. Die heute Berufstätigen, die über 50 Jahre alt sind, haben den Kontraktbruch ab den 1990 Jahren am eigenen Leibe miterlebt; wenn sie Glück hatten, nur bei anderen. Gerade bei Großkonzernen ist in der Praxis zu beobachten, dass bei Mitarbeitern in einem Alter um die 45 „Hausputz" gemacht wird. Ab dem Alter von 50 und sich noch weiter verlängernder Betriebszugehörigkeit ist nämlich – allein schon durch Arbeitnehmerschutzbestimmungen oder Abfindungsregelungen – eine Trennung extrem schwierig oder teuer.

Fazit: Ein Ende der „klassischen Karriere" ist für viele angestellte Manager ab einem Alter von Mitte bis Ende 40 mit einer realistischen Wahrscheinlichkeit zu erwarten. Für Betroffene ist dies meist ein lauter Weckruf, die zweite Hälfte ihrer Karriere neu auszurichten. Manch einer wechselte hier permanent in das Interim Management und hat damit einen sehr erfolgreichen „Relaunch" seiner beruflichen Tätigkeit realisieren können.

2.5.7. Opportunität 7 – „Workforce Composition"

Der in San Franzisco domizilierte und global operierende Fahrdienstleister Uber ist einer der weltweit bekanntesten und umstrittensten innovativen Disruptoren. Ein Schlüsselelement des Geschäftsmodells ist der Status der Fahrer. Die Frage ist, ob diese „Arbeitnehmer" oder „Freelancer" (Selbständige) sind? Das Thema wird zurzeit in mehreren Ländern gerichtlich ausgekämpft. Hier ein Beispiel: Jaimir Sophir, Associate General Counsel des US National Labor Relations Boards klassifiziert die Fahrer als „independent contractors", nicht Angestellte (Hawkins, May, 27 2019).

Wie sieht nun die „Workforce Composition" bei Uber aus? Uber hatte in der ersten Hälfte 2019 etwa 3 Millionen Fahrer und 19.000 Angestellte weltweit („Uber by the Numbers: Users & Drivers Statistics, Demographics, and Fun Facts,"). Das rasante personelle Wachstum (Faktor sechs in vier Jahren) wird im Vergleich zur ersten Hälfte des Jahres 2015 deutlich. Damals waren es noch nur etwa 7.500 Mitarbeiter („To fly, to fall, to fly again," July, 25 2015) – und 500.000 Fahrer.

Der **Trend ist ungebrochen**, obwohl es lokal Bestrebungen gibt, aus Freelancern Angestellte zu machen. So hatte Uber im Jahre 2021 schon 29.300 Angestellte (Uber Technologies: Number of Employees 2017-2022) und 5 Millionen Fahrer (Uber Revenue and Usage Statistics (2022)).

Uber ist ein drastisches Beispiel der **Gig Economy**, in der ein Job für kurze Zeit von einer Person ausgeführt wird. Betrifft das, aber auch höher qualifizierte Mitarbeiter? Das kann mit einem klaren „Ja" beantwortet werden. So werden u.a. schon viele IT-Dienstleistungen in Unternehmen nicht von Stammpersonal durchgeführt, sondern projektbezogen oder auch permanent out- bzw. insourced.

Das im Folgenden dargestellte „Drei Ringe Modell – Human Resources" erläutert das Thema aus der Sicht des strategischen Personalmanagements, das ich schon in den 1990 Jahren bei der Restrukturierung von Unternehmen entwickelt habe. Es wird später wieder aufgegriffen: **Kapitel „Positionierung im Markt der Freelancer".** Die zentrale Aussage besteht darin, dass viele Unternehmen ihren Personalbedarf nach drei Kategorien oder Ringen gestalten:

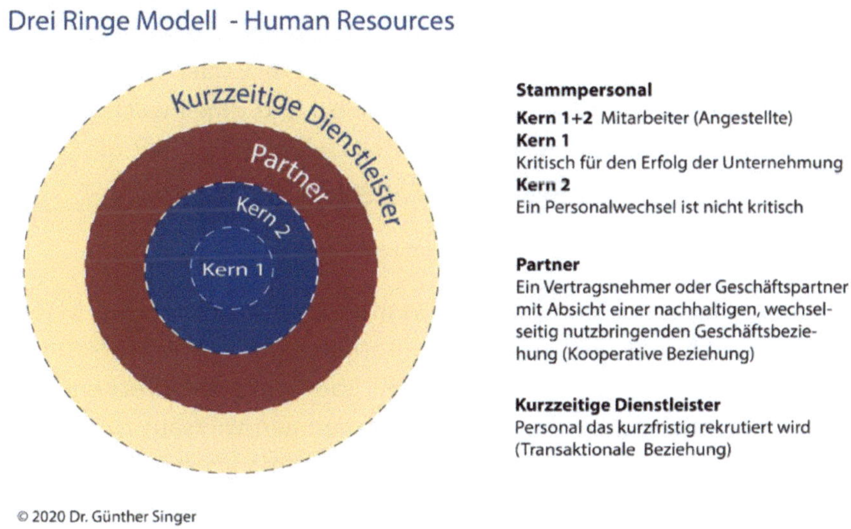

Abb.2: Drei Ringe Modell – Human Resources (Quelle: Eigene Darstellung).

Im Ring 1 (blau dargestellt) befinden sich die Mitarbeiter, die langfristig für das Unternehmen tätig sind. Es ist die **Stammbelegschaft**. Im Kern 1 befinden sich jene, die kritisch für den Erfolg der Unternehmung sind. Im Kern 2 finden sich jene, deren Wechsel nicht kritisch für das Unternehmen ist. Sollte ein Kern 1 Mitarbeiter wechseln, führt das meist zu 6-24-monatigen Turbulenzen. Bei Kern 2 Mitarbeitern ist der Übergang meist innerhalb von drei Monaten bewältigt.

Im Ring 2 (rot dargestellt) finden sich **Partner**. Dies sind Vertragsnehmer oder Geschäftspartner mit der Absicht einer langen, wechselseitig nutzbringenden Geschäftsbeziehung.

Der Ring 3 wird durch **kurzzeitige Dienstleister** gebildet. Entsprechendes Personal wird für nur für eine kurze Zeit rekrutiert und die Beziehung ist transaktional. Dies sind die klassischen Zeitarbeiter – oder auch die Unterstützung durch einen Consultant oder Anwalt, der als Fachberater tätig wird. Der „Hausanwalt" oder der Berater hingegen, der längerfristig den Change Prozess betreut, passt als Partner in den Ring 2.

Interim Manager haben eine besondere Herausforderung. Sie wechseln kurzfristig und für beschränkte Zeit meist als Ersatz für einen Kern 1 oder Kern 2 Mitarbeiter in die Unternehmung. Ein natürliches sich Annähern und Hineinwachsen ist jedoch meist durch hohen Zeitdruck nicht möglich. Umso wichtiger ist hier die treffsichere Auswahl der passenden Person aus Sicht der Unternehmung.

Fazit: Aus der Perspektive eines Interim Managers ist es klüger, auf Mandate zu verzichten, wenn man mit der Kultur der Unternehmung voraussichtlich nicht gut zurechtkommt. Zumindest ist es notwendig, über eine entsprechende professionelle Methodik zu verfügen, schnell im Unternehmen wirksam zu werden. Professionelle Interim Manager wissen, dass gerade die Anfangsphase eines neuen Interim Management Projektes richtungsweisend für den Projekterfolg ist und können schon in den ersten Tagen signifikante Wirkung erzielen (Bollier, 2020).

2.5.8. Opportunität 8 – Nachhaltigkeit / ESG

Nachhaltigkeit wird oft sehr eingeschränkt, nämlich "grün" oder "ökologisch" verwendet, was leicht parteipolitisch polarisiert. Wir verwenden hier einen weit breiteren Begriff. Die **17 Ziele für eine Nachhaltige Entwicklung** der Vereinten Nationen (United Nations Sustainable Development Goals – SDG Goals), wurden

2016 mit Reichweite auf 2030 in Kraft gesetzt. Sie umfassen ökologische, wirtschaftliche und soziale Ziele, die miteinander vernetzt sind. "Keine Armut" und "Gesundheit und Wohlergehen" lassen sich wohl nicht getrennt voneinander erreichen. Weiters sind diese wohl in einer dystopischen Welt geprägt von Klimakatstrophen wie langanhaltender Dürre, die von sintflutartigen Regenfällen abgelöst werden, nicht erreichbar. Dem geschätzten Leser sind dieser Themen aus der Tagespresse ausreichend bekannt.

Abb.3: Quelle: https://unric.org/de/17ziele/ Zugriff: 21. Juli 2022

Das Thema CO2 Emissionen ist das vielleicht am stärksten diskutierte, hat es doch Auswirkungen nicht nur auf z.B. die Gestaltung von Produkten sondern auch die Produktion dieser. Die Automobilindustrie erfindet sich gerade neu in der Umstellung vom Verbrennungsmotor auf Elektrofahrzeuge mit nachhaltigen Lieferketten die robust genug.

Das Thema hat unter dem Begriff **ESG** (Environmental, Social and Governance) inzwischen auch Eingang in die unternehmensexterne Compliance mit der Berichterstattung von größeren Unternehmen gefunden. ESG vertritt die ganzheitliche Sichtweise, dass Nachhaltigkeit über Umweltfragen hinausgeht. Es ist ein Rahmen der Stakeholder-orientiert ist. ***Beim Risikomanagement und dem bei börsennotierten Unternehmungen üblichen ESG-Disclosure werden Risiken gemindert und Opportunitäten genutzt.*** Dies wird durch Leistungskennzahlen dokumentiert. Die Börse Frankfurt unterstützt diese Aktivitäten mit dem ESG Visibility Hub (Börse Frankfurt, 2022)

Das Thema ist aber nicht nur auf Großunternehmen beschränkt. Ab 2023 tritt eine neue Richtlinie der Europäische Kommission die einen Corporate Social Responsibilty (CSR) Bericht für KMUs verpflichtend macht. Unternehmen ab 250 MitarbeiterInnen (unabhängig von Ihrer Kapitalmarktorientierung – also nicht nur Aktiengesellschaften, sondern u.a. auch GmbHs mit einem Umsatz größer als 40 Mio. Euro und einer Bilanzsumme größer 20 Mio. Euro sind betroffen (Oberbank, 2022). Die Richtlinie der Europäischen Kommission zur Nachhaltigkeitsberichterstattung von Unternehmen bietet vertiefte Informationen (Europäische Kommission (21.04.2021a). Das Manager Magazin brachte im Juli 2022 einen Schwerpunktartikel mit dem Titel "Die irre Jagd nach den besten Führungskräften" (Buchhorn, 2022):

> „Vor allem aber treibt der Generalumbau der Wirtschaft den Bedarf nach vergleichsweise seltenen Profilen: Gesucht wird Expertise in Digitalem, grüner Technologie, dem Aufbau nachhaltiger Lieferketten, Cybersicherheit..."

Zweimal digital und zweimal nachhaltig. Das Thema Digital wurde schon weiter oben behandelt.

2.6. Die acht Opportunitäten und Konsequenzen für Interim Manager

Die folgenden Opportunitäten gelten gleichermassen für Einsteiger und Profis im Interim Management. Zur Orientierung haben wir, die Autoren, zu den Kriterien der Relevanz und Dringlichkeit eine Einschätzung aus unserer Praxis gegeben.

2.6.1. Opportunität 1 – Künstliche Intelligenz (KI) und Job Effekte

- Relevanz: Hoch
- Dringlichkeit: Mittel

Setzen Sie sich aktiv mit dem Thema KI auseinander und prüfen Sie den mittelfristigen Einfluss auf ihren Kernbereich der Tätigkeit. Selbst General Management Aktivitäten sind heute schon von KI betroffen. Jeder C-Level-Manager (ob angestellt oder als Dienstleister) muss zumindest die Begriffe verstehen, die richtigen Fragen stellen und die Relevanz bestimmter Entwicklungen für das Unternehmen einschätzen und diskutieren können. Erst recht werden keine Change-Management-Projekte und Transformationsvorhaben mehr ohne die proaktive Erwägung oder Nutzung aller KI-Möglichkeiten laufen.

Selbst im konservativ geprägten Geschäftsfeld der Sanierung und Restrukturierung müssen bei der Frage der Perspektiven des Unternehmens oder eines Geschäftsfeldes, seiner Kunden und Lieferanten, der effektiven und effizienten Neuausrichtung und der notwendigen Investitionen in neue (technische) Infrastruktur und Mitarbeiter Antworten auf die neuen Fragestellungen im Bereich der KI gegeben werden können.

Unternehmen, die ein Interim-Mandat zu vergeben haben, werden daher nur noch solche Interim Manager in die engere Wahl für einen Auftrag ziehen, die entsprechende Kompetenzen – zumindest jedoch nachweisbare Berührungspunkte in der Praxis – nachweisen können. Hierfür sollten Sie sich rüsten: Zumindest durch

Weiterbildung in den grundlegenden Aspekten, sodass Sie mitreden können. Dafür gibt es auch Online einige Angebote. Wenn Sie bereits in der Praxis erste Erfahrungen oder gar Erfolge nachweisen können, dann ist es wichtig, dass Sie dieses ausdrücklich und sichtbar dokumentieren: In Ihrem CV (Managerprofil), in Ihren Case Studies und in den Referenzschreiben Ihrer Aufraggeber. Sie werden dann Vorteile gegenüber anderen Interim Managern haben, die das nicht tun. Ihre Chancen, als relevanter und kompetenter Lösungsanbieter wahrgenommen und zu einem Gespräch eingeladen zu werden, steigen signifikant!

Wir werden uns mit dem Thema KI noch ausführlich im **Kapitel 8 zu den Karrierestrategien** auseinandersetzen.

2.6.2. Opportunität 2 – Automatisierung – Industrie 4.0

- Relevanz: Hoch und Kritisch
- Dringlichkeit: Hoch

Das Thema der Digitalisierung gehört bereits seit einigen Jahren zum Standard. Für eine Tätigkeit als Interim Manager ist es kritisch relevant. Interim Manager müssen nicht nur in ihrem Kernbereich der Tätigkeit mit dem Thema und den Möglichkeiten vertraut sein und die Schnittstellen zu den Nachbarbereichen kompetent abdecken. Sie müssen diese auch auf der Ebene der Gestaltungskompetenz bis ins Detail beherrschen. Das fachliche Qualifikationsprofil ist damit faktisch „hybrid" geworden: Rein funktional-fachliche und digitale Elemente verschmelzen und bedingen sich wechselseitig.

Ich möchte hier sehr klar sein: Wenn Sie das nicht können, sind Sie ein Risiko für Ihren Auftraggeber – und dann ist das auch karriere-kritisch für Sie. Ein allgemeiner Ausdruck wie *„Ich bin IT-affin"* reicht nicht. Wenn Sie den Eindruck haben, dass Sie an der einen oder anderen Stelle Ihres Kompetenzprofils Nachholbedarf haben, dann ist es erforderlich, die Lücken unverzüglich zu füllen. Sie sind selbst Experte für Ihren Fachbereich: Googeln Sie die Möglichkeiten für eine Weiterbildung. Durch

Corona sind fast alle Lehrgänge so gestaltet, dass weite Teile, wenn nicht alles, vom Homeoffice aus erledigt werden kann. Werden Sie unverzüglich aktiv!

Sie sollten das Thema der Digitalisierung nicht als etwas „Besonderes", sondern als etwas „Selbstverständliches" behandeln: Als etwas, was geradezu „ganz normal" zu Ihrem fachlichen Profil (z.B. als dynamischer Produktionsleiter oder international erfahrener CFO) hinzugefügt ist. Es bietet sich daher an, quasi „en passant", auf Ihre entsprechende Kompetenz hinzuweisen, indem Sie beschreiben, wie Sie diese eingesetzt haben. In der Praxis hat sich die Erstellung von Fallstudien (Case Studies) oder von entsprechenden Publikationen bewährt. Auf die können Sie interessierte Kunden verweisen – oder über die können Sie sich auch im Web finden lassen, wenn potentiellen Kunden im Web nach bestimmten Themen oder Lösungen suchen.

2.6.3. Opportunität 3 – Disruptive Transformation von Branchen

- Relevanz: Mittel
- Dringlichkeit: Mittel

Disruptive Zeiten sind gute Zeiten für Interim Manager und Berater. Wenn Sie mit den Innovatoren oder „early adopters" einer Branche arbeiten können, ist das sehr positiv für Ihre Auslastung und erfreuliche Tagessätze. Sollten Sie für die „late adopters" arbeiten, kann es Ihnen auch gut gehen – jedoch meist nur dann, wenn Sie Sanierungsprojekte oder Krisenmanagement lieben.

2.6.4. Opportunität 4 – Demografie – Millenials und Babyboomer

- Relevanz: Mittel
- Dringlichkeit: Niedrig – aber unaufhaltsam

Die Millenials sind weit geburtenschwächer als die Babyboomer. Es fehlt ihnen nicht an Talent und auch nicht an Motivation, wenn sie richtig geführt werden. Sie können aber altersbedingt nicht die Erfahrung in komplexen Managementbereichen ersetzen, die durch das progressive Ausscheiden der Babyboomer benötigt wird. Diese Lücke ist eine Chance für Interim Manager ab 40 plus, die über relevante Erfahrungen und Skills verfügen.

2.6.5. Opportunität 5 – Globalisierung und Regionalisierung der Arbeitsmärkte

- Relevanz: Mittel
- Dringlichkeit: Niedrig

Sie sind mobil, haben relevante Skills und Erfahrungen und sprechen verhandlungssicheres Englisch? Sie verfügen zudem über interkulturelle Kompetenzen? Dann können Sie hier die Opportunitäten nützen. Langfristig schadet zudem etwas Mandarin nicht – ni hao!

2.6.6. Opportunität 6 – Ende der Langzeitarbeitsverhältnisse

- Relevanz: Hoch
- Dringlichkeit: Hoch

Das bläst voll in die Segel von Interim Managern und bedarf keiner weiteren Erklärung.

2.6.7. Opportunität 7 – „Workforce Composition" – Neu

- Relevanz: Hoch
- Dringlichkeit: Hoch

Auch diese Opportunität gibt Interim Managern starken Rückenwind. Es wird jedoch an Ihrer persönlichen Business-Strategie liegen, ob Sie sich als „Partner" oder „kurzzeitiger Dienstleister" positionieren wollen. Möglicherweise können Sie sich auch überlegen, ob Sie bei einem attraktiven Angebot des Klienten die Rolle vom Interim Manager zu einem „Kern 1 Mitarbeiter des Stammpersonals" verändern wollen – und wieder in die Rolle eines Angestellten schlüpfen. Es gibt Interim Manager, die das für einige Jahre machen und danach wieder als Interim Manager tätig werden, um danach wieder ... etc. Doch das sind Entscheidungen, die von Ihrer langfristigen Karrierestrategie abhängen – und individuell im Einzelfall anzuschauen sind.

2.6.8. Opportunität 8 – „Nachhaltigkeit"

- Relevanz: Hoch
- Dringlichkeit: Hoch

Trotz aller VUCA-Kapriolen, das Thema Nachhaltigkeit ist gekommen, um zu bleiben.

Die Herausforderung für Interim Manager ist ein handlungsorientiertes Mindset das der Komplexität der Thematik gerecht wird. Die eigene glaubhafte Positionierung und der Erwerb bzw. Ausbau der nötigen fachlichen Qualifikationen, um erfolgreich reüssieren zu können sind weitere, um die Opportunität nützen zu können.

Setzen Sie sich mit der Thematik fokussiert auf Ihren Kernkompetenzbereich auseinander. Wenn Sie Leistungen für das Corporate Reporting eines Großkonzerns erbringen, gehören die "Ziele für Nachhaltige Entwicklung" (UN Sustainable Development Goals) bzw. ESG Reporting im Rahmen der Compliance Richtlinien der Branche zum Tagesgeschäft. Wenn Sie Logistik Spezialist sind, dann wird der Aufbau von robusten, nachhaltigen Lieferketten Sie fordern.

Zur Einarbeitung und zu aktuellen Informationen zum Thema Sustainable Development ist die Website der Vereinigten Nationen (https://sdgs.un.org) zu empfehlen.

Um sich über Aktivitäten zum ESG Reporting am Laufenden zu halten ist das ESG Visibility Hub der Börse Frankfurt geeignet (Börse Frankfurt, 2022).

Die Website der Europäischen Kommission bietet aufschlussreiche Informationen. Zum Beispiel: Fragen und Antworten: Richtlinienvorschlag zur Nachhaltigkeitsberichterstattung der Unternehmen (Europäische Kommission, 21.04.2021b).

2.7. Quellenverzeichnis

ACEA. (2019). The Automobile Industry Pocket Guide_2019-2020. Retrieved from https://www.acea.be/uploads/publications/ACEA_Pocket_Guide_2019-2020.pdf

CEDEFOP. (2018). Skills forecast: trends and challenges to 2030. Luxembourg: Publications Office. Cedefop reference series; No 108. Retrieved from http://data.europa.eu/doi/10.2801/4492

Börse Frankfurt (2022). Company Information on sustainability - ESG Visibility HUB. Börse Frankfurt. Retrieved July 27, 2022 from https://www.boerse-frankfurt.de/en/corporate-sustainability-disclosures

Buchhorn, E. (2022). Headhunter im Goldrausch - Die irre Jagd nach den besten Führungskräften. Manager Magazin, 7/2022. Zugriff 05.07.2022, from https://www.manager-magazin.de/unternehmen/industrie/personalberater-wie-manager-mit-headhuntern-karriere-machen-a-8a2e7ea4-0eb1-4305-9d6e-462397c5f09b

Davenport, T. H. (2018). The AI Advantage: How to Put the Artificial Intelligence Revolution to Work (Management on the Cutting Edge) (English Edition) (Kindle ed.). Cambridge: The MIT Press.

DB. (7. Juli 2019). Deutsche Bank kündigt umfassende Transformation an. Abgerufen von https://www.db.com/newsroom_news/2019/deutsche-bank-kuendigt-umfassende-transformation-an-de-11538.htm

Dignan, A. (2019). Brave new work: are you ready to reinvent your organization? (Kindle ed.). New York: Portfolio/Penguin.

Drucker, P. F. (1993). Post-Capitalist Society (1st ed.). New York, NY: HarperBusiness.

Economix. (2016). Arbeitsmarkt 2030 Wirtschaft und Arbeitsmarkt im digitalen Zeitalter Prognose 2016. Abgerufen von https://www.bmas.de/SharedDocs/Downloads/DE/PDF-Meldungen/2016/arbeitsmarktprognose-2030.pdf?__blob=publicationFile&v=2

Ehrhard, M. (08.08.2018). Ende der Märchenstunde: Wie Dr. Watson seine Zauberkraft verlor. Abgerufen von https://www.medizin-und-elektronik.de/medizin-40-iot/artikel/156553/. Retrieved 20.07.2019, from WEKA Fachmedien https://www.medizin-und-elektronik.de/medizin-40-iot/artikel/156553/

Europäische Kommission (21.04.2021a). Richtlinie des Europäischen Parlaments und des Rates zur Änderung der Richtlinien 2013/34/EU, 2004/109/EG und 2006/43/EG und der Verordnung (EU) Nr. 537/2014 hinsichtlich der Nachhaltigkeitsberichterstattung von Unternehmen. https://eur-lex.europa.eu/legal-content/DE/TXT/PDF/?uri=CELEX:52021PC0189&from=DE

Europäische Kommission (21.04. 2021b). Fragen und Antworten: Richtlinienvorschlag zur Nachhaltigkeitsberichterstattung der Unternehmen. https://ec.europa.eu/commission/presscorner/detail/de/qanda_21_1806

(EU) Nr. 537/2014 hinsichtlich der Nachhaltigkeitsberichterstattung von Unternehmen. https://eur-lex.europa.eu/legal-content/DE/TXT/PDF/?uri=CELEX:52021PC0189&from=DE

EY. (2018a). Arbeitswelt 2030 - Ein branchenspezifischer Ausblick in die Arbeitswelt von morgen in Deutschland, Österreich und der Schweiz Kurzfassung - 2018 [Bericht]. Abgerufen von https://www.ey.com/Publication/vwLUAssets/ey-arbeitswelt-2030-kurzfassung-2018/$FILE/ey-arbeitswelt-2030-kurzfassung-2018.pdf

EY. (2018b). What if employment as we know it today disappears tomorrow? A forward-looking view of the workplace in Germany, Switzerland and Austria in 2030. Retrieved from https://www.ey.com/Publication/vwLUAssets/ey-what-if-employment-as-we-know-it-today-disappears-tomorrow-august-2018/$FILE/ey-what-if-employment-as-we-know-it-today-disappears-tomorrow-august-2018.pdf

Finanzen.net. (10. Juli 2019). Deutsche Bank AG - Chart. Abgerufen von https://www.finanzen.net/chart/deutsche_bank. Retrieved 10. Juli 2019 https://www.finanzen.net/chart/deutsche_bank

Frey, C. B., & Osborne, M. B. (2013). The Future of Employment: How Susceptible are Jobs to Computerisation. Oxford Martin School – University of Oxford. Retrieved from http://www.oxfordmartin.ox.ac.uk/downloads/academic/The_Future_of_Employment.pdf

Google (Producer). (2018, July 20, 2019). Google Duplex: A.I. Assistant Calls Local Businesses To Make Appointments. Retrieved from https://www.youtube.com/watch?v=D5VN56jQMWM

Handelsblatt. (16.06.2019). Deutsche Bank plant offenbar milliardenschwere Bad Bank. Abgerufen von https://www.handelsblatt.com/finanzen/banken-versicherungen/geldinstitut-deutsche-bank-plant-offenbar-milliardenschwere-bad-bank/24462512.html

Hao, K. (Dec 4, 2018). Alibaba already has a voice assistant way better than Google's. Retrieved from https://www.technologyreview.com/s/612511/alibaba-already-has-a-voice-assistant-way-better-than-googles/

Hawkins, A. J. (May 27, 2019). Uber drivers are freelancers, not employees, federal labor lawyer says - Another sign that the gig economy is here to stay. Retrieved from https://www.theverge.com/2019/5/14/18623467/uber-driver-freelancers-employees-federal-labor-lawyer-contractor

IBM. (2019). Ist Ihre Fabrik intelligent genug? Abgerufen von https://www.ibm.com/de-de/industries/manufacturing

Lee, K.-F. (2018). AI Superpowers: China, Silicon Valley, and the New World Order (Kindle ed.). Boston: Houghton Mifflin Harcourt.

Murray, A. AI Superpowers. Retrieved from https://aisuperpowers.com/about/endorsements

Oberbank. (2022). Verpflichtender CSR Bericht für KMUs - neue EU-Richtlinie ab 2023. Retrieved 27.07.2022 from https://www.oberbank.at/jetztunternehmen/csr-bericht?mtm_campaign=sea_jetztunternehmen&mtm_kwd=csr-bericht&gclid=Cj0KCQjwxIOXBhCrARIsAL1QFCaTON7mrOmQIORmO-9tOA1Z2KAiG7TLAdBXZ7bA27hr6oMIP9qoLW0aAmamEALw_wcB

Saffo, P. (2007). Six rules for effective forecasting. Harvard Business Review(July-August 2007).

Singer, G. (2015). Human Resource Management. Donau Universität Krems. Krems.

SmartFinance. (2019). Smart Finance Group - Website. Retrieved from https://www.smartfinancegroup.com/static/publish/en_index.html

To fly, to fall, to fly again. (July 25, 2015). Retrieved from https://www.economist.com/briefing/2015/07/25/to-fly-to-fall-to-fly-again. Retrieved July 18, 2019, from The Economist https://www.economist.com/briefing/2015/07/25/to-fly-to-fall-to-fly-again

Uber by the Numbers: Users & Drivers Statistics, Demographics, and Fun Facts. Retrieved from https://muchneeded.com/uber-statistics/. Retrieved July 19, 2019, from MuchNeeded.com https://muchneeded.com/uber-statistics/W

Uber Revenue and Usage Statistics (2022). Retrieved July 22, 2022 from https://www.businessofapps.com/data/uber-statistics/

Uber Technologies: Number of Employees 2017-2022 | UBER. Retrieved July 22, 2022 from https://www.macrotrends.net/stocks/charts/UBER/uber-technologies/number-of-employees

Uber Technologies, I. Uber Technologies Annual Report 2021. Retrieved July 22, 2022 from https://www.sec.gov/Archives/edgar/data/1543151/000154315121000014/uber-20201231.htm

United Nations, D. o. E. a. S. A., Population Division. Sustainable Development. United Nations. https://sdgs.un.orgWikipedia.

Wikipedia. (2011). Watson - Künstliche Intelligenz. Retrieved 20. Juli 2019, from https://de.wikipedia.org/wiki/Watson_(Künstliche_Intelligenz)

Wikipedia. (2019). Deep Blue. Retrieved from https://de.wikipedia.org/wiki/Deep_Blue

3. Kapitel: Der Markt für Interim Management in der DACH-Region: Zahlen / Daten / Fakten

Autor: Jürgen Becker

3.1. Einleitung und Marktentwicklung

In Deutschland und in der Schweiz gehen die Anfänge des professionellen Interim Managements zurück auf das Ende der siebziger Jahre – Österreich folgte etwas später. Der Markt für Interim Manager ist bis heute ausgesprochen heterogen und auch dadurch intransparent. Besonders deutlich wird das durch die Anzahl von allein rund 175 in einer Übersicht aufgeführten Provider-Unternehmen in der DACH-Region (UNITEDINTERIM, 2022), die aktuell über ihre eigene Website nachweislich die professionelle Vermittlung von Interim Managern anbieten. Hinzu kommen weitere 8 Sozietäten.

Wissenschaftlich belastbare Daten liegen für diesen im Vergleich noch immer jungen Markt kaum vor. Die beiden Quellen mit der höchsten Reputation im Markt sind der AIMP (Arbeitskreis Interim Management Provider) und die DDIM (Dachgesellschaft Deutsches Interim Management e. V.). Besonders der AIMP hat sich seit 2005 durch seine jährliche AIMP-Providerumfrage (AIMP, 2022) nach der Delphi-Methode (Wikipedia, 2022) verdient gemacht. Die abgebildeten Zeitreihen, z.T. sogar über 16 Jahre hinweg, lassen die Branchenentwicklung sowie Trends erkennen, weshalb sich die folgenden Ausführungen im Wesentlichen auf diese Quelle stützen. Ergänzt wird dieses Zahlenmaterial durch die Studien der Ludwig Heuse GmbH zum Interim Management Marktgeschehen in der DACH-Region (Ludwig Heuse GmbH, 2022), die seit 2001 durchgeführt werden. Letztere befragt zwar nur die Interim Manager, die bei diesem deutschen Provider registriert sind und an dieser Studie teilnehmen, jedoch sind dies immerhin rund 750 Interim Manager.

Laut AIMP (AIMP, 2022) ist der Interim-Markt in der DACH-Region – definiert als die Summe aller den Unternehmenskunden in Rechnung gestellten Honorare für

Interim Management-Dienstleistungen – in den vergangenen 14 Jahren von 1,33 Mrd. Euro im Jahr 2007 auf rund 1,96 Mrd. Euro im Jahr 2021 gewachsen[11]. Dies entspricht einem Wachstum von gut 47 Prozent, obwohl der Markt krisenbedingt in den Jahren 2019 bis 2021 rückläufig war.

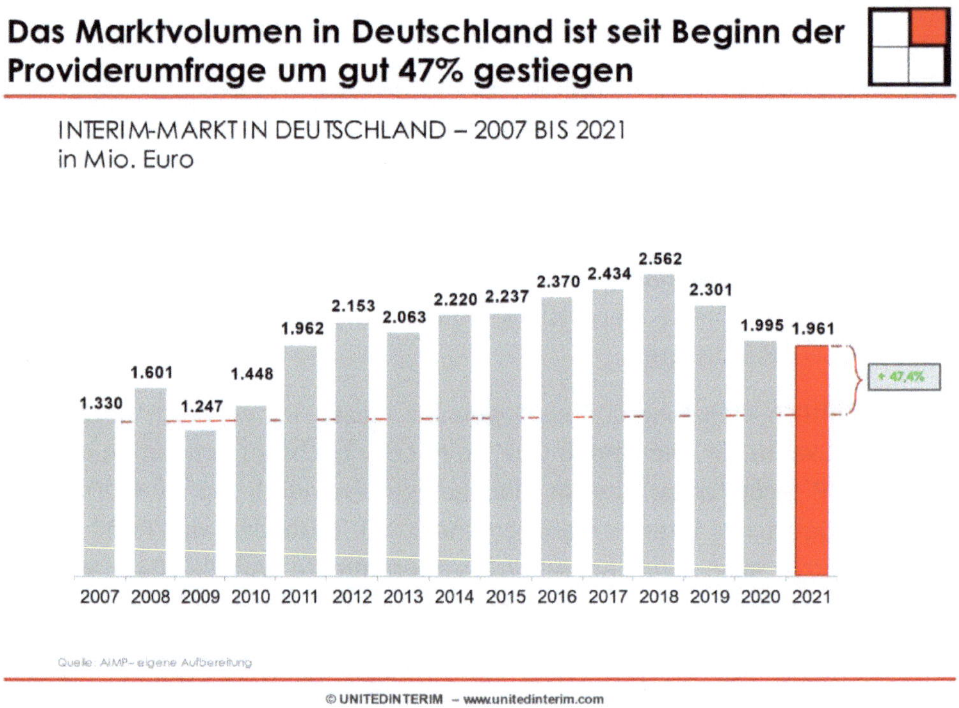

Abb.1: Das Marktvolumen in Deutschland (in Mio. Euro) wuchs in der Zeit 2007 bis 2021 um gut 47,4 Prozent (Quelle: AIMP, 2022).

[1] [1] Diese Summe beinhaltet Provisionen an Provider: Bei einem angenommenen typischen Satz von 25 Prozent addieren sich die Gelder für die Vermittlung auf gut 490 Mio. Euro.

Die Corona-bedingte wirtschaftliche Schwäche hat jedoch dazu geführt, dass das Geschäftsvolumen in den Jahren 2019 bis 2021 rückläufig war und im Vergleich zum bisherigen Rekordjahr 2018 um gut 23 Prozent abgesackt ist und die Branche praktisch um 10 Jahre zurückgeworfen hat. Die Auswirkungen des Ukraine-Krieges haben sich in diesen Zahlen noch nicht niedergeschlagen

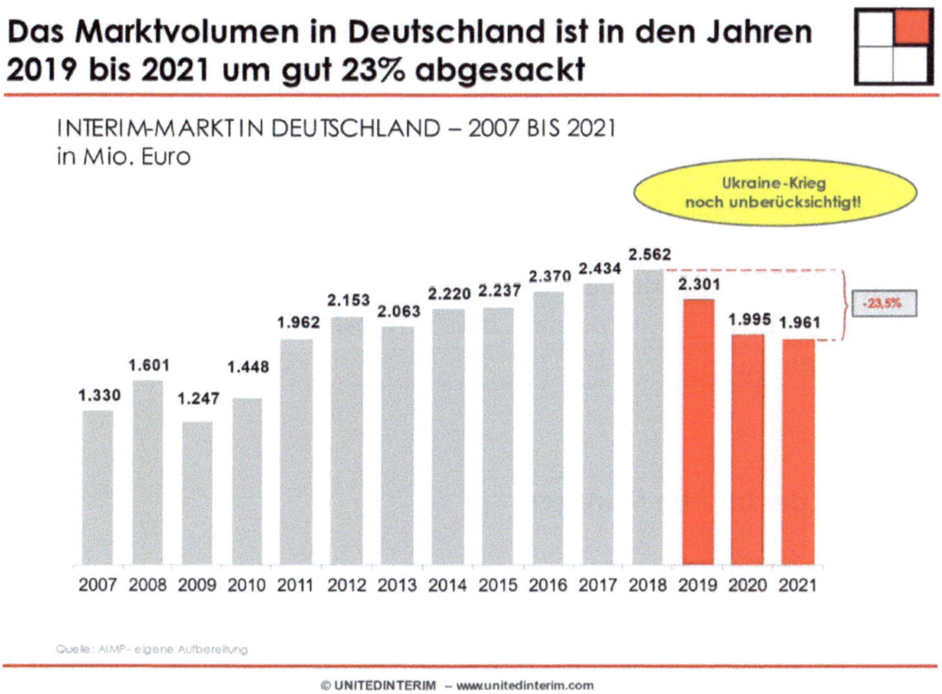

Abb.2: Das Marktvolumen in Deutschland (in Mio. Euro) ist in den Jahren 2019 bis 2021 um gut 23 Prozent abgesackt (Quelle AIMP, 2022).

Dennoch ist dieses hohe Wachstum bemerkenswert, weil das Interim-Business im Zuge der Finanzkrise im Jahr 2009 einen Rückgang von gut 22 Prozent zu verkraften hatte – und von dem es sich erst rund eineinhalb Jahre später erholen sollte. Das

Jahr 2019 litt bereits unter den Umbrüchen in der Automotive-Industrie („Dieselgate“ und „Elektromobilität“) sowie im angrenzenden Maschinenbau. Es gilt als sicher, dass das Interim Business auch im Jahr 2022 vor schwierigen Zeiten stehen wird – dieses Mal verursacht durch die Ukraine-Krise, Störungen in den Lieferketten und Inflationsraten, die wir über Dekaden nicht mehr erlebt haben. Dennoch erwarten fast alle Markteilnehmer, dass sich der langjährige Wachstumstrend fortsetzen wird.

Die wesentlichen Treiber hinter der Geschäftsentwicklung im Interim-Business sind (1) die Anzahl der Interim Manager, (2) die Tagessätze und (3) die Auslastung.

Langfristig besteht im Interim Management ein **stabiler Wachstumstrend.** In Krisenzeiten ist jedoch mit heftigen Einschnitten zu rechnen: 2009 / 2010 (Finanzkrise) und 2019 (Probleme in den beiden wichtigsten Nachfragegruppen für Interim Manager). Für 2022 wird nochmals ein schwieriges Umfeld erwartet. Prognose für 2022/2023: Spürbarer Nachholbedarf durch Transformations-Projekte und Restrukturierungen.

3.1.1. Anzahl der Interim Manager

Die Anzahl der Menschen, die in den vergangenen elf Jahren ihr Knowhow und ihre Erfahrung als Interim Manager angeboten haben, wuchs von 12.000 (2008) auf gut 15.900 im Jahr 2016 (AIMP, 2022). Das ist eine Steigerung um 28 Prozent. Im Zuge einer hohen Nachfrage der Wirtschaft nach festangestellten Mitarbeitern arbeiteten ab 2017 jedoch wieder weniger Menschen als Interim Manager. Die Corona-Pandemie hat zudem dazu geführt, dass zwei Gruppen bisheriger Interim Manager aus dem Interim Business ausgestiegen sind: (1) Interim Manager, die sich altersbedingt nicht mehr dem Digitalisierungs-Schub stellen wollten („Ich tu´ mir das nicht mehr an!“) und (2) Interim Manager, die Vorteile in einer vermeintlichen Sicherheit einer abhängigen Beschäftigung zu erkennen glaubten („Ich möchte mich diesem Risiko nicht mehr aussetzen!“).

Im Ergebnis arbeiten laut AIMP so wenig Menschen als Interim Manager wie seit der gesamten vergangenen Dekade nicht mehr.

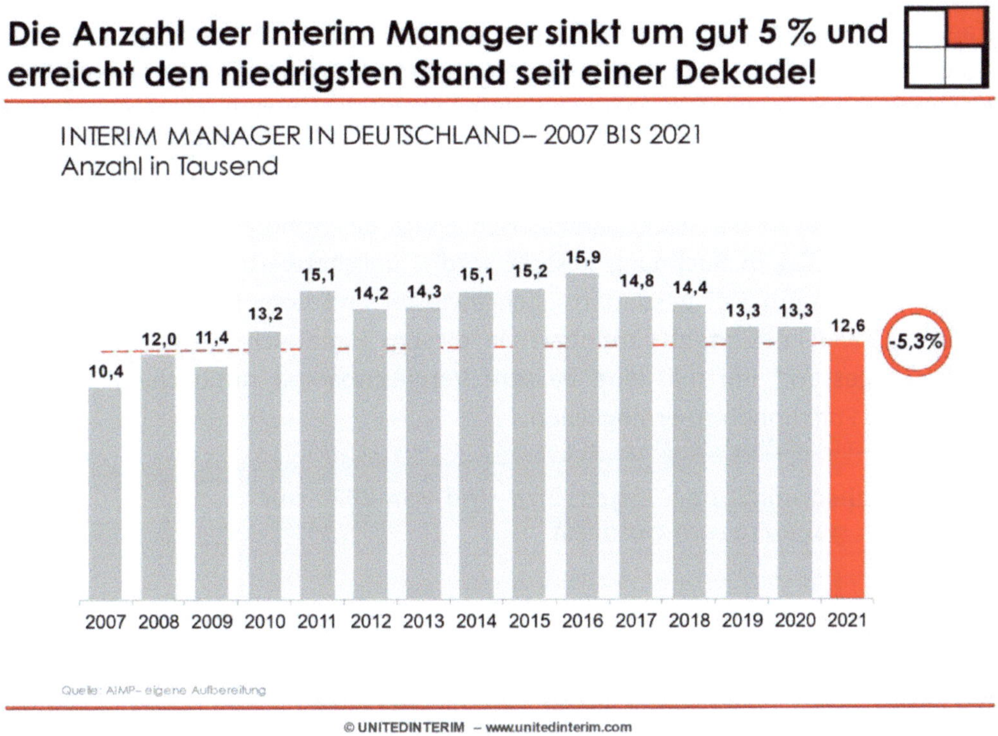

Abb.3: Anzahl der Interim Manager in Deutschland (Quelle: AIMP, 2022).

Langfristig betrachtet, werden immer mehr Menschen als Interim Manager arbeiten. Es ist jedoch zu beobachten, dass die Anzahl in den für die Gesamtwirtschaft konjunkturell guten Jahren abnimmt. These: Eine gut laufende Wirtschaft absorbiert durch attraktive Festanstellungs-Angebote etliche Interim Manager. Gleichzeitig werden in schlechten konjunkturellen Zeiten – aus unterschiedlichsten Gründen – mehr Angestellte freigesetzt: Für einen Teil dieser Menschen ist die Karriere als Interim Manager oder Managerin eine attraktive Option.

3.1.2.Tagessätze

In der Praxis finden sich „Netto-Tagessätze“ und „All-In-Tagessätze“. All-In-Tagessätze vergüten in einem Betrag neben dem reinen Honorar auch noch anfallende Kosten für An- und Abreisen sowie Unterkunft vor Ort; in einigen Fällen auch noch sonstige Spesen. Manche Kunden erhoffen sich dadurch eine einfachere Budgetierung und Abrechnung der für einen Interim Manager anfallenden Gesamtkosten. In der überwiegenden Mehrzahl der Fälle wird jedoch der „**Netto-Tagessatz**“ verwendet. Dieser deckt dann ausschließlich das Honorar ab, das vom Interim Manager pro Tag in Rechnung gestellt wird – üblicherweise zzgl. MwSt. Spesen werden in diesem Fall gesondert nachgewiesen und vom Mandanten so übernommen, wie im Vorfeld vereinbart. In diesem Handbuch verwenden wir den „Netto-Tagessatz“ um u.a. eine bessere Vergleichbarkeit unterschiedlicher Aufgaben und Funktionen zu ermöglichen.

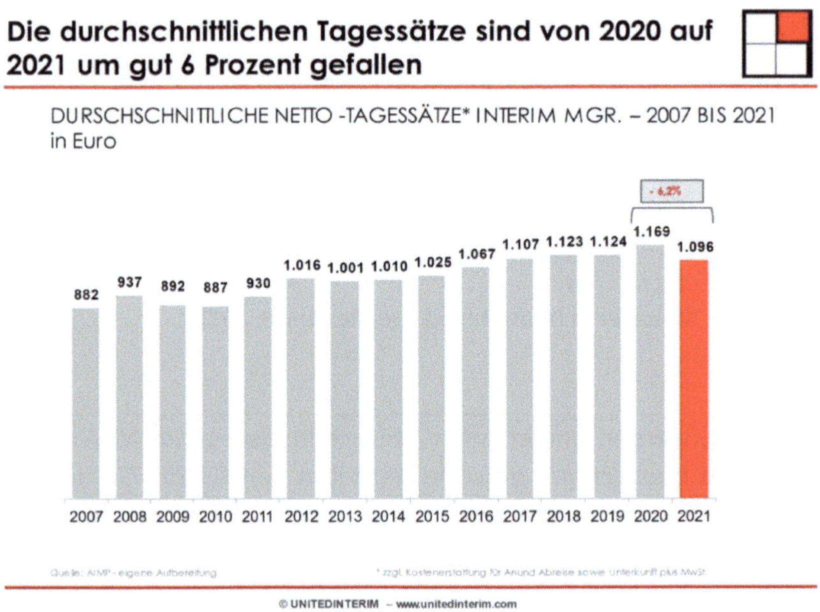

Abb.4: Tagessätze sind in einem Jahr um 6 Prozent gefallen (Quelle: UNITEDINTERIM, 2022).

Ich möchte an dieser Stelle darauf hinweisen, dass die DDIM davon berichtet, dass die Tagessätze von 1.163 Euro im Jahr 2019 auf 1.229 Euro im Jahr 2021 gestiegen seien (DDIM 2022). Das ist eine Steigerung um gut 5,7 Prozent – und das während der Pandemie-Jahre. Ich teile diese Einschätzung nicht.

Zudem weise ich darauf hin, dass diese Werte für die Tagessätze ausnahmslos auf eine Schätzung zurückgehen: Von entweder gut zwei Dutzend und nicht immer gleichen Providern (AIMP) – oder aber rund 30 Providern, weitgehend anderen, sowie zusätzlich etwa 550 Interim Managern der DDIM. Deshalb empfehle ich, nicht jeden einzelnen Euro auf die Waagschale zu werfen. Ich habe durchaus den Mut von – im Durchschnitt – praktisch stabilen Tagessätzen über die vergangenen 5 Jahre zu sprechen.

In der Praxis zeigt sich beim Tagessatz eine bis zu fünffache Spreizung für vordergründig „vergleichbare" Aufgaben. So erwarten z.B. bei UNITEDINTERIM Interim Manager mit mehr als 10 Jahren Erfahrung in den jeweiligen Linienfunktionen diese Tagessätze (UNITEDINTERIM, 2022a):

Tagessatz Stats Over 10 years

Category	Min	Median	Average	Max
Logistik	750	1100	1127	1500
Sonstige	600	1250	1278	1900
Materialwirtschaft	750	1100	1124	1500
IT/Organisation	700	1250	1265	1900
Personal	600	1150	1131	1900
Vertrieb/Marketing	500	1200	1194	2500
Finanzen/Controlling	500	1100	1159	2000
Technik/Produktion	700	1200	1183	2350
General Management	500	1200	1279	2500
All	**500**	**1200**	**1205**	**2500**

Download CSV

Abb.5: Spreizung der Tagessätze von Interim Managern bei UNITEDINTERIM zum Stichtag 10. Mai 2022 (Quelle: UNITEDINTERIM, 2022).

Für potentielle Kunden bedeutet dies am **Beispiel Logistik**: Auch wenn der Mittelwert (Median) eines Interim Managers mit mindestens 10 Jahren Erfahrung in der Logistik 1.100 Euro beträgt, kann ein solcher Interim Manager für 1.500 Euro am Tag ins Unternehmen geholt werden – aber eben auch für die Hälfte (750 Euro; plus Spesen und MwSt.).

Über alles hinweg umfasst die Bandbreite der von den Interim Managern aufgerufenen Tagessätze 500 am unteren und 2.500 Euro am oberen Ende. Der Median liegt bei dieser Plattform bei 1.200 Euro, also etwas über dem Durchschnitt der Branche, wie ihn der AIMP (AIMP, 2022) darstellt – und etwas unterhalb des von der DDIM kommunizierten Wertes. Bei dieser enormen Spreizung des Tagessatzes lohnt es sich für Kunden, genau hinzuschauen. Eine Hilfestellung hierfür ist ein präzises Anforderungsprofil, das beschreibt, welche Skills und Erfahrungen für das jeweilige Projekt wirklich gebraucht und somit bezahlt werden müssen – und welche nicht. Im Umkehrschluss gilt für Interim Manager, die einen Tagessatz am oberen Ende der Bandbreite aufrufen, dass in ihren Unterlagen sehr genau deutlich werden muss, welche Mehrwerte sie ihren Kunden bieten.

Bei allen individuellen Unterschieden können wir sagen: Im Durchschnitt kann ein Interim Manager einem Kunden in Deutschland zwischen **1.100 und 1.200 Euro pro Tag** in Rechnung stellen. In der Schweiz ist es etwas mehr, in Österreich etwas weniger.

Neben dem Tagessatz ist die Auslastung relevant. Mehr zur Frage ***„Was verdient ein Interim Manager?"*** **finden Sie in Kapitel 3.5.**

3.1.3. Auslastung

Anders als mitunter angenommen, ist der wichtigste Treiber im Business-Modell eines Interim Managers nicht der Tagessatz, sondern die Auslastung. Diese Auslastung hat laut AIMP im Jahr 2021 mit 156 Tagen den höchsten Wert seit Beginn der

AIMP-Providerumfrage erreicht. (AIMP, 2022). Das entspricht einem Plus von fast 15 Prozent oder mehr als einen bezahlten Monat. Die Heuse-Studie (Ludwig Heuse GmbH, 2022) berichtet ebenfalls von einer höheren Auslastung im Jahr 2021, nennt jedoch mit 143 Tagen und einem Plus von 9 Prozent wesentlich moderatere Werte. Ich empfehle, beide Werte mit Vorsicht zu verwenden: Ich weiß aus zahlreichen Gesprächen mit Interim Managern – vor allem im Rahmen der zweiwöchentlichen virtuellen Sprechstunde von UNITEDINTERIM – dass viele Interim Manager im Bestandsgeschäft unter reduzierten, ausgesetzten oder gar gestoppten Projekten zu leiden – und von einem ausgesprochen schleppenden Neugeschäft berichtet hatten. Auch über Provider.

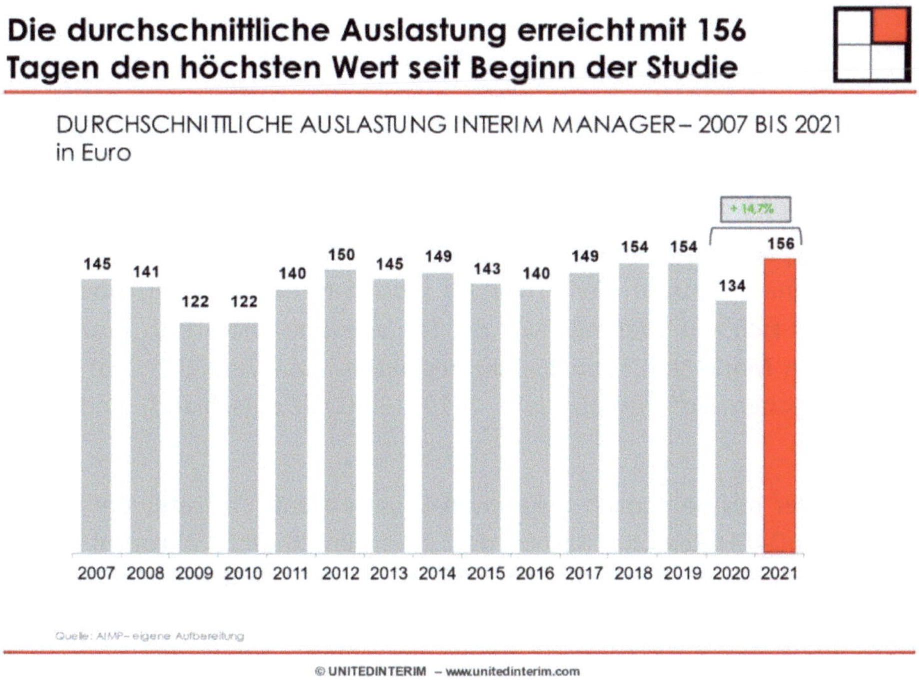

Abb.6: Durchschnittliche Auslastung eines Interim Managers pro Jahr (Quelle: AIMP, 2020).

Diese durchschnittlichen Werte für die Auslastung verschleiern, dass etablierte „Interim-Asse" durchaus auf eine Auslastung von 220 bis 250 Tage kommen. Auf der anderen Seite stehen viele Interim Manager, die kaum 90 Tage in Rechnung stellen können.

Im Durchschnitt kann ein Interim Manager seinen Kunden **typischerweise zwischen 140 und 150 Tage pro Jahr** in Rechnung stellen. Das entspricht im Vergleich einer Auslastung von 64 bis 68 Prozent (bei kalkulatorisch 220 Arbeitstagen eines Angestellten). Die restlichen gut 30 Prozent schaffen Raum für Urlaub, Weiterbildung und Akquisition.

3.1.4. Projekte

Es liegen keine belastbaren Daten zur Anzahl der Projekte im Interim-Business vor. Wenn wir für den deutschen Markt die Zahlen des AIMP als Grundlage nehmen (AIMP, 2022) und für 2021 aus dem Marktvolumen von 1,961 Mio. Euro, einer Auslastung von 156 Tagen und einem durchschnittlichen Tagessatz in Höhe von 1.096 Euro zurückrechnen, dann erreichen wir als groben Näherungswert rund 11.500 Projekte für Deutschland. Nehmen wir die Schweiz und Österreich hinzu, dann ergibt dies einen **Markt von rund 13.500 Projekten**. Zum Vergleich: Auf gleicher Rechenbasis ergaben sich für das Jahr 2019 13.300 (Deutschland) und 15.000 Projekte (DACH).

Die meisten der mir persönlich bekannten Experten und Vertreter der Interim-Branche aus der DACH-Region schätzen, dass zwischen 25 und 35 Prozent der Projekte über Provider zustande kommen[14]. Wenn aus Vereinfachungsgründen der

[14] In der Heuse-Studie wird sogar von 50 Prozent der Projekte gesprochen, die über Provider zustande gekommen sind. Dabei ist jedoch eine wesentliche Verzerrung zu berücksichtigen, weil die Teilnehmer der Studie in diesem Punkt nicht repräsentativ für den Markt sind: Heuse befragt als etablierter Provider nämlich ausschließlich Mitglieder seines Pools – also Interim Manager, mit denen er z.T. schon über viele Jahre zusammenarbeitet.

Mittelwert von 30 Prozent genommen wird, dann verbleiben für die Provider insgesamt 4.500 Projekte. Das Provider-Directory[10)] von UNITEDINTERIM weist 175 bekannte und am Markt aktive Provider für die DACH-Region nach. Auf diese 175 Provider würden sich diese 4.500 Projekte verteilen – was durchschnittlich knapp 26 Projekten je Provider pro Jahr entspricht. Große Provider wickeln jährlich mehr als 100 Projekte ab – manche sogar deutlich mehr. Kleine Provider stehen für 10 Projekte jährlich – mitunter auch darunter. Auf dieser Basis erscheint die Anzahl der Projekte plausibel.

Die DACH-Region mit den Ländern Deutschland, Österreich und Schweiz[15] steht insgesamt für etwa **15.000 Interim Manager** und rund **15.000 Projekte** im Jahr. Bei einer durchschnittlichen Auslastung von 70 Prozent arbeitet ein Interim Manager im Mittel **154 Tage** und verdient in diesem Zeitraum rund **173.000 Euro**. Dabei sind die Tagessätze in der Schweiz etwas höher als in Deutschland und in Österreich etwas niedriger.

3.2. Branchen, die Interim Manager einsetzen

Über viele Jahre bezeichnete der AIMP die folgenden vier Branchen als Königsbranchen, also die Branchen mit der höchsten Nachfrage nach Interim Managern (AIMP, 2022). Zusammen stehen sie – vom Jahr 2015 abgesehen – für mehr als die Hälfte des Interim-Business:

- Automotive (Kfz-Industrie und -Zulieferer)
- Maschinen- und Anlagenbau
- ICT (Information, Communication und Technology)
- Chemie/Pharma (einschließlich Med-Tech und Bio-Tech)

Interim Manager, die andere Vertriebswege – wie z.B. den Eigenvertrieb bevorzugen – wurden deshalb nicht befragt. Es ist somit kein Wunder, dass Interim Manager in dieser Studie überproportional davon berichten, dass sie über Provider an Projekte gekommen sind.

[15] Einschließlich Liechtenstein, das über eine sehr aktive Community im Interim Management Bereich verfügt.

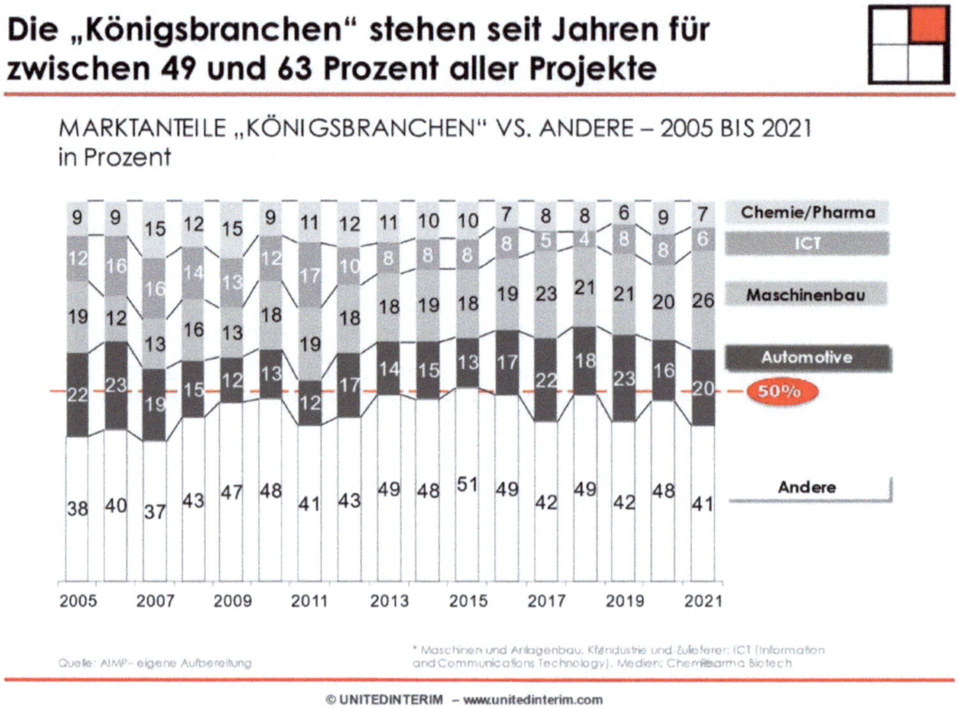

Abb.7: Die „Königsbranchen“ des Interim Managements (Quelle: AIMP, 2022).

Auch für das Jahr 2021 haben diese Branchen zusammen genommen die 50 Prozent-Hürde klar genommen. Ich gebe gern zu, dass mich die hohen Werte für den Ma-schinenbau, besonders aber für Automotive überrascht haben: Ich hatte mit spür-bar weniger gerechnet. Beim näheren Blick auf die jedes Jahr veröffentlichte Teil-nehmerliste an der AIMP-Umfrage bleibt festzuhalten, dass nicht immer die glei-chen Unternehmen mitmachen. Das kann zu Verschiebungen führen. Möglicher-weise hat auch die Automotive-Industrie selbst in einem möglicherweise insgesamt schwächeren Markt ein größeres, relatives Gewicht bekommen. Dessen ungeachtet ist es unzweifelhaft, dass die Automotive-Industrie bislang immer einer der wich-tigsten Nachfrager nach Interim Managern gewesen ist.

Die Heuse-Studie verwendet eine etwas andere Gruppierung als der AIMP, aber auch in dieser Analyse schlagen sich die Automobilindustrie und der Maschinenbau als die beiden stärksten Nachfrager nach Interim Management-Dienstleistungen nieder (Ludwig Heuse GmbH, 2022a). Hier haben Chemie, Pharma und ICT inzwischen nachrangige Bedeutung.

Auf der Grundlage der zuletzt veröffentlichten AIMP-Providerumfrage (AIMP, 2022) wird selbst bei einem leicht schwächeren Markt deutlich, dass das Interim Management inzwischen breite Teile der Wirtschaft erreicht hat.

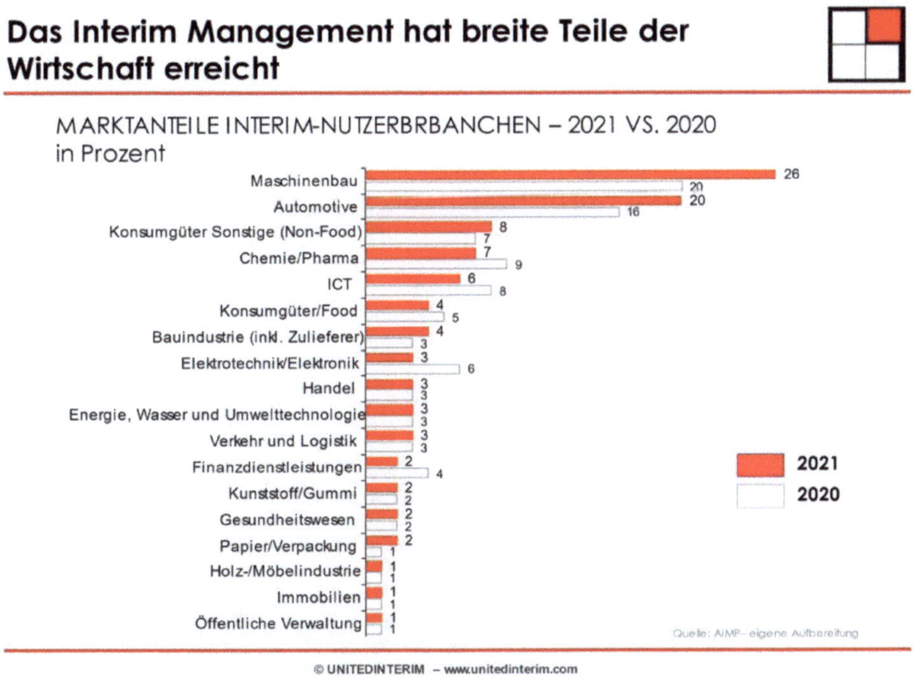

Abb.8: Breite Streuung der nachfragenden Branchen (Quelle: AIMP, 2022).

Während dieses Buch geschrieben wird, befinden sich der Automobil- und Maschinenbau noch immer in einem schwierigen Umfeld, das durch den Ukraine-Krieg sicher nicht einfacher wurde. Dies, und darüber hinaus Lieferkettenprobleme, Internet der Dinge sowie die Mitarbeiter-Knappheit werden beide Branchen in den kommenden Jahren vor enorme Aufgaben stellen – allerdings nicht nur diese beiden Branchen.

3.3. Projekte nach Kategorien

Die AIMP-Studie (AIMP, 2020) ermöglicht einen guten Überblick über die Entwicklung der letzten 15 Jahre:

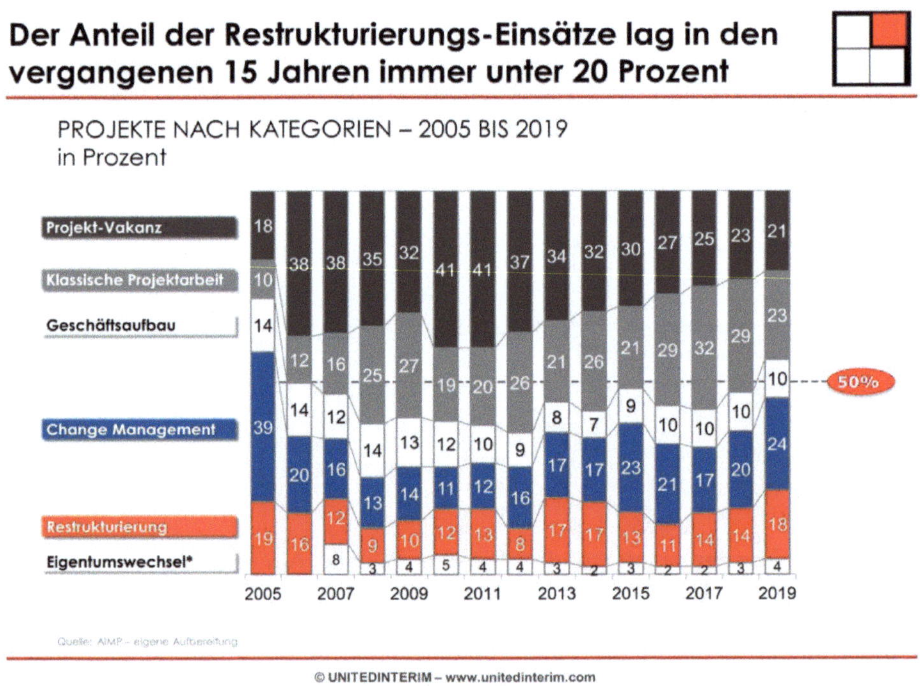

Abb.9: Projekte nach Kategorien in Prozent (Quelle: AIMP, 2020).

Die Anfänge des Interim-Business liegen ursprünglich im Sanierungs- und Restrukturierungsgeschäft. Seit die Branche und zudem einzelne Kategorien quantitativ fassbar sind, blieben die Einsätze als **Sanierer oder als Restrukturierer** jedoch selbst in gesamtwirtschaftlichen Krisenphasen immer unter zwanzig Prozent (AIMP, 2022). So gut wie alle Marktteilnehmer, hatten erwartet, dass der Restrukturierungsbedarf nach dem Auslaufen wesentlicher staatlicher Unterstützungsmaßnahmen sowie des Aussetzens der Insolvenz-Meldepflicht Ende April 2021 deutlich ansteigen würde. Eins der wesentlichen Argumente war, dass diese staatlichen Unterstützungsmaßnahmen Unternehmen am Leben erhielten, die ohnehin nicht lebensfähig seien („Zombie-Unternehmen"). Zur großen Verblüffung aller ist genau dies nicht eingetreten – und stattdessen haben sich die Restrukturierungsprojekte sogar in 2021 halbiert. Von Ausnahmen abgesehen und in der Breite war 2021 somit kein gutes Jahr für Restrukturierer.

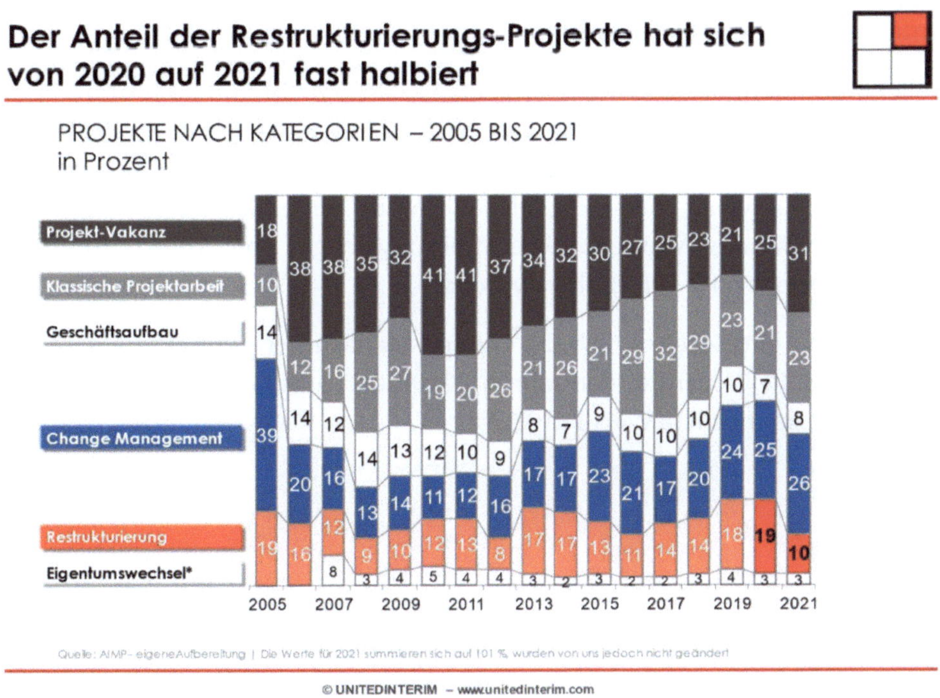

Abb.10: Projekte nach Kategorien in Prozent (Quelle: AIMP, 2022).

Sein größtes Volumen schöpfte das Interim-Business weitgehend aus der Überbrückung von offenen Stellen (**[Projekt]-Vakanz-Überbrückungen**), selbst wenn diese i.d.R. nur wenige Monate dauern und Interim Manager in dieser Projekt-Kategorie immer unter dem Damokles-Schwert „Scheinselbständigkeit" arbeiten: Ein Unternehmen holt einen Interim Manager an Bord, der das Tagesgeschäft absichert, bis der neue Mitarbeiter an Bord ist. Dieses aus Unternehmenssicht smarte Vorgehen stand in seiner Hochzeit (2010/2011) für gut 40 Prozent des Geschäftes – bis die Politik Vakanz-Überbrückungen praktisch immer den Status „Scheinselbständigkeit" attestierte, eine beeindruckende Drohkulisse aufbaute und die Unternehmen damit verunsicherte. Im Ergebnis sind Vakanz-Überbrückungen inzwischen deutlich zurückgegangen – auch wenn der AIMP für das Jahr von einem Wachstum von 6 Prozentpunkten berichtet und damit dieser Kategorie ein mit den Jahren 2014/15 vergleichbares Volumen attestiert. Vielerorts werden „Projektvakanzen" nur noch über das Modell der Arbeitnehmerüberlassung abgewickelt. Es gibt Interim Manager, die dies ablehnen.

Parallel dazu nahm das klassische Projektgeschäft von 19 und 20 Prozent in den Jahren 2010/2011 auf 23 Prozent im Jahr 2021 zu (mit einem Hoch von 32 Prozent im Jahr 2017) – wohl auch, weil die Unternehmen die Aufgaben entsprechend strukturierten. Ein wenig überrascht mich diese Zahl, reflektiert sie doch einen fast 10-prozentigen Anstieg, während viele Interim Manager von Projekten berichtet haben, die gestoppt oder verschoben wurden.

Ähnlich positiv entwickelten sich die **Change Management-Projekte** – deren Anteil von 11 und 12 Prozent in den Jahren 2010/2011 auf 26 Prozent im Jahr 2021 anstieg: Das ist der höchste Wert seit 15 Jahren.

Weil sie für die nachfragenden Unternehmen zweckmäßig sind, ist zu erwarten, dass die **Vakanz-Überbrückungen** auch in Zukunft einen nennenswerten Anteil am Interim-Business haben werden – auf welcher rechtlichen Basis und in welcher Ausgestaltung der Tätigkeit auch immer. Die **klassische Projektarbeit** wird zunehmen – allein deshalb, weil die Unternehmen keine freien Kapazitäten haben, um diese Aufgaben aus eigenen Ressourcen abzudecken und weil eine zeitlich genau definierte Arbeit im Projekt beim Kunden in perfekter Weise mit dem Interim Management harmoniert. Das umfasst die zügige Umsetzung von Transformationsvorhaben, bei der ein passender Interim Manager neben der erforderlichen Kapazität auch noch das notwendige inhaltliche und methodische Wissen mitbringt. Schließlich erwarte ich, dass Projekte im **Change Management** zunehmen werden. Das umfasst auch die härtere Ausprägung in Form von Sanierungen sowie Restrukturierungen, die aus meiner Sicht vor allem deshalb erforderlich sein werden, weil zahlreiche Unternehmen die aktuellen Herausforderungen mit einem „Weitermachen wie bisher" nicht werden meistern können.

3.4. Projekte nach betrieblicher Funktion

Traditionell wird der Funktionsbereich **Finanzen** im Interim-Business stark nachgefragt. Die AIMP-Zahlen (AIMP, 2022) reflektieren dies eindeutig auch für das Jahr 2021 mit einem Anteil von insgesamt fast einem Drittel für die Linienfunktionen „Kaufmännische Leitung" sowie „Rechnungswesen und Controlling" (Vorjahr: 25 Prozent).

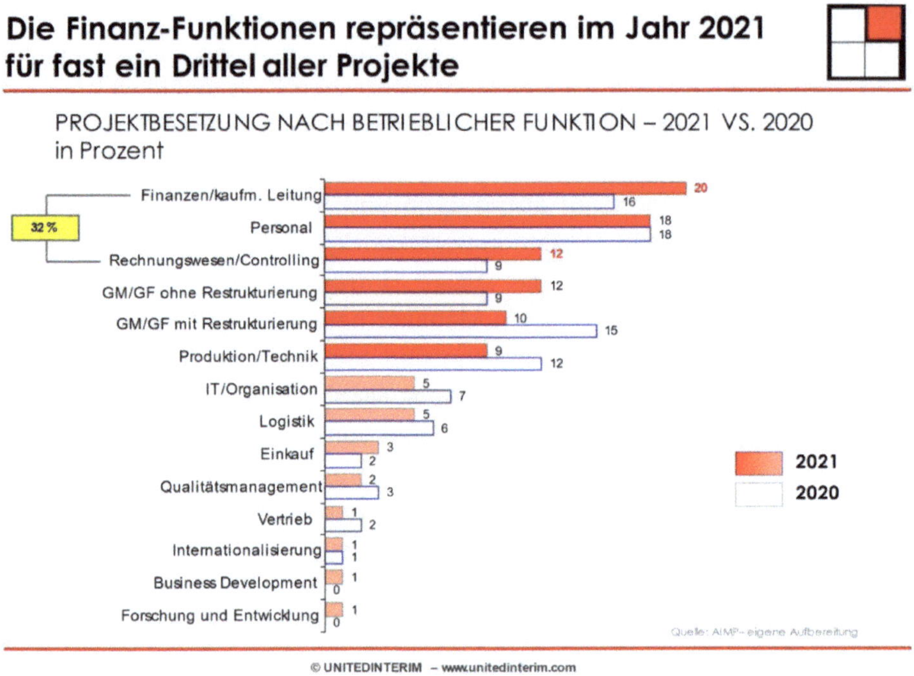

Abb.11: Projektbesetzung nach betrieblicher Funktion (Quelle: AIMP, 2022).

Bemerkenswerterweise sprich Heuse (Ludwig Heuse GmbH, 2022a) für dieses Segment nur von 11 Prozent (Vorjahr: 11,3 Prozent). Auch an dieser Stelle wird offensichtlich, welchen Einfluss die Grundgesamtheit der Befragten auf das Ergebnis der jewei-ligen Studie hat.

In den vergangenen Jahren hat die Nachfrage nach Interim Managern – meist sind dies in diesem Fall Interim Managerinnen – für die Linienfunktion **Personal** deutlich zugenommen und steht seit dem Jahr 2015 immer für einen Anteil von um die 15 Prozent. Nachdem im Jahr 2018 der bisherige Höchstwert von 20 Prozent ausgewiesen wurde, berichtet der AIMP (AIMP, 2022) aktuell wieder von 18 Prozent für das Jahr 2021. Die Heuse-Untersuchung (Ludwig Heuse GmbH, 2022a) sieht hier für das Jahr 2021 einen Rückgang auf 11 Prozent verglichen mit 12,9 Prozent für das Vorjahr. Die Nachfrage nach Interim-Professionals für die Linie „Personal" kommt vor allem aus dem Mittelstand, in dem die Personalabteilung mitunter als

„internes Einwohner-meldeamt“ verstanden wurde. In Zeiten von Fachkräftemangel, „New-Work-Ideen“ und „War for Talent“ ist der Mittelstand gezwungen, neue Ideen, neue Ansätze und spezifisches Know-how von außen einzukaufen (Beck, 2019).

Für die betriebliche Funktion **„Produktion/Technik“**, berichtet der AIMP für 2021 von einem Rückgang auf 9 Prozent gegenüber 12 Prozent im Jahr 2020 (AIMP, 2022), während die Heuse-Untersuchung von stabilen Anteilen (2021: 6,0 Prozent; 2020: 5,9 Prozent) berichtet (Ludwig Heuse GmbH, 2022a).

Noch etwas weniger ausgeprägt ist laut AIMP (AIMP, 2022) die Nachfrage nach Interim Managern für die Linienfunktionen **Einkauf, IT/Organisation, Logistik, Marketing/PR** und vor allem für den **Vertrieb**. Hier schlagen sich nach meinen eigenen Erfahrungen ganz offensichtlich noch Ressentiments nieder: *„Einen Externen kann ich doch nicht zu meinen Kunden schicken!“* Die Heuse-Untersuchung (Ludwig Heuse GmbH, 2022a) berichtet für das Jahr 2021 hingegen mit 12 Prozent gegenüber 9,6 Prozent im Jahr 2020 von ausgeprägter Nachfrage für den Bereich IT/EDV-/Organisation.

3.5. Was verdient ein Interim Manager?

Vorbemerkung: Das Honorar, das ein Interim Manager fordern kann, wird weitgehend vom Projekt – von der Aufgabe – bestimmt, die er als Interim Manager für ein Unternehmen übernehmen soll – keineswegs vom Gehalt, das er möglicherweise vorher in einer Festanstellung verdient hat.

In den vergangenen Jahren wurde – vor allem in der Presse – in wenig differenzierter Weise geschrieben und diskutiert, was Interim Manager verdienen. Mitunter konnte der Eindruck entstehen, ein **typischer Tagessatz** für einen **normalen** Interim Manager beliefe sich auf 2.500 Euro. Diese Berichte zum Thema „Tagessatz“ haben viele Unternehmen abgeschreckt. So nutzen bis heute immer noch 30 Prozent der Unternehmen Interim Management nicht, weil sie es für „zu teuer“

halten – ganz besonders im Mittelstand (AIMP, 2022). Mehr dazu im **5. Kapitel „Trends und zukünftige Entwicklungen im Markt“** dieses Handbuchs.

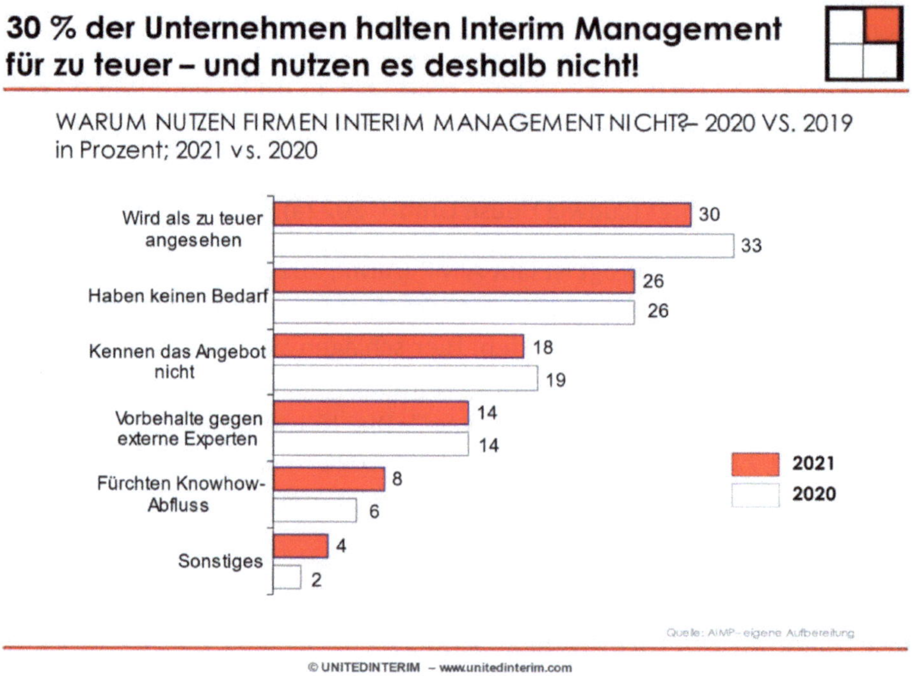

Abb.12: Hinderungsgründe für die Nutzung von Interim Managern (Quelle: AIMP, 2022).

Unbestritten ist jedoch, dass es einige, wenige Interim Manager gibt, die diese 2.500 Euro am Tag (und auch darüber hinaus) berechnen können. In der Praxis sind dies fast ausnahmslos Spezialisten für Aufgaben im Bereich der Sanierung oder Restrukturierung. Oder es handelt sich um Experten für die interimistische Führung von größeren Unternehmen oder Unternehmens-Bereichen. Wenn ein Interim Manager zu solchen Tagessätzen engagiert wird, geht es in aller Regel um sehr viel Geld, mitunter um das Überleben des Unternehmens. In vielen Fällen sind dabei auch noch Investoren oder Banken involviert, die um ihr eingesetztes Geld fürchten

In der Praxis entscheiden die folgenden Faktoren über den Tagessatz eines Interim Managers:

(1) Mehrwert: Je größer der „Mehrwert" ist, den der Einsatz des Interim Managers verspricht (z.B. Rettung der Firma vor dem Konkurs, Umsetzung eines Kostensenkungsprogramms, Umsetzung eines zeitlich drängenden Transformationsprojektes, Aufbau effizienterer Strukturen), desto höher wird der Tagessatz sein. Mehr darüber, wie ein Interim Manager seinen Nutzen und Mehrwert aufzeigen kann, finden sich im **7.Kapitel „Das richtige Skill-Set und wie Sie dieses erwerben!"** und im **8.Kapitel „Karrierestrategien für Interim Manager"** in diesem Handbuch.

Praxiserfahrung: Nicht übersehen werden darf, dass durch die inzwischen doch recht große Anzahl an Interim Managern ein echter Wettbewerb um die Mandate existiert. Zwar reagieren so gut wie alle Unternehmen skeptisch auf „Dumping-Tagessätze" und vermuten unter anderem Existenznöte beim jeweiligen Kandidaten. Auf der anderen Seite ist in der Praxis zu erleben, dass Interim Manager, die z.B. 500 Euro mehr als andere, vergleichbar qualifizierte Interim Manager am Tag erwarten, „nachweisen müssen, welchen zusätzlichen Mehrwert sie mir bieten". (O-Ton Automobilzulieferer).

(2) Unternehmensgröße: Je größer das Unternehmen ist, in dem der Interim Manager eingesetzt wird, desto höher der Tagessatz, weil größere Unternehmen auch vergleichsweise höhere Gehälter im Rahmen von Fest-anstellung zahlen.

(3) Unternehmensebene: Laut AIMP (AIMP, 2022) waren im Jahr 2021 insgesamt 60 Prozent der Projekte der ersten und zweiten Ebene zuzuordnen (2020: 62 Prozent). Es ist selbsterklärend, dass auf diesen Ebenen die höchsten Tagessätze gezahlt werden. Aus meiner Sicht dürften die typischen Tagessätze hier zwischen 1.250 und 1.750 Euro betragen.

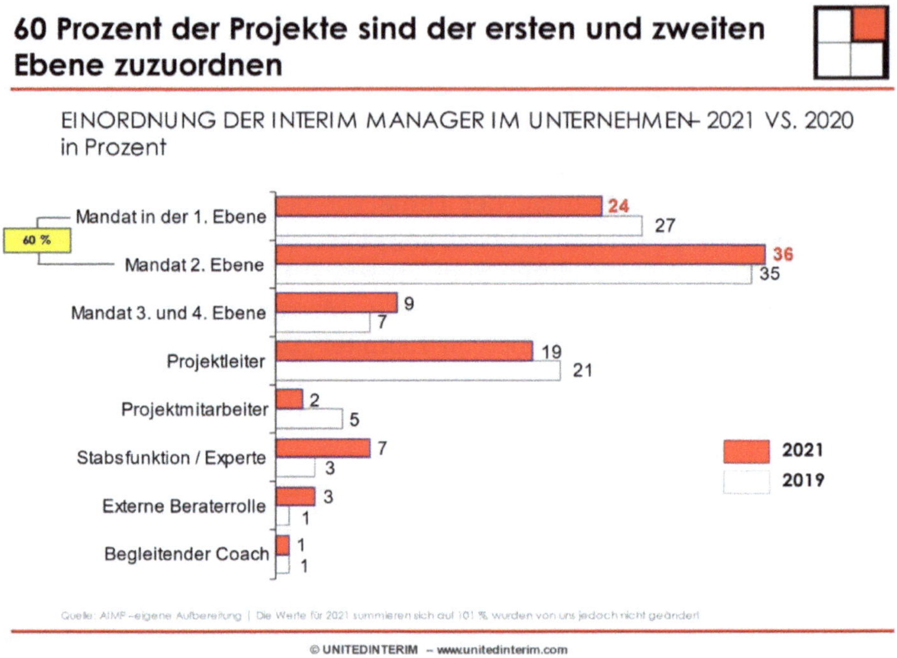

Abb.13: Einordnung der Interim Manager im Unternehmen in Prozent (Quelle: AIMP, 2022).

(4) Branche: Je besser die Branche grundsätzlich auch für festangestellte Mitarbeiter bezahlt, desto höher ist der Tagessatz. So eignet sich der folgende Branchenindex (Koschik, 2020), der für Gehälter in Festanstellungen gilt, durchaus auch als Richtschnur für Interim Manager. Demnach liegt das Niveau einiger Branchen z.T. mehr als 30 Prozent über dem Durchschnitt aller Branchen:

Branchenindex 2020 - Ergebnisübersicht

Platz	Branche	Gehaltsniveau im Vergleich zum Durchschnitt
1	Biotechnologie	38,9 %
2	Halbleiter	30,4 %
3	Maschinenbau	26,3 %
4	Banken	23,7 %
5	Software	23,0 %
6	Bekleidung & Textil	1,6 %

Abb.14: Gehaltsniveau nach Branchen (Quelle: Koschik, 2020).

(5) **Interne Referenzierung**: Je höher das Jahresgehalt von vergleichbar qualifizierten und tätigen Kollegen in Festanstellung beim jeweiligen Unternehmen ist, desto höher ist der Tagessatz. Das gilt vor allem für die Überbrückung von Vakanzen. An dieser Stelle gilt in der Praxis seit vielen Jahren die Faustformel: Jahresgehalt / 100 = Tagessatz.

(6) **Knappheit:** Je gesuchter und seltener die Qualifikation des gesuchten Interim Managers ist, desto höher ist der Tagessatz.

(7) **Sicherheit: Je mehr ein Interim Manager seine Besonderheiten herausstellen** kann und dem Kunden „Sicherheit" vermitteln kann (z.B. durch hochwertige Unterlagen und hervorragende Referenzschreiben und Empfehlungen) desto höher ist der Tagessatz. Mehr darüber, wie ein Interim Manager seine Unterlagen optimieren kann, findet sich im **9. Kapitel „Verkaufsunterlagen für Interim Manager"** in diesem Handbuch.

Es gibt aber auch Faktoren, die den Tagessatz tendenziell drücken:

(8) **Avisierte Projektlänge:** Je höher die geplante Auslastung, die das Projekt dem Interim Manager garantiert, desto niedriger der Tagessatz. Eine lange Projektdauer bedeutet also in vielen Fällen eine Art „Mengenrabatt“, der im Kern darauf zurückzuführen ist, dass der Interim Manager für einen vergleichsweise langen Zeitraum, wenn auch nicht auf alle, so doch auf ausgeprägte Vertriebsaktivitäten verzichten kann.

(9) **Commodity:** Je „normaler“ das gesuchte Profil ist und je mehr gleichartig qualifizierte Kandidaten es dafür am Markt gibt, die ein potentieller Kunde in großer Zahl ansprechen kann, desto niedriger ist der Tagessatz – aufgrund eines klassischen Angebots-Überhangs.

Wie bereits angesprochen, ist der Tagessatz nicht die einzige Größe, die für das Einkommen eines Interim Managers ausschlaggebend ist. Die Auslastung, also die Anzahl der Tage, die ein Interim Manager seinen Kunden in Rechnung stellen kann, stellt einen sehr wichtigen Faktor dar. Der **Umsatz** eines Interim Managers errechnet sich daher folgendermaßen:

Umsatz p. a. *= (Anzahl fakturierter Tage p.a.) x (Durchschnittlicher Tagessatz)*

Bei einer durchschnittlichen Auslastung von 156 Tagen pro Jahr und einem durchschnittlichen Tagessatz von 1.096 Euro (AIMP, 2022) verdient ein Interim Manager rund **171.000 Euro im Jahr**. Dabei sind die Tagessätze in der Schweiz etwas höher als in Deutschland – in Österreich etwas niedriger. Davon abzurechnen sind alle Kosten, die der Interim Manager selbst zu tragen hat (wie z.B. Marketing- und Vertriebsaufwendungen, Versicherungen, Weiterbildungen sowie Rücklagen für das Alter und Steuern).

3.6. Quellenverzeichnis

AIMP. (21. Juni 2020). AIMP-Arbeitskreis Interim Management Provider. Von AIMP-Providerumfrage 2020: https://www.aimp.de/aimp-umfragen/aktuelle-aimp-umfragen abgerufen

Beck, C. (2019). Arbeitgeber Mittelstand: Kommunikation in Zeiten der Digitalisierung. . Hochschule Koblenz, Potentialpark und TERRITORY Embrace., V. (2019). Testbuch. Wien: Testverlag.

DDIM. (21. März 2022) DDIM Pressemitteilung: Interim Management Branche prognostiziert deutlich positive Marktentwicklunghttps://ddim.de/interim-management-branche-prognostiziert-deutlich-positive-marktentwicklung/

Koschik, A. (19. Februar 2020). karriere.de - Handelsblatt GmbH. Von Gehaltsvergleich: In diesen fünf Branchen bekommen Angestellte das höchste Gehalt : https://www.karriere.de/mein-geld/gehaltsvergleich-in-diesen-fuenf-branchen-bekommen-angestellte-das-hoechste-gehalt/25530264.html abgerufen

Ludwig Heuse GmbH. (10. Mai 2022). Die jährlichen Studien zum Interim Management Marktgeschehen in der D-A-CH Region. Von Website der Ludwig Heuse GmbH: https://www.interim-management.de/studien/interim-management-in-der-d-a-ch-region/ abgerufen

UNITEDINTERIM. (05. Mai 2022). Website UNITEDINTERIM GmbH. Von Provider und Sozietäten: https://www.unitedinterim.com/provider.html abgerufen

UNITEDINTERIM. (2022a). Statistik zu den Tagessätzen der bei UNITEDUNTERIM registrierten Interim Manager. Interne Analyse. Von Website UNITEDINTERIM GmbH. abgerufen

Wikipedia. (5. Mai 2022). Wikipedia-Die freie Enzyklopädie. Von Die Delphi-Methode: https://de.wikipedia.org/wiki/Delphi-Methode abgerufen

4. Kapitel: So kommen Angebot und Nachfrage zusammen

Autor: Dr. Harald Schönfeld

Dieses Kapitel verschafft einen Überblick über die wesentlichen Akteure im Markt und die gängigen Wege zur Marktbearbeitung für Interim Manager. Drei Vorbemerkungen:

(1) Professioneller B2B-Entscheidermarkt

Interim Manager befinden sich in einem B2B-Markt mit professionellen Entscheidern. Wie auch im Bereich der Festanstellung, ist i.d.R. die Personalabteilung federführend im Beschaffungs- bzw. Rekrutierungsprozess. Am Ende wird neben der Fachabteilung meist noch die Geschäftsführung zur finalen Entscheidung – und Vertragsunterschrift – hinzugezogen. Bei Aufgaben auf C-Level (z.B. CEO, CFO, COO, CIO, CRO) werden – schon aus Akzeptanzgründen – üblicherweise auch noch die Eigentümer, bzw. Investoren, eingebunden. Damit wird die Bedeutung eines Interim Managers für das Unternehmen offensichtlich, zumal die Entscheidung über einen „normalen" Interim Manager über die gesamte Projektlaufzeit hinweg schon eine Ausgabe von i.d.R. mehr als 100.000 Euro betrifft; bei größeren Projekten und auf C-Level sind es durchaus mehr als 250.000 Euro.

Allein schon aufgrund dieser finanziellen Höhe bestehen in fast allen Unternehmen **Compliance-Regelungen**, wenn ein Interim Manager beauftragt werden soll. Die Entscheidung für einen bestimmten Kandidaten ist komplex, und nicht immer können die Entscheider den Erfolgsbeitrag und Mehrwert eines bestimmten Interim Managers genau erkennen oder gar berechnen. In der Praxis gibt es bei Kunden viel Unklarheit und Unwissen zu Messgrößen (KPIs), die den Erfolgsbeitrag eines Interim Managers zweifelsfrei und nachvollziehbar transparent verdeutlichen können[16]. In vielen Fällen, gerade wenn eine nachhaltige Wirkung beabsichtigt ist, wird es ja auch erst viele Monate nach dem Ende der Tätigkeit deutlich, was der Interim Manager wirklich gebracht hat. Somit sind die Kosten (sprich: Tagessatz plus Spesen) klar, der Nutzen (der Mehrwert) jedoch fast immer ein Stück weit „Schätzung“ und mit Unsicherheit verbunden.

Professionelle Entscheider, die bei der Entscheidung für oder gegen einen Interim Manager Compliance-Regelungen befolgen müssen, brauchen somit **Sicherheit**, sprich möglichst viele und qualitativ hochwertige, überzeugende „rationale Gründe“. Daher wird in so gut wie keinem Fall ein Interim Manager engagiert, *„weil man sich ja persönlich aus alten Zeiten kennt“* oder *„weil Herr xy ihn empfohlen hat und weiß, dass er gut ist“*. Das zu meinen, ist ein weit verbreiteter Irrtum, der gleich zu Anfang dieses Kapitels ausgeräumt werden soll. Rein auf Beziehungen zu setzen und abzuwarten, dass Kunden sich schon melden und einen *„weil die mich ja kennen“* beauftragen werden (und das auch noch zu einem guten Tagessatz), ist ein schwerer Anfängerfehler. Für so gut wie jedes Unternehmen bedeutet die Beauftragung eines Interim Managers „viel Geld“ und die Überwindung von internen Widerständen. Dies gilt vor allem dann, wenn die Kosten dafür nicht im Budget sind, gar Kurzarbeit herrscht oder Entlassungen zur Kostensenkung im Raum stehen.

(2) People Business

Wer als Neuling mit alten Hasen des Interim Managements spricht, der hört häufig die Aussage: *„Interim Management ist People Business – ein Vertrauensgeschäft zwischen Menschen“*. Es ist nachvollziehbar, dass potentielle Auftraggeber

---

[16] Seit einigen Jahren hat sich in der Interim Management Branche die Kennziffer „Return on Interim Manaement“ (RoIM) etabliert. Der Verdienst gebührt dem Branchenpionier Ludwig Heuse (Heuse, 2022). Auch wenn der projektspezifische Return auf Schätzungen beruht, lassen die regelmässig durchgeführten Studien auf einen hervorragenden Mehrwert des Einsatzes von Interim Managern schliessen.

etwas über den Menschen herausfinden wollen, der ihnen eine Dienstleistung anbietet und sich z.B. fragen:

> *„Was ist das denn für ein Typ, dieser Herr xy? Für welche Werte steht er? Wie lebt er sie? Wie drückt er sich aus und wie kommt er rüber? Verstehen den so unsere Mitarbeitenden? Wird er auch uns verstehen? Passt er kulturell als Mensch zu uns? Kann er als Führungskraft transportieren, für welche Werte wir stehen? Wird er Akzeptanz bei den wichtigen Stakeholdern finden – oder die Signale senden können, die wir wollen? Bewegt der bei uns was – oder produziert er Widerstände – macht er gar etwas kaputt? Können wir uns ihm anvertrauen?“*

Dies verleitet zur Annahme, dass es Sinn machen könnte, den Fokus der eigenen Vertriebsaktivitäten „wie früher“ auf den Aufbau und die kontinuierliche Pflege analog-persönlicher Beziehungen zu legen. Über die letzten Jahrzehnte hinweg war es ja auch im normalen B2B-Vertrieb (den die meisten Interim Manager aus den Unternehmen kennen, in denen sie als Angestellte tätig waren) üblich, bei der Neukundenakquise einen Termin für ein allgemeines persönliches Kennenlernen zu vereinbaren. Nach dem ersten Kontaktaufbau wurde dann persönlich und über Jahre hinweg ein definierter Kundenstamm betreut. Ein Repräsentant des Unternehmens fuhr zum Kontaktaufbau und zur Pflege des Kontaktes – i.d.R. auch noch mit seinem Firmenwagen – regelmässig beim Kunden persönlich vorbei, lud den Ansprechpartner zum Essen ein, brachte gut gestaltete Broschüren mit – oder rief zumindest an. Man traf sich zudem auf Branchenevents wie Messen und Kongressen – sogar dann wenn kein konkretes Projekt im Raum stand. Viele Kunden nahmen sich auch die Zeit dafür; selbst wenn es zu Randzeiten „auf einen Kaffee“ war; schließlich machte es der Vertrieb des eigenen Hauses genauso.

Natürlich ist auch in zunehmend digitaler werdenden Zeiten der Aufbau und die Pflege von Beziehungen (Interaktion) zu relevanten Entscheidern oder Empfehlungsgebern wichtig. Ein Kunde möchte den Menschen spüren – um dann auch die Arbeit, die er leistet, mitsamt dem zugrunde liegenden Wertesystem besser begreifen und für sich einordnen zu können. Nur wenn ein Auftraggeber das kann und dabei die Sicherheit gewinnt, dass die gewonnenen Eindrücke authentisch und stimmig sind, wird Vertrauen aufgebaut. Das ist die Basis für die Erteilung eines Auftrages.

An klassisch-analogen Beziehungen ist auch im Interim Management nichts falsch – nur der systematische Aufbau dauert i.d.R. mindestens ein Jahr; wenn es nicht einen Zufallstreffer gibt! Für Neueinsteiger ist eine solche Zeitspanne bis zum ersten Auftrag so gut wie untragbar. Die Pflege von persönlichen Kontakten kostet dann auch noch viel Aufwand und Zeit wenn sie einmal bestehen. Bei der Anzahl von Zig-Tausenden an Unternehmen, die als Kunde grundsätzlich in Frage kommen, mindestens 200 Providern und mehreren Dutzend wichtiger Beteiligungsgesellschaften (von Banken oder Insolvenzverwaltern gar nicht zu sprechen) ist das von einem Solo-Selbständigen als Einzelperson nicht zu leisten – erst recht nicht unter Effizienzgesichtspunkten. Gerade wer im Projekt ist, kann auch kaum ohne konkreten Anlass (wie z.B. für ein finales persönliches Interview im Vorfeld eines neuen Vertrages) Hunderte an Kilometern auf eigene Kosten zu einem potentiellen Kunden fahren und einen halben oder ganzen Tag opfern, den er ansonsten im Projekt seinem aktuellen Kunden in Rechnung stellen könnte. Vor allem: Die persönlich-analoge Beschäftigung mit einzelnen wichtigen Entscheidungsträgern darf nicht zu Lasten der digitalen Wege gehen, welche immer wichtiger für die Entscheidungsfindung der Kunden werden.

Eine Beobachtung aus Corona-Zeiten: Viele Interim Manager, die vor Corona ausschließlich auf ihr persönliches Netzwerk und die klassischen Maßnahmen wie Termin vor Ort, Telefon oder Treffen bei einem Branchenevent (zusammen mit klassischen Unterlagen wie CV, gedruckte Broschüre, bunter Imageflyer) gesetzt hatten, empfanden die Pandemie bedingten Kontaktbeschränkungen und die Tätigkeiten ihrer Ansprechpartner im Homeoffice als schier unüberwindbare Hürden, so weiter zu machen, wie bisher. Der Kontaktaufbau auf digitalen Wegen – und die eigene digitale Präsentation auf eben diesem Weg – musste dann im Eiltempo nachgeholt werden. Bei vielen Interim Managern ist diese „Eile" zum Veröffentlichkeitsdatum dieses Handbuches immer noch sichtbar. Es ist aber zu beobachten, dass die Qualität des digitalen Marktauftritts in der Breite immer professioneller wird: Immer mehr Interim Manager verfügen über eine modern gestaltete Webseite, aussagefähige Profile auf Plattformen und Social Media, ein gut gemachtes Video und zunehmend mehr Content, wie Case Studies und Fachbeiträge in Fachpublikationen, die offen digital von potentiellen Kunden einsehbar sind. Gerade die Offenheit der Präsentation ist ja für die Sichtbarkeit ein wesentliches Kriterium.

(3) Die Kundenperspektive

Wer die Perspektive wechselt, und sich in die Schuhe eines potentiellen Käufers seines Angebotes versetzt, der wird feststellen, dass es für einen Kunden ohne konkreten Bedarf kaum Sinn macht, sich mit einem einzelnen Dienstleiter (von dem es aus seiner Sicht erst einmal Tausende gibt) „einfach so zum Kennenlernen“ persönlich zu treffen. Jeder professionelle Entscheider oder Einkäufer wird sich ohnehin im Web vorher erst intensiv über den Gesprächspartner informieren wollen – und dann für sich entscheiden, mit wem er sich näher beschäftigen will.

Spätestens seit Corona hat sich radikal gewandelt, wie erfolgreicher Vertrieb im B2B-Geschäft läuft. Dazu gibt es umfangreiche Literatur[17] und soll an dieser Stelle nicht weiter vertieft werden. Auch im Interim Management ist das Zeitbudget von Top-Entscheidern für die Anbahnung und Pflege persönlicher Beziehungen (face to face) – und damit für die erhoffte Einflussnahme des Verkäufers durch diese Treffen – wesentlich kleiner geworden. Doch das Persönliche ist nicht vom Tisch; es kommt nur **in einer späteren Phase** und dann fokussiert rund um die konkreten Anforderungen eines spezifischen Projektes. Und noch etwas: Das, was Kunden „früher“ durch ein persönliches Kennenlernen herausfinden wollten (z.B. wie dieser Anbieter als Mensch tickt und ob er vertrauenswürdig ist) verlagert sich ebenfalls schon zu einem Großteil in **digital gestaltete Vorphasen** unter Nutzung moderner Medien (z.B. Video) und Kommunikation über Business Netzwerke wie LinkedIn. Nur wenn diese digitalen Phasen gut laufen, kommt es im Anschluss zu einem face-

[17] Zum Beispiel unter https://www.channelpartner.de/a/b2b-vertrieb-nach-corona,3338379 Vertrieb stärken: 8 Tipps zur Neukunden-Akquise - channelpartner.de

to-face-Kontakt, bei dem die Eignung für die konkrete Problemstellung in jeder Hinsicht (fachlich, methodisch, persönlich) auf den Prüfstand kommt.

> **Praxistipp:** Erwarten Sie nicht, persönliche Termine (face-to-face) für ein allgemeines Kennenlerngespräch ohne konkreten Projekt-Anlass zu erhalten, das Ihnen als Interim Manager auf der Suche nach Projekten etwas bringt: Weder bei Unternehmen, die grundsätzlich Interim Manager einsetzen und erst recht nicht bei starken Providern oder gar bei Kapitalbeteiligungsgesellschaften. Die für Sie wichtigen Top-Entscheider müssen im normalen Tagesgeschäft etwas anderes tun, als sich „nett zum allgemeinen Kennenlernen" mit neuen Kontakten „auf der Beschaffungsseite" zu beschäftigen. Vermeiden Sie Gespräche „zur Poolaufnahme" mit aufstrebenden Mitarbeitenden – zumal, wenn keine konkrete Projektanfrage vorliegt. Sparen Sie sich die Zeit und das Geld für die Reisekosten. Seinen Sie lieber digital (mit möglichst großer Reichweite und gutem Content) auf den relevanten Plattformen sichtbar – und pflegen Sie Ihre Kontakte in den Sozialen Medien bzw. Business Netzwerken.

4.1. Zielgruppen: Die Kunden und Vermittler von Interim Managern

Vertrieblich betrachtet, haben Interim Manager sechs Zielgruppen.

Die mit Abstand wichtigste Zielgruppe sind die **Unternehmen selbst**, in denen ein Interim Manager zum Einsatz kommt. Der direkte Weg zum Kunden deckt circa 60-70 Prozent des Marktvolumens ab[18]. Für die beiden folgenden Abbildungen wird aus Vereinfachungsgründen der Mittelwert (65 Prozent) gewählt. Die übrigbleibenden 35 Prozent teilen sich fünf weitere Zielgruppen, die sich als **„indirekte Vertriebswege"** zusammenfassen lassen:

---

[18] Persönliche Schätzung des Autors, basierend auf einer internen Auswertung der Umsatzzahlen einzelner Marktteilnehmer sowie Diskussion mit Marktteilnehmern und Repräsentanten der Verbände.

Zielgruppe Nr. 2 sind auf Interim Management spezialisierte Vermittler, sog. „Provider": Ihr Marktanteil beträgt zwischen einem Fünftel und einem Drittel des Marktes – je nach Definition[19]. Für die folgenden Abbildungen wird nur der Teil an Providern betrachtet, der nach Einschätzung der Autoren dieses Handbuch professionellen Kriterien[20] standhält. Daher wird ein Wert von 25 Prozent gewählt. Es sei darauf hingewiesen, dass dieser Marktanteil nicht nur Spezialanbieter umfasst, sondern auch das Interim Business von großen, international tätigen Multi-Service-Personaldienstleistern.

Zielgruppe Nr. 3-6 umfassen Vertreter aus Nachbarbranchen, über die Interim Manager – quasi im Huckepackverfahren – an Projekte kommen. Schätzung: Zusammen ca. 10 Prozent.

- Personalberater
- Unternehmensberater
- Kapitalbeteiligungsgesellschaften / PE
- Andere Interim Manager

---

[19] In der Praxis werden Interim Manager nicht nur von spezialisierten „Providern" vermittelt. Im Spektrum der „Provider" finden sich auf der einen Seite große, internationale, z.T. börsennotierte „Multiservice-Personaldienstleister", die Interim Management neben anderen Services, wie z.B. Zeitarbeit anbieten. Auf der anderen Seite des Spektrums sind etliche semiprofessionelle One-Man-Shows angesiedelt; auch „Nebenerwerbsbauern", wie z.B. Interim Manager, die neben ihrer Kerntätigkeit als Interim Manager auch noch Anfragen, die bei ihnen ankommen, an andere Interim Manager gegen Provision weiterleiten – und sich so ein Zubrot verdienen.

[20] Kriterien sind: (1) Eindeutige Positionierung am Markt als „Provider" (Selbstdarstellung), d.h. die Vermittlung von Interim Managern gehört zum Kerngeschäft oder ist zumindest ein definierter Geschäftsbereich des Anbieters. Hinzu kommen: (2) Nachvollziehbare Erfahrung und Erfolgsnachweise in der Vermittlung von Interim Managern. (3) Professioneller Marktauftritt. (4) Länger als 12 Monate am Markt in Deutschland, Österreich, Schweiz. (5) Keine „Nebenerwerbsbauern"!

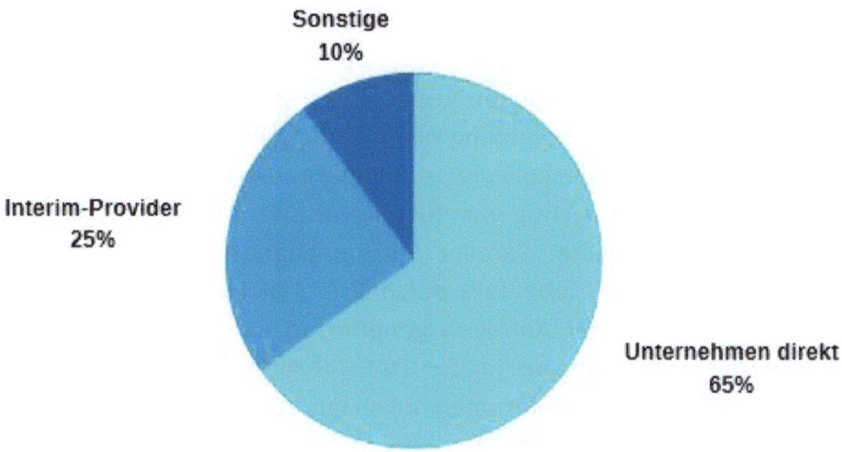

Abb.1: Zielgruppen von Interim Managern in der DACH-Region (Eigene Darstellung).

Historisch betrachtet hat sich Zug um Zug verändert, wie Interim Manager mit ihren Zielgruppen zusammenkommen. Unter Betrachtung der beiden wichtigsten Wege („direkt zum Kunden“ und „über Interim Management Provider“) ergibt sich folgendes Bild, das die letzten gut 45 Jahre abdeckt:

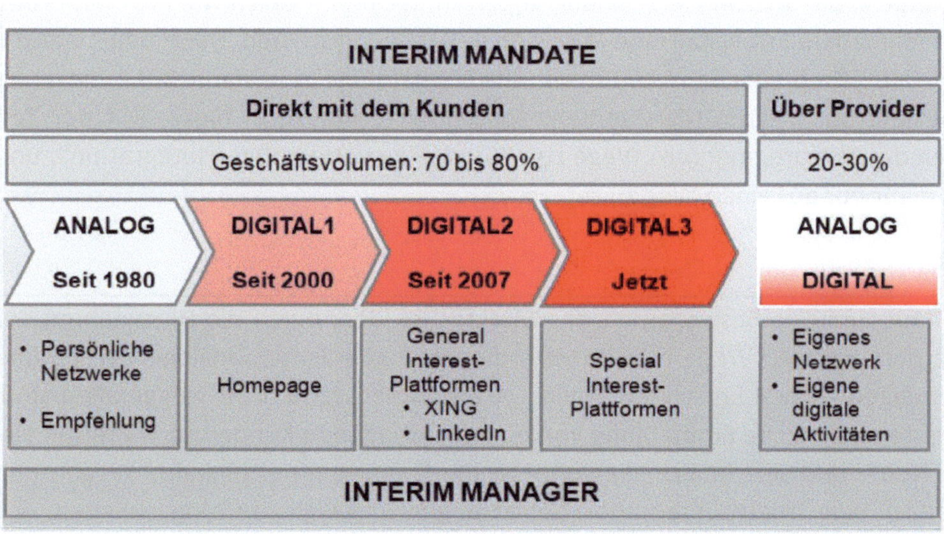

Abb.2: Historische Betrachtung der Wege zum Kunden (Eigene Darstellung).

So waren es in den Anfängen des Interim Managements (Ende der 70er bzw. Anfang der 80er Jahre des letzten Jahrhunderts) noch ausschließlich persönliche Netzwerke, die zum Kunden und neuen Auftrag führten. Die persönliche Ansprache und Kontaktpflege oder die Empfehlung eines zufriedenen Kunden, eines ehemaligen Arbeitgebers oder Ar-beitskollegen, eines Bekannten oder Freundes war der einzige Weg. Entsprechend wichtig war für Interim Manager der Aufbau und die Pflege persönlicher Netzwerke. Parallel dazu entstanden Vermittler (Provider, anfangs „Pools" genannt), die ebenfalls persönlich-analoge Netzwerke in die Kundenwelt pflegten und darüber Anfragen generierten. Bei einer „Szene", die nur wenige Tausend Interim Manager in der DACH-Region umfasste, war das eine „Familie", die auch von den Providern persönlich gut überblickt werden konnte.

Seit der Jahrtausendwende, dem Aufkommen des Internets und einer Vervielfachung der Anzahl an Interim Managern kamen – in Ergänzung – digitale Wege hinzu. Ein Meilenstein war im Jahre 2003 sicherlich die Gründung und zunehmende Nutzung von Business- und Kontakt-Plattformen wie Xing und LinkedIn (wegen der Breite der dort vorzufindenden Personenkreise auch „General Interest Plattformen") genannt. Es folgten Plattformen, die auf Interim Management spezialisiert sind („Spezial Interest Plattformen"). Anfangs waren diese digitale Marktplätze, die als „Online-Provider" agierten, weil sie – gleich wie Provider – den Unternehmen im Erfolgsfall eine Provision in Rechnung stellten. Der Pionier war die MANATNET GmbH im Jahr 2003. Mit UNITEDINTERIM kam dann 2017 die erste offene und auf Interim Management spezialisierte Plattform hinzu. Mit der Zeit lernten die Akteure, mehrere Wege zum Kunden zu verknüpfen („Integration") und nicht mehr nur auf einen Weg zu setzen.

Kernaussage: Die Besonderheit des Marktes ist, dass durch die Hinzunahme der modernen digitalen Wege zum Kunden die althergebrachten analogen Wege und Beziehungen zu den Entscheidern auf Unternehmensseite nicht weggefallen sind. Eine gute persönliche Empfehlung von einem zufriedenen Kunden ist weiterhin viel wert. Neu – und vertrieblich sinnvoll – ist die Ergänzung mit digitalen Wegen und schließlich eine smarte Integration der analogen und digitalen Möglichkeiten, wie sie in späteren Kapiteln noch detaillierter dargestellt wird.

4.2. Unternehmen als Nachfrager

4.2.1. Entscheider, Gatekeeper und Beteiligte

Nach Aussage der AIMP-Providerstudie 2022 (AIMP, 2022) findet sich der für eine Verhandlung mit Abstand wichtigste Personenkreis in Unternehmen in der **Geschäftsführung** bzw. im Vorstand. Fast die Hälfte der Verhandlungspartner beim Kunden sind auf dieser Ebene zu finden. Mit weitem Abstand folgen die Personalabteilung (circa ein Viertel) und die Fachbereiche mit knapp einem Fünftel. Geradezu unbedeutend erscheinen (für die Gesamtheit aller Projekte) die Aufsichtsräte, Beiräte und Eigentümer bzw. Kapitalgeber mit zusammen nur circa 10 Prozent; die Erfahrung zeigt jedoch, dass diese Gruppe umso wichtiger wird, je höher die Position des Interim Managers angesiedelt ist.

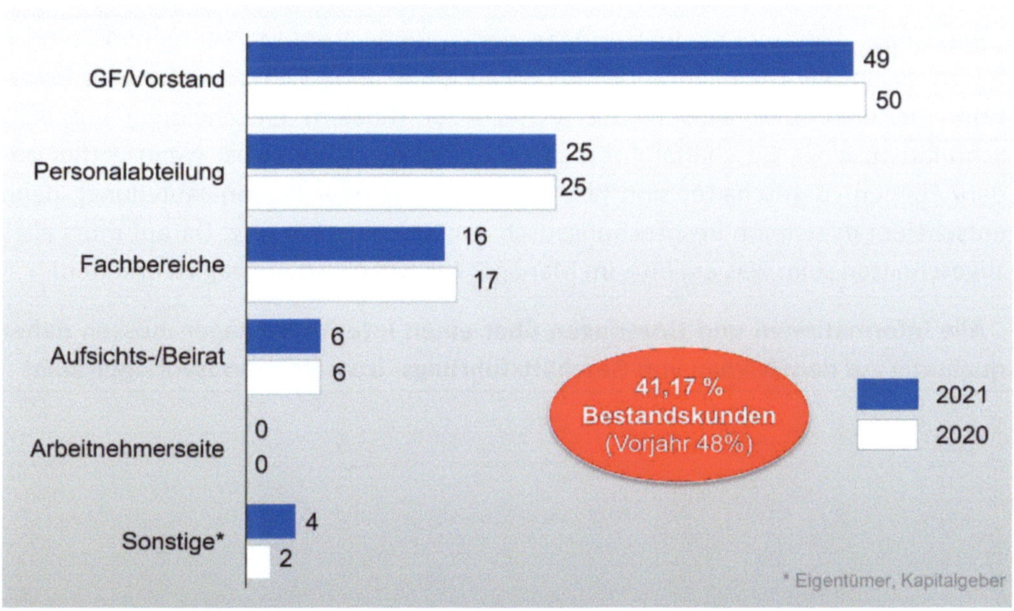

Abb.3: Verhandlungspartner beim Kunden selbst. Die Geschäftsführung dominiert (Quelle: AIMP, 2022).

Die überragende Bedeutung der obersten Entscheidungsebene im Unternehmen ist kein Wunder, handelt es sich bei der Auftragsvergabe an einen Interim Manager doch immer um eine **Investition**, die für ein Projekt schnell über einen Gesamtbetrag von 100.000 Euro hinausgeht. Gerade für den Mittelstand (KMU) sind das signifikante Beträge! Auch in größeren Unternehmen sind solche Summen – vor allem wenn es sich (typischerweise) um nicht vorhergesehene und daher nicht budgetierte Kosten handelt – i.d.R. von höheren Ebenen zu genehmigen.

Hinzu kommt das Kriterium der „wichtigen Aufgabe“: Was ein Interim Manager tun soll, ist meist von wesentlicher und übergreifender Bedeutung für das gesamte Unternehmen. Neben dem Fachlichen muss daher das übergreifende Verständnis füreinander und die „Chemie“ (anderes formuliert: die Passung auf der persönlichen und kulturellen Ebene und in Bezug auf die Unternehmens-Werte und die Shareholder-Ziele) gegeben sein.

Praxistipp: Alles, was ein Interim Manager im Hinblick auf Marketing und Vertrieb tut, muss ihn „ganzheitlich“ abbilden und auf seine hohe **Wertschöpfung als Investition** abzielen. Und alles landet letztlich zur (finalen) Entscheidung auf dem Schreibtisch eines Geschäftsführers oder Vorstandes. Und selbst wenn vorher andere Ebenen vorgeschaltet sind (wie Fachabteilung oder Personalabteilung), dann entscheidet es sich am Besprechungstisch der Geschäftsführung. Darauf muss alles zugeschnitten sein, was ein Interim Manager tut, um einen Auftrag zu erhalten!

Alle Informationen und Unterlagen über einen Interim Manager müssen daher qualitativ auf dem Niveau von Geschäftsführungs- bzw. Vorstandsvorlagen sein!

In vielen Fällen ist es Aufgabe der **Personalabteilung**, den Prozess zur Suche und (Vor-) Auswahl aufzusetzen und zu führen. Die Personalabteilung kann somit durchaus die Rolle eines wichtigen Gatekeepers spielen. Ein solcher Gatekeeper bestimmt:

- Wer wird ge- bzw. befragt oder eingeschaltet: Alte Bekannte aus dem persönlichen Netzwerk? Der „normale" Personalberater des Hauses, mit dem die Personalabteilung schon bei anderen Themen zusammengearbeitet hat? Ein Unternehmensberater, der vielleicht schon bestimmte Themen analysiert hat und zu dem der Chef ein Vertrauensverhältnis hat? Ein professioneller Interim Management Provider? Ein Interim Manager, der „früher" schon einmal – wenn vielleicht auch an anderer Stelle – für das Unternehmen gearbeitet hat und der möglicherweise einen „Kollegen" kennt?

- Schaut man ins Internet? Und wenn, dann wo? Auf LinkedIn, bei Xing, bei UNITEDINTERIM oder auf einer allgemeinen oder schon für andere Themen einmal genutzten Freelancer-Plattform? Oder wird direkt in einer Suchmaschine (wie Google) nach Stichworten rund um eine angestrebte Lösung unter Verwendung des Begriffes „Interim Manager" gesucht?

Der **Einkauf** gewinnt seine Bedeutung in dem Maße, wie die Größe des Unternehmens zunimmt und „Policies" bzw. Compliance-Anforderungen das Beschaffungsverhalten steuern. Er wird in der Praxis meistens jedoch erst dann eingeschaltet, wenn es darum geht, den Vertrag und die Konditionen final zu verhandeln: Also **nach** der prinzipiellen Entscheidung, das Projekt an einen bestimmten Interim Manager vergeben zu wollen. In manchen Großunternehmen spielen jedoch Listen von „Preferred Suppliern", die über Lieferantennummern verfügen, eine eingrenzende Rolle. Nur Anbieter, die „gelistet" sind, dürfen dann von der Fach- oder Personalabteilung angesprochen werden. Es liegt auf der Hand, dass ein Interim Manager als (Solo-) Selbständiger – und sei er noch so qualifiziert – bei solchen Prozessen i.d.R. aussen vorbleibt. Er kann sich gar nicht – auf Verdacht – bei allen möglichen potentiellen Kunden auf Vorrat listen lassen; zudem werden die Unternehmen den damit verbundenen administrativen Aufwand ablehnen. Bei solchen Unternehmen führt der Weg dann über andere – weiter unten dargestellte

Wege wie über renommierte und bekannte Multiservice-Personaldienstleister, Interim Management Provider, Personal- oder Unternehmensberatungen – zum Projekt.

> **Kernaussage:** In der Praxis zeigt sich, dass die oberen Ebenen zunehmend **selbst** initiativ werden und die Suche in die Hand nehmen. Gerade digital affine Führungskräfte tun sich leicht darin, eine Plattform zu bedienen oder selbst zu googeln. Vor allem dann, wenn es eine „sensible Angelegenheit" ist (z.B. rund um die Kündigung einer wichtigen internen Führungskraft), oder wenn sie „erst einmal schauen" möchten.
>
> Im Hinblick auf die Einbindung der Personalabteilung gilt die Faustregel: Je größer das Unternehmen, desto wichtiger ist die Personalabteilung. Je kleiner das Unternehmen, desto bedeutsamer ist die Geschäftsführung. Nur selten ist der Einkauf involviert, auch wenn dieser – gerade in größeren Unternehmen – manchmal bestimmte Kriterien (Stichworte: Lieferantennummer, Compliance) oder die Anzahl der anzufragenden Anbieter vorgibt.

4.2.2. Der Entscheidungsprozess

Die Entscheidung über einen Interim Manager umfasst 4 Stufen. Sie erfolgt, nachdem ein Bedarf oder Anlass entstanden ist, bei dem grundsätzlich ein Interim Manager gebraucht werden könnte:

Phase 1: Anforderungsprofil

In dieser ersten Phase geht es um die Erstellung einer Art Job Description für den Interim Manager, auch „Anforderungsprofil" genannt: Was ist der Hintergrund, der Anlass, dafür, dass ein Interim Manager gesucht wird? Was sind die Ziele und Erwartungen? Was sollen die konkreten Aufgaben sein? Wie soll er eingebunden sein und agieren (nach innen und nach aussen)? Wie lange werden wir den Interim Manager brauchen?

Bei diesen Fragen sind vor allem die **Bedarfsträger** involviert. Wenn es z.B. um ein Projekt in einem Produktionswerk geht, dann wird der Produktionsleiter seine Anforderungen formulieren; wenn ein CRO gebraucht wird, ist die Unternehmensleitung gefordert, ggfs. auch noch die Kapitalgeber. Wenn notwendig, wird die Personalabteilung oder Geschäftsführung helfen, eine bestimmte Schriftform oder „Sprachregelung" zu finden, mit der bestimmte „Probleme" oder sensible Aspekte formuliert werden können.

In der Praxis zeigt sich an dieser Stelle, dass ein Interim Management-Einsatz immer auch eine **„politische" Willensentscheidung** ist. Diese kann nur von den Top-Verantwortlichen im Unternehmen getroffen werden. Sie hat zudem finanzielle Auswirkungen, die ggfs. sogar außerhalb des normalen Budgets liegen können. Wenn kein **Budget** für den Interim Manager frei gemacht werden kann, endet der Prozess an dieser Stelle. Üblicherweise wird dann eine interne Lösung angestrebt.

Es folgt die Entscheidung über die **Suchstrategie:** Suchen wir selbst oder schalten wir einen oder mehrere Vermittler ein? Beschränken wir die Suche auf persönliche analoge Kontakte oder suchen wir auch auf digitalen Plattformen? Oder wollen wir „alles" probieren? Kennen wir uns mit den Besonderheiten der diversen Suchkanäle aus? Welche Form der (Entscheidungs-) Unterstützung brauchen wir noch? Das kann dann eine Beratung zur Tagessatzhöhe sein oder eine zweite Meinung zu bestimmten Kandidaten oder Vertragsdetails. Sind uns die finanziellen Folgen klar, wenn wir einen Vermittler einschalten, der auch Geld kostet, z.B. über einen höheren Tagessatz? Wer soll intern die Suche durchführen oder koordinieren oder als zentraler Ansprechpartner dienen? Hat dieser überhaupt Zeit dafür?

In der Praxis spielt bei all diesen Fragen die **Erfahrung** bzw. der Reifegrad der Organisation eine Rolle: Wer sich selbst bereits gut mit dem Thema Interim Management auskennt, oder wer genau weiß, wie die anstehende Aufgabenstellung umzusetzen ist und wie er genau dazu passende Kandidaten erkennt, wird tendenziell **selbst** den Prozess durchführen. Die Vermittlerprovision kann damit ja gespart werden. Voraussetzung ist natürlich, dass im Hause die personellen und zeitlichen Kapazitäten und Kompetenzen für die Rekrutierung von Interim Managern vorhanden sind. Wer als Unternehmen hingegen die Aspekte der „Sicherheit" und des „Services" schätzt oder durch ein voll ausfüllendes Tagesgeschäft im Moment für sich selbst andere Prioritäten setzen möchte, wird tendenziell die Unterstützung durch einen **Provider** schätzen. Die Besonderheiten der Serviceleistung eines Providers werden im Detail noch an späterer Stelle erläutert.

Phase 2: Umsetzung der Suche für eine „Longlist" (3-5 Kandidaten)

In dieser Phase widmen sich die in der Vorphase definierten Personen der Aufgabe, aus den bestimmten Quellen oder von den Dienstleistern eine Vorauswahl an Kandidaten zu erhalten. Wenn Vermittler (Provider) eingeschaltet werden, dann kommen diese jetzt ins Spiel. In manchen Fällen wird der Vermittler das Anforderungsprofil noch einmal hinterfragen und eine qualifizierte Rückmeldung dazu geben, z.B. hinsichtlich des angestrebten Tagessatzes oder zur Priorisierung bestimmter Qualifikationsmerkmale. Wenn durch eine interne Person gesucht wird, werden jetzt persönliche Kontakte angesprochen, Plattformen genutzt oder ganz einfach gegoogelt.

Erfahrungswissen: Die Dauer dieser Phase schwankt zwischen wenigen Stunden und mehreren Tagen. Bei einer offenen Plattform können als „verfügbar" gekennzeichnete Interim Manager durch das Unternehmen **sofort und direkt** kontaktiert werden. Die Unterlagen zu diesen Interim Managern liegen dann unmittelbar vor. Provider brauchen i.d.R. 2-3 Tage, da üblicherweise ebenfalls in (mehreren) Datenbanken und ggfs. noch in internen Pools gesucht wird, mehrere Interviews geführt sowie die Unterlagen der Kandidaten i.d.R. noch aktualisiert und mit einer Begründung auf den Punkt gebracht werden.

Phase 3: Interne Entscheidung für eine Shortlist

Diese Phase führt zu der Entscheidung, wer von den Kandidaten der Longlist in die engere Wahl kommt und interviewt werden soll. Die gesammelten und aufbereiteten Argumente für bestimmte Kandidaten – vor allem inhaltlicher Art – werden an dieser Stelle auf der Basis der vorliegenden Informationen ausgewertet und mit den Bedarfsträgern besprochen. Auch finanzielle Aspekte, z.B. die Höhe des Tagessatzes der einzelnen Kandidaten, die durchaus unterschiedlich sein kann, spielen eine Rolle. Sie erfordern i.d.R. das „Abnicken" durch die Top-Entscheider oder die Aufforderung, bestimmte Höchstgrenzen einzuziehen.

Inzwischen informieren sich Unternehmen über Interim Manager verstärkt über „Open Source Intelligence" (d.h. alle öffentlich zugängliche Quellen wie Suchmaschinen, Business Netzwerke, Plattformen). Dies auch bei Kandidaten, die ihnen von Vermittlern vorgeschlagen werden.

Eine Entscheidung über eine Shortlist ist vom Unternehmen nicht delegierbar. Ein guter Provider oder Empfehlungsgeber kann jedoch bestimmte Argumente hervorheben oder mit seiner Meinung die Entscheidungsfindung in ergänzender Weise unterstützen. Ebenso werden Informationen, die sich im Web finden lassen (z.B. fundierte Fachbeiträge des Interim Managers zu genau der Problemstellung, die im Unternehmen vorliegt), ein internes Ranking unterstützen. Das persönliche Smartphone der Beteiligten wird damit immer mehr zum unverzichtbaren Informations-Tool.

Phase 4: Koordination und Durchführung von Interviews

Diese Phase ist vergleichbar mit der Suche nach einem Festangestellten. Mit zwei oder drei Kandidaten der engeren Wahl werden Gespräche geführt: Meist über ein Video-Konferenzsystem (wie z.B. ZOOM oder Teams) und final persönlich. Nur in den seltensten Fällen sitzt man am Ende nicht „face to face" mit dem potentiellen Wunschkandidaten zusammen. Ist ein Vermittler beteiligt, koordiniert dieser i.d.R. die Interviews und ist bei allen Gesprächen dabei. Qualifizierte Provider sorgen vor den Gesprächen meist auch noch für eine Vertraulichkeitserklärung, zumal wenn sensible Themen des Unternehmens besprochen werden. Ansonsten ist dies Aufgabe des Kunden selbst.

Am Ende entscheiden beide Seiten:

- Der Kunde, welchen Interim Manager er beauftragen möchte – und zu welchen Konditionen;

- Der Interim Manager, ob er diese Aufgabe zu den auf dem Tisch liegenden Rahmenbedingungen annehmen möchte.

Erfahrungswissen: Ein verantwortlicher Kunde muss immer voll zu seiner Entscheidung stehen. Im Projekt wird der Interim Manager nämlich das Gefühl brauchen, dass man zu ihm steht und sein Rücken gestärkt ist. Die Rolle eines Providers kann in dieser Phase des Entscheidungsprozesses daher nur in einer ergänzenden Beratung des Kunden oder im Aufzeigen der Unterschiede zwischen einzelnen Kandidaten liegen.

Diese Phase wird mit den finalen Vertragsverhandlungen und den entsprechenden Unterschriften abgeschlossen.

4.2.3. Quellen und Qualität der Entscheidungsgrundlagen

Der rein analoge Kunde aus der vor-digitalen Zeit hat sich zu einem hybriden und sehr anspruchsvollen Kunden entwickelt, der in aller Regel „überall" und „gleichzeitig" nach einem Interim Manager sucht und mehrdimensionale Entscheidungsgrundlagen – in professioneller Qualität und im Hinblick auf die fachliche sowie persönliche Kompetenz – einfordert.

- Er nutzt zunehmend die Breite und Tiefe des Internets in den frühen Phasen des Entscheidungsprozesses.

- Wenn ihm die für Management- und Führungsaufgaben wichtigen personellen Entscheidungsgrundlagen (z.B. mittels Video oder Diagnostic Tool) angeboten werden, dann nutzt er diese als Ergänzung zu den „hard facts" des CVs gerne, um seine Short-List zu erstellen.

- Wenn er einen Eindruck davon gewinnen kann, wie ein Interim Manager konkret in der Praxis vor Ort arbeitet, welche Widerstände er überwinden kann, welche Resultate er konkret erzielen kann, liest er gerne dazu eine (kurze) Case Study. Diese Information dient in der Praxis häufig als Check, wie „hands-on" ein Manager arbeitet, aber auch als realitätsnaher Ansatzpunkt für mögliche Vorstellungsgespräche. („*Herr Interim Manager, wir haben ja sehr anschaulich lesen können, wie Sie eine ähnliche Aufgabe wie die, die bei uns nun ansteht, schon einmal sehr erfolgreich gelöst haben. Welche Parallelen oder Unterschiede zu uns sehen Sie denn? Wie würden Sie das konkret denn bei uns machen?*") Ein Interim Manager kann somit sehr glaubhaft darstellen, dass er auch bei diesem Kunden in der Praxis erfolgreich sein wird!

- Er „**googelt**" den Interim Manager (auch in den Sozialen Medien) und erwartet „Fachartikel" oder zumindest Diskussionsbeiträge in entsprechenden Gruppen oder Communities, in denen deutlich wird, dass es sich bei dem Interim Manager wirklich um einen anerkannten Experten zu dem geforderten Themenkreis handelt

- Dazu nutzt er mehr und mehr ein **mobiles Device**.

- Er ist nicht bereit, im Vorfeld einer Entscheidung für einen bestimmten Interim Manager irgendetwas zu bezahlen, was über die Erstattung von Reisespesen zu einem Vorstellungsgespräch hinausgeht. Das ist anders als in der Personalberatung (Executive Search), in der etablierte Personalberater schon bei der Beauftragung oder Präsentation von Kandidaten ein (Teil-) Honorar in Rechnung stellen können.

Wenn ein potentieller Kunde all diese relevanten Informationen schon ganz zu Anfang eines Suchprozesses erhält und mit seinen Anforderungen abgleichen kann, wird er in dieser frühen Phase und damit dann auch im Gesamtprozess **schneller und effektiver.** Der Kunde gewinnt **Sicherheit**, die richtigen Leute zu einem persönlichen Gespräch einzuladen und zu beauftragen, die dem Anforderungsprofil in allen wichtigen Dimensionen sehr nahe kommen.

Am Ende sitzt man am Tisch, schaut sich in die Augen und trifft eine Entscheidung für oder gegen eine Zusammenarbeit. Das ist dann nicht anders als bei der Entscheidung für einen Manager in Festanstellung.

Eine absolute Top-Qualität der Unterlagen zu allen relevanten Entscheidungskriterien – und das schnell – ist Unternehmen wichtig, handelt es sich doch bei der Suche nach einem Interim Manager um eine zeitkritische Aufgabe, die i.d.R. mit hoher Dringlichkeit gestartet und umgesetzt werden soll.

„Zeig mir Dein Umfeld – und ich sage Dir, wer Du bist!“ Diese Aussage gilt auch für den Blick auf Interim Manager. Entscheider gewinnen Sicherheit, wenn ein Interim Manager einen „Stallgeruch“ aus bestimmten, renommierten Unternehmen mitbringt, oder seine Expertise durch die Veröffentlichung von Fachbeiträgen, Fachbüchern, Vorträge auf Konferenzen, Mitgliedschaften in Fachkreisen oder Verbänden, oder gar durch die Gewinnung von Preisen / Awards unterstreichen kann. Ganz besonders geschätzt werden Zertifizierungen von renommierten Weiterbildungseinrichtungen.

In der Praxis ergibt sich, dass viele Vermittler oder auch Unternehmen ins Zweifeln kommen, ob Interim Manager mit folgenden Merkmalen den **Anforderungen der modernen, digitalen Zeiten und der damit verbunden neuen Art und Weise der Kommunikation** gerecht werden – so hart das jetzt klingt:

- Interim Manager, die nicht anerkennen, dass der Kunde ein „**hybrider Kunde**“ geworden ist, der sowohl analoge als auch digitale Quellen zur Information über ihn nutzen wird, die also bei Suchabfragen im Web gar nicht oder nur rudimentär gefunden werden (wie z.B. nur als passives Mitglied bei LinkedIn oder Xing oder nur mit einer knapp gehaltenen oder gar veralteten, ungepflegten Homepage),

- Interim Manager, die bestimmte Fachinformationen (**Content**) über sich nicht anbieten, die leicht im Web (z.B. bei LinkedIn oder UNITEDINTERIM) gefunden werden können (Fachartikel, Präsentationen, Whitepaper, Bücher, Berichte zu Vorträgen auf Konferenzen etc.),

- Interim Manager, die erste Einblicke zur **Persönlichkeit** nicht ermöglichen (*was ein Diagnostic Tool wie die PSA leistet*) oder wie sie als Mensch und Führungskraft „rüber kommen“ (*was ein Video leistet*);

- Interim Manager, bei denen nicht eindeutig nachvollzogen werden kann, was in ihren Projekten der **eigene konkrete Beitrag** zur Problemlösung in der Praxis wirklich gewesen ist (*was Case Studies leisten*) oder

- Interim Manager, bei denen eine bestimmte **Form** nicht stimmt (was ein *„CV als Verkaufsunterlage in Vorstandsqualität“ leistet*),

- Interim Manager, bei denen das **Umfeld**, in dem sie sich bewegen und im Web darstellen (z.B. als anerkanntes Mitglied einer Fach-Community) nicht „stimmt“ oder nicht erkennbar ist,

- Interim Manager, über keine aktuellen **Nachweise** zu Ihrem Wissensstand verfügen, z.B. durch aktuelle Zertifizierungen oder Weiterbildungen (idealerweise durch eine renommierte Einrichtung oder Business School).

Solche Interim Manager scheiden in der Regel aus dem Prozess bereits in einem frühen Stadium aus. Andere Interim Manager freuen sich!

Die Besonderheit des Marktes ist, dass durch die Hinzunahme der modernen digitalen Wege zum Kunden die althergebrachten analogen Wege und Beziehungen zu den Entscheidern auf Unternehmensseite **nicht** weggefallen sind. Eine gute persönliche Empfehlung von einem zufriedenen Kunden ist weiterhin viel wert. Neu – und vertrieblich sinnvoll – ist die Ergänzung mit digitalen Wegen und schließlich eine smarte Integration der analogen und digitalen Möglichkeiten, wie sie in späteren Kapiteln noch detaillierter dargestellt wird.

4.3. Interim Management Provider als klassische Vermittler

Vorbemerkung: Bei den aufgeführten Providern handelt es sich um Marktteilnehmer. Die Informationen zu den Unternehmen sind öffentlich zugänglich und durch diese selbst in den geschäftlichen Verkehr gebracht worden. Die Benennung, die Reihung, die Art der Darstellung, die ausgewählten Quellen und Zitate sowie die Art und in Weise, wie sie in Zusammenhänge gestellt werden, basiert auf der subjektiven Auswahl, Wahrnehmung und Einschätzung des Autors. Alles kann Irrtümer enthalten und ist kein Hinweis auf eine Bewertung der jeweiligen Unternehmen, seiner Inhaber, Mitarbeiter oder Geschäftsführer. Der Autor übernimmt auch keine Gewähr oder Haftung für jegliche Aussagen oder Aktivitäten dieser Marktteilnehmer und die Folgen.

4.3.1. Charakterisierung und Anbieter

Für Vermittler hat sich in der Branche der Begriff des „**Interim Management Providers**" etabliert. Ein Interim Management Provider (auch „Interim Provider" oder „Provider" genannt) ist ein spezialisiertes Unternehmen oder eine Einzelperson, das Interim Manager gewerbsmäßig an Dritte (Unternehmen, Institutionen oder sonstige Teilnehmer am Wirtschaftsleben) vermittelt. Provider gibt es im deutschen Sprachraum seit inzwischen fast 45 Jahren. Inzwischen (im Herbst 2022) finden sich nach Einschätzung des Autors im deutschen Sprachraum ca. 200 solcher Dienstleister. Allein auf der auf Interim Management spezialisierten Plattform

UNITEDINTERIM werden etwa 175 Provider namentlich und mit einer Kurzbeschreibung aufgeführt (UNITEDINTERIM GmbH, 2022a).

Die Bandbreite der Provider in der DACH-Region reicht vom Kleinstanbieter, der vielleicht selbst einmal als Interim Manager tätig war (oder auch noch ist) und jetzt „vermittelt", über sehr professionell arbeitende Spezialdienstleister bis hin zu Abteilungen von großen HR-Multi-Service-Anbietern (z.B. mit Kernkompetenz in der Zeitarbeit oder im Recruiting). Mehr Details dazu in Kapitel 4.3.4. Nicht in die Gruppe der Provider einschliessen möchte ich „hauptamtliche" Interim Manager, die Anfragen an andere Interim Manager weitergeben und somit nebenher noch etwas Geld an Provisionen unter Kollegen verdienen. Manche Interim Manager haben sich dafür sogar zu **„Sozietäten"** zusammengeschlossen, die jedoch vor allem die Funktion eines gemeinsamen, einheitlichen Auftritts am Markt, der Qualitätszuweisung, der Administration und rechtlichen Rahmens zur Vertragsgestaltung bieten. Ein Überblick über Sozietäten mit einer Kurzbeschreibung findet sich bei UNITEDINTERIM (UNITEDINTERIM GmbH, 2022a).

Idealtypisch und historisch betrachtet, akquirieren Interim Management-Provider zunächst ihr Angebot (die Interim Manager) und erfassen sie in einem „Pool". Der Pool und das Poolmanagement ist somit der historische Ausgangspunkt dieses Geschäftsmodells. Darauf aufbauend – und mit den besonderen Eigenschaften des Pools werbend – versuchen Provider, die passende Nachfrage bei Unternehmen zu finden. In dieser Betrachtungsweise unterscheiden sie sich deutlich von Personalberatern, die – ebenfalls idealtypisch – erst dann Kandidaten suchen, wenn sie einen Auftrag von einem Kunden erhalten.

Auch heute noch verfügen etliche Provider über einen Pool von wenigen Hundert bis circa 5.000 Interim Managern in unterschiedlicher Daten-Qualität, Aktualität und Pflegezustand. Manche Anbieter nennen auch Poolgrößen (manche verwenden den Begriff „Netzwerkgröße"), die weit darüber hinausgehen. Seit Mai 2018 sind diese Datensätze unter den hohen Anforderungen der Europäischen DSGVO zu behandeln, was gerade kleinere und mittelgroße Provider mit über Jahre angewachsenen „Daten- und CV-Bergen" vor große Herausforderungen stellt. Hinzu kommt die Herausforderung, dass es laut Arbeitskreis Interim Mana-gement Provider in der DACH-Region inzwischen ca. 15.000 Interim Manager gibt (AIMP,

2022). Allein schon diese Menge an Datensätzen ist in der Praxis realis-tischerweise im Hinblick auf Technik, Personal, Aktualität, Zeitaufwand für Aufnahme-, Aktualisierungs- und Qualitätssicherungsgespräche sowie die nach dem Datenschutzgesetz vorgeschriebenen Prozesse und Dokumentationen kaum mehr abzudecken. Viele Provider haben daher ergänzende oder alternative Wege gefunden, bei einer Kundenanfrage passende Kandidaten zu finden.

Über die letzten 40 Jahre hinweg hat sich der „Pool" von einem „Muss-Kriterium" zu einem „Kann-Kriterium" entwickelt. Wie weiter unten dargestellt, werben viele Provider inzwischen auch gar nicht mehr nur mit ihrem Pool (Traditionell war das Motto: *„Je höher die angegebene Zahl, desto besser"*), sondern stellen zunehmend **qualitative Aspekte** in den Vordergrund: Ihre Kompetenz zur Beurteilung der passenden Kandidaten, ihren Service oder ihre Projektbegleitung mit hochqualifiziertem Personal. Die Providerlandschaft ist somit vielfältig geworden.

Umsatzzahlen werden in der Provider-Szene nur äusserst spärlich veröffentlicht. Bei einigen Anbietern, die z.B. auch noch Führungskräfte in die Festanstellung vermitteln oder mehrere Hierarchieebenen (auch noch vermischt mit Zeitarbeit) bedienen, ist zudem nicht klar, wieviel Umsatzanteil der Dienstleistung Interim Management zuzuordnen ist. Eine Indikation über **Qualität** (Kennziffer unter der Jahreszahl, wobei 5 der Maximalwert ist) und **Größe** („Anzahl der Bewertungen, Kennziffer „n") der Provider findet sich jedoch in der periodisch durchgeführten Studie „Die Qualität der deutschen IM-Provider" (Ludwig Heuse GmbH, 2022). Es ist zu beachten, dass die **Beurteilung durch Interim Manager** vorgenommen wurde – und nicht durch Kunden.

Bei den von Interim Managern **viel bewerteten Providern** (n größer als 20) ergab sich folgende Reihenfolge (Top 7).

	2022	2017	
Management Angels	4,30	3,18	*n=47*
Interim Profis	4,29	3,25	*n=42*
Heuse Interim	4,20	3,33	*n=116*
Deutsche Interim AG	4,17	-	*n=75*
Taskforce	4,15	3,02	*n=28*
EIM	4,14	3,23	*n=84*
Atreus	4,06	3,09	*n=237*

Abb.4: Ranking der viel bewerteten Provider (Quelle: Ludwig Heuse GmbH, 2022).

Bei den von Interim Managern **weniger oft bewerteten Providern** (n bis zu 20) ergab sich folgende Reihenfolge (Top 7).

	2022	2017	
IMS	4,59	3,06	n=11
Rau | Interim	4,09	3,38	n=8
butterflymanager	4,04	3,02	n=19
HANSE	3,96	2,90	n=18
GroNova AG (Schweiz)	3,64	2,64	n=3
REM PLUS	3,51	2,96	n=7
ZMM	3,40	2,93	n=14

Abb.5: Ranking der weniger oft bewerteten Provider (Quelle: Ludwig Heuse GmbH, 2022).

Schauen wir nur auf das Thema der **Qualität**, so ergibt sich folgende Gruppe von **10 Providern** aus der DACH-Region, die im Jahre 2022 einen Wert von mehr als 4,00 (von maximal 5,00) erzielen konnten. In alphabetischer Reihenfolge umfasst diese Qualitäts-Champions League: Atreus, butterflymanager, Deutsche Interim AG, EIM, Heuse Interim, IMS, Interim Profis, Management Angels, Rau Interim, Taskforce.

Weiter unten im Qualitätsranking dieser Studie finden sich jedoch noch drei, ebenfalls in der Vermittlung von Interim Managern tätige Personaldienstleister, die vom **Volumen** her nicht zu vernachlässigen sind: Hays, Amadeus FiRe und Michael Page.

Erfahrungswissen: Vor einigen Jahren war der eigene Pool noch **das** Definitionsmerkmal und wertvollstes „Kern-Asset" eines Providers. Die Datenbank eines Pools umfasste i.d.R. die Kontaktdaten eines Interim Managers, einen klassischen CV und persönliche Anmerkungen, z.B. Eindrücke aus Vorstellungsgesprächen oder bisheriger Zusammenarbeit.

Inzwischen ist der Pool nur noch **eine** Quelle **unter mehreren**, wenn es darum geht, für Kunden geeignete Kandidaten zu finden. In der Praxis nutzen Provider alle zur Verfügung stehenden Quellen, um für ihre Kunden die am besten geeigneten Kandidaten zu finden (Multi Channel Sourcing).

Gerade, um Kunden gegenüber die Kandidaten (auch die aus ihrem Pool) näher **begründen** zu können, brauchen Provider zudem weitere Informationen (Content, wie Fachbeiträge, Case Studies, Referenzen, Videos ...). Diese sind üblicherweise in klassischen Pool-Strukturen der Provider nicht enthalten und werden durch **„Open Source Intelligence"** besorgt, d.h. durch die Nutzung sämtlicher offen zugänglicher Quellen im Web.

Immer mehr Provider haben inzwischen den Prozess ihrer Leistungserstellung vollkommen umgedreht: Sie sehen ihre **Kernkompetenz** und den Ausgangspunkt ihres Denkens und Handelns nicht mehr

a) in der Akquisition und „Bevorratung" von Interim Managern ... und dann im Bemühen, die passende Nachfrage am Markt dafür zu finden, sondern

b) in der **Akquisition** von Interim Management Projekten durch starkes Marketing und starken Vertrieb ... und dann im Bemühen, das passende Angebot an Interim Managern dafür zu finden, beim Kunden vorzustellen und in Einsatz zu bringen; und zwar in kürzester Zeit.

Damit werden Provider vom Prozess her den Personalberatern immer ähnlicher, die ja auch erst dann Kandidaten suchen, wenn sie einen Auftrag von einem Kunden erhalten. Als Konsequenz haben viele Provider die „Bevorratung" von Interim Managern auf ein Minimum an Aufwand reduziert, ihn ganz an einen Dienstleister ausgelagert oder komplett eingestellt. Zudem lassen sich auf diese Weise circa 25 Prozent der Zeit und Strukturkosten eines Providers einsparen.

Bei Providern geht es immer mehr um

- Kundenzugang (Kompetenz in Marketing und Vertrieb)
- Persönliche Vertrauensbeziehung mit Entscheidern in Unternehmen
- Verständnis der unternehmerischen Problemstellungen (Gründe und Anlässe, weshalb ein Unternehmen den Einsatz eines Interim Managers in Erwägung zieht)
- Fähigkeit, die Qualifikation und die Kompetenzen von Interim Managern zu verstehen: Fachlich, methodisch, persönlich
- Kompetenz, die erforderliche „kulturelle Passung" eines Kandidaten für die aktuell anstehende Situation richtig (und mit eigenem Standing) einzuschätzen und zu begründen, die durchaus in der „richtigen Unterschiedlichkeit" bestehen kann
- Fähigkeit, den Lösungsbeitrag eines bestimmten Interim Managers zur vorliegenden Problemstellung eines Kunden darzustellen, ggfs. auch die Grenzen aufzeigen zu können
- Kenntnis der Besonderheiten von Interim Management als Dienstleistung, auch als Berater des Kunden bei Fragestellungen, die das Berufsbild und die Arbeitsweise eines Interim Managers betreffen (u.a. richtiges Onboarding des Interim Managers, Vermeidung von Scheinselbständigkeit, Konfliktlösungen)
- Service vom Erstkontakt, über die Kandidatenpräsentationen, die Vertragsverhandlungen, die Rechnungsstellung, die Betreuung im Projekt bis hin zum Projektabschluss und Dokumentation des Projektes
- Vertragswerke, Konditionen, Versicherungen
- Betreuung und Coaching bzw. Sparring im Projekt

Bei diesen Merkmalen können sich Provider inzwischen auch untereinander sehr gut differenzieren und ihren Kunden einen **Mehrwert** erbringen. Die „Poolbewirtschaftung" von Interim Managern und das Versenden von CVs ist dagegen inzwischen kein Differenzierungsmerkmal eines Providers mehr – auch wenn dies einige Marktteilnehmer möglicherweise (immer noch) anders sehen. Die Kompetenzen des Beraters werden mehr und mehr im Vordergrund stehen. Auch damit nähern sich Provider immer mehr hoch qualifizierten Personalberatern an, die auf Executive Niveau tätig sind.

4.3.2. Vertragsmodelle

Die Geschäftsbeziehung zwischen Klient, Interim Manager und Provider wird entweder nach dem Holländischen Modell oder dem Angelsächsischen Modell gestaltet. In beiden Fällen beträgt das Entgelt eines Interim Management-Providers typischerweise ein Drittel des Tagessatzes, der dem nachfragenden Dritten für die Dienstleistung des Interim Managers in Rechnung gestellt wird. Dieses Drittel wird vom Provider-Verband AIMP sogar offiziell auf der Homepage so benannt und dürfte für die Mehrheit der seriös und hochqualifizierte Arbeit leistenden Provider zutreffen. In der Praxis reicht die Spanne nach den Erfahrungen des Autors von 20 bis 50 Prozent. In projektärmeren (Krisen-) Zeiten, in denen die Tagessätze generell unter Druck geraten, hat das natürlich auch Auswirkungen auf die Providermarge.

Im **Holländischen Modell** treten Provider vertraglich als Dienstleistungserbringer („Generalunternehmer“) auf, der für das jeweilige Projekt den Interim Manager bei sich selbst als „Subunternehmer“ unter Vertrag nimmt. Der Provider schliesst also je einen Vertrag mit dem Klienten und mit dem Interim Manager ab. Im Tagessatz des Providers ist sein Honorar enthalten. Dieses Modell ist der Regelfall bei den meisten Providern in der DACH-Region.

Das **angelsächsische Modell** steht für direktes und bilaterales Verhandeln und Abschließen zwischen Klient und Interim Manager – wie dies auch zwischen Interim Managern und Unternehmen üblich ist, wenn die Mandate auf direktem Wege zustande kommen. Der Unterschied: Der Provider agiert als reiner Vermittler und erhält eine Vermittlungsprovision. Diese kann entweder vom Kunden oder vom Interim Manager gezahlt werden.

Seit wenigen Jahren, vor allem in der Folge der Diskussion um die Scheinselbständigkeit, bieten einige Provider nun auch an, ihren Kunden Interim Manager vorzustellen, die sich im Rahmen einer **Arbeitnehmerüberlassung** einsetzen lassen.

Mit dem Argument der Flexibilität für den Kunden und einer eigenen breiteren Positionierung, zum Beispiel als „Partner für agile Personaldienstleistung" wird ein umfassendes vertragliches Spektrum angeboten: *„Projekt- und Beraterverträge, befristete Anstellungen und Arbeitnehmerüberlassungen"* (Deutsche Interim AG, 2020). Dies als Hinweis darauf, wie unterschiedlich die Geschäftsmodelle der Provider in der gelebten Praxis inzwischen geworden sind.

4.3.3. Vorteile für Unternehmen

Für nachfragende Unternehmen bietet die Zusammenarbeit mit einem professionellen Interim Management-Provider folgende Vorteile[21].

1. **Auswahl aus dem Gesamtmarkt:** Ein professioneller Provider ist in der Lage, den gesamten Markt, bzw. das gesamte Angebot an aktuell verfügbaren Interim Managern zu überblicken und im Hinblick auf die Kundenanforderungen engmaschig zu analysieren.

2. **Diskretion:** Gerade bei sensiblen Themen kann ein Unternehmen auf vertrauliche Weise mit Kandidaten ins Gespräch kommen. Das ist ein wesentlicher Vorteil im Gegensatz zur Direktsuche.

3. **Sicherheit:** Kompetente und im Interim Management erfahrene Berater des Providers können – ähnlich wie gute Personalberater – die Kandidaten der engeren Wahl vorprüfen und die Perspektive des Unternehmens bei der Beurteilung ergänzen.

4. **Service:** Guter Service des Providers entlastet den Kunden im gesamten Prozess.

5. **Keine Kosten für die Vorauswahl:** Ein professioneller Provider nimmt die Kosten für die Kandidatenauswahl und die Qualitätssicherung im Vorfeld einer möglichen Beauftragung auf sich. Für den Kunden entfallen somit Kosten, die entstehen, wenn auf eigene Faust gesucht wird; und seien es Opportunitäts-

[21] Zu einigen der aufgeführten Punkte vergleiche (AIMP, 2020a)

kosten durch den zeitlichen Aufwand des damit beschäftigten eigenen Personals.

6. **Schnelle Lieferfähigkeit:** Aufgrund seiner Prozesse und Erfahrung in diesem speziellen Markt ist ein professioneller Provider in der Lage, kurzfristig – mitunter innerhalb von 48 Stunden – Interim Manager für die individuelle Aufgabenstellung des Kunden vorzuschlagen.

7. **Bezahlung nur für erbrachte Leistung und mit großem Gestaltungsspielraum:** Ein professioneller Provider erhält sein Honorar in aller Regel nur dann, wenn der Interim Manager beim Kunden aktiv wird. Reisekosten zu Vorstellungsterminen sind hiervon ausgenommen. Ein Provider kann Kundenwünsche im Rahmen seiner Möglichkeiten berücksichtigen. So kann er z.B. Projekte auf Voll- oder Teilzeitbasis anbieten, Aufträge auf Tages-, Wochen-, Monats- oder Pauschalbasis abrechnen und auch – wenn möglich – Erfolgskomponenten berücksichtigen.

8. **Ersatz bei Ausfall oder Fehlbesetzung:** Ein Provider wird kurzfristig Ersatz liefen, wenn ein eingesetzter Interim Manager, z.B. krankheitshalber, ausfällt. Auch in Fällen, bei denen es sich erst während der Laufzeit des Projektes herausstellt, dass der ausgewählte Interim Manager doch nicht passt, kann kurzfristig ein anderer Interim Manager vorgestellt und eingesetzt werden.

9. **Zusätzliche Dienstleistung während des Projektes:** Sofern der Kunde dies wünscht, wird ein professioneller Provider das Projekt intensiv begleiten. In jedem Fall steht er als Coach oder Sparringspartner für den Kunden sowie den Interim Manager und als Moderator bzw. Eskalationsebene bei eventuellen Konflikten zur Verfügung.

10. **Zugang zu Insiderwissen:** Ein professioneller Provider stellt dem Kunden umfangreiches Know-how über einen Markt zur Verfügung, den laut Umfragen viele Unternehmen noch nicht oder nur wenig kennen. Das umschliesst z.B. den Prozess des Onboardings am Anfang eines Projektes oder den Übergang am Ende (z.B. zu einem neu festangestellten Mitarbeiter); ebenfalls die Ausgestaltung der Einsatzes zur Einhaltung sämtlicher gesetzlicher Vorgaben.

11. **Ausgeprägte Kunden- und Lösungsorientierung:** Ein professioneller Provider ist nur seinem Kunden und dem Interim Manager verpflichtet. Weil keine eigenen Mitarbeiter ins Projekt gebracht werden, kann er sich darauf konzentrieren, die für die Aufgabe am besten passenden Kandidaten am Markt auszuwählen und im Hinblick auf eine bestmögliche Lösung beim Kunden einzusetzen.

Am Markt ist jedoch eine breit gefächerte Bandbreite an Unternehmen zu finden, die sich selbst als Provider bezeichnen. Einige ähneln in ihrem Dienstleistungsangebot eher einer Unternehmensberatung und verfügen über eigenes Personal mit hoher fachlicher Qualifikation in einem Spezialgebiet. Andere sind reine Vermittler. Sie ähneln damit vom Geschäftsmodell her einer Personalberatung, wobei manche von ihnen beides bieten: Die Vermittlung von Interim Managern und von Managern in Festanstellung. Dem entsprechen dann auch die Geschäftsprozesse und die Qualifikation des Personals. Ein weiterer Teil der Providerlandschaft besteht aus großen Personaldienstleistungsunternehmen bzw. HR-Multiservice-Anbietern. Ein Kunde erhält hier die gesamte Palette des Angebots für alle Aufgaben und Hierarchieebenen: Zeitarbeiter, Festangestellte und eben auch Interim Manager.

Um es auch für die **inhaltliche Dimension der Providerleistung** zu beschreiben: Am einen Ende der Provider-Geschäftsmodelle finden sich Provider, welche die Antwort auf ein Kundenproblem in den Vordergrund ihres Dienstleistungsangebotes stellen. Mit eigenem Personal, welches i.d.R. selbst Erfahrung mit der Bewältigung der beim Kunden anstehenden Aufgaben hat, steigen sie tief in die Projektbegleitung ein. Sie erheben dabei den Anspruch, den Kunden, als auch den Manager, fachlich zu coachen und zu beraten und dabei fortlaufen die Ergebnisse zu überprüfen: *„Wir beteiligen uns an den Geschäftsproblemen unserer Klienten und übernehmen die Verantwortung für die Steuerung der Change Management Prozesse auf jeder Stufe, bis hin zu einem erfolgreichen Ergebnis.* (EIM Executive Interim Management GmbH , 2020)".

Bei diesem Typ unter den Providern ist der eingesetzte Interim Manager *„verantwortlich für die operative Umsetzung"* beim Kunden. Die Dienstleistung eines „Partners" des Providers kommt hinzu (EIM Executive Interim Management GmbH , 2020):

- *„Baut das Projekt auf*
- *Gewährleistet Klarheit und Konstanz in den Aufgaben*
- *Coacht und berät fachlich sowohl Klienten als auch Manager*
- *Überprüft fortlaufend Ergebnisse*
- *Bringt objektive Perspektive ein*
- *Stellt reibungslosen Projektabschluss sicher."*

Andere – ebenfalls erfolgreiche – Geschäftsmodelle stellen das Thema der reinen „**Vermittlung**" in den Vordergrund. Bei ihnen wird dann auch eher die Qualität des Netzwerkes und die vorliegende Erfahrung in der Vermittlung als Begründung der eigenen Leistungsfähigkeit ins Feld geführt. Das Ergebnis der Dienstleistung ist dann auch das **„zur Seite Stellen"** eines passgenauen Interim Managers: *„Die Vermittlung eines Interim Managers ist Vertrauenssache (...) Seit 2009 pflegen wir ein Netzwerk an ausgewählten Interim Managern und können damit sicherstellen, Ihnen unverzüglich einen passgenauen Manager auf Zeit zur Seite zu stellen. Nach 1.000 erfolgreich vermittelten Mandaten sind wir uns unseres Dienstleistungsversprechens sicher."* (Bridge imp GmbH, 2020). Ein anderer seit vielen Jahrzehnten tätiger Provider argumentiert in derselben Richtung. Zitat: *„Die Vermittlung von erfahrenen Führungskräften und Spezialisten als „Manager auf Zeit" sind das Kerngeschäft (...) Kunden die ideale Besetzung für die jeweilige Herausforderung innerhalb kürzester Zeit zur Verfügung zu stellen."* (BRAINFORCE AG, 2020).

Ein anderer etablierter Provider verfolgt eine umfassende **Service-Positionierung,** die gleichfalls die Projektbetreuung einschliesst: *„Alle Anfragen und Projekte haben für* (Providername) *einen individuellen Charakter. Grundlage unserer Arbeit ist das Verständnis des Business-Cases, der hinter der konkreten Anfrage nach einem Interim Manager steht. Jeder Kunde erhält so eine nach seinen Anforderungen geschneiderte individuelle Lösung. Wir verstehen die Anforderungen national und international tätiger Unternehmen. Das ist Service auf höchstem Niveau."* (butterflymanager GmbH, 2020a). Ergänzend findet sich die Aussage: *„Interim Manager und Kunden profitieren (...) vom Service und der laufenden Betreuung vor, während und nach einem Mandat"* (butterflymanager GmbH, 2020b).

Erfahrungswissen: Provider ist nicht gleich Provider! Weil das Dienstleistungspaket, die Qualität des Personals, die Vertragskonstruktion und auch die Marge der Provider sehr unterschiedlich sein können, lohnt es sich, sehr genau hinzuschauen. Unternehmen müssen sich die Frage stellen: Welche Art von Provider-Dienstleistung möchte ich einkaufen? Will ich „Vermittlung bzw. ein zur-Verfügung-Stellen"? Wünsche ich „zusätzliche Projektbegleitung" oder „Service"? Geht es mir um eine bestimmte Vertragsform oder zusätzliche Sicherheit in der Entscheidung für einen bestimmten Kandidaten oder in der Projektumsetzung? Für was bin ich bereit (auch mehr) zu bezahlen? **Tipp:** Werfen Sie einen genauen Blick auf die Leistungsbeschreibung eines Providers und sein Personal. Führen Sie ein klärendes Vorgespräch.

4.3.4. Vorteile für Interim Manager

Für Interim Manager haben Provider vier wesentliche Eigenschaften, die jedoch in unterschiedlicher Weise ausgeprägt sein können. Möchte ein Interim Manager diese vier Assets nutzen, werden Provider als Vertriebsweg interessant. Dafür erhalten Provider natürlich auch ein Entgelt: Einen Teil des vom Kunden bezahlten Tagessatzes.

(1) **Kundenzugang, d.h. ein Provider „besorgt" Projektanfragen.** Grundlage dafür, dass ein Provider an Interim Manager mit einer Projektanfrage herantreten kann ist, dass er selbst diese Anfrage erhält. Dazu ist es meist notwendig, über Jahre hinweg Marketing und Vertrieb zu leisten. Dazu gehört, die eigene Provider-Marke aufzubauen, am Markt sichtbar zu sein, dem Kunden einen Mehrwert vermitteln zu können und persönliche Beziehungen zu Entscheidern bei potentiellen Kunden zu pflegen.

(2) **Empfehlung, d.h. ein Provider kann dem Kunden einen bestimmten Interim Manager ans Herz legen.** Grundlage dafür ist i.d.R. eine Vertrauensbeziehung zum Kunden; meist basierend auf einer erfolgreichen, langjährigen Zusammenarbeit über mehrere Projekte hinweg – und eine hohe Kompetenz und Akzeptanz des Beraters.

(3) **Informationsvorsprung** über die anstehende Aufgabe und den Kunden. Ein Provider hilft damit dem Interim Manager, „das Rennen zu machen". Beispiel von Provider-Informationen sind die Aussagen: *„Der Kunde legt auf die folgenden Skills ganz besonderen Wert. Es muss unbedingt herauskommen, in welcher Weise Sie das als Interim Manager beherrschen."* ... *„Der Top-Entscheider hat folgende Persönlichkeit. Auf x und y müssen Sie im Interview unbedingt achten!"*

(4) **Qualifiziertes Feedback** und Austausch zur eigenen Positionierung im Markt, den Unterlagen und des sonstigen Contents. Einschränkend sei angemerkt, dass ein Provider im Detail keine (kostenfreie) Beratung zur Positionierung und zum Auftritt im Markt wie Optimierung des CVs und des Contents machen kann. Dazu gibt es inzwischen sehr zu empfehlende Dienstleister, deren Inanspruchnahme eine sinnvolle Investition sein kann.

Viele Provider umwerben Interim Manager. Beispiele von Qualitätsprovidern aus den in den Abbildungen 4 und 5 aufgeführten Übersichten:

- *„Sie sind High Performer, Macher und Querdenker, und Sie möchten Menschen und Organisationen bewegen? Dann finden wir die passende Herausforderung für Sie. Als Marktführer für Transformationslösungen und Interim Management, helfen wir Ihnen passgenaue Projekte zu finden und sich erfolgreich als Interim Manager zu positionieren* (Atreus GmbH, 2020).

- *„Interim Manager profitieren vom nationalen und internationalen Unternehmens-Netzwerk von (Providername). Seit 2003 sind wir spezialisiert auf die erfolgreiche Vermittlung von Interim Managern. (Providername) sichert die Qualität und vermehrt die Kontakte und Einsatzchancen bei international agierenden Unternehmen im In- und Ausland. Interim Manager und Kunden profitieren zusätzlich vom Service und der laufenden Betreuung vor, während und nach einem Mandat."* (butterflymanager GmbH, 2020b)

Manche Provider ergänzen diese Kernkompetenz noch durch „Services" für Interim Manager (Deutsche Interim AG, 2020a):

- Mehr Mandate durch Reichweite: Mit mehr als 3.000 qualifizierten Kontakten zu nachfragestarken Unternehmen und mehr als 200.000 Besuchern unserer Webseiten erschließen Sie kostenlos einen neuen Vertriebsweg für attraktive Mandate.
- Persönliche Beratung: Die Experten der (Providername) verfügen zusammen über mehr als 20 Jahre Erfahrung als Interim-Provider. Nutzen Sie diese Erfahrung für Ihren Erfolg – (*3 Namen von Mitarbeitern des Providers*) beraten Sie gerne persönlich.
- Professionelles Online-Marketing: Themenspecials, Blogs und Newsletter, Online-Profile und Projektreferenzen: (Providername) sorgt mit einem Team von erfahrenen Experten dafür, dass Ihre Inhalte und Ihr Angebot im Netz sichtbar werden.
- Nachhaltiges Netzwerk: Die Expertinnen und Experten im Pool der (*Providername*) sind eine starke Gemeinschaft. Hier finden Sie ein nachhaltiges Netzwerk für gegenseitigen Austausch.

Tipp für Interim Manager: Schauen Sie hin, was der Provider für den Kunden und auch für Sie an Dienstleistungen erbringt. Machen Sie sich vor allem ein Bild von der Qualität des Personals – nicht nur von einzelnen exponierten Personen in der Geschäftsleitung. Evaluieren Sie, ob Sie mit der bei einigen Providern im Projekt zur Seite gestellten Person auch harmonieren. Es gibt bei einigen Providern erfahrene und kompetente Menschen, die hervorragende Coaches und Projektbegleiter sind; auch für Eskalationen, die in einem anspruchsvollen Projekt immer wieder vorkommen. Klären Sie jedoch die Rollen und Verantwortlichkeiten, wenn es zu einer Zusammenarbeit kommt. Auch der Kunde sollte genau Bescheid wissen, sonst gibt es möglicherweise Irritationen.

4.3.5. Wahrscheinlichkeit, über Provider einen Auftrag zu erhalten

Nicht jede Projektanfrage, bei der ein Provider auf Sie als Interim Manager zukommt, führt dazu, dass am Ende des Tages auch wirklich ein Vertrag abgeschlossen wird. Die Wahrscheinlichkeit rechnet sich so:

Von 10 Anfragen, die ein Provider von Kundenseite erhält, wurden in den letzten Jahren im Durchschnitt nur drei bis vier etwas (30-40 Prozent), d.h. der Kunde unterschreibt einen Vertrag. Die Spreizung liegt aktuell je nach Provider bei 20 bis 80 Prozent. Quelle: (AIMP, 2022).

Diese Erfolgswahrscheinlichkeit des Providers (30-40 Prozent) muss in den Hinterkopf genommen werden. Danach ist zur berücksichtigen, dass ein Provider bei einer Projektanfrage immer zuerst eine Longlist von 10-15 Kandidaten erstellt und bear-beitet. Diese Kandidaten werden i.d.R. angerufen: *„Wir hätten möglicherweise eine interessante Aufgabe für Sie!“*. Da der einzelne Interim Manager zu dem Zeitpunkt aber nur einer von 10-15 Kandidaten ist, reduziert sich statistisch die oben be-nannte (Provider-) Wahrscheinlichkeit von 35 Prozent (um einen Mittelwert zu nehmen) für den Interim Manager selbst zu diesem Zeitpunkt auf sehr magere 2,3 bis 3,5 Prozent – in jedem Fall liegt sie unter 5 Prozent.

Gehört der Interim Manager jedoch zu den auserwählten 3-5 Kandidaten, die beim Kunden schriftlich vorgestellt werden, erhöht sich wieder die Wahrscheinlichkeit auf 7 Prozent (bei fünf vorgestellten Kandidaten). Sie geht sogar hoch auf ca. 12 Prozent, wenn nur drei Kandidaten vorgestellt werden.

Individuelle Wahrscheinlichkeiten hängen für Interim Manager davon ab, wie lang die Longlist und auch die Shortlist des Providers ist, mit dem man an dieser Stelle zusammenarbeitet. Wer als Interim Manager in einem Bereich tätig ist, der durch viele gleichgeartete Interim Manager gekennzeichnet ist (z.B. im Controlling), der wird tendenziell mit längeren Kandidatenlisten leben müssen, als ein seltener Experte mit Spezialwissen (z.B. F&E im Bereich Health Care).

Erfahrungswissen: Provider werden in ihrer Bedeutung für den Vertrieb von Interim Manager massiv überschätzt! Wenn ein Interim Manager ausschließlich auf diesen Vertriebskanal setzt und bei den 5 stärksten Providern in der DACH-Region persönlich bestens bekannt wäre (mehr ist kaum zu pflegen) und diese sich auch jedes Mal bei ihm melden würden, wenn sie eine für ihn grundsätzlich passende Anfrage erhalten, kann er **kaum mehr als 5 Prozent** der gesamten Nachfrage am Markt abdecken.

Diese Berechnung geht davon aus, dass die 5 stärksten Provider 20 Prozent des Providermarktes abdecken. Und selbst wenn ein Interim Manager den gewünschten Anruf des Providers erhält, hat dieser selbst immer nur eine 30-40 prozentige Chance auf einen Vertrag. Er ist ja meist nicht der einzige Provider, der angefragt wird – oder der Kunde entscheidet sich für die „interne Lösung" – oder man hat dann doch schneller als gedacht jemand für die Festanstellung am Markt gefunden – oder das Projekt wird zurückgestellt. Und wenn der Interim Manager es bis zur Shortlist des Providers geschafft hat und von diesem vorgestellt wird, dann hat er ja wiederum Wettbewerber – jetzt beim Kunden: Andere Interim Manager.

Man überlege den Aufwand an Zeit und Geld, der selbst für „kostenlose" (aber oftmals „strenge") Registrierungen, die Kontaktpflege und (im Anfragefall) die Aktualisierung und Anpassung der Unterlagen auf die individuelle Kundenanfrage (*„Der Kunde braucht das dringend bis morgen"*) getrieben werden muss: Von Providern und auch von Interim Managern!

4.4. Personalberater als Nachfrager

Für Personalberater ist die Vermittlung von Interim Managern ein **lukratives Zusatzgeschäft**: Gerade bei Positionen, die nicht leicht oder nicht schnell zu besetzen sind, ihr Mandant aber eine schnelle Lösung braucht. Ein Interim Manager kann in dieser Rolle die Zeit solange überbrücken, bis in aller Sorgfalt ein neuer Festangestellter gefunden ist. Ein Interim Manager kann sogar zusätzlich noch – wenn der „Neue" anfängt – die Einarbeitung übernehmen und somit für einen erfolgreichen

Start sorgen. Die Überbrückung von Vakanzen, die sog. „Projekt-Vakanz" gehört mit 31 Prozent zu den häufigsten Projektarten im Interim Management (AIMP, 2022). Es ist davon auszugehen, dass dieser Anteil im Zuge des aktuellen Mangels an Fach- und Führungskräften in den nächsten Jahren noch weiter zunehmen wird.

Auf der anderen Seite zeigt es sich, dass der für die Vakanzüberbrückung eingesetzte Interim Manager nur selten im Unternehmen für eine Festanstellung verbleibt. Die AIMP-Providerstudie (AIMP, 2022) weist für die letzten 10 Jahre immer nur einen Wert zwischen 3 und 6 Prozent an Interim Managern aus, welche direkt nach Ende des Projektes in eine Festanstellung gewechselt sind. Die letzten 3 Jahren waren es konstant 5 Prozent.

Persönliche Prognose: Es verliert an Bedeutung, welches Vertragsmodell einer Zusammenarbeit zwischen einem Unternehmen und einem Manager zugrunde liegt. Der aktuelle Wertschöpfungsbeitrag eines Managers – und wann er wirksam wird (also Schnelligkeit) – wird wichtiger. Viele Unternehmen wollen und können nicht mehr die für die Festanstellung klassischen 100 Tage Einarbeitungszeit abwarten. Die Grenzen zwischen „Selbständig" und „Festangestellt" werden daher verwischen. Für einzelne Manager wechseln entsprechend die Phasen der Selbständigkeit und der abhängigen Beschäftigung ab. Daher werden auch Personalberater zunehmend beide Tätigkeitsformen abdecken.

Dieses **Zusammenwachsen zwischen Interim Management und Festanstellung** spiegelt sich im Leistungsportfolio von Personalberatungen wider: So finden sich im deutschsprechenden Markt mehr als 200 Personalberatungen, die dediziert Interim Management anbieten (UNITEDINTERIM GmbH, 2022b). Auf der anderen Seite bietet heute die Mehrheit aller Interim Management-Provider auch klassische Personalberatung zur Besetzung von Festanstellungen an (UNITEDINTERIM GmbH, 2022a).

Eine Personalberatung, die ihren Kunden beide Möglichkeiten anbieten kann, gewinnt somit im Wert für ihre Mandanten. Sie hat zudem die Möglichkeit, an zwei Stellen zu verdienen: Zuerst für die Vermittlung eines Interim Managers und dann für die Vermittlung eines Festangestellten. Gleichzeitig gewinnen Personalberatungen als Vertriebskanal zunehmend an Bedeutung für Interim Manager.

4.5. Unternehmensberater als Nachfrager

Unternehmensberater sind für Interim Manager zum einen Wettbewerber, zum anderen aber auch ein interessanter Partner, um an Projekte zu kommen.

Vielen Kunden ist die Abgrenzung zwischen Interim Management und Beratung nicht klar. In der Praxis bilden beide Begriffe nämlich ein Kontinuum. Viele Interim-Projekte haben am Anfang einen Beratungsteil und münden schließlich in eine Phase, in der es auf die professionelle Umsetzung ankommt. Auch rein sprachlich scheinen beide Begriffe manchmal zu verschmelzen. So agieren viele Interim Manager (in Österreich auch aus rechtlichen Gründen) formell als „Unternehmensberater“; auf der Visitenkarte und der Homepage findet sich häufig eine doppelte Selbstbezeichnung wie z.B. „Consulting und Interim Management“.

Ein Blick auf den Markt zeigt, dass es Hunderte von Unternehmensberatungen in der DACH-Region gibt, bei denen Interim Management zum Dienstleistungsportfolio gehört. Ein Auszug findet sich bei UNITEDINTERIM (UNITEDINTERIM GmbH, 2022). Diese Liste umfasst kleinere und mittelgroße Unternehmensberatungen mit einem Schwerpunkt in der „Organisations-“ oder „Managementberatung“. Nach meinen Erfahrungen sind Unternehmensberatungen mit dieser Ausprägung am meisten relevant für den anschließenden oder kombinierten Einsatz von Interim Managern, die als Freiberufler, Selbständige oder mit einer Einzelfirma tätig sind. Die Liste selektiert zudem im Hinblick auf das nach aktuellen Studien des AIMP (AIMP, 2022) größte Einsatzfeld für Interim Manager: Den Mittelstand (KMU).

Es liegt auf der Hand, dass Unternehmensberatungen, die mehrheitlich kleine Unternehmen sind, nicht in der Lage sind, für alle Fälle einen oder mehrere umsetzungsstarke Interim Manager auf der Payroll zu haben. Daher ist es für viele Unternehmensberatungen zur Ergänzung der eigenen Mannschaft notwendig, auf ein Netzwerk von Interim Managern zurückgreifen zu können (Delivery Network), vom dem idealerweise auch im Gegenzug ab und zu einmal eine Kundenanfrage oder auch ein interessanter Kontak zu erwarten sind.

4.6. Kapitalbeteiligungsgesellschaften als Nachfrager

Kapitalbeteiligungsgesellschaften (auch „Private Equity", oder „PE" genannt) haben vor allem in vier Phasen Bedarf an Interim Managern:

(1) **Vor einer (möglichen) Beteiligung** brauchen sie Experten-Unterstützung zur Markt-, Personal- oder Technologie-Einschätzung. So geht es um (ergänzende) Expertise bei der Due Diligence oder bei Gesprächen bzw. Terminen vor Ort mit verschiedenen Stakeholdern: Kunden und Zulieferern oder Wettbewerbern des Unternehmens, mit Schlüsselpersonal oder mit anderen Kapitalgebern oder Eigentümern.

(2) **Direkt nach der Beteiligung** ist es wichtig, dass das Unternehmen die avisierten Ziele möglichst schnell erreicht:

- In vielen Fällen braucht die Konzentration auf die neue strategische Ausrichtung und deren Wertetreiber eine Infusion oder einen schnellen Transfer von bestimmtem Know-how.
- Für eine mit der Beteiligung neu gesetzte Ausrichtung und bestimmte neue Themen (z.B. Neustrukturierung der Supply Chain) sind im bisherigen Management einfach nicht die notwendigen Erfahrungen, Kompetenzen oder (Arbeits-) Kapazitäten vorhanden. Dann braucht es schnell Unterstützung. Die Benennung eines neuen und ausgewiesenen Fachmannes für ein bestimmtes Thema ist zudem ein klares Zeichen für einen Neubeginn oder einen neuen Schwerpunkt.
- In fast allen Fällen ist gerade die Finanzabteilung gefordert. Sie muss sich neu auf die besonderen Anforderungen eines Finanzinvestors ausrichten.

Neue Formen der Kommunikation und des Reportings oder auch der Arbeitsteilung zwischen Investor und Portfoliounternehmen müssen aufgesetzt und implementiert werden.

- Der Investor wünscht eine Vertrauensperson vor Ort. Das kann eine operative Rolle (z.B. im Finanzbereich) oder auch im Beirat bzw. Aufsichtsrat sein; in Vollzeit oder Teilzeit.

(3) **Während des Engagements** sind es zwei Anlässe:

- Es entstehen neue, erfolgskritische Projekte und Themen, die unverzüglich angegangen werden müssen. Für diese findet sich intern niemand oder es lohnt sich nicht, dafür von extern auf dem Arbeitsmarkt jemanden zu suchen. Das „Projekt“ muss sofort starten (Problem: Kündigungszeiten von Festanstellten), es ist „kurz“ (Problem: Niemand, der gut und etabliert ist, lässt sich für wenige Monate – bei unklarer weiterer Perspektive – an anderer Stelle fest anstellen) oder die Such- und Einarbeitungszeit würde einfach zu lange dauern.
- Plötzlicher, unerwarteter Ausfall einer wichtigen Person. Es muss unverzüglich Ersatz geschaffen werden. Die Suche auf dem Arbeitsmarkt würde zu lange dauern.

(4) **Kurz vor Verkauf:** An dieser Stelle geht es meist um drei Themen:

- Salopp gesagt, steht nun „Braut-Schmücken“ an. Die optimierte Performance und der gestiegene Wert muss für neue Käufer absolut deutlich werden. Dafür bieten sich operative Themen an, wie z.B. Sonderprojekte für „Sprints“ im Vertrieb zur Erreichung bestimmter Marktanteile oder zur Durchdringung von Kundengruppen. Es kann auch nachweisliche Durchbrüche in der Entwicklung (F&E), oder bestimmte Kennziffern in der Produktion betreffen.
- Aufbereitung von Zahlen, was dann Unterstützung im Finanzbereich erfordert.
- Begleitung des professionellen Due-Diligence-Prozesses vor Ort.

Ein Directory von Kapital-Anlage-Gesellschaften in der DACH-Region findet sich bei UNITEDINTERIM (UNITEDINTERIM GmbH, 2022d). Die aufgeführten Gesellschaften beteiligen sich u.a. mit Venture Capital, Wachstumsfinanzierungen oder im Rahmen von Buy-Outs an vorwiegend mittelständischen Unternehmen. Auch institutionelle Investoren werden aufgeführt.

Nach meinen persönlichen Erfahrungen sind Kapitalbeteiligungsgesellschaften mit dieser Ausprägung am meisten relevant für den Einsatz von Interim Managern, die als Freiberufler, Selbständige oder mit einer Einzelfirma tätig sind. Die Liste selektiert vor allem im Hinblick auf das nach aktuellen Studien des AIMP (AIMP, 2022) größte Einsatzfeld für Interim Manager: Den Mittelstand (KMU). Deshalb werden einige größere und global tätige oder im Angebot noch umfassender (oder mit einem anderen Schwerpunkt) tätige Anbieter nicht berücksichtigt, auch wenn sie exzellente Arbeit leisten und ggfs. ebenfalls Interim Manager einsetzen.

4.7. Andere Interim Manager als Vermittler

Es wird nicht überraschen, dass auch die Empfehlung eines anderen Interim Managers immer wieder zu einem Projekt führt. Das wird immer dann der Fall sein, wenn ein Unternehmen einen Interim Manager anspricht, dieser aber selbst nicht zur Verfügung steht, weil er z. B. in einem Mandat gebunden ist. Statt den Kunden zurückzuweisen und allein zu lassen, kann der Interim Manager seinem Kunden einen Kollegen oder eine Kollegin empfehlen. Seine Empfehlung dürfte für seinen Kunden mehr Gewicht haben als die Empfehlung eines „kommerziell denkenden“ Providers. Aufgrund seiner Erfahrungen aus erster Hand wird sein Briefing den empfohlenen Interim Manager sehr stark machen.

Auf dieser Grundüberlegung sind in der DACH-Region sogenannte „Sozietäten“ entstanden: *„Eine Sozietät ist eine Interessengemeinschaft von Interim Managern zum gegenseitigen Vorteil. Eine Sozietät sieht ihre Stärke besonders im gemeinsamen Vertrieb, im in der Außenwirkung breiteren Angebotsspektrum sowie in der gemeinsamen und daher günstigeren Nutzung der Infrastruktur. So werden z. B.*

Mandate, die ein Mitglied der Sozietät fachlich oder zeitlich nicht übernehmen kann, an die Kollegen weitergereicht." (UNITEDINTERIM GmbH, 2022e)

Eine Übersicht der Sozietäten in der DACH-Region findet sich bei UNITEDINTERIM im Anschluss an die Übersicht über die Provider (UNITEDINTERIM GmbH, 2022a).

4.8. Megatrends: Plattformen und direkter Vertrieb

Zwei große Trends – die sich wechselseitig beeinflussen – bestimmen darüber, wie Angebot und Nachfrage im Interim Management zusammenfinden:

1. **Wachstum von Plattformen** (in nachfolgender Abb. 6 durch eine sich tendenziell nach links verschiebende vertikale Linie dargestellt) und

2. **Wachstum des direkten Vertrieb** (in nachfolgender Abb. 6 durch eine sich tendenziell nach unten verschiebende horizontale Linde dargestellt).

Die sich ergebenen 4 Felder repräsentieren in idealtypischer Weise die in der Praxis des Interim Managements gegenwärtig vorzufindenden vertrieblichen **4 Handlungsfelder:**

1. „Persönlicher Kontakt" in einer weitgehend analogen Denk- und Handlungswelt mit einer direkten Beziehung zwischen Interim Manager und Kunde;

2. „Provider" in einer weitgehend analogen Denk- und Handlungswelt, wobei Interim Manager und Kunden über den Umweg eines Vermittlers (also „indirekt") miteinander in Beziehung sind;

3. „Offene Plattform" in einer weitgehend digital geprägten Denk- und Handlungswelt, wobei Interim Manager und Kunde direkt und mit offenen Kontaktdaten miteinander in Beziehung sind;

4. „Online-Provider“ (von mir auch als „Vermittlungsplattform“ bezeichnet). Dabei erfolgt die Beziehung zwischen Interim Manager in einer weitergehende digital geprägten Denk- und Handlungswelt auf kontrollierte (und eine Provision schützende) Weise durch den „Flaschenhals“ eines Vermittlers (also „indirekt“).

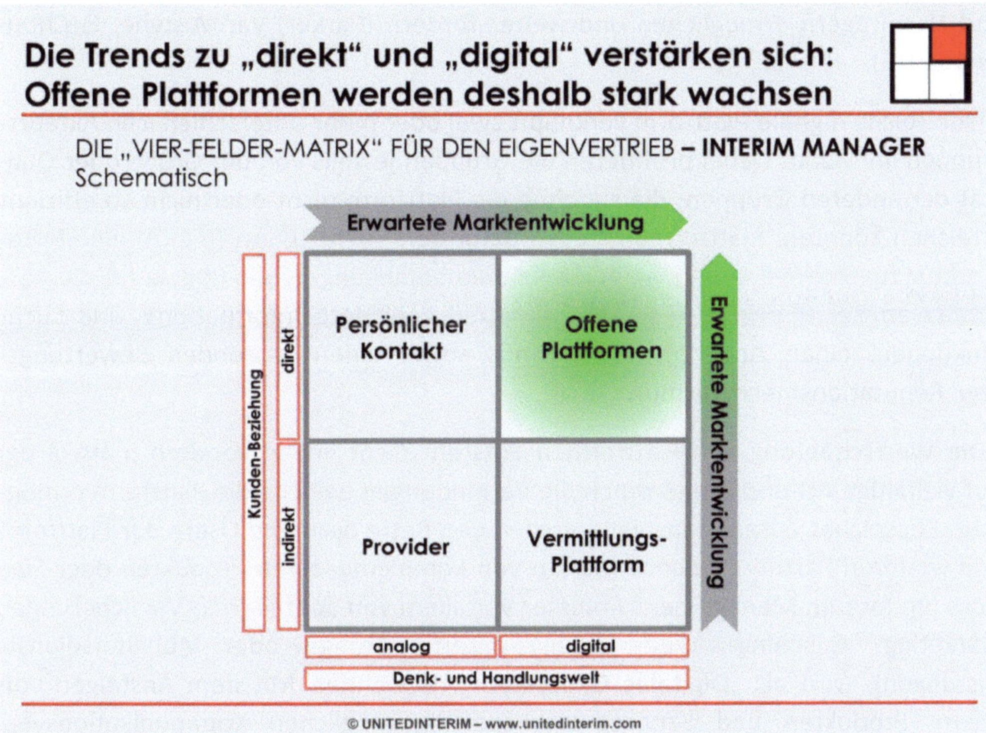

Abb. 6: Grundschema zum Markt: Vier-Felder-Matrix (Quelle: Eigene Darstellung).

Es liegt auf der Hand, welche Handlungsfelder zukunftsträchtig sind, und welche zunehmend unter Druck geraten. Auf alle vier Felder wird im Folgenden noch im Einzelnen eingegangen.

4.8.1. Plattformen

Bei einer digitalen Plattform, wie sie in diesem Buch verstanden wird – und im Interim Management in der Praxis vorkommt – steht die Funktion als digitaler Marktplatz im Zentrum. Eine solche **transaktionszentrierte Plattform** bringt Angebot und Nachfrage zusammen. Sie soll Nutzen stiftende Interaktionen zwischen Anbietern und Nachfragern ermöglichen und weiter fördern (Parker, Van Alstyne, & Choudary, 2016).

Eine solche digitale Plattform verknüpft zwei oder mehr unterschiedliche Akteursgruppen im Markt. Dabei profitieren die Gruppen jeweils von der Größe oder Qualität der anderen Gruppen, die sie ohne die Plattform nicht oder nicht so effizient erreichen könnten. Plattformen stellen dafür den Teilnehmern (Usern) eine **Infrastruktur** zur Verfügung und legen die Rahmenbedingungen und Regeln für die Teilnahme an der Plattform fest. User erhalten geeignete Informations- und Suchfunktionen, einen Angebotsmechanismus sowie einen passenden Bewertungs- bzw. Reputationsmechanismus.

Die Wertschöpfung von Plattformen entsteht nicht linear, sondern matrixartig: Auf vielfältige Art und Weise durch die Verbindungen, welche die Plattform ermöglicht. Ein solches Zusammenspiel zwischen den Betreibern und Usern der Plattform und weiteren Partnern oder Anbietern von komplementären Produkten oder Services (im Interim Management Anbieter vor allem von spezifischen Versicherungs-, Marketing-, Coaching-, Weiterbildungs-, Zertifizierungs- oder Mobilitätsdienstleistungen), wird als „**Digitales Ökosystem**" bezeichnet. Mit dem Ansteigen von Usern, Produkten und Services wachsen die möglichen Kommunikationsverbindungen bzw. die **Netzwerkeffekte**, was wiederum allen Nutzern zugutekommt.

Im Gegensatz zum Geschäftsmodell einer Plattform steht das sogenannte ***„Pipeline-Geschäftsmodell"***. Das ist das herkömmliche „industrielle" Modell. Die Wertschöpfung erfolgt darin Schritt für Schritt: Vom Lieferanten des Herstellers am Beginn zum Kunden am Ende. Dies erfordert Zeit, Ressourcen und komplexes Prozessmanagement. Daher haben Pipeline-Geschäftsmodelle eine lineare Wertschöpfungskette, die sie selbst kontrollieren (müssen).

Die **Attraktivität einer Plattform** hängt davon ab, zu wie vielen potentiellen Transaktionspartnern sie den Zugang ermöglicht; und zwar quantitativ, aber auch qualitativ. Jede User-Gruppe (Anbieter wie Nachfrager) profitiert dabei von der Netzwerkgröße und Qualität der anderen Gruppen. Diese **Netzwerkeffekte** steigern den Wert der Plattform für die User und führen wiederum zu einer Steigerung der Anzahl der Nutzer. Die Plattform ermöglicht den Nutzern auf der einen Seite einen vereinfachten Zugang zu den Nutzern auf der anderen Seite. Durch die so gesenkten Transaktionskosten können mehr Transaktionen realisiert werden. Quelle: (von Engelhardt , Wangler , & Wischmann , 2017).

Plattformen sind **Systeme mit positiver Rückkopplung** (Shapiro & Varian, 1998). Mit jedem neuen und qualitativ hochwertigen Akteur auf der Plattform – Nachfrager oder Anbieter – steigt der Nutzen für alle Teilnehmer. Die Erfahrung zeigt: Ist eine kritische Masse an Usern einmal erreicht, wächst ihre Zahl nicht mehr linear, sondern exponentiell. Sättigungseffekte treten bei den wirklich erfolgreichen Plattformen erst ein, wenn sie eine marktbeherrschende Stellung eingenommen haben. Der Erfolg füttert sich quasi selbst.

Um erfolgreich zu sein, muss das „**Matching**" für den Austausch von Gütern und Dienstleistungen zwischen den Partnern jedoch leistungsfähig sein. Dazu gehören umfangreiche sowie aussagekräftige Daten, Filter und Suchalgorithmen. Daraus ergibt sich eine zentrale Aufgabe der Plattformbetreiber: Mittels „**Kuratierung**" filtern sie die Aktivitäten der Interaktionspartner, also das Verhalten auf der Plattform und die vorzufindenden Inhalte. Kuratierung ist aufwändig, kostet Zeit und Geld. Damit braucht sie kompetentes Personal, welches die Anbieter- und Nachfrageseite verstehen muss. Die Kuratierung steht jedoch im Zentrum eines Qualitätsmanagements, um negative Netzwerkeffekte zu vermeiden. Auch der **Zugang zur Plattform** wird i.d.R. aus Qualitätsgründen beschränkt: Anbieter – teilweise auch Nachfrager – müssen sich, z.B. bei der Registrierung, einer Vorab-Prüfung bzw. Qualitätssicherung unterziehen.

Was bei Plattformen zählt, ist das Netzwerk und die Transparenz, die den Marktakteuren bereitgestellt wird. Ganz entscheidend für den Erfolg ist, dass Plattformen die Interaktionen zwischen sehr vielen Akteuren standardisiert abwickeln. Dadurch können die **Transaktionskosten** im Vergleich zu klassischen Geschäftsbeziehungen für alle Beteiligte deutlich gesenkt werden. Transaktionszentrierte Plattformen leben von einer Gebühr für den Zugang und die Nutzung, einige auch von (erfolgsbasierten) Honoraren oder Provisionen, welche die User zu entrichten haben.

Bei Plattformen ist noch ein weiteres Prinzip zu beachten (Rüchardt, 2019): „**The winner takes it all**". Größe scheint ein überragender Wettbewerbsvorteil zu sein. Daher gilt für Plattformanbieter die Regel: Werde zur Nummer 1. Wachse so schnell wie es geht, dass keine andere Plattform in Deinem Segment mehr gegen Dich ankommt.

Eine transaktionszentrierte digitale Plattform vermittelt Transaktionen. Sie führt Angebot (Interim Manager) und Nachfrage (Unternehmen) zusammen und leistet das

- unter **Zugangsbeschränkung** auf einen bestimmten Nutzerkreis (z.B. Interim Manager mit bestimmten Vorerfahrungen als Anbieter sowie ausschließlich Unternehmen, Provider und sonstige professionelle Nachfrager – nicht Privatpersonen – als Nachfrager),
- mit Hilfe einer **Angebots- und Suchfunktion** (Standardisiert – aber auf die spezifischen Branchenbedürfnisse und Entscheidungskriterien im Interim Management zugeschnitten),
- mit einem **Angebotsmechanismus** (einfache, klare Prozesse), sowie
- mit einem **Bewertungs- und Reputationsmechanismus** (branchenspezifische Qualitätssicherung/ Kuratierung)

Eine Analyse des Branchenverbandes bitkom (Bitkom Research, 2020) zeigt, dass digitale Plattformen allen Akteuren zugutekommen:

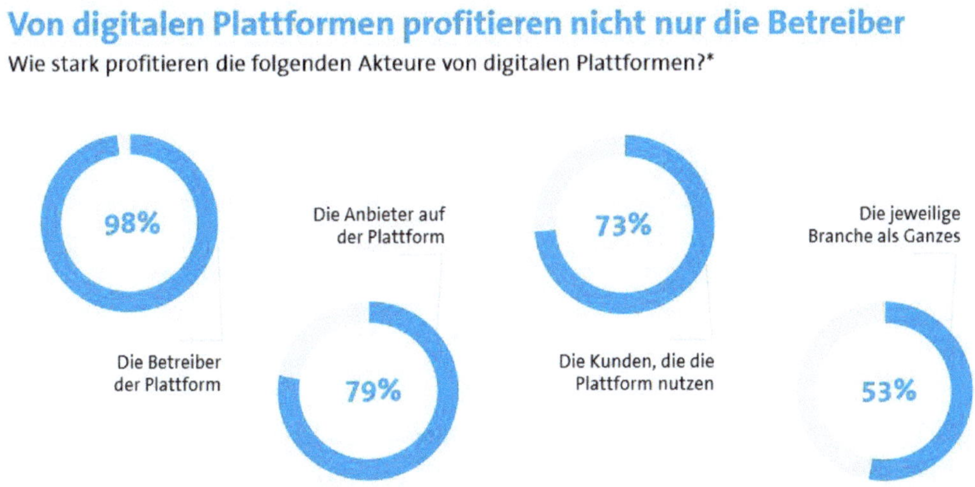

Abb.7: Wer profitiert von digitalen Plattformen? (Quelle: Bitkom Research, 2020).

Gerade aus der Perspektive von Interim Managern – die als Solo-Selbststände oder Ein-Personen-Unternehmer immer **kleine Anbieter** sind – sind Plattformen interessant. Sie sorgen nämlich für **Sichtbarkeit bei Kunden!** 71 Prozent der Befragten stimmen dieser Aussage zu vgl. Abb. 13 (Bitkom Research, 2020). Generell erleben Plattformen für die Oberkategorie Freelancer daher in den letzten Jahren – analog zur Entwicklung bei der Festanstellung – ein enormes Wachstum (Life and Career Design Consulting GmbH, 2020).

52%
Digitale Plattformen führen zu einer Monopolbildung, weil sich auf Dauer nur eine Plattform für einen Zweck auf dem Markt halten kann.

71%
Digitale Plattformen helfen besonders kleinen Anbietern, da sie für Sichtbarkeit bei Kunden sorgen.

Beispiel E-Commerce

Globale Plattformen	Generalisten	Spezialisten
Amazon	Otto	Zalando
Ebay	Real	Home24
Alibaba	Walmart	Mirapodo
Rakuten	Idealo	Etsy
...	...	...

Abb.8: Digitale Plattformen helfen insbesondere kleinen Anbietern (Quelle: Bitkom Research, 2020).

Der zuvor aufgezeigte Trend des Wachstums von Plattformen beruht im Interim Management vor allem auf drei Vorteilen für Kunden und Interim Manager zugleich:

(1) **Sichtbarkeit / Reichweite**: Interim Manager haben i.d.R. Tausende an Wettbewerbern. Als Einzelkämpfer ohne Plattform in den "unendlichen Weiten der digitalen Welt" eine signifikante Reichweite und Awareness bei den relevanten Zielgruppen zu erzielen – und das auch noch in der erforderlichen Anzahl (Stichwort: Sales-Funnel) - ist in der Praxis kaum noch möglich. Die Beauftragung einer professionellen SEO-Agentur und kontinuierliche Aktivitäten bei hoher Qualität des Contents (wichtig für die Suchmaschinen!) wären notwendig. Und wer 5 Tage in der Woche im Projekt beim Kunden ist, schätzt auch aus zeitlichen Gründen die Entlastung durch die Kraft der Plattform, für Sichtbarkeit in der digitalen Welt zu sorgen.

(2) **Niedrige Transaktionskosten**: Ob eine Transaktion stattfindet, ist vor allem davon abhängig, wie aufwendig es ist, einen geeigneten Geschäftspartner zu finden (Informationskosten), den Vertrag abzuschließen (Verhandlungs- und Vertragskosten) gegenenfalls nachträgliche Vertragsanpassungen durchzuführen (Anpassungskosten) sowie die Erfüllung der vertraglichen Leistungen zu kontrollieren bzw. durchzusetzen (Kontroll- und Durchsetzungskosten). Gerade

das “Finden” bzw. “Gefunden werden” (Informationskosten) ist für Interim Manager ohne Plattform sehr aufwendig. Es wären Tausende von Kilometern auf der Autobahn zu fahren, Mails und Briefe zu schreiben sowie unzählige Telefonate oder Akquisitions-Gespräche mit potentiellen Kunden zu führen. Und alles kostet auch noch Zeit. Ein schnelles wechselseitiges Informieren über Angebot und Nachfrage ist daher durch eine Plattform in schneller, effizienter Weise möglich.

(3) **Schnelle, einfache Nutzung einer vorhandenen digitalen Intrastruktur**. Interim Manager profitieren von einer digitalen Infrastruktur, die sie selbst nicht schaffen, warten oder weiterentwickeln müssen. Viele haben darin wenig Erfahrung oder Kompetenzen. Und sie sparen die notwendigen finanziellen und zeitlichen Investitionen. Sie empfinden es somit als Entlastung, sich keine eigenen Vertriebswege suchen oder gar aufbauen zu müssen. Weil es die Plattform gibt, können sie sich auf ihre Kernkompetenz “im Projekt” konzentrieren. Gerade, wenn Interim Manager mit viel Engagement und Fokus in einem Kundenprojekt sind, ist “selber machen” kaum eine Alternative.

Die drei **Flaschenhälse,** denen sich jede Plattform im Interim Management stellen muss, bestehen aus

(1) Zugangskontrolle und Kuratierung, also **Qualitätssicherung.** Die Plattformbetreiber brauchen dafür branchenspezifisches Know-how auf Augenhöhe mit den Nutzern der Plattform.

(2) Einholen, Qualitätssichern und Bewerben des **Contents** der Interim Manager (der verschiedenen Elemente des Präsentations-Paketes). Das kostet den Plattformbetreiber nicht nur Zeit und Kompetenz in der Qualitätssicherung, sondern anschließend noch Werbebudget, um die Zielgruppen zu erreichen und kontinuierlich zu bearbeiten.

(3) Sicherstellung der **Aktualität** der Unterlagen. Das erfordert (wie sich in der Praxis zeigt) ständige, auch systemunterstützte Kommunikation mit den Anbietern. Gerade die Aktualität von Unterlagen ist im Interim Management ein sehr kritischer Faktor, der die Akttraktivität der Plattform für Kunden auf den

Prüfstand stellt! Gerade in Zeiten raschen Wandels brauchen Kunden Informationen über aktuelle Kompetenzen und aktuelles Wissen.

Die Besonderheit des Interim Management-Marktes besteht nicht nur aus der Vielzahl an Zielgruppen. Es ist zu berücksichtigen, dass die Anbieterseite aus hochqualifizierten Experten in ihrem Fachgebiet besteht. Diese müssen aktuell, wahrheitsgetreu und in der richtigen Terminologie (Stichwort: **Akzeptanz** durch die Zielgruppen) abgebildet werden können. Und das in mehreren Dimensionen, vor allem im Hinblick auf das Fachliche und die Persönlichkeit. Die Nachfragerseite besteht ebenfalls aus anspruchsvollen Experten. Diese Entscheider haben bei der Suche nach einem Interim Manager meist einen wichtigen Business-Case im Hinterkopf; ebenfalls klare Lösungskriterien, denen der Interim Manager entsprechen soll (Stichworte: Wahrheitsgetreue **Unterlagen** / aussagefähiger **Content**). Sie brauchen Sicherheit, dass der einzusetzende Interim Manager auch wirklich leistungsfähig ist (Stichwort: **Qualitätszuweisung** durch die Plattform). Sie wollen ihre wertvolle Zeit bei der Suche auch nicht mit der Ansprache von Dutzenden von Kandidaten verschwenden, die letztlich doch nicht verfügbar sind oder am Ende des Tages einen Tagessatz aufrufen, der „out of the budget" ist (Stichworte: **Transparenz & Aktualität**).

Nach meinen eigenen Erfahrungen wollen Kunden auf einen Blick erkennen, wofür der jeweilige Interim Manager steht (**Positionierung / USP**), was das Besondere an ihm ist und was er in etwa kostet. In der Corona-Krise wurde zudem gelernt, dass ein Video eine sehr brauchbare Möglichkeit ist, einen ersten persönlichen Eindruck zu gewinnen. Die Kunden-Anforderungen an die Darstellung des Gesamt-Präsentationspaketes eines Interim Managers sind somit vielfältig geworden und steigen mit den zunehmenden digitalen Möglichkeiten und Kompetenzen der Interim Manager (z.B. in der Fähigkeit, sich per Video vorzustellen) ständig.

Aus der Praxis: Kritisch ist anzumerken, dass viele Interim Manager gar nicht erkennen, wie wichtig es ist, möglichst viel relevanten **Content** auf die Plattform zu stellen und ständig **aktuell** zu halten – gerade, wenn der Plattformbetreiber diesen Content auch noch bewirbt: also neben dem CV noch ein Video, Case Studies oder Blog-Beiträge und Referenzschreiben im Web sichtbar macht.

All das sind Möglichkeiten, um die Wucht der Netzwerkeffekte einer offenen Plattform auch für sich selbst wirksam werden zu lassen! Auf den Punkt gebracht: um die Möglichkeiten einer Plattform für sich selbst in Chancen und in Kundenkontakte für attraktive und gut bezahlte Aufträge zu verwandeln!

4.8.2. Direkter Vertrieb

Jeder Anbieter von Produkten oder Dienstleistungen steht vor der Frage, wie er sein Angebot zum Kunden bringen soll. Grundsätzlich gibt es zwei Vertriebsformen: den direkten und den indirekten Vertrieb. Beim direkten Vertrieb verkauft der Anbieter unmittelbar an die Endkunden bzw. Endabnehmer. Beim indirekten Vertrieb hingegen erfolgt der Verkauf über rechtlich selbstständige Mittler.

Welche Vertriebsform sinnvoll ist, hängt vom Charakter des Produkts bzw. der Dienstleistung ab. Grundsätzlich ist auch im Interim Management der Aufbau und die kontinuierliche Pflege eines direkten Vertriebsweges mit zeitlichem Aufwand und Kosten verbunden. Zugleich ist aber der zu erzielende Tagessatz signifikant höher als beim indirekten Vertrieb, da **Mittlerprovisionen** im Bereich zwischen 25 und 50 Prozent entfallen. In Zahlen: Bei einem durchschnittlichen Jahresumsatz eines Interim Managers von 173.000 Euro beträgt das typische Drittel, also die Providermarge, 57.666 Euro.

Wenn "Geld" somit schon einmal ein starkes Argument für den direkten Vertrieb ist, kommen in der Praxis noch weitere 6 Faktoren hinzu, als Interim Manager komplett oder zumindest verstärkt auf direkten Vertrieb zu setzen:

(1) Viele Interim Manager verfügen sowieso über ein **persönliches Kontaktnetzwerk:** Alte Kollegen oder Geschäftsfreunde, Mitgliedschaften in Vereinen oder Verbänden, Kontakte in Sozialen Medien bzw. auf Businessplattformen. Es wäre verschenktes Potential und fahrlässig, diese direkten Kontakte nicht vertrieblich zu nutzen.

(2) Beim Direktvertrieb "verkauft" der Interim Manager sich selbst: Mit seinem Fachwissen und seiner Persönlichkeit. Nichts ist so **authentischer** als er selbst. Ein Vermittler kann das immer nur durch einen gewissen "Filter" darstellen und einem Kunden vermitteln.

(3) Ein Interim Manager kommt heute sowie nicht mehr darum herum, sich im Internet sichtbar zu machen, ob er über Vermittler arbeitet oder im Direktvertrieb. Kunden googeln ihn nämlich, sobald er namentlich bekannt wird. Sie nutzen alle öffentlich zugänglichen Quellen (Open Source Intelligence). Dann muss sich Content finden, der genau zur Expertenpositionierung passt.

(4) In der Praxis klagen viele Interim Manager (gerade die mit Spezial-Kompetenzen oder auf höheren Management-Ebenen) darüber, dass sie vom Personal der Vermittler in ihrer Besonderheit oder Seniorität oder im Hinblick auf wichtige Facetten ihrer Persönlichkeit nicht verstanden werden. Sie erhalten dann in der Folge viele Anfragen, die ihrer Meinung nach gar nicht zu ihnen passen oder bei denen die Vorstellungen über den vom Mittler an den Interim Manager gezahlten Tagessatzes deutlich auseinander gehen.

(5) Beim indirekten Vertrieb hat stets der Mittler den persönlichen Kontakt zu den Kunden. Es sind und bleiben seine Kunden. Und der Erfolg des Interim Managers hängt weitgehend vom "Goodwill" des Mittlers ab, also wie stark und aktiv er ihn pusht. Und das wird in der Praxis häufig wesentlich davon bestimmt, wie viel Marge am Interim Manager zu verdienen ist, bzw. wie "pflegeleicht" oder "loyal" er ist.

(6) Am Ende des "Verkaufsprozesses" muss ein Interim Manager immer an den Tisch der Entscheider zum persönlichen Interview. Ein Vermittler kann also daher grundsätzlich sowieso nur die ersten Vertriebsphasen abdecken.

Erfahrungswissen: In der Praxis beruht der aufgezeigte Trend zum direkten Vertrieb vor allem auf den Themen "**Geld**", "**Kundenkompetenz**" sowie "**Transparenz**" des Marktes:

Aus Sicht des Interim Managers: Wer selbst seinen Kunden findet, selbst seinen Tagessatz verhandelt und selbst den Vertrag mit dem Kunden schliesst, wird für seine Leistung einen höheren Tagessatz erzielen, als wenn ein Mittler involviert wurde.

Aus Sicht des Unternehmens: Immer mehr Unternehmen wissen inzwischen, wann der Einsatz eines Interim Managers Sinn macht, was ein Interim Manager leisten kann (und was nicht), was er kostet, nach welchen Kriterien ausgewählt werden soll und wie sie konkret den Interim Manager einsetzen wollen. Die zunehmende **Transparenz** der Anbieterseite des Marktes und Benutzerfreundlichkeit von Plattformen erleichtert es ihnen, einfach und schnell mit Interim Managern in Kontakt zu treten. Je hochwertiger die auf einer Plattform hinterlegten Informationen sind, desto leichter kann von den Entscheidern geprüft werden, ob eine Zusammenarbeit Sinn macht. Ganz abgesehen davon, ist der Einkauf einer Dienstleistung so gut wie immer günstiger, als wenn ein Mittler eingeschaltet ist. Und manche Plattform ist sogar kosten- und provisionsfrei für Nachfrager!

Die beiden Mega-Trends „Digitalisierung“ und „Direkter Vertrieb“ verstärken sich somit gegenseitig!

4.9. Integration der vertrieblichen Handlungsfelder

In der Praxis ist die Integration aller 4 Handlungsfelder Realität geworden: Kunden und Vermittler suchen „überall“ und kombinieren in ihren Such-Strategien „alle Quellen“ miteinander (Open Source Intelligence). Dabei wird die Information, die sie über einen bestimmten Interim Manager in verschiedenen Quellen finden (z.B. CV, Referenz, Homepage, LinkedIn-Profil, UNITEDINTERIM-Profil, Video, Case

Studies, Blogbeiträge, Fachbeiträge, Veröffentlichungen) miteinander verglichen. Daher kann die Antwort für die Angebotsseite des Marktes, also für die Interim Manager, nur in einer konsequenten **Integration aller 4 Handlungsfelder** – bei strengem Markenmanagement in eigener Sache – liegen.

Eine Vertiefung der erforderlichen Maßnahmen nach dem Motto Dos and Don´ts findet sich in **Kapitel 10 („Der Weg zum Projekt und Umsatz“)**.

4.9.1 Persönliche Kontakte

Trotz aller Markt-Dynamik und dem Trend zur Nutzung digitaler Handlungsfelder, die in der 4-Felder-Matrix (Abbildung 6) deutlich wird, sei angemerkt, dass in der gelebten Praxis ein gepflegter direkter, persönlicher Draht zu Entscheidern oder Multiplikatoren immer noch von großer Bedeutung ist. Ob für Starter im Interim Management oder erfahrene Profis: Das Potential der persönlichen Kontakte ist intensiv zu nutzen.

Da es heute immer üblicher wird, dass man selbst auf typisch analogen „Netzwerkabenden“ um eine Vernetzung auf LinkedIn gebeten wird, ist die Verbindung analoger mit digitaler Netzwerkpflege schon längst Praxis geworden. Ein wertvoller Kontakt kann analog erstmalig geknüpft werden und dann digital weiter gepflegt werden – oder auch umgekehrt – dann wieder analog vertieft sowie digital durch eine Information oder den Austausch von Content noch wertvoller gemacht werden, etc.

Das Wichtigste für Interim Manager ist dabei, in einer **aktiven Rolle** zu bleiben und nicht zu warten, dass jemand, mit dem man einmal eine Visitenkarte ausgetauscht hat, oder mit dem man sich einmal auf einem der Business-Netzwerke „als Kontakt“ verknüpft hat, schon mit einer Anfrage zurückkommen wird.

4.9.2. Provider

Provider, als traditionelle analoge Mittler, geraten immer mehr in Zugzwang, ihren Kundennutzen und ihren Wertschöpfungsbeitrag herauszustellen. Das reine „Besitzen“ eines CVs ist in einem immer transparenter werdenden Markt, in dem inzwischen jeder Interim Manager gegoogelt und digital gefunden werden kann, keine Bank mehr auf eine sichere Zukunft – um es einmal vorsichtig auszudrücken. Provider müssen daher andere Aspekte ihrer Wertschöpfung werblich in den Vordergrund stellen. So fokussieren sich einige heute schon auf andere Stärken, modifizieren ihr Geschäftsmodell (siehe Kapitel 4.3) und setzen auf besondere Stärken wie z. B. im Verständnis der Aufgabenstellung, der Beurteilung und (Vor-) Auswahl von Kandidaten, der Projektbegleitung oder im Service.

In der Beschaffung von Kandidaten betreiben Provider „Multi-Sourcing“, d.h. sie suchen „überall“. So gibt es wohl keinen einzigen Provider in der DACH-Region, der nicht heute schon zumindest in den großen Business-Netzwerken nach Kandidaten sucht. Mehr als die Hälfte nutzt zudem bereits UNITEDINTERIM.

Ein Interim Manager,

- der persönliche Kontakte in der Interim-Szene pflegt;
- der als Autor relevanten Contents im Web gefunden werden kann und
- der auf offenen digitalen Plattformen (wie Xing, LinkedIn oder UNITEDINTERIM) sichtbar und aktiv ist,

kann somit damit rechnen, **überall** von Providern angesprochen zu werden. Er sollte somit vorbereitet sein und die verschiedenen Arten von Providern und ihre Geschäftsmodelle kennen.

4.9.3. Online Provider / Vermittler-Plattformen

Online-Provider sind geschlossene "Vermittler-Plattformen". Vom Konzept her sind sie **digitale Insellösungen**. Im Grunde – und auch nach Aussage der Plattformbetreiber – handelt es sich um Mittler bzw. Provider, die ein **Hybrid-Modell** betreiben. Für die Nutzer bieten sie die Möglichkeit, von Nachfragern gefunden zu werden, die auf der Plattform einen Interim Manager suchen. Jedoch – einschränkend – auch **nur** von diesen. Denn als Vermittler lebt diese Plattform davon, Kontakte zu kontrollieren und (spätestens im Erfolgsfall) eine Provision in Rechnung stellen zu können.

Online Provider bzw. Vermittler-Plattformen sind ganz einfach daran zu erkennen, dass Sie damit werben, dass sich Interim Manager **kostenlos** bei ihnen registrieren können. Das erscheint für viele Interim Manager attraktiv. Auf der anderen Seite muss die Plattform dann jedoch ihr Geld genauso wie klassische Provider auf der Nachfrageseite verdienen, d.h. in Form von Gebühren oder Provisionen von den nachfragenden Unternehmen. Die Folge ist (genauso wie bei Providern) eine die Provision schützende „Mauer" zwischen Interim Manager und Unternehmen. Die für einen Interim Manager als Einzelkämpfer so wichtigen Netzwerkeffekte mit Sichtbarkeit im Web können somit nicht entstehen.

Interessanterweise agieren einige Vermittler-Plattformen sogar als „Meta-Provider". Damit weichen sie ihren Status als Insellösung auf und ergänzen ihr digitales Geschäftsmodell um einen **Netzwerkeffekt Richtung Provider**: Bei Anfragen werden nämlich nicht nur die auf der Plattform registrierten Interim Manager berücksichtigt. Die Anfrage wird zusätzlich durch die Mitarbeiter noch an mehrere Dutzend weitere Provider weitergeleitet. Deren Personal erhält die Anfrage in anonymer Weise, und es wird darum gebeten, im eigenen Pool nach passenden Kandidaten zu suchen. Somit kann ein Interim Manager, der bei einem bestimmten Provider registriert ist, schnell auch einmal (natürlich gegen Provision) an die Betreiber einer Vermittlungsplattform weitergereicht werden. Das Einhalten der DSGVO wird unterstellt. Es entstehen somit regelrechte Provisionsketten.

Andere Online-Provider posten die bei ihnen gelandeten Kundenanfragen regelmässig auch noch in den einschlägigen Business-Netzwerken wie Xing und LinkedIn und bitten dort um Bewerbungen von Interim Managern.

Wie befriedigend für Interim Manager das Gefühl ist, Teil einer solchen Massen-Maschinerie zu sein, sei dahingestellt. Das klassische Provider-Argument, welches in der Vergangenheit manchen Interim Manager zur Zusammenarbeit mit Providern motiviert hat (*„Wir kennen unsere Kunden und unsere Interim Manager persönlich und vermitteln – passgenau – nur die Besten“*) wird jedenfalls auf diese Weise pervertiert. Gleichzeitig könnte sich ein Unternehmen als nachfragender Kunde fragen, warum es nicht gleich selbst direkt im Web nach Interim Managern sucht oder eine Ausschreibung platziert – und die Provision spart. Es gibt mit Sicherheit in jeder Personalabteilung (und nicht nur dort!) digital fitte Rekruiter, die in der Lage sind, sich auf offenen Plattformen zu registrieren, Postings vorzunehmen oder eine Online-Suche nach passenden Kandidaten durchzuführen.

Aktuell ist eine weitere Variante an geschlossenen Plattformen hinzugekommen: Die **Großkonzern-Freelancer-Plattform.**

Mit der Bosch-Gruppe hat ein deutscher Großkonzern begonnen, eine eigene Freelancer-Plattform zu betreiben. Freelancern (einschließlich Interim Managern) wird damit Zugriff auf die Projekte der Bosch-Welt in Aussicht gestellt. Das Motto lautet: *„Wir verbinden Freelance Superstars mit der Bosch Welt.“* Die Bosch-Gruppe verspricht sich damit *„fortschrittliches Freelancer-Sourcing“* (Bosch, 2022).

„Vorteile für Bosch: Das Freelancer Network bietet einzigartige Services, um die besten Freiberufler der Welt für ... Projekte zu gewinnen, unter Vertrag zu nehmen, über die komplette Projektlaufzeit zu verwalten und Compliance-Risiken auf ein Minimum zu senken.“

Unabhängig von Bosch – grundsätzlich gedacht – kann eine konzerneigene Freelancer-Plattform die jeweils erforderlichen **konzernspezifischen Anforderungen** (z.B. hinsichtlich Sicherheitsstufen oder Qualifikationsniveau) schon bei der Registrierung von Interim Managern abfragen oder hinterlegen lassen. Das System kann auch **Kommentare** und Beurteilungen zu bestimmten Freelancern enthalten, die schon an anderer Stelle im Hause bei anderen Projekten interviewt wurden oder gar für das Haus tätig gewesen sind. Es kann auch sichtbar gemacht werden, mit wem bereits **Rahmenverträge** bestehen und zu welchen Konditionen der Freelancer arbeitet.

Gerade wenn Unternehmen in Zukunft noch mehr flexible Ressourcen nutzen wollen, kann es ab einer bestimmten Anzahl von Freelance-Jobs für ein Großunternehmen sinnvoll sein, eine eigene Plattform zu betreiben. Die Vorteile sind vor allem:

- Schneller Zugriff auf relevante Kandidaten für bestimmten Aufgaben
- Einhaltung und Dokumentation der konzernspezifischen Prozesse und Vorgaben
- Reduktion der Compliance-Risiken
- Absolute Vertraulichkeit auch bei „sensiblen" Suchen (niemand außerhalb des eigenen Hauses erfährt z.B. an welchen Themen gearbeitet wird oder an welchen Stellen ggfs. Probleme bestehen).
- Die Suchenden im Hause kennen das System und sind mit den Features vertraut.

Die nächsten Jahre werden zeigen, in welcher Weise Großkonzerne eigene Systemlandschaften aufbauen und pflegen werden. Für mittelständische Unternehmen, die aktuell den Großteil der Projekte für Interim Manager anbieten, wird der Aufwand zu groß sein, ein eigenes System aufzubauen und zu pflegen.

4.9.4. Offene Plattformen

Bei offenen Plattformen handelt es sich im Grunde um digitale Infrastruktur: Zur Nutzung aller Möglichkeiten, direkt mit potentiellen Kunden in Kontakt zu kommen (Lead-Generierung) und Beziehungen zu pflegen, welche die immer digitaler werdende Welt bietet. Zudem können Verbindungen und Verknüpfungen zu bereits bestehenden analogen Kontakten hergestellt werden und diese somit in der digitalen Welt ergänzt und vertieft werden. Es geht auch anders herum: Analoge Kontakte und Beziehungen können in der digitalen Welt entstehen und vorbereitet werden.

Da auch Provider inzwischen mehrheitlich offene Plattformen nutzen, um Interim Manager für ihre Anfragen zu finden, ist der Sichtbarkeits-Effekt für Interim Manager bei offenen Plattformen am „Stärksten“: Alle Nachfragegruppen sind auf diesen Plattformen unterwegs und suchen nach interessanten und geeigneten Kandidaten für ihre Anfragen. Zu unterscheiden sind breit aufgestellte General-Interest-Plattformen wie Xing und LinkedIn (Gebühr für Anbieter und Nachfrager) sowie streng kuratierte Special Interest Plattformen, wie UNITEDINTERIM (Gebühr nur für Anbieter), die beim Thema Interim Management noch mehr in die Tiefe gehen.

Offene Plattformen haben – vom Konzept her – die stärksten **Netzwerkeffekte** und ermöglichen ein schnelles, unkompliziertes Kennenlernen. Der Interim Manager ist Herr des Geschehens: Es liegt in seiner Hand, welche Information bzw. welchen Content, er bereitstellt. Er entscheidet selbst, mit wem er – bei einer Anfrage – tiefer in ein Gespräch einsteigen möchte.

Die Nutzung offener Plattformen ist eine starke Basis für die digitale Selbstvermarktung und die Generierung von Leads. Die aktive Verknüpfung mit anderen vertrieblichen Handlungsfeldern und den dort ebenfalls vorzufindenden Zielgruppen, z.B. durch „Social Selling“ wie im Folgenden beschrieben, ist höchst effizient.

4.9.5. Social Selling im Business der Interim Manager

Die aktive Nutzung sozialer, digitaler Kanäle bzw. von digitalen (Business-) Plattformen für den Aufbau von Kundenbeziehungen wird unter dem Begriff des Social Selling (englisch für „soziales Verkaufen“, auch „Social Commerce“ genannt) beschrieben. Das Ziel ist es dabei, durch **aktives Social Media Verhalten,** wie das Posten von Bildern oder Experten-Beiträgen, Aufmerksamkeit und Relevanz zu gewinnen, eine Kundenbeziehung mit anderen Mitgliedern aufzubauen und letztlich „Leads“ zu generieren (Wikipedia, 2022).

Kunden, die ebenfalls Nutzer derselben Plattform (z.B. LinkedIn) sind, werden direkt angesprochen und in einen Dialog eingebunden. Ganz gezielt kann dabei auf die Bedürfnisse der Kunden eingegangen werden. Idealerweise baut sich auf diese Weise ein vertrauensvolles Verhältnis auf, das final in einer Kundenbeziehung mündet.

Es findet sich umfassende Literatur dazu, wie Social Selling erfolgen kann, und wie sich Professionals auf relevanten Plattformen, wie LinkedIn, bewegen sollten. Auf eine detaillierte Darstellung wird daher an dieser Stelle verzichtet. Aus meiner Sicht sind jedoch die folgenden vier Schritte von Bedeutung (vergleiche dazu auch Leaders Media, 2022).

(1) **Aufbau eines Expertenprofils** auf der Plattform, über welche die Vernetzung mit möglichen Kunden geschehen soll, z.B. LinkedIn. Dieses Expertenprofil ist zu ergänzen mit Links zu anderen Quellen, auf denen sich der Besucher des Profils zusätzlich, bzw. in der Tiefe über den Interim Manager informieren kann, z.B. Link zum Profil auf einer **offen** zugänglichen **Branchen-Plattform** wie UNITEDINTERIM, und zur eigenen **Homepage.**

    Zu checken ist: *„Versteht ein Besucher sofort, was ich tue und wie ich ihm von Mehrwert sein kann? „Ist die Darstellung konsistent zu dem, was sich auf den weiterführenden Links, z.B. zum Content auf UNITEDINTERIM oder der eigenen Homepage, findet?“*

    Gehen Sie davon aus, dass jemand, der wirklich an Ihnen interessiert ist, all diese weiterführenden Informationen genau unter die Lupe nehmen wird; in den meisten Fällen schon, bevor er mit Ihnen überhaupt in Kontakt tritt.

(2) **Vernetzung mit der Zielgruppe**. Das umfasst zum einen die Identifikation von relevanten Ansprechpartnern und dann die konkrete Ansprache auf den Wegen, die von der Plattform vorgegeben sind (z.B. Vernetzung mit einer kleinen persönlichen Botschaft als ersten Schritt).

(3) **Erstellung und Präsentation von Content**. Wie in vorhergehenden Kapiteln schon erläutert, ist Content elementar wichtig, damit ein Kunde versteht, bei welchen Problemstellung ein Interim Manager relevant ist – und wie er arbeitet. Das stärkt idealerweise das Vertrauen in die Person. Jede Plattform hat mehrere Möglichkeiten, wie das geschehen kann.

(4) **Interaktion mit der Zielgruppe**. Die Art und Weise des Austausches lässt Rückschlüsse auf die Persönlichkeit zu. Weil die Persönlichkeit bei Führungsaufgaben mit das wichtigste Auswahlkriterium für einen Interim Manager ist, ist es wichtig, auf „Wellenlänge“ zu kommen. Gerade die Art und Weise, wie der Content präsentiert wird (nicht zu verkäuferisch, nicht zu technisch, mit einer Prise Humor) ist wichtig. (Vergleichen Sie hierzu die Ausführungen zur „Thought Leader-Strategie“).

Social Selling ist alternativlos in einer Business Welt, in der jeder Kunde und jeder Interim Manager über ein Profil bei „General Interest Plattformen“ wie LinkedIn verfügt. Weil Social Selling ohne persönlichen Einsatz nicht funktioniert, ist der zeitliche Aufwand, den ein Interim Manager betreiben muss, relativ hoch: Kontinuierlich sind Kommentare zu den Beiträgen relevanter Personen zu geben, Posteingangskörbe zu checken, Nachrichten zu beantworten und impulsgebende Nachrichten zu senden. Weil Kunden dabei die Kompetenz des Interim Managers erkennen müssen, kann es auch nicht dabei bleiben, einfach durch das Anklicken von Icons (z.B. einem lächelnden Smily oder einem nach oben gereckten Daumen) zu reagieren. Fundierte Kommentare und eigene Beiträge sind wichtig. Und das in Echtzeit. Denken Sie daran: Kunden wollen auch den Menschen hinter dem Experten spüren. Darum ist auch das *„Wie“* des Schreibens eine wichtige Botschaft! Ein Kunde erkennt somit schon im Vorfeld einer Diskussion über einen möglichen Auftrag, ob Sie „als Typ“ zu ihm passen könnten.

Die Investition in Social Selling besteht vor allem aus Zeit, Hirnschmalz und Kompetenz sowie kontinuierlicher Arbeit – und ist eine **Arbeitsprobe** von Ihnen persönlich als fachlich und menschlich (hoffentlich) kompetent agierende Führungskraft. Seien Sie authentisch. Ein potentieller Kunde merkt ohnehin sehr schnell, ob er mit Ihnen kann – und Sie mit ihm.

In allem, was Sie als Interim Manager tun, um den Markt zu bearbeiten – und unabhängig davon, in welchem der zuvor beschriebenen vertrieblichen Felder der 4-Felder Matrix Sie als Interim Manager mit Kunden zusammen kommen möchten; zum Abschluss 7 Tipps aus der Praxis:

1. Sorgen Sie für eine ausreichende **Anzahl** wirklich relevanter Kontakte an Entscheidern auf Kundenseite – und hochwertiger Partner in Ihrer (fachlichen) Community. „Umgeben" Sie sich – und zwar sichtbar.
2. Erstellen und verbreiten Sie möglichst hochwertigen **Content** unterschiedlicher Art.
3. Seinen Sie **authentisch** – mit Ecken und Kanten.
4. Geben Sie keinen Interpretationsspielraum zu Ihnen und Ihrer **Expertenpositionierung.**
5. Nutzen Sie **offene Systeme** (Plattformen) für Netzwerkeffekte, Sichtbarkeit und Integration. Das macht Ihr Marketing und Ihren Vertrieb effizient.
6. Seinen Sie mit der Community in **Aktion** – auch wenn Sie im Projekt sind; kontinuierlich.
7. Führen Sie Ihren Account selbst – und **kommunizieren Sie selbst**. Ihre Kunden möchten Sie spüren – und Sie Ihre Kunden.

4.10. Quellenverzeichnis

von Engelhardt , S., Wangler , L., & Wischmann , S. (2017). *Eigenschaften und Erfolgsfaktoren digitaler Plattformen.* Berlin.

AIMP. (18. Dezember 2019). *AIMP-Providerumfrage 2018, gewichtete Ergebnisse.* Von Website des AIMP: https://www.aimp.de/fileadmin/data/AIMP_Umfragen/AIMP_Poolanalyse/AIMP-Providerumfrage-2018-Masterfile-v4-backup.pdf abgerufen

AIMP. (20. Mai 2020). *AIMP-Providerumfrage 2020.* Von Website AIMP: https://www.aimp.de/fileadmin/data/AIMP_Umfragen/15_AIMP_PROVIDERUMFRAGE_17-04-2020.pdf abgerufen

AIMP. (20. Mai 2020a). *Was ist ein Provider.* Von Website AIMP: https://www.aimp.de/service/was-ist-ein-provider abgerufen

Atreus GmbH. (23. Mai 2020). *Atreus Manager Netzwerk*. Von Website Atreus GmbH: https://www.atreus.de/ueber-atreus/atreus-manager-netzwerk/ abgerufen

Atreus GmbH. (22. Mai 2020). *Was Atreus Manager auszeichnet.* Von Website Atreus GmbH: https://www.atreus.de/fuer-interim-manager/ abgerufen

Bitkom Research. (25. Mai 2020). *Digitale Plattformen.* Von Website Bitkom: https://www.bitkom.org/sites/default/files/2019-10/bitkom-charts-digitale-plattformen-24-10-2019.pdf abgerufen

Bosch. (22.08.2922). Hompepage freelancernetwork. Von Website der ITK Engineering GmbH (Teil der Bosch-Gruppe) https://freelancer.technology/page/imprint?hash=default abgerufen

BRAINFORCE AG. (25. Mai 2020). *Homepage*. Von Website der BRAINFORCE AG: https://www.brainforce-ag.com/ abgerufen

Bridge imp GmbH. (22. Mai 2020). *Die Vermittlung eines Interim Managers ist Vertrauenssache.* Von Website Bridge imp GmbH: https://www.bridge-imp.com/ abgerufen

Bühler Management. (25. Mai 2000). *Pool of Managers*. Von Website Bühler Management: https://www.buehler-mgmt.com/de/pool-of-managers/ abgerufen

Bühler Management. (25. Mai 2020). *Homepage*. Von Website Bühler Management: https://www.buehler-mgmt.com/de/ abgerufen

butterflymanager GmbH. (25. Mai 2020a). *Corona-Exit. Sonderausgabe „Der Schmetterling"*. Von Website butterflymanager GmbH: https://www.butterflymanager.com/wp-content/uploads/2020/05/butterfly_C19-Sonderbeilage_ansicht.pdf abgerufen

butterflymanager GmbH. (22. Mai 2020b). *Für Interim Manager - Wir vermitteln Qualität.* Von Website butterflymanager GmbH: https://www.butterflymanager.com/fuer-interim-manager-2/ abgerufen

Deutsche Interim AG. (23. Mai 2020). *Leistungsträger für die deutsche Wirtschaft.* Von Homepage Deutsche Interim AG: https://www.deutscheinterim.com/ abgerufen

Deutsche Interim AG. (22. Mai 2020a). *Werden Sie Mitglied im Pool der Deutschen Interim AG.* Von Website Deutsche Interim AG: https://info.deutscheinterim.com/mitgliedschaft-anmelden abgerufen

EIM Executive Interim Management GmbH . (20. Mai 2020). *Wer wir sind.* Von EIM - Website: https://www.eim.com/de/wer-wir-sind/ abgerufen

EIM Executive Interim Management GmbH. (23. Mai 2020). *Homepage*. Von Website der EIM Executive Interim Management GmbH: https://www.eim.com/de/ abgerufen

GOiNTERIM GmbH. (25. Mai 2020). *Daten und Fakten*. Von Website der GOiNterim GmbH: http://www.gointerim.com/unternehmen/daten_fakten/ abgerufen

Leaders Media GmbH (2022). Social Selling (11.Mai 2022) Von Website der Leaders Media GmbH. https://leadersmedia.de/ abgerufen

Life and Career Design Consulting GmbH. (25. Mai 2020). *Freelancer*. Von Website Life and Career Design Consulting GmbH: https://lifeandcareer.eu/freelancer/ abgerufen

Ludwig Heuse GmbH. (22. Mai 2020). *https://www.unitedinterim.com/provider.html.* Von Website Ludwig Heuse GmbH: https://www.interim-management.de/fileadmin/heuse/Bilder/Studien/Studie_Qualitaet_der_deutschen_Interim_Management_Provider_2017.pdf abgerufen

Ludwig Heuse GmbH. (16.03.2022). Return on Interim Management: Was bringt Ihnen ein Interim Manager? Von Webseite Ludwig Heuse GmbH https://www.interim-management.de/roim/ heruntergeladen

Management Angels GmbH. (20. Mai 2020). *Vermittlungsprozess.* Von Website Management Angels: https://www.managementangels.com/de/interim-management-vermittlungsprozess abgerufen

P+P Interim Management GmbH. (25. Mai 2020). *Homepage*. Von Website der P+P Interim Management GmbH: https://www.pp-interimmanagement.at/ abgerufen

Parker, G., Van Alstyne, M., & Choudary, S. (2016). *Platform Revolution – A Practical Guide to the New Economy that is Transforming the Way We Live, Work, and Play.* New York: W.W. Norton & Company.

persofaktum GmbH. (14. November 2019). *Interim Management: BME und persofaktum kooperieren.* Von Pressebox: https://www.pressebox.de/inaktiv/bme-bundesverband-materialwirtschaft-einkauf-und-logistik-ev/Interim-Management-BME-und-persofaktum-kooperieren/boxid/981722 abgerufen

Rüchardt, D. (09. Juli 2019). *Wie Plattformen die Digitalwirtschaft bestimmen.* Von Online-Ausgabe der Zeitschrift Computerwoche. : https://www.computerwoche.de/a/wie-plattformen-die-digitalwirtschaft-bestimmen,3547305 abgerufen

Shapiro, C., & Varian, H. R. (1998). *Information Rules: A Strategic Guide to the Network Economy.* Brighton, Massachusetts: Harvard Business Press.

UNITEDINTERIM GmbH. (26. Mai 2020d). *Kapitalanlagegesellschaften*. Von Website UNITEDINTERIM: https://www.unitedinterim.com/kapital-anlage-gesellschaften.html abgerufen

UNITEDINTERIM. (22. Mai 2020). *Provider und Sozietäten.* Von Website UNITEDINTERIM: https://www.unitedinterim.com/provider.html abgerufen

UNITEDINTERIM GmbH. (05. Dezember 2019). *Glossar*. Von Website UNITEDINTERIM GmbH: https://www.unitedinterim.com/glossar.html#item-571 abgerufen

UNITEDINTERIM GmbH. (22. Mai 2020a). *Provider und Sozietäten.* Von Website UNITEDINTERIM GmbH: https://www.unitedinterim.com/provider.html abgerufen

UNITEDINTERIM GmbH. (25. Mai 2020b). *Personalberater*. Von Website UNITEDINTERIM GmbH: https://www.unitedinterim.com/personalberater.html abgerufen

UNITEDINTERIM GmbH. (25. Mai 2020c). *Unternehmensberatungen*. Von Website UNITEDINTERIM GmbH: https://www.unitedinterim.com/unternehmensberatungen.html abgerufen

Wikipedia. (25. Mai 2020). *Netzwerkeffekt*. Von Website Wikipedia: https://de.wikipedia.org/wiki/Netzwerkeffekt abgerufen

Wikipedia. (11.Mai 2022). Social Selling. Von Website Wikipedia https://de.wikipedia.org/wiki/Social_Selling abgerufen

5. Kapitel: Dynamik des Umfelds, Mittelstand und Interim 4.0

Autor: Dr. Harald Schönfeld

Dieses Kapitel widmet sich drei wesentlichen **Grundpfeilern**, welche das Interim Management stabil seit mindestens fünf Jahren prägen und auch in den nächsten Jahren wesentlich beeinflussen werden – als Teil eines marktbezogenen „Big Pictures“. Ihr Verständnis gibt Orientierung und ist grundlegend für das eigene „Bewegen“ im Markt und eine längerfristige, nachhaltige Karriere als Interim Manager:

1. Die Dynamik des Umfeldes, in dem sich die Kunden der Interim Manager mit ihren Herausforderungen befinden: Es ist wichtig, das Konzept der **VUCA-Welt** zu verstehen, die als unternehmerische Antwort immer mehr „Wandel“ bzw. „Transformation“ erfordert. Die Gestaltung des Wandels scheint zu einer permanenten Aufgabe zu werden. Interim Manager können dabei einen großen Mehrwert erzeugen – und zunehmend viele Projekteinsätze von Interim Managern erfolgen vor diesem Hintergrund.

2. Der **Mittelstand** als Kunde: Der Mittelstand stellt seit Jahren das wichtigste Einsatzfeld für Interim Manager dar. Die Besonderheiten von Interim Managern sind wie geschaffen für die spezifischen Strukturen mittelständischer Unternehmen. Es ist wichtig, die Besonderheiten dieser Kundengruppe zu verstehen, denn sehr viele Projekte werden auch weiterhin in dieser Zielgruppe laufen.

3. Der **Findungsprozess** zwischen Unternehmen und Interim Managern: Der Markt ist zwar immer noch „gefühlt jung“, wird aber langsam immer erwachsener und „normaler“. Die Reife der Marktteilnehmer und die zunehmende (digitale) Transparenz führen zu einem viel professionelleren und effizienteren Agieren von Angebot und Nachfrage, ggfs. auch unter Einbeziehung von analogen Providern und digitalen Plattformen. Es ist wichtig, die Entwicklung dieser Branche und die wichtigsten, etablierten Player am Markt zu verstehen, um sich selbst darin möglichst zielführend bewegen und selbst weiterentwickeln zu können.

5.1. VUCA-Welt als Erklärungskonzept für Wandel

5.1.1. Wertschöpfungsketten verändern sich

Die Abkürzung „VUCA" hat schon vor Corona und vor den aktuellen Krisen das Umfeld der Unternehmen durch einen zunehmenden Grad an Veränderlichkeit (V), Unsicherheit (U), Komplexität (C) und Ambiguität (A) beschrieben. Vergleichen Sie dazu auch Kapitel 2 dieses Handbuches. Eine „VUCA World" lenkt den Blick auf zahlreiche aktuelle – und in der Zukunft noch zunehmende – Herausforderungen, bei denen im Grunde „alles" passieren kann. Als Haupttreiber wurden in der bisherigen Literatur und Diskussion die Digitalisierung und Globalisierung der Märkte angesehen. Eine Corona-Situation, bei der in völlig unerwarteter und extremer Weise auf den „Pause-Knopf" der Weltwirtschaft gedrückt wird, oder Krisen, die von der Politik unumwunden als „Zeitenwende" bezeichnet werden, hatte jedoch keiner auf dem Zettel. Dennoch handelt es sich mit VUCA um ein brauchbares Erklärungskonzept für schnell wandelnde Wertschöpfungsketten unter folgenden für Interim Manager relevanten Merkmalen:

- **Projekte:** Ein wichtiges Phänomen innerhalb der Unternehmen ist der Trend zum Projekt und zur Projektorganisation. (Vergleiche dazu auch Kapitel 2). Und da die Innovations- und Produktlebenszyklen immer kürzer werden, sind wichtige Aufgabenstellungen meist erst kurz vor ihrem Akutwerden erkennbar.

- **Flexibilität:** Die geringer werdende Planbarkeit steigert grundsätzlich die Nachfrage nach schnell und flexibel einsetzbaren „Ressourcen".

- **Wissen:** Der hohe Neuigkeitsgrad von all dem, was getan werden muss, verlangt nach einer schnellen Verfügbarkeit von aktuell notwendigem Know-how und erforderlichen Kompetenzen.

- **Dem Neuen zuwenden können**: Es wird zunehmend wichtiger, nicht in den Erfolgen und Mustern der Vergangenheit festzuhängen, sondern loslassen und sich dem Neuen aktiv zuwenden zu können. Es liegt auf der Hand, dass eine

Person, die von außen kommt, nicht im Bisherigen verhaftet ist, keine Politik in Sachen eigener Interessen oder Karriere verfolgt und in der Regel eine ähnliche Aufgabenstellung schon einmal erfolgreich bewältigt hat, hohe Akzeptanz in der Umsetzung erfährt. Sie stellt eine große Unterstützung im Unternehmen in sachlicher und emotionaler Hinsicht dar.

Für Unternehmen wird es immer wichtiger, kompetent mit diesen Veränderungen umgehen zu können. Es gilt, Bewährtes und durchaus bisher Erfolgreiches bewusst zu beenden – und Neues zu wagen. Damit geht die Anforderung einher, neugierig zu sein, neu zu denken, zu lernen (nie auszulernen) und auszuprobieren – auch gegen innere Zweifel und äußere Widerstände. Das Ganze hat neben dem Fachlichen auch eine emotionale Ebene und viel mit Werten zu tun. Und alles muss schnell gehen. Dabei wird die punktgenaue Nutzung aller Personal- und Managementressourcen zum wesentlichen Erfolgsfaktor von Unternehmen.

5.1.2. Die Fähigkeit zur Transformation als kritischer Erfolgsfaktor

In den Jahren vor Corona widmeten sich Unternehmen vielfach den Chancen der Globalisierung mit ihren weltumspannenden Kunden-Lieferanten-Beziehungen. Parallel wuchs die Bedeutung der Digitalisierung mit zunehmender Automation und Integration der Geschäftsprozesse (Industrie 4.0). Für viele Unternehmen und Führungskräfte waren das alles Themen und Herausforderungen, denen sie sich in bewährter und bekannter Weise stellen konnten. Parallel nahm die Geschwindigkeit, die Komplexität und das benötigte Know-how stetig zu. Dennoch gab es immer noch Spielräume für Marktbeobachtungen und qualifizierte Analysen, die sorgfältige Entwicklung und Implementierung neuer Produkte und Prozesse sowie für einen soliden Aufbau neuer Märkte und Geschäftsbeziehungen. Auch Richtung Mitarbeiter bestanden Zeit und etablierte Verfahrensweisen für den Aufbau und die Weiterentwicklung von Kompetenzen. HR konnte sorgfältig rekrutieren und die Fachabteilungen hatten Kapazitäten für die Einarbeitung neuer Kollegen. Damit konnte verlässlich geplant und budgetiert werden.

Auch für viele Manager bedeutete dies, dass die Kenntnis bestimmter Problemstellungen und Lösungsprozesse Sicherheit gab, die zukünftigen Herausforderungen – einschließlich derer als Führungskraft – ebenfalls auf bewährte Weise angehen und bewältigen zu können. Bis der Brandbeschleuniger kam: Corona. Die Krise hat erst zu einem fast kompletten Stillstand der Wirtschaft geführt – und dann alle zur Transformation gezwungen. Allein die Art und Weise, wie Menschen zusammenarbeiten, hat eine starke Zäsur erlebt. Auf allen Ebenen finden sich neue Vorgehensweisen. Nichts kann – und darf – und wird – mehr so sein wie bisher. Das gilt es zu akzeptieren. Und alles geschieht in neuer geradezu atemberaubender Geschwindigkeit. Die Kunden, die Lieferanten und der Wettbewerb warten nicht.

Krisen wirken vor allem dadurch, dass sie Altes auflösen. Eine Veränderung beginnt zunächst als verändertes Muster von Erwartungen. Für den Entwurf von Zukünften, die durch einen völlig unerwarteten Druck auf eine „Pause-Taste" hervorgerufen werden, gibt es keine Vorbilder. Festzuhalten ist jedoch, dass alle Bereiche eines Unternehmens in das „neue Normal" einbezogen sind. Ein komplettes und unverzügliches „Neudenken-Neufühlen-Neuhandeln" aller Beteiligten findet statt, ausgedrückt durch Begriffe wie „Zeitenwende".

Diese Veränderungen haben massive Auswirkungen auf die Geschäftsmodelle, die damit verbundene Strategie, die Organisationstrukturen und -prozesse sowie das gesamte Human Ressource Management mit Corporate Learning; ebenfalls auf die begleitenden Finanzprozesse und die Compliance[22]. Nicht zu unterschätzen sind die Einflüsse auf die Wertebene und damit auf die Unternehmenskultur. Und wenn wir hier schon über Manager sprechen, dann ändert sich gerade das Berufsbild dieser Führungskräfte und der dafür notwendigen Qualifikation. Als Besonderheit kommt hinzu, dass sich die Generation der geburtenstarken Jahrgänge (Baby-Boomer) langsam aber sicher aus den Führungsetagen in die Rente verabschiedet und neue Werte von neuen Generationen an Führungskräften vertreten und gelebt werden (Generation X, Y, Z).

---

[22] Außerdem sind neue Themenkomplexe – wie ESG – hinzugekommen, die alle vorgenannten Aspekte berühren.

In Zeiten eines hohen Handlungsdrucks lässt sich nun auch vieles realisieren, was vor den Krisenjahren angeblich unmöglich war oder viel Zeit brauchte, bis man sich dazu durchringen konnte. Das klassische Beispiel ist, wie schnell sich Video-Konferenzsysteme und das Arbeiten im Homeoffice selbst für Führungskräfte etabliert haben und nun wie selbstverständlich genutzt werden. Oder auch, dass das Thema der Kosten bei der Entscheidung über bestimmte Lieferketten und weltumspannende Just-in-Time-Wertschöpfungketten zu Gunsten der Versorgungssicherheit an Bedeutung verliert. Risiken werden komplett neu bewertet.

Wir befinden uns in einer Evolutionsphase. Einige Branchen stöhnen und leiden noch, einige sind gerade erst losgelaufen, einige sind noch im Sprug auf die nächste Stufe, einige sind bereits gelandet. Genau jetzt ist für viele die Zeit gekommen, sich neu zu erfinden. Aus meiner Sicht ist das eine einzigartige Chance mit einem kaum fassbaren Zeitfenster der Neuordnung. In diesem Fenster werden wichtige Weichenstellungen gesetzt.

Es spricht viel dafür, dass die VUCA-Welt und die damit verbundenen Phasen der Veränderung zu etwas Permanentem werden. Menschen, die diesen Wandel (auch als „Change" oder „Transformation" bezeichnet) gestalten und zielgerichtet treiben können, sind zunehmend notwendig. Wenn in Unternehmen nun solche Transformationsvorhaben anstehen, helfen Interim Manager unverzüglich bei der schnellen und fachkundigen Umsetzung. Unternehmen kaufen sich damit nicht nur zusätzliche Management-Ressourcen ein. Sie können sofort das notwendige, neue Know-how einsetzen, welches sie intern gar nicht so schnell aufbauen können. In den meisten Fällen kann ein Interim Manager sein Wissen auch noch ans Team weitergeben und dafür sorgen, dass es auch wirklich in der Praxis klappt. Gutes Interim Management beinhaltet also auch noch einen ganz pragmatischen Know-how-Transfer on the job.

Ganz zentral ist in diesen Zeiten der Krisen und der Veränderung jedoch, dass Unternehmen neben Geschwindigkeit auch noch **Sicherheit in der Umsetzung** erhalten. Warum ist das so? Für die Umsetzung von schnellen Transformationsprozessen braucht es andere Management-Kompetenzen als für ein Tagesgeschäft, welches durch die Beherrschung von Routineprozessen gekennzeichnet ist.

Management des Tagesgeschäfts	Führung durch Veränderungssituationen
Stabiles Managen	Flexibles Gestalten
Fokus auf Prozesse	Fokus auf Personen
Formale Entscheidungen	Informelle Entscheidungen
Tiefgehende Problemanalyse	Rasche Problemanalyse
Meistens ausreichende Ressourcen	Ressourcen oft knapp bemessen
Fixe Verantwortlichkeiten	Flexible Verantwortlichkeiten
Erprobte Entscheidungsfindung	Kreative Problemlösung
Bewährte Schemata	Neue Wege
Effizienz	Effektivität
Starre Strukturen und Rahmenbedingungen	Flexible Strukturen, Rahmenbedingungen ergeben sich im Laufe der Maßnahmen
Viele Informationen	Wenig Informationen

Abb.1: Für Transformationsvorhaben sind andere Kompetenzen nötig als für das normale Tagesgeschäft (Quelle: Lettmann, 2020).

Wenn die Märkte jetzt nicht mehr nur ein „schnell", sondern ein „sofort" und ein „richtig gemacht" einfordern, wird die Fähigkeit sich zu wandeln und „schnell umsetzen" zu können, zum strategischen Erfolgsfaktor. Es liegt auf der Hand, dass professionelle Interim Manager dazu einen wesentlichen Beitrag leisten können, der sich im Sinne eines Mehrwertes in vielfacher Weise als sinnvolle Investition rechnet.

5.2. Kernzielgruppe Mittelstand

5.2.1. Der Mittelstand als Hauptauftraggeber

Der Mittelstand (KMU) ist seit Jahren bereits der Hauptauftraggeber von Interim Managern. Die nachfolgende Abbildung 2 segmentiert in Größenklassen: Bis 99 Mitarbeiter, 100-249 Mitarbeiter, 500-999, 1.000- 9.999, größer 10.000 Mitarbeiter. Es wird deutlich, dass Interim Management gerade in Unternehmen mittlerer Größe stattfindet; am stärksten in Unternehmen zwischen 500 und 9.999 Mitarbeitern, dem sogenannten „größeren Mittelstand" mit zusammen 75 Prozent aller Projekte.

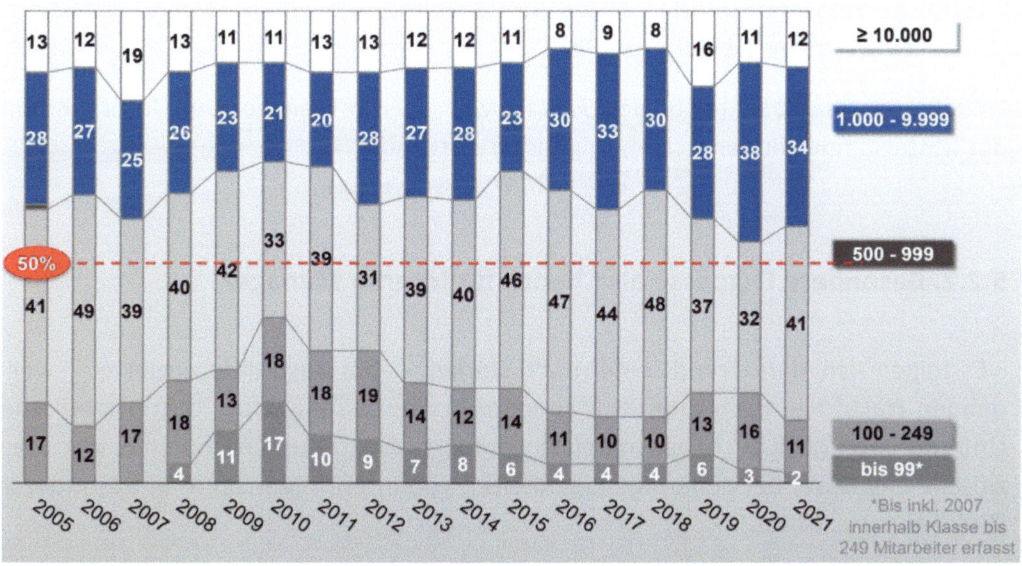

Abb.2: Der Mittelstand ist Hauptauftraggeber von Interim Managern (Quelle: AIMP-Providerumfrage 2022, AIMP, 2022).

Auch wenn der Mittelstand (KMU) bereits die stärkste Kundengruppe darstellt, ist sie weiterhin ein Segment mit großem Wachstums-Potential für Interim Manager. Seit Jahren wird diesen Unternehmen immer wieder eine gewisse Schwierigkeit attestiert, gesuchte Talente anzuziehen und für eine Festanstellung zu begeistern.

So findet sich beispielsweise unter der Überschrift „Die Kleinen verlieren den Anschluss“ folgender Beitrag einer HR-Expertin (Raab, 2019):

> *Im Kampf um die besten Köpfe und Talente drohen kleine und mittlere Unternehmen abgehängt zu werden. „Sie verschlafen die wichtigen Trends", mahnt die in Meckenheim bei Bonn lebende Personalexpertin Angela Raab. Der Fachkräftemangel wird dadurch weitgehend hausgemacht. Ansätze von künstlicher Intelligenz im Recruiting, eine wirkungsvolle Employer-Branding-Strategie, crossmediale Bewerberansprache und Talent-Pipelines wären die gebotenen Mittel der Wahl. Bislang agieren aber fast ausschließlich Konzerne auf diesem Feld – zum Nachteil des Mittelstandes. Der droht, den Anschluss zu verlieren.“ Fehlen die Köpfe, fehlt die Innovationskraft. Fehlt die Innovationskraft, sind weniger Bewerber am Unternehmen interessiert. Es droht eine Abwärtsspirale.*

Konkrete Ansatzpunkte für den Einsatz von Interim Managern in Unternehmen des Mittelstandes finden sich im folgenden Abschnitt.

5.2.2. Besondere Engpässe als Chance für Interim Manager

Es zeigen sich klare Trends einer noch stärker – aber auch differenzierter – werdenden Nachfrage nach Interim Managern in dieser Zielgruppe. Mittelständische Unternehmen (KMU)[23] haben nämlich – anders als Großunternehmen – vier spezifische Engpässe, bei denen die Eigenheiten von Interim Managern in besonderer Weise Nutzen stiften:

---

[23] Die aufgezeigten Engpässe des Mittelstandes gelten grundsätzlich auch für Kleinunternehmen.

Engpass mittelständischer Unternehmen	Begründung	Lösung durch den Einsatz von Interim Managern
Kapazität	Generell im Management sehr schlank aufgestellt und ausgelastet. Kaum interne Ressourcen, die „delegiert" werden können.	Schneller Ausgleichs des Mangels an temporär notwendigen Management-Ressourcen, z.B. für ein dringendes (zusätzliches) Projekt.
Vakanzen	Relativ schwache Marktposition im „war for talents".	Schnelle Überbrückung bei der Nachbesetzung offener Positionen.
Know-how	Nur selten Stäbe oder interne Beratungsabteilungen. Weniger systematische Weiterbildungen.	Schnelle Verfügbarkeit und Infusion notwendigen neuen Wissens. Zusätzliches Plus: Praxisorientierte Übertragung von spezifischem Wissen an Interne (learning on the job).
Transformation	Wie bei Know-how.	Unverzüglicher Einkauf von Wandel-Kompetenz für die schnelle und sichere Umsetzung von Transformationsvorhaben.

Abb. 3: Interim Manager sind eine ideale Lösung für spezifische Engpässe mittelständischer Unternehmen (KMU) (Quelle: Eigene Darstellung).

(1) Kapazität

In der Praxis sind Führungskräfte des Mittelstandes durch ihr Tagesgeschäft voll ausgelastet. Kommt es zu einem neuen wichtigen Thema oder einem neuen Projekt, stellt sich schnell die Frage: *„Wer soll das denn machen?"* Zu lang ist die „ramp-up-time" einer Person, die sich erst in das neue Thema einarbeiten muss, auch wenn sie über eine langjährige Kenntnis des Unternehmens verfügt. Und vor allem: Es entsteht ein „Loch" bei der bisher ausgeübten Tätigkeit, was nun ebenfalls gefüllt werden muss. Wenn die neue Aufgabe einer bewährten, internen Kraft „auch noch" aufgebürdet wird, entstehen schnell Überlastungen oder Mängel in der Performance: beim Tagesgeschäft oder in den Projekten.

Dabei ist es mittelstandstypisch, dass es kaum personelle und funktionale Redundanzen bzw. Doppelbesetzungen gibt. Es bestehen auch nur selten vollwertige Vertretungs- oder schnell wirksame Nachfolgemöglichkeiten. Im Gegensatz zu größeren Unternehmen oder Unternehmensgruppen kann niemand aus einer anderen Ecke oder Gesellschaft „delegiert“ oder in die neue Aufgabe „befördert“ werden. Vor wenigen Jahren hat man auf Interim Management-Kongressen von Vertretern größerer Unternehmen noch gehört, dass man Interim Management nur in wenigen Fällen brauche, weil man ja Nachwuchsleute „als Fördermaßnahme“ auf ein anstehendes Projekt oder zur Überbrückung einer wichtigen Vakanz für ein paar Monate setzen würde. Der Mittelstand kann hingegen Fehler oder möglicherweise suboptimale Ergebnisse eines „training on the job“ nicht so leicht kompensieren. Interne Lösungen mit den falschen Leuten können in kleineren Strukturen schnell existenzbedrohend werden.

(2) Vakanzen

Eine klassische Reaktion wäre selbstverständlich die Rekrutierung weiterer Festangestellter am Markt. Doch das ist nur dann sinnvoll, wenn es sich nicht um eine vorübergehende Auslastungsspitze handelt. Und auch dann gilt: Exzellente Experten und Führungskräfte in gesuchten Engpassbereichen zu neuen, wichtigen Themen und mit aktuellem Wissen sind nicht leicht am Markt zu finden und zu gewinnen. Das wird noch schwieriger, wenn das Unternehmen nicht über die Strahlkraft einer bekannten Marke, über keine imagestarken, sondern eher „langweilige“ Produkte oder keine attraktive Umgebung mit Schulen und Freizeitangeboten für Partner/in und Familie verfügt. Ebenfalls, wenn die Aufstiegs- und Entwicklungschancen durch eine übersichtliche Unternehmensgröße limitiert sind. Gerade im international gewordenen „war for talents“ tut sich der Mittelstand schlichtweg immer schwerer, mit den gut bezahlen und attraktiven Angeboten größerer Unternehmen zu konkurrieren.

(3) Know-how

Ein weiterer Gedanke zum Thema „Lernen" und „Know-how-Transfer": Ein Interim Manager bringt bestimmtes Wissen mit und transferiert dieses in pragmatischer Weise „on the job". Er weiß aus eigener Erfahrung, was in der Praxis funktioniert. Er kann ggfs. selbst vormachen und sorgt dafür, dass die Mitarbeiter bei der Arbeit lernen, wie etwas geht. Auf so eine praxisorientierte Art zu lernen, ist typisch für den Mittelstand. In Großunternehmen stehen vergleichsweise mehr interne oder externe Schulungen, Seminare bzw. Trainings an. Oder die Implementierungen geschehen durch externe Berater oder unter der Anleitung und Betreuung von internen Spezialabteilungen. Interne Trainer, Schulungsabteilungen oder Spezialisten für jeden Zweck kann der Mittelstand jedoch – alleine aus Auslastungs- und Kostengründen – nicht vorhalten.

(4) Transformation

Wie oben aufgezeigt, wird die Fähigkeit zur Transformation zum kritischen Erfolgsfaktor. Für die Umsetzung des Wandels sind andere Managementkompetenzen und ein anderes Methodenwissen nötig als für das Tagesgeschäft. In typischerweise sehr schlank aufgestellten Organisationen, wie im Mittelstand, liegt es auf der Hand, dass interne Ressourcen und Methodenwissen für alle Eventualitäten nicht ausreichend vorhanden sind. Die Buchung eines entsprechend qualifizierten Interim Managers sorgt somit für eine schnelle und sichere Umsetzung von Transformationsvorhaben.

Erfahrungswissen: Ein zunehmend volatiler Bedarf an Management-Kapazitäten (quantitativ und qualitativ) kann sehr gut durch Interim Management aufgefangen werden. Dennoch wird eine **„interne Lösung"** von mittelständischen Unternehmen in der Praxis immer noch gerne aus Kostengründen bevorzugt, statt einen vordergründig „teuren" Externen als Interim Manager zu verpflichten. Es kommt auch noch gerne das Argument, die interne Person kenne ja das Unternehmen schon, ebenfalls die Ansprechpartner und die Kultur. Sie sei deshalb, zumindest in der Startphase, schneller. Hinzu kommt eine gewisse Verbundenheit mit langjährig bewährten und loyalen Mitarbeitern und die Einstellung, diese fördern und entwickeln zu wollen. In der Realität setzt sich jedoch inzwischen die Einsicht durch, dass der Aufbau neuer Kompetenzen meist länger dauert, als das Unternehmen warten kann – und dass Fehler durch unerfahrene eigene Mitarbeiter i.d.R. noch teurer kommen.

Zum gegenwärtigen Zeitpunkt (2022) wird ein Externer zwar nicht mehr als absoluter Notnagel oder „Helfer in der Not" gesehen, den man nur holt, wenn massiver Schmerz besteht. Dennoch schaut der Mittelstand immer noch sehr genau hin, „was es in der Praxis wirklich bringt". Daher auch der Hinweis an anderer Stelle dieses Handbuches darauf, dass Interim Manager ihren Kunden **konkrete Nachweise ihrer Kompetenz** geben müssen, damit die Begründung einfacher wird.

Für einen Interim Manager, der Unternehmen des Mittelstandes als Kunden gewinnen will gilt immer mehr: Eine praxisorientierte Nutzenargumentation mit herausgestelltem und belegtem Mehrwert ist eine unabdingbare Voraussetzung. Zur Überzeugung von pragmatisch denkenden Entscheidern im Mittelstand sind Referenzen bzw. Fallbeispiele (Case Studies) aus vergleichbaren Situationen und Zertifikate des Spezialgebietes oder Bescheinigungen aktueller Weiterbildungen bzw. Zertifikate ein sehr wirksames Instrument. Damit werden Herausforderungen vergleichbar und ein Entscheider kann konkret nachvollziehen, was in der Praxis schon einmal vom Interim Manager geleistet wurde.

⇨ Soweit schon einmal als Vorgriff auf **Kapitel 10**. Dort wird konkret dargestellt, was Interim Manager konkret tun können.

5.3. Leitlinien einer Branchenentwicklung: Interim 1.0 bis Interim 4.0

Interim Manager gibt es – wie in der Einführung bereits beschrieben – im deutschen Sprachraum seit circa 45 Jahren. In dieser Zeit haben sich nicht nur die Anlässe, Themen und Inhalte verändert, für die Interim Manager und Mangerinnen gerufen werden. Standen am Anfang eher die Restrukturierung und Sanierung im Vordergrund, ist es heute eine vielfältige Mischung an Themen in so gut wie allen Unternehmensbereichen (vgl. Kapitel 3). Somit veränderten sich parallel die notwendigen Kompetenzen und Qualifikationen, die Interim Manager auszeichnen.

Auch die Art und Weise, wie Angebot und Nachfrage zustande kommen – und welche Konsequenzen für den Vertrieb der Interim Manager damit verbunden sind – hat sich spätestens mit dem Aufkommen des Internets gewandelt. Zunehmend mehr Unternehmen nutzen das Web, wenn sie einen Interim Manager suchen (siehe Kapitel 4).

Um eine Entwicklung aufzuzeigen, hat sich im Bereich der Industrie das Schema „Punkt Null" (z.B. Industrie 4.0) bewährt. Für das Interim Management ergibt sich in dieser Logik eine Entwicklung von Interim 1.0 bis Interim 4.0. Diese vollzieht sich – beinahe wie vorherbestimmt und konsequent – von "Persönlicher Kontakt" (Interim 1.0) über „analoge Vermittlung über Provider (Interim 2.0) und „Online-Provider" (Interim 3.0) bis hin zur "Offenen Plattform" (Interim 4.0). Die folgende Abbildung basiert auf den Grundgedanken der Abb.6: 4-Felder-Matix aus Kapitel 4.8 (Megatrends: Plattformen und direkter Vertrieb).

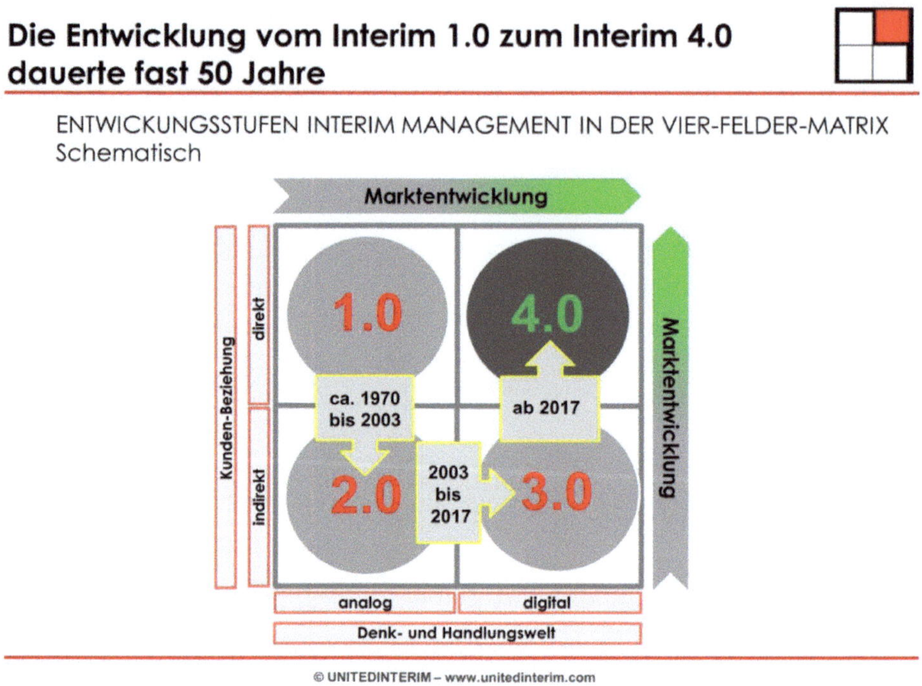

Abb.4: Entwicklung Interim 1.0 bis Interim 4.0 in den letzten 50 Jahren (Quelle: Eigene Darstellung).

In **Kapitel 10** wird genau diese 4-Felder-Matrix wieder aufgegriffen und dient zur Einordnung der in jedem Feld notwendigen vertrieblichen Maßnahmen.

5.3.1. Interim 1.0: Persönlicher Kontakt

In den ersten Jahren nach Aufkommen der Dienstleistung war Interim Management noch recht unbekannt und etablierte Vermarktungsstrukturen existierten nicht. Wer in solchen Strukturen eines jungen Marktes – bei **hoher Markt-Intransparenz** – jemanden kennt, der wiederum jemanden kennt, der jemanden kennt, oder aufgrund dessen man von etwas erfährt, was sonst am Markt nicht bekannt ist, hat sicherlich Chancen, bei der Suche nach einer neuen Aufgabe erfolgreich zu sein. Darum waren persönliche Kontakte auch historisch der klassische erste Weg bei der Akquisition. Bis heute hat es sich erhalten, dass persönliche Kontakte ein wichtiges „Vertrauenskapital" sind.

Im Zuge einer Ausweitung des Marktes auf Zigtausende an Unternehmen, die grundsätzlich als Kunde in Frage kommen und einer nachhaltigen Veränderung des Kundenverhaltens in Richtung *„Ich schau ins Internet, wenn ich was brauche"* kann jedoch nur ein Bruchteil potentieller Kunden auf persönlichem Weg von den Interim Managern kontaktiert werden. Es kommt hinzu, dass ein Interim Manager – wenn er monatelange in einem herausfordernden Projekt gebunden ist – meist kaum noch am Abend oder Wochenende die Zeit und Energie findet, persönliche „face-to-face"-Kontakte in Menge und Tiefe neu aufzubauen oder zu pflegen.

Mehrere Gründe spielen jedoch eine Rolle, dass persönliche Kontakte in den nächsten Jahren wichtig bleiben werden:

Fürsprecher: Es ist nicht immer leicht, andere von den eigenen Fähigkeiten und dem eigenen Beitrag zur anstehenden Lösung zu überzeugen. Hat ein Interim Manager hingegen jemanden, der ihn schon kennt und der ein gutes Wort für ihn einlegt (besonders wenn diese Person eine wichtige Position hat), verbessert sich die Ausgangsposition und Chance auf ein näheres Kennenlernen des Entscheiders und die Erteilung eines Auftrages deutlich.

Überzeugung in der Vergangenheit: Wenn Kontakte zu dem Unternehmen, bei dem man als Interim Manager einsteigen möchte, bereits existieren oder wichtige Personen in der Geschäftsleitung oder Personalabteilung Teil des bestehenden beruflichen Netzwerkes sind, stehen die Chancen gut, gefragt zu werden, wenn ein

Kunde einen Bedarf hat. Erste gute Argumente (und sei es die einer angenehmen fruchtbaren Zusammenarbeit in einem anderen Zusammenhang) sprechen für den Interim Manager. Im besten Fall hat er sich schon Vertrauen erarbeitet, das nun genutzt werden kann. Daher ist das Ausschöpfen bestehender Geschäftskontakte „aus alten Zeiten“ bei vielen Interim Managern das, was als erstes nach dem Einstieg ins Interim-Business getan wird.

Es besteht ein Informationsvorsprung: Jemand wurde entlassen – und es wird sicher eine Zeitlang dauern, bis ein adäquater Nachfolger gefunden werden kann? Oder die Firma braucht dringend einen Experten für ein anstehendes Sonderprojekt? Das sind nur zwei Beispiele, von denen man mit den richtigen persönlichen Kontakten frühzeitig erfahren kann und allen Konkurrenten einen Schritt voraus ist.

Praxiswissen: Die Vorteile vieler – und hochwertiger – persönlicher Kontakte sind überzeugend. Auf der anderen Seite steht der damit verbundene Aufwand. Es kostet viel Zeit und auch Geld, einen letztlich doch nur kleinen Teil der Zielgruppe auf diese Weise anzusprechen und persönlich zu pflegen. Der Besuch von Fachmessen der Zielgruppen und Netzwerk-Veranstaltungen in der Branche gehören jedoch gerade am Anfang dazu. Nur wenn ein Interim Manager in der Lage ist, auf unbekannte Menschen zugehen, präsent zu sein und im Gedächtnis zu bleiben, bauen sich langfristige persönliche Kontakte auf.

Die Praxis hat gezeigt, dass die meisten Interim Manager nicht in der Lage sind, mehr als ein Dutzend gute persönliche Kontakte in der erforderlichen Tiefe zu pflegen und über den Stand der eigenen Problemlösungs-Kompetenzen auf dem Laufenden zu halten. Wer monatelang die gesamte Woche im Projekt beim Kunden ist, hat verständlicherweise einfach „nebenher“ wenig Kapazitäten für die persönliche Kontaktpflege frei. Eine so geringe Anzahl an Kontakten reicht dann jedoch bei weitem nicht aus, den notwenigen Flow an Anfragen und Projekten in einem immer größer werdenden Markt zu erzeugen. Zudem beklagen sich viele der „älteren“ Interim Manager, dass ihre persönlichen und über Jahre aufgebauten Kontakte Zug um Zug in Rente gehen und durch jüngere Entscheidungsträger ersetzt werden, zu denen sie keinen Zugang mehr haben.

Der Trend für die Zukunft in Interim 1.0:

Persönliche Kontakte bleiben ein wichtiger Baustein im Vertrieb – neben anderen. Zudem stehen sie nicht mehr allein nur für sich, sondern werden Teil einer gesamthaften und weiterführenden Vernetzung, welche analoge und digitale Kanäle umfasst. Jeder kennt es inzwischen, dass nach dem persönlichen Kennenlernen (bei dem klassischerweise die Visitenkarten ausgetauscht werden) am nächsten Tag die digitale Vernetzung über Businessnetzwerke wie LinkedIn erfolgt. Die persönlich aufgebauten Kontakte werden anschließend digital und persönlich weiter gepflegt.

Tipp für Interim Manager: Pflegen Sie wichtige persönliche und langjährig bewährte Kontakte weiter. Integrieren Sie diese aber zusätzlich digital, z.B. über die Nutzung von Netzwerkeffekten der Anbieter von Interim 4.0!

5.3.2. Interim 2.0: Analoge Vermittlung durch Provider

Ende der 70er Jahre entstanden erste Vermittler, die z.T. bis heute von Interim Managern als Ergänzung zum Vertrieb über persönliche Kontakte genutzt werden. In Deutschland war die AC Alpha Management GmbH der Pionier; in der Schweiz die Brainforce AG. In den Anfängen wurde für solche Unternehmen i.d.R. das Wort "Pool" verwendet. Im Laufe der Jahre setzte sich dann aber die Bezeichnung „Interim Management Provider" durch. Die Geschäftsbasis dieser Vermittler bestand über viele Jahrzehnte hinweg im Aufbau und der Pflege sogenannter „Pools". In der Praxis waren dies bis in das neue Jahrtausend hinein exklusive (proprietäre) Karteikästen mit abgehefteten CVs in Papierform. Ausführliche Details zu Providern finden sich in Kapitel 4.3 (Interim Management Provider als klassische Vermittler.)

Eine **Anekdote** aus dieser Zeit erzählt Dr. Bernd Thurat, der seit dem Jahre 1996 als professioneller Interim Manager tätig ist. Er zählt somit zu den Interim Managern mit der größten Erfahrung im Markt. Auch heute noch übernimmt er Mandate auf C-Level und ist aktiv, z.B. als Mitglied des Verbandes DDIM e.V., für die Entwicklung der Branche engagiert (butterflymanager GmbH, 2020, S. 6):

> *1996: Ich erinnere mich an ein Mandat, da wurde ich eingeladen in ein schloss-ähnliches Gebäude in der Nähe von Brüssel. Ich wusste relativ wenig, worum es ging. Der Eigentümer hatte seinen persönlichen Berater mit am Tisch. Auch ich hatte meinen Berater (Anmerkung d. Verfassers: „Provider") mitgenommen. Ich möchte erwähnen, es war mein erster Versuch für ein Mandat als Interim Manager nach einer mehr als sechsjährigen Geschäftsführer-Verantwortung als Angestellter. Das Gespräch war sehr harmonisch und darauf ausgerichtet, welche Fähigkeiten ich im Umgang mit komplexen Strukturen und mit Menschen besitze.*
>
> *Auf meine Frage, warum er mich angesprochen hat, war die klare Antwort: „Sie sind der Richtige für diese Aufgabe". Dann schaute er zu seinem Berater und frage noch: „Stimmt doch, nicht wahr?". Die Antwort seines Beraters war: „Ja, er ist es." Danach kam nur noch die Frage „Wann wollen Sie starten?". Eine Verhandlung über die Ausstattung des Mandates über die Randbedingungen gab es nicht. Es war bereits alles definiert. Man hatte Vertrauen in den Interim Manager.*

Seit 2003 zeigte sich ein starker Anstieg in der Anzahl der Provider. Inzwischen können ca. 200 Anbieter (im Herbst des Jahres 2022) identifiziert werden. Von den neu hinzu gekommenen sind viele jedoch keine Spezialanbieter, sondern noch zusätzlich in der Personalberatung oder in der Unternehmensberatung tätig. Es unterscheiden sich somit Provider mit Interim Management als Kerngeschäft (Beispiele: Mitglieder des AIMP) und solche, die es als Zusatzgeschäft mitnehmen. Fast alle dieser heutigen Provider haben im Laufe der Entwicklung exklusive (proprietäre) Poolsysteme mit digital gespeicherten CVs betrieben; die meisten immer noch.

In der Realität kann heute – bei circa 15.000 Interim Managern im Markt – kein Provider mehr den Markt (a) quantitativ und (b) hinsichtlich fachlicher und persönlicher Merkmale sowie aussagefähigen Contents (Fachbeiträge, Veröffentlichungen etc.) in seinem Pool abbilden. Die Neuerungen des Datenschutzes (EDSGVO, ab 2018) stellen zudem hohe administrative und prozessuale Anforderungen.

Provider, die heute noch in traditioneller Weise einen eigenen und selbst gestalteten Pool betreiben und auf den sie bei Kundenanfragen zugreifen, müssen dafür nach meiner Schätzung ca. 20 bis 40 Prozent (je nach Qualität, nachgehaltene Aktualität und Informationstiefe) ihrer Ressourcen aufwenden: Für Datenbanken, qualifiziertes und geschultes Personal, repräsentative Räumlichkeiten für die Interviews sowie Zeit für persönliche Aufnahme- und Updategespräche, für Dokumentationen und Auskünfte gemäss DSGVO, für persönliche Kontaktpflege am Telefon, in den Sozialen Medien und auf Branchenveranstaltungen der Verbände. Vor allem: Die dafür aufgewendete Zeit und die in eigene Datenbanken investierten Gelder fehlen bei der Akquisition von neuen Aufträgen.

Es zeigt sich (Stand Herbst 2022), dass der Großteil aller Provider weiterhin nur schriftliche CVs von den Interim Managern einfordert und abspeichert. Nur wenige verfügen – außer bei wenigen (Referenz-) Kandidaten – noch zusätzlich über Videos der Interim Manager, Ergebnisse eines professionellen Diagnostic Tools zur Persönlichkeit, über Case Studies oder Referenzschreiben zu den Projekten. In der Praxis fehlen ebenfalls Übersichten zu Weiterbildungen, Zertifizierungen, Publikationen und Fachbeiträgen, die den jeweiligen Interim Manager im Anfragefall als Experten für bestimmte Themenstellungen

(a) zuerst identifizieren und dann

(b) fundiert und überzeugend begründen könnten.

Bei Kundenanfragen betreiben viele Provider „**Multi-Sourcing**“: Sie suchen „an mehreren Stellen“ nach passenden Kandidaten, d.h. im eigenen Poolsystem, über Suchmaschinen, in den Sozialen Medien, auf Xing, LinkedIn und UNITEDINTERIM (Open Source Intelligence). In Ergänzung dazu werden andere Provider gegen Entgelt bzw. Provisionierung im Erfolgsfall gefragt. So bestehen innerhalb des Providerverbandes AIMP und innerhalb internationaler Provider-Verbindungen klare interne Regelungen, wie dieses „Aushelfen“ wechselseitig zu vergüten ist. Das Zusammenspiel vieler Interim Manager und Provider gleicht somit einer **Symbiose**, wo jede Seite die andere Seite so lässt, wie sie ist, weil es jedem sein Auskommen ermöglicht.

In der Praxis hat sich daher als **Rolle der meisten Provide**r etabliert:

(1) Generierung von Projektanfragen durch Marketing und Vertrieb. Eine Spezialisierung ist bei den meisten traditionell und langjährig etablierten Adressen, die i.d.R. vom Eigentümer geführt sind, kaum zu erkennen. Es wird an Projektanfragen angenommen, was kommt. Rolle: Vertrieb mit dem Ziel, möglichst viele Anfragen jeder Art zu akquirieren.
(2) Vorstellung von Interim Managern (schriftlich und dann persönlich). Rolle: Search, Begründung und Aufbereitung von Kandidaten
    - Finden von passenden Profilen (fachliche, persönliche und kulturelle Passung; sowie preislich im Rahmen der Kundenvorgaben).
    - Aufbereitung der Unterlagen von Interim Managern in der Weise, dass sie den Anforderungen der Entscheider beim Kunden formal entsprechen und die besondere Eignung für die beim Kunden anstehende Aufgaben herausstellen.
    - Finden oder „schnelles Besorgen“ von Referenzen zu erfolgreichen, ähnlich gelagerten Aufgabenstellungen
    - Begründung der Interim Manager und Anlaufstelle bei Nachfragen von Kunden, wenn es Fragen zu den vorgelegten Profilen gibt
    - Organisation und Begleiten von Vorstellungsgesprächen beim Kunden
(3) Verhandlung von Preisen und Konditionen.
(4) Den vertraglichen Rahmen bieten. Rolle: Vertragspartner sein.
(5) Die Projekte im Hinblick auf das Rechnungswegen administrieren (Rechnungen, Mahnungen, Betreibungen, Diskussionen mit Buchhaltungen beim Kunden, Überweisungen). Rolle: Administrator sein
(6) Projektbegleitung im Hintergrund. Diese geschieht i.d.R. durch die Personen, welche das Projekt beim Kunden akquiriert haben. Daher ist Projektbegleitung immer auch „Pre-Sales“ für Anschlussaufträge. Rolle: Projekte begleiten und Beziehungen mit allen Beteiligten pflegen.

Der Trend für die Zukunft in Interim 2.0:

Ein langjähriger Brancheninsider, der selbst für den Aufbau einer digitalen Vermittlungsplattform verantwortlich zeichnete, hat bereits im Jahre 2017 in einem Blogbeitrag mit dem Titel *„Warum BigData die Provider ersetzen kann“* die Schwächen der Provider im Hinblick auf ihre Zukunftsfähigkeit schonungslos aufgezeigt. Er weist zwar auf Mehrwerte hin, die Provider für Interim Manager erbringen. Sein finaler Tenor ist jedoch, dass Online-Portale (nach meinem Verständnis meint er Vertreter der oben dargestellten Felder Interim 3.0 und 4.0) die bisherigen Provider verdrängen werden. Sein Beitrag ist nach meiner Ansicht noch heute aktuell (Sunkel, 2020):

„... Das derzeitige Modell der Vermittlung hat (...) erhebliche Schwächen und ist damit angreifbar". Zu nennen wären z. B. eine weitreichende Intransparenz auf der Anbieterseite (Anm. d. Verfassers: gemeint sind Schwächen in der Selbstvermarktung der Interim Manager) *und die sehr hohen Provisionen.*

Schauen wir uns die Preisgestaltung und die Gründe dafür einmal etwas genauer an. In der Argumentation der Provider ist deren Arbeit für den Research, die Vorauswahl und die Qualitätssicherung ein Mehrwert, der nur mit großem Aufwand geleistet und daher auch nur kostenpflichtig angeboten werden kann. Nun entsteht dieser Aufwand aber nicht einmal, sondern viele hundert male – jeden Tag. Research, Vorauswahl und Qualitätssicherung finden nämlich nicht nur bei einem Provider statt, sondern bei jedem. Und zwar stets in der gleichen oder zumindest in einer sehr ähnlichen Weise. Das hält die Preise unnötig hoch.

*Man stelle sich nur einmal vor, die Provider hätten keinen Mehraufwand für die Auswahl, weil sie die vorgelagerten Recruiting-Prozesse an einen Sublieferanten ausgelagert hätten. Dann könnten die Preise, insbesondere die Vermittlungsprovisionen, die im Tagessatz versteckt sind, zum Vorteil der Kunden nach unten korrigiert werden. (*Anmerkung des Verfassers: Inzwischen ist mit UNITEDINTERIM ein solcher Sublieferant entstanden, bei dem sich mehr als die Hälfte der Provider bereits bedient, z.T. in Ergänzung zum eigenen Pool).

Auch der Freiberufler hat nichts davon, dass alle Provider für sich den beschriebenen Aufwand erzeugen. Ganz im Gegenteil. Der (...) Interim Manager, der sich über einen Provider (...) vermitteln lässt, korrigiert seinen Tagessatz nach unten, weil der Provider ja noch einen Aufschlag auf den Tagessatz legen muss, um sein Geld zu verdienen. Zudem muss er sich an vielen verschiedenen Stellen durch Interviews quälen, seine Daten in zahlreichen Datenbanken erfassen und seine Verfüg-

barkeit bei allen Providern kommunizieren, zu denen er Kontakt hat. Das ist eine ausgesprochen lästige Übung. Und vollkommen unnötig obendrein.

Die einzig sinnvolle Leistung, die die Provider für den Freiberufler erbringen, ist, dass sie ihm die Vertriebsarbeit abnehmen. Das ist ein echter Mehrwert. Und den kann ich mir auch weiterhin bei den Providern vorstellen. Den Rest können wir mit etwas Intelligenz in einem Portal abbilden. Research, Vorauswahl und Qualitätssicherung kann eine Online-Plattform (...) besser, billiger und transparenter anbieten als jeder Vermittler. Wenn Sie eine Hotelbewertung suchen, dann fragen Sie heute auch nicht ihren Reiseveranstalter, sondern Sie nutzen Holidaycheck & Co. Soviel zum Thema Transparenz. (...)

*Die Frage ist also nicht, **ob** Online-Portale für Freiberufler die bisherigen Marktteilnehmer verdrängen, sondern **wann** es soweit ist. Jeder Provider täte daher gut daran, sich zu fragen, ob er dann dabei sein oder zu den Verlierern gehören möchte. Ich empfehle, sich darüber schon jetzt Gedanken zu machen."*

In der Praxis hat sich in den letzten Jahren bei jeder „Krise" gezeigt, dass viele Entscheider (gerade in Deutschland) erst einmal abwarten. Damit werden Unternehmen sehr zurückhaltend bei Ausgaben, einschließlich der Honorare für Interim Manager. Das zeigt sich nachweislich in den langjährigen Markzahlen, die bei jeder Krise nach unten gehen (vgl. dazu Kapitel 3 zum Markt).

Es ist nachvollziehbar und eine klare Erkenntnis aus Hunderten an Kundengesprächen über die letzten Jahre, dass Kosten in unsicheren Zeiten ein ganz wichtiges Kriterium bei der Entscheidungsfindung für alle Kostenkategorien sind. Sie sind auch im Interim Management ein Treiber dafür, den finanziellen Anteil von Vermittlern vollkommen zu sparen (*„cut out the middleman"*) oder zumindest so weit zu reduzieren, wie es nur geht. In Konsequenz entsteht für Provider ein zunehmender Margendruck, bei dem sie selbst zum einen ihre eigene Kostensituation im Blick haben müssen. Zum anderen sind sie grundsätzlich gefordert, ihren konkreten Mehrwert und Kundennutzen nachzuweisen:

- Provider gesamthaft als notwendiges Element des Marktes (*„Warum sind Provider überhaupt noch notwendig – für Unternehmen und auch für Interim Manager?"*) und

- der einzelne Provider als individueller Anbieter („*Was macht diesen Provider besonders, und warum sollte ich als Unternehmen oder auch als Interim Manager ausgerechnet mit diesem zusammenarbeiten*?").

> Tipp für Interim Manager: Schauen Sie auf den wirklichen Mehrwert einer Zusammenarbeit und die Qualität, bzw. das Renommee eines Providers! Wenn Provider Ihnen etwas bedeuten, dann fokussieren Sie sich auf wenige, pflegen die dann aber auch gut.

5.3.3. Interim 3.0: Vermittlungs-Plattform bzw. Online-Provider

Im Jahr 2003 zog mit der MANATNET GmbH das digitale Zeitalter in die Interim-Branche ein. Unternehmen erhielten eine weitere, neue Möglichkeit, mit Interim Managern in Kontakt zu kommen: Ein exklusives (seinerzeit noch proprietäres) digitales Poolsystem erlaubte es Nachfragern erstmals, im Pool eines Vermittlers selbst zu suchen. Im Jahre 2017 brachte sich der digitale Marktplatz von MANATNET dann in die neu gegründete (und offene) Plattform UNITEDINTERIM ein (Darstellung offener Plattformen unter Interim 4.0).

In den Zehnerjahren des neuen Jahrtausends kamen mit „interim-x.com", „iFellow" und „expertence" drei wesentliche – und signifikant sichtbare – Anbieter hinzu. Im Jahre 2018 launchte zudem die Tsorro GmbH eine Vermittlungs-Plattform mit dem Slogan: „Tinder für High-Level-Freelancer". Tsorro bezeichnete sich als virtueller Marktplatz, auf dem sich alle Marktteilnehmer im Interim Management wiederfinden sollten (Tsorro GmbH, 2020). Von diesen Anbietern existiert expertence nicht mehr. Die Plattform interim-x.com ist weiterhin tätig, jedoch als „unabhängiger Vermittler" (Interim Excellence GmbH, 2022) mit einem modifizierten, **providerähnlichen** Geschäftsmodell. Auch Tsorro existiert nicht mehr in der **ursprünglichen** Form und wird seit dem Jahr 2021 in modifizierter Weise unter dem Namen SOLITY von der MYSOLITY GmbH betrieben. Der Anspruch besteht in der **Vernetzung** von Interim Professionals & Consultants mit Unternehmen, Providern und Personalberatungen (Mysolity GmbH, 2022).

Für Anbieter in diesem Modell ist es charakteristisch, dass sie eine **geschlossene Online-Plattform** betreiben. Ein Kunde, der einen Interim Manager sucht, kann zwar in einem ersten Schritt digital selbst suchen. Die finale Offenlegung der Kontaktdaten und die Herstellung des Kontaktes mit dem Interim Manager läuft – wie bei den analogen Vermittlern – weiterhin (in persönlich-analoger Weise) durch das Nadelöhr eines Vermittlers. Die Plattform lebt von einer Vermittlungsprovision und muss genau kontrollieren, wer mit wem ins Gespräch kommt. Bei Tsorro war das sogar ein „Multi-Channel zu 150+ Portalen, Providern & Netzwerken" (Tsorro GmbH, 2020), der ggfs. auch noch provisioniert werden musste.

Richtung Interim Manager wird – wenn ein Interim Manager grundsätzlich aufgrund der Datenbankabfrage eines Kunden in Frage kommt bzw. sich aktiv selbst aufgrund einer Nachricht (z.B. auf seiner App) meldet und „bewirbt" – vom Personal des Online-Providers eine Klärung durchgeführt: Kommt dieser Interim Manager für die digital gestellte Projektanfrage wirklich in Frage? Ab hier – und der folgenden Offenlegung der Beteiligten – unterscheidet sich dieser Vermittler in den Prozessen kaum von einem traditionellen Provider. Da das Geschäftsmodell dieser Anbieter somit digitale und analoge Elemente kombiniert, handelt es sich bei diesen Vermittlungsplattformen um **Hybrid-Modelle**.

Zum Finanziellen für Interim Manager: Wie bei Providern in traditioneller Weise auch, ist die Registrierung kostenfrei; und natürlich ist es, wie bei Providern auch, nicht von der Hand zu weisen, dass die Unternehmen versuchen werden, das Honorar des Interim Managers um den an die Plattform bezahlten Aufschlag, die Providermarge, zumindest teilweise zu kürzen. Wenn ein Projekt über einen Online-Provider zustande kommt, ist der zu erzielende Tagessatz also immer niedriger, als im Direktvertrieb (Interim 1.0 oder Interim 4.0).

Empirisch lässt sich im Herbst 2022 festhalten, dass alle Anbieter

- nach wenigen Jahren vom Markt verschwunden sind, oder
- das Geschäftsmodell gewechselt haben (Richtung Provider oder Richtung offene Plattform), oder

- ihren Business-Fokus nicht mehr konzentriert auf die Besonderheiten des Interim Managements ausrichten, sondern verbreitert haben (Richtung Consultants und Freelancer).

Der Trend für die Zukunft in Interim 3.0

Schon im Jahre 2019 fanden sich – sehr deutlich und bewundernswert ehrlich – kritische Stimmen; sogar von Anbietern dieser Online-Provider selbst. Vor allem dahingehend, dass ihr Portal im Hinblick auf eine Vermittlungsleistung nur einen beschränkten Nutzen für die Nachfragseite, also für die Unternehmen, darstellt. Das folgende Zitat stammt aus dem Blog eines entsprechenden Betreibers:

„Die wichtigste Lektion war, dass die Verlagerung der Arbeit auf die Seite der Kunden nur bedingt funktioniert. Rückblickend müssen wir feststellen, dass es bis heute keinem Anbieter gelungen ist, den Kundennutzen so messbar zu steigern, dass die Nutzung des Portals einen echten Nutzen darstellt.“ (Resources Global Professionals (Germany) GmbH, 2020a)

Aus Kundensicht stellt sich somit die offensichtliche Frage, warum üblicherweise stark beschäftigte Entscheider auf Kundenseite – mit eigener Arbeit und mit Zeitaufwand – eine geschlossene Vermittler-Plattform bedienen sollen, also die oben im Zitat erwähnte *„Verlagerung der Arbeit auf die Seite der Kunden“* mitmachen sollen. Die Nutzung kostet am Ende des Tages nur etwas weniger Provision als bei einem Provider. Und ab einem bestimmten Zeitpunkt läuft sowieso alles – wie beim Provider – über das Büro und Personal des Plattformbetreibers. Es sei denn, es gelingt, den Tagessatz eines Interim Managers in gleicher Weise um die Kosten des Vermittlers zu drücken. Aber auch dieses „Spiel“ kann ein Unternehmen mit einem Provider spielen (vor allem, wenn man mehrere Provider für die gleiche Anfrage arbeiten lässt). Ein Kunde hat dann noch den gesamten Service eines Providers von Anfang an. Und vor allem: Er hat so gut wie keine Arbeit bis auf das Briefing des Providers. Er kann sich zurücklehnen und warten, bis der Provider ihm seine begründete Auswahl auf den Tisch legt und dann entscheiden, wen er persönlich kennenlernen möchte.

Noch ein wichtiges Wort zur Integrationsfähigkeit dieser digitalen Plattformen in die Werbemaßnahmen eines Interim Managers: Da es sich um „geschlossene" Plattformen handelt, lassen sie sich „per definitionem" nicht in ein digitales Umfeld integrieren. Was dort landet, liegt abgeschottet wie auf einer isolierten Insel. Dort hinterlegter Content – so wertvoll er auch sein mag – kann nicht verlinkt werden oder viral gehen. Die Chancen digitaler Beziehungen, Kommunikation und Vernetzung (Netzwerkeffekte) können nicht genutzt werden. Die Informationen über den Interim Manager gelangen nur dann an die Aussen- sprich Kundenwelt, wenn die Daten selektiv und auf provisionssichernde Weise freischaltet werden. All das belegt die Begrenztheit dieses Handlungsfeldes Interim 3.0.

Nach meiner Meinung ist diesem Marktsegment der Nachweis einer nachhaltigen Markt-Akzeptanz nicht gelungen. Das oben benannte Eingeständnis eines Plattformbetreibers sagt einiges über die Gründe aus. Offenbar konnte kein bisheriger Anbieter einen echten Kundennutzen darstellen – oder wechselte aus guten Gründen in ein anderes Segment. Es ist die Frage zu stellen, inwieweit Geschäftsmodelle, welche auf Begrenztheiten und Intransparenz setzen, und (um Geld zu verdienen) Netzwerkeffekte beschneiden und Kontrolle ausüben müssen, zu den vorherrschenden Werten und zum Selbstverständnis der Nutzer einer digitalen Welt passen.

Neu ist in diesem Marktsegment das Auftauchen von eigenen, natürlich geschlossenen, Freelancer-Pattformen von Großkonzernen, die auch Interim Manager umfassen. Ein aktuelles Beispiel ist Bosch (Bosch-Gruppe, 2022):

„Was wir machen: Eine Freelancer-Plattform für die Besten. Die Mission von freelancernetwork ist es, die besten Freelancer mit großartigen Entwicklungsprojekten innerhalb der gesamten Bosch-Gruppe und ihrer Partner zu verbinden. Wir befinden uns gerade in der Startphase und werden kontinuierlich Projekte und Freelancer hinzufügen."

Möglicherweise liegt die Zukunft von Interim 3.0 in der **internen Nutzung** der Plattform für einen einzigen, dafür aber großen, Nachfrager. Gerade wenn Unternehmen in Zukunft noch mehr flexible Ressourcen nutzen wollen, kann es ab einer bestimmten Anzahl von Freelance-Jobs für ein Großunternehmen (ca. ab 100.000 Mitarbeiter) sinnvoll sein, eine eigene Plattform zu betreiben: Compliance-gerecht und mit ganz bestimmten Features wie unternehmensspezifischen Qualitätsanforderungen, Sicherheitsstufen und Kommentaren zu bestimmten Leuten, die schon an anderer Stelle im Hause bei anderen Projekten interviewt wurden, bereits tätig gewesen sind und/oder mit denen bereits Rahmenverträge mit bestimmten Konditionen bestehen.

5.3.4. Interim 4.0: Offene Plattformen

Grundsätzliches zu offenen Plattformen

Protagonisten von Interim Management 4.0 sind **keine Vermittler** bzw. Provider mehr. Bei ihren Kunden haben digitale Prozesse in allen Unternehmensbereichen Einzug gefunden, die sich miteinander vernetzen. Neuartige Formen digitaler Beziehung, Kommunikation und Vernetzung werden immer selbstverständlicher. Entsprechend wenden sich solche Unternehmen ebenfalls in der Beschaffung von Personal – und damit auch von Interim Managern – offenen Plattformen zu. Es entstehen offene digitale Systeme, über die Kunden und Interim Manager direkt miteinander in Kontakt treten.

Solche Plattformen schaffen Transparenz im Markt. Die Beteiligten kommen in effizienter Weise zusammen, indem Transaktionskosten gesenkt werden. Finden sich Angebot und Nachfrage, wird ein bilateraler Vertrag ohne eine dritte Partei abgeschlossen. Keine Seite zahlt ein Erfolgshonorar oder eine Provision an die Plattform. Die Plattform lebt von einer Flatrate der User (Anbieter oder Nachfrager einer bestimmen Leistung – oder auch beide) für deren Präsenz auf der Plattform. Der „Vermittler" wird damit zum „**Betreiber einer digitalen Infrastruktur**“.

Der nach meiner Einschätzung unaufhaltsame Trend in der Branche zur Nutzung offener Plattformen hat folgende Gründe:

- Schnelle, einfache **Nutzung einer vorhandenen digitalen Intrastruktur**. Interim Manager profitieren von einer digitalen Infrastruktur, die sie selbst nicht schaffen, warten oder weiterentwickeln können. Viele haben darin wenig Erfahrung oder Kompetenzen. Und sie sparen die notwendigen finanziellen und zeitlichen Investitionen. Sie empfinden es somit als Entlastung, sich keine eigenen Vertriebswege suchen oder gar aufbauen zu müssen. Weil es die Plattform gibt, können sie sich auf ihre Kernkompetenz "im Projekt" konzentrieren. Gerade, wenn Interim Manager mit viel Engagement und Fokus in einem Kundenprojekt sind, ist „selber machen" kaum eine Alternative.

- **Niedrige Transaktionskosten**: Ob eine Transaktion stattfindet ist vor allem davon abhängig, wie aufwändig es ist, einen geeigneten Geschäftspartner zu finden (Informationskosten), den Vertrag abzuschließen (Verhandlungs- und Vertragskosten) ggfs. nachträgliche Vertragsanpassungen durchzuführen (Anpassungskosten) sowie die Erfüllung der vertraglichen Leistungen zu kontrollieren bzw. durchzusetzen (Kontroll- und Durchsetzungskosten). Gerade das "Finden" bzw. „Gefunden werden" (Informationskosten) ist für Interim Manager ohne Plattform sehr aufwändig. Es wären Tausende von Kilometern auf der Autobahn zu fahren, Mails und Briefe zu schreiben sowie unzählige Telefonate oder Akquisitions-Gespräche mit potentiellen Kunden zu führen. Und alles kostet auch noch Zeit. Ein schnelles wechselseitiges Informieren über Angebot und Nachfrage ist daher durch eine Plattform in schneller, effizienter Weise möglich.

- **Sichtbarkeit/Reichweite**: Interim Manager haben i.d.R. Tausende an Wettbewerbern. Als Einzelkämpfer ohne Plattform in den „unendlichen Weiten der digitalen Welt" eine signifikante Reichweite und Awareness bei den relevanten Zielgruppen zu erzielen – und das auch noch in der erforderlichen Anzahl (Stichwort: Sales-Funnel) – ist in der Praxis kaum noch möglich. Die Beauftragung einer professionellen SEO-Agentur und kontinuierliche Aktivitäten bei hoher Qualität des Contents (wichtig für die Suchmaschinen!) wären notwendig. Und wer 5 Tage in der Woche im Projekt beim Kunden ist, schätzt auch aus zeitlichen Gründen die Entlastung durch die Kraft der Plattform, für Sichtbarkeit in der digitalen Welt zu sorgen.

> Praxiserfahrung: Offene Plattformen sind ideale „Kontaktmaschinen“ für Interim Manager. Somit können sie einen sehr fruchtbaren Boden dafür bereiten, dass Kunden und Interim Manager zueinander finden und der Kontakt final in eine Anfrage und einen Auftrag mündet.

Doch die Erfahrung aus Hunderten an Gesprächen mit Interim Managern, die durchaus offene Plattformen nutzen, zeigt:

- Unkenntnis darüber, **was offene Plattformen leisten können**: Viele Interim Manager erwarten von einer offenen Plattform, dass innerhalb kürzester Zeit und ohne weitere Umschweife ein Auftrag zustande kommt. Es ist nicht klar, dass eine offene Plattform keine „Vermittlungsleistung“ erbringt, sondern **Infrastruktur für die Selbstvermarktung** darstellt.

- Unkenntnis darüber, wie offene Plattformen funktionieren und **was man tun muss,** um selbst einen größtmöglichen Nutzen daraus zu ziehen[24]. Vielen ist nicht klar, welche Arbeit nach der Registrierung noch geleistet werden muss. Etliche Interim Manager verhalten sich nach der Registrierung eher passiv. Viele Profile werden daher nicht angemessen gepflegt, selten aktualisiert – oder es wird nur sehr wenig Content hinterlegt, geschweige denn gezielt mit potentiellen Kunden geteilt. „Sozial Selling“ ist für viele, gerade digital nicht so fitte, Interim Manager noch ein recht unbekanntes Feld. Ich gehe aber davon aus, dass sich das in Zukunft verbessern wird.

[24] Inzwischen finden sich – insbesondere für LinkedIn – eine Vielzahl an Angeboten für User (z.B. Webinare und Fachbücher) um die bestehenden Defizite zu beheben und die User in einer optimale Nutzung zu schulen. Es gibt auch bereits Dienstleister, die den Auftritt ihrer Auftraggeber auf Plattformen optimieren.

General Interest Plattformen

Für Interim Manager sind solche Betreiber digitaler Infrastruktur vor allem die breit aufgestellten „**General Interest-**"Plattformen LinkedIn und Xing. Auf solchen **horizontalen Plattformen** findet sich ein umfassendes, auf die eigene Karriere ausgerichtetes Angebot an Dienstleistungen und auch eine Vielzahl an Nachfragern für jedes berufliche Feld. Interim Management ist dort jedoch nur ein vergleichsweise kleiner Teilbereich.

Die großen, breit angelegten Business-Plattformen haben vor allem das Potential, für **Reichweite** sorgen zu können. Das ist ihre Stärke. Reichweite ist grundsätzlich gut und wichtig, weil Interim Manager Zugang zur für sie relevanten Zielgruppe brauchen. Und zwar: (1) Wirklich gezielt, (2) in der notwendigen Anzahl, sowie (3) mit Glaubwürdigkeit. Alles andere ist Streuverlust, und das verbrennt nur Geld und Zeit. Diese Kriterien sind jedoch durch horizontale Plattformen nur eingeschränkt zu leisten:

Auszug aus Blogbeitrag „*Pommes rot-weiß für Interim Manager? Vertikale und offene Plattformen als smarte Kombi*" des Verfassers (Schönfeld, 2019):

„Sie werden jetzt vielleicht sagen, dass diese Masse doch sicherlich genug Rohstoff ist, damit beide Seiten zueinander finden „könnten". Vom Prinzip her schon. In der Praxis funktioniert das aber nicht. Ein solches Suchergebnis ist nämlich zu groß, als dass ein potentieller Kunde damit professionell arbeiten könnte. Selbst eng angelegte Suchabfragen liefern typischerweise weit über 100 Treffer. Die hinterlegten Daten sind zudem nicht über jeden Zweifel erhaben, weil niemand überprüft, ob all das stimmt, was dort geschrieben wird.

In der Praxis muss ein Unternehmen darüber hinaus noch aufwändig abklären, ob ein Anbieter überhaupt verfügbar ist und detaillierte Unterlagen nachfordern. Erst dann weiß es, ob dieser Interim Manager oder diese Interim Managerin für seine Shortlist in Frage kommen. Aus vielen Gesprächen mit Kunden und Providern weiß ich: „Es ist viel Arbeit". „Es ist sehr mühsam". „Es macht keinen Spaß". „Man verliert zu viel Zeit". Für eine systematische Projektakquisition taugen diese großen General Interest Plattformen daher nur eingeschränkt.

Dennoch ist es sinnvoll, dass Sie dort als Interim Manager registriert sind, denn – wie mit einem Megaphon – rufen Sie in die digitale Welt hinaus: „Hallo, ich bin da, mich gibt es". Zumindest das ist eine wichtige Botschaft in der digitalen Welt. Und: Wie sich unten noch zeigen wird: In der ***Kombination*** *mit anderen Instrumenten (nämlich* ***mit einer offenen Plattform****, die auf Interim Management spezialisiert ist) liegt der goldene Weg zum nächsten Projekt."*

Um die obige Aussage noch weiter zu präzisieren: Natürlich ist ein Projektvertrag das Ziel. Eine offene Plattform ist dafür **ein Wegbereiter**. Auf effiziente Weise (Netzwerkeffekte) ermöglicht sie Kontakte - und durch den dort hinterlegten Content haben interessierte Kunden die Möglichkeit, sich vertieft darüber zu informieren, ob der betreffende Kontakt eine Lösung für das bei ihm vorliegende Problem sein könnte.

Special Interest Plattformen

Eine Plattform kann aber auch auf ein bestimmtes Marktsegement oder eine Usergruppe spezialisiert sein (**vertikale Plattform** bzw. **Special Interest Plattform**) und die besonderen Bedürfnisse dieses Marktsegments abbilden. Grundsätzlich gelten die gleichen Aussagen (siehe oben im Kasten) wie für General Interest Plattformen.

Gerade weil die Projekte von Interim Managern oftmals Sondersituationen im Unternehmen betreffen, die Tagessätze nicht unerheblich sind und die Verantwortlichen ihre Entscheidung sehr genau begründen müssen, brauchen die Kunden **verlässliche und aktuelle Fakten** in **hoher Qualität** – und in **mehreren Dimensionen** (Schrift und Bild, möglichst aus mehreren Quellen, aus mehreren Perspektiven und von vertrauenswürdigen Stellen).

Eine spezialisierte Plattform ermöglicht es den Anbietern noch mehr im Detail, die für die Dienstleistung Interim Management spezifischen Informationen in Qualität und Quantität zu hinterlegen. Kunden können genau diese branchenspezifischen Informationen erhalten und direkt mit den Anbietern in Kontakt treten. Die Qualität einer Special Interest Plattform hängt davon ab, inwieweit die spezifischen Anforderungen der Branche abgebildet und auf einem aktuellen Stand gehalten werden.

Unternehmen, die Interim Manager suchen, erhalten somit auf einer spezialisierten Plattform i.d.R. hochwertigere Entscheidungsgrundlagen als auf einer General Interest Plattform, die ein breites, umfassendes Spektrum an Usern abdeckt.

Die Akzeptanz auf Seiten der Unternehmen ist jedoch nur solange gegeben, wie die Qualitätssicherung der Plattform stimmt. „Quality in – Quality out" muss also das Motto sein. Oder auch „Klasse statt Masse". Die Plattformbetreiber sind daher massiv gefordert, in Sachen Qualität nachweislich zu investieren und zu dokumentieren. Die **Kuratierung** ist gerade im Interim Management anspruchsvoll und betrifft alle vorzufindenden Informationen.

Stand Herbst 2022 ist UNITEDINTERIM alleiniger Anbieter in der DACH-Region mit einer offenen, kuratierten und auf professionelles Interim Management spezialisierten Plattform. Wichtig für die Besonderheit der Dienstleistung: Jeder Interim Manager (ab dem Standard-Paket) ist qualitätsgesichert. Die angebotene Leistung und Eignung für bestimmte Aufgabenstellungen wird umfangreich kuratiert und dokumentiert: CV, Foto, Video, Diagnostic Tool zur Persönlichkeit, Referenzen, Case Studies und Blogs. Interim Manager haben zudem die Möglichkeit, ihren Tagessatz und ihre Verfügbarkeit für neue Projekte zu hinterlegen. Kunden erhalten somit vielfältige und belastbare Informationen zu allen relevanten Dimensionen: Fachliche Eignung, kulturelle Passung, Persönlichkeit sowie Konditionen. Die hinterlegten Case Studies geben darüber hinaus einen recht guten Eindruck davon, wie der Interim Manager in der Praxis arbeitet. Wer dann den Vorstellungen des Kunden entspricht, kann direkt und ohne jede Beteiligung der

Plattformbetreiber kontaktiert werden. Alles Weitere ist dann Sache des Unternehmens und des Interim Managers.

Beispiel UNITEDINTERIM, wie Unternehmen in einem offenen Online-System nach geeigneten Profilen suchen:

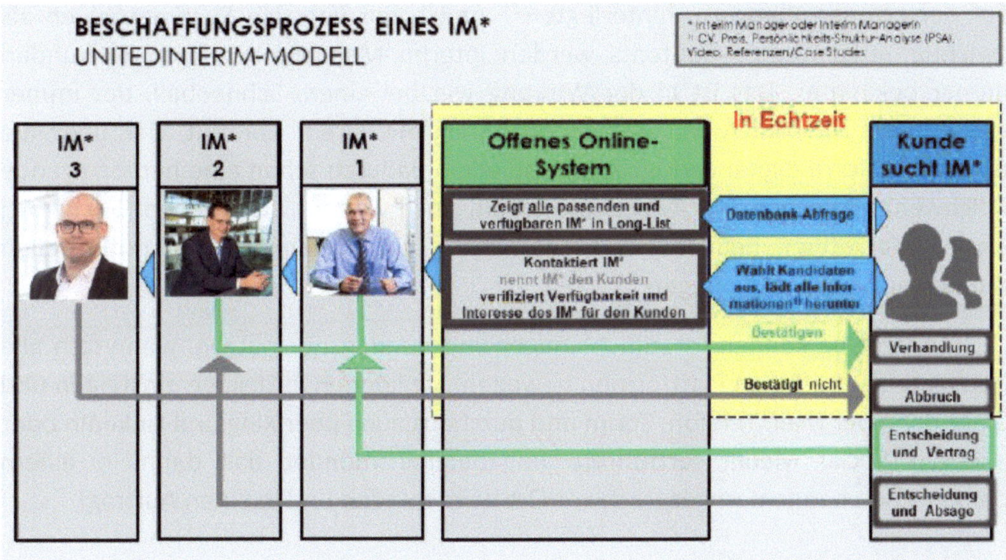

Abb. 5: Beschaffungsprozess eines Interim Managers (Quelle: UNITEDINTERIM intern).

(a) Förderung aktiver Selbstvermarktung

Eine offene Plattform gemäß Interim 4.0 ist jedoch mehr als nur ein Instrument, von potentiellen Kunden – in eher passiver Weise – gefunden zu werden: Gleichzeitig unterstützt die Plattform mit ihrer **Hebelwirkung**, den Netzwerkeffekten, die Reichweite und damit die Sichtbarkeit und Vernetzung der Interim Manager in der digitalen Welt. Es geht somit um die **Förderung von digitaler Vernetzung** statt einer „Insellösung“ wie oben unter Interim 3.0 dargestellt. Tools der Plattform, die von den Usern genutzt und z.B. im Rahmen einer Verlinkung weiter verwendet werden können sind z.B. Blogs, Case Studies und Videos, die von der Plattform aktiv beworben werden. Eine Plattform wie UNITEDINTERIM stellt dazu einen starken YouTube-Kanal zur Verfügung und/oder bewirbt den Content der Interim Manager in den Sozialen Medien und Nachrichtendiensten wie Twitter.

Alles ist immer – ganz offen – mit dem Link zum Interim Manager versehen, mit Klarnamen und Kontaktdaten. Durch Empfehlungen, Teilen und Weiterleiten des auf der offenen Plattform hinterlegten – und somit von den Suchmaschinen als „wichtig“ erkannten – Contents werden Interim Manager bei ihren Zielkunden immer bekannter. Das ist in der Wirkung wie bei einem Schneeball, der immer größer wird. Interim Manager können daher mit ihrem Content, der über die offene Plattform digital verfügbar ist und allein dadurch schon eine hervorragende Reichweite, Relevanz und Awareness erhält, noch weiter „viral“ gehen (Stichwort: virales Marketing), neue Kontakte gewinnen und Beziehungen zu potenziellen Kunden aufbauen und pflegen[25].

Diese Vorteile können Interim Manager und Kunden nur nutzen, wenn sich alle Beteiligten auf offenen Plattformen bewegen. Sie können in Dialoge einsteigen und diese dann per Mail, Telefon, Zoom und durchaus auch über Xing und LinkedIn oder anderen Social Media fortführen. Im Idealfall mündet das dann in einem persönlichen Kennenlerngespräch vor Ort beim Kunden und in einen Auftrag!

> Eine offene Plattform ist daher ein starker **zentraler Stützpfeiler** für Interim Manager, den persönlichen Eigenvertrieb anzukurbeln, neue Kontakte zu potentiellen Kunden zu gewinnen und Beziehungen zu pflegen. Als Einzelkämpfer kann ein Interim Manager kaum noch die erforderliche Sichtbarkeit bei seinen Zielgruppen erzielen.

[25] „Social Selling“ gewinnt immer mehr an Bedeutung, soll an dieser Stelle aber nicht weiter vertieft werden.

(b) Zum Finanziellen

Weil die Betreiber einer offenen Plattform keine Kontrolle darüber haben, was am Ende des Tages an Projekten zustande kommt, verzichten sie von vorn herein auf Erfolgs-Provisionen. Sie leben von daher von einer Flatrate, welche die User für die Nutzung der Plattform entrichten[26].

Um einen Vergleich mit einem Shopping-Center zu ziehen: Der Betreiber des Shopping Centers macht sich ein Bild davon, wer anbieten möchte. Er vermietet nur an solche Leute, welche am Anfang und bei laufendem Geschäftsbetrieb den hohen Qualitätsansprüchen genügen und die sich synergetisch in ihrer Anziehungskraft für potentielle Kunden befruchten. Bei diesen Kunden bewirbt er das Shopping Center und stellt zudem gute Zufahrtswege und Parkplätze zur Verfügung. Die Interim Manager können einige Quadratmeter anmieten und präsentieren sich mit ihrer Marke, ihrem USP, ihrem Wertschöpfungsbeitrag und den entsprechenden Nachweisen. Ein solches Shopping Center-Modell ist für alle Seiten enorm effektiv, denn es zieht viel mehr potentielle Kunden an, als ein einzelner Mieter für sich alleine anziehen könnte, und spart (Transaktions-) Kosten. Die Interim Manager zahlen – die „Shared Economy" lässt grüßen – eine Miete als Flatrate, in der alles abgedeckt ist und können sich auf die Präsentation ihres Angebotes – ihre Kernkompetenz – konzentrieren.

---

[26] Bei UNITEDINTERIM wird diese Flatrate ausschließlich von der Angebotsseite des Marktes, also von den registrierten Interim Managern, entrichtet.

5.3.5. Selbstvermarktung der Interim Manager

Wie an anderen Stellen dieses Handbuches bereits dargestellt, liegt der Königsweg des Vertriebes in einer smarten Kombination – besser: **Integration** – aller Felder, die eine Verknüpfung ermöglichen[27]. Damit liegt die Verantwortung für den vertrieblichen Erfolg in den Händen des Interim Managers und kann an niemanden delegiert werden. Das spannt den Boden zur Selbstvermarktung von Interim Managern.

In der Praxis hat sich vor allem in der Folge der Coronajahre 2020 und 2021 gezeigt, dass die Selbstvermarktungsfähigkeit von Interim Managern und damit die Transparenz über das Angebot am Markt gestiegen ist. Die zunehmende Sichtbarkeit freut alle, die Interim Manager suchen. Für Interim Manager ist dies der Weg zu mehr Unabhängigkeit von Vermittlern. Zudem lassen sich auf direktem Weg höhere Honorare erzielen. Kompetenzen im Marketing und Vertrieb zu erwerben, zahlen sich somit direkt finanziell aus.

Selbstverständlich sind auf diese Weise aber auch finanzielle Investitionen in den eigenen Weg zu tätigen. Giso Weyand, Deutschlands „Berater-Berater“, vermarktet seit Jahren erfolgreich Interim Manager und gibt ihnen einen eigenständigen Markt-Auftritt. Er fragt (Management Angels GmbH, 2020): *„Sehen Sie Marketing und Vertrieb als wichtigen Baustein Ihrer Arbeit an? Sind Sie bereit, dafür mindestens 15.000 – 20.000 Euro pro Jahr zu investieren?“*

---

[27] Wie oben dargestellt, sind digitale Vermittlungsplattformen (Interim Management 3.0) grundsätzlich und vom Geschäftsmodell her reine Insellösungen, die ihre Provisionen schützen müssen. Für den individuellen „Königsweg“ eines Interim Managers sind Anbieter dieses Feldes somit sehr genau anzuschauen, inwieweit sie Integrationsmöglichkeiten mit anderen Feldern ermöglichen oder ausschließen.

Erfahrungswissen: Selbstvermarktung lohnt sich – und es geht auch mit einer geringeren finanziellen Investition als 15.000 Euro pro Jahr! Am Anfang, wenn Sie als Interim Manager Ihre Expertenpositionierung entwickeln, Ihre Marke definieren und Grundlegendes erledigen (wie die Homepage, Fotos und Videos, Präsentation auf Plattformen, Basis-Content rund um Ihre Positionierung) wird der Betrag natürlich „als Anfangsinvestition" tendenziell höher sein und mehr Zeit erfordern; später dann jedoch immer weniger; dann tritt die Kontinuität in den Vordergrund – und ein ständiges Optimieren.

Vor allem die Kunden freuen sich, ohne Vermittler und seine Provisionen an gute Interim Manager zu kommen. Mehr und mehr Kunden lernen mit der Zeit, wo und wie sie auf persönlichem Weg oder im Web gute und qualitätsgesicherte Interim Manager finden, und wie – bei Vorliegen einer konkreten Bedarfslage – Interim Manager rekrutiert, vertraglich verpflichtet und vor Ort im Unternehmen eingesetzt werden können.

Für Interim Manager gilt es nun,

- sich zu positionieren und die eigene Marke zu definieren;
- die Unterlagen auf einen aktuellen und zur Positionierung passenden Stil zu bringen;
- hochwertigen Content in einem möglichst hochwertigen Umfeld zu produzieren;
- die Vertriebskanäle damit zu bedienen, diese zu vernetzen und zu pflegen;
- Kontakte zu gewinnen – und einen Teil davon in vertrauensvolle Beziehungen zu verwandeln.

⇨ Dazu später mehr in **Kapitel 9 und 10**

5.3.6. Evolution der Provider

Das Geschäftsmodell von Providern verschwindet mit der verstärkten und immer professioneller werdenden Selbstvermarktung der Interim Manager aber nicht, sondern entwickelt sich evolutorisch weiter. Vier „neue Arten" an Providern – mit spezifischem Wertschöpfungsbeitrag – bilden sich heraus:

Der globale Großprovider

Dieser Provider-Typ ist Experte für die besonderen Anforderungen von international aufgestellten Großunternehmen an Flexibilität, ihre Art der Projektorganisation und darauf, wie ein Dienstleister mit ihnen zusammenarbeiten muss (Compliance). Solche Großprovider haben zu dieser Kundengruppe meist einen sehr guten Zugang, der jedoch i.d.R. aus der Zusammenarbeit bei anderen HR-Services stammt. Da sie auch den Großteil ihres Umsatzes in diesen anderen Bereichen machen (z.B. in der Zeitarbeit oder in der Personalberatung) und dort ihre Kernkompetenz als Unternehmen haben, ist Interim Management für sie i.d.R. nur ein Zusatzgeschäft. Somit können sie ihren Kunden (strategisch) eine breite Palette an HR-Services gesamthaft anbieten.

Ein solcher Provider

- hat als Zielgruppe vor allem Großunternehmen (international aufgestellt, hohe Anforderungen an Compliance, feste Standards und Prozesse beim Einkauf von Dienstleistungen, Arbeits- und Vertragssprache englisch);
- vermittelt für alle Branchen und alle Funktionen; meist jedoch auf unterem bis mittlerem Level in Bezug auf geforderte Qualifikation und den Tagessatz des Interim Managers;
- ist Teil eines globalen und entsprechend geführten Dienstleistungsunternehmens mit breitem Angebot (z.B. Zeitarbeit, Recruiting) und verfügt über eine professionell gepflegte globale und i.d.R. „starke", bekannte Marke
- ist beim Einkauf der Kunden gelistet (mit Lieferanten-Nummer) und musste sich dafür meist aufwändig in einem Auswahlverfahren als „Preferred Supplier" qualifizieren;

- nutzt Experten-Systeme für die Kandidatensuche im Web und eigene „Bewerber-Datenbanken"; vergleichbar zum Recruiting. Auch diese Prozesse und Systeme sind i.d.R. international einheitlich;
- wird Vertragspartner der Interim Manager und des Kunden (holländisches Modell; in einigen Fällen wird der Interim Manager als Zeitarbeiter unter Vertrag genommen);
- realisiert im Vergleich zu anderen Providertypen ein hohes Umsatz-Volumen im Interim Management, bei „sehr konkurrenzfähigen" Tagessätzen. Den Interim Managern kann er daher meist nur relativ niedrige Tagessätze bieten. Auch ihm selbst bleibt – wegen der geringen Kundenpreise und der intern zu bezahlenden Strukturkosten – nur eine relativ kleine Marge, die dann aber durch hohes Volumen und eine hohe Kundenausschöpfung (und damit Kundenbindung) kompensiert wird;
- wird im Markt mitunter wegen der Qualität des Personals kritisiert. Dieses würde im Interim Management ein „Massengeschäft" betreiben (Stichwort: „CV-Factories" / „CV-Schleudern"), welches den besonderen Anforderungen eines „Lösungsgeschäftes", wie Interim Management, nicht gerecht wird. Zudem würde das im Schnitt eher junge und beruflich unerfahrene Personal die besonderen Anforderungen im Bereich der Hochqualifizierung, wie sie im Bereich des Interim Managements (und auf Senior- oder Executive-Level) vorliege, nicht verstehen (fehlende „Augenhöhe").

Der Segment-Experte

Dieser Provider-Typus ist Experte für ein ausgewähltes Spezial-Segments des Interim Managements. Er steht meist für die Beherrschung eines bestimmten Fachthemas und hochqualitative Lösungen. Der Anspruch an die Qualität der eingesetzten Interim Manager dieses Spezial-Segments ist hoch, die Tagessätze und Margen ebenfalls. Der Klassiker – seit den Anfängen des Interim Managements – betrifft Projekte im Bereich der Restrukturierung & Sanierung. Es kann auch die Schwerpunktsetzung für eine Branche sein (z.B. Automotive oder Lebensmittel). Oder der Provider lässt klar erkennen, dass sein Kompetenzbereich in einem Funktionsbereich lieg, z.B. Finanzen / Rechnungswesen oder HR). Es gibt auch Provider, die sich für internationale Projekte positionieren. Eine weitere Schwerpunktsetzung im Markt der Provider betritt die Art des Interim Management-Projektes, z.B. die Vakanzüberbrückung, was sich in der Praxis z.T. sogar im Namen eines Providers spiegelt.

Ein solcher Provider

- belegt seine besondere Kompetenz in diesem Bereich z.B. durch
    - renommierte und bekannte „Kühlerfiguren“ des Providers, die u.a. entsprechende Fachbücher oder Fachartikel geschrieben haben, akademische Titel führen oder selbst über langjährige Praxis-Erfolge verfügen,
    - feste Kooperationen mit bestimmten Unternehmens- oder Personalberatungen in dem Fachgebiet,
    - Hinweise auf internationale Zusammenschlüsse, die dann auch die Bearbeitung internationaler Herausforderungen ermöglichen;

- verfügt über Kunden-Berater (Verkäufer / Key Account Manager / Consultants) die über „Stallgeruch“, eine eigene Ausbildung bzw. Studium oder langjährige eigene Erfahrung in diesem Segment verfügen. Dies umfasst Sprache („Branchensprech“, ggfs. auf englisch), Körpersprache, Kleidung und Habitus. Diese Berater sind üblicherweise in der Lage, die Kundenanforderung sehr genau zu erfassen und auch zu beurteilen, inwieweit ein Interim Manager diesen Anforderungen gerecht wird. Auch das Alter dieser Consultants, ihre Berufserfahrung und Sozialstruktur ist meist sehr ähnlich wie beim Entscheider des Kunden. Ein „guter“ Berater ist ein anerkannter Gesprächspartner beim Kunden; sein Rat bei der Auswahl des Kandidaten der Wahl wird geschätzt. Idealerweise wird er zum „Trusted Advisor“;

- hat sehr häufig Projekte, die denen es Schnittmengen mit der Unternehmensberatung als Dienstleistung gibt. In vielen Fällen ist in der Praxis zuerst eine (kurze) Analyse gefordert, der ein Vorschlag zur Umsetzung folgt, die anschließend geleistet wird. Manche Branchenkenner bezeichnen dies als „umsetzungsorientierte Beratung“. Einige Exponenten dieses Segments sprechen davon, dass bei ihnen die Beratung mit dem Interim

Management verschmelze und kaum auseinander zu halten sei. In der Praxis laufen machen Projekte sogar in Kooperation mit Unternehmensberatungen, von denen das Konzept für die Umsetzung stammt, oder die parallel weiter Teilaspekte der Lösung bearbeiten. Einige Provider in diesem Segment sind sogar Spin-offs von Unternehmensberatungen oder gehören einer Unternehmensberatung;

- verkauft nicht über Preis, sondern über eine erwartbare Leistung. Der „Return on Interim Management (RoIM)“ kann dargestellt und als Argument für den Wert der Dienstleistung, sprich „Wertschöpfungsbeitrag des Interim Managers“ verwendet werden. Der erzielte Tagessatz ist daher i.d.R. sehr hoch. Entsprechend kann auch einem besonders qualifizierten Interim Manager ein hoher Tagessatz gezahlt werden.

- nutzt sehr häufig immer noch einen eigenen, kleinen Kernpool an Experten, insbesondere solchen, mit denen man bereits erfolgreich und vertrauensvoll zusammengearbeitet hat. Zudem wird Kandidatensuche im Web betrieben (LinkedIn, Xing, UNITEDINTERIM). Dies vor allem dann, wenn man eine Anfrage erhalten hat, die nicht unbedingt die eigene Spezialisierung betrifft, die man aber „mitnehmen“ möchte. Qualitätsanforderungen an die Kandidaten sind jedoch auch in diesen „Randbereichen“ wichtig, steht doch immer der eigene gute Name und die Reputation bei Kunden auf dem Spiel;

- wird Vertragspartner der Interim Manager und des Kunden (holländisches Modell; in einigen Fällen wird der Interim Manager als Zeitarbeiter unter Vertrag genommen);

- begleitet i.d.R. die Projekte im Hintergrund. Dieses „Shadow Management“ oder „counceling“ ist gerade dann von Wert, wenn sich während des Projektes viel ändert und Kunde, als auch Interim Manager den Austausch mit einem erfahrenden Projektbegleiter bzw. Sparringsparter, der viele ähnlicher Projekte über die Jahre begleitet hat, schätzen. In der Praxis unterscheidet sich jedoch – je nach Provider – die Art und Weise und Qualität dieser Projektbegleitung.

Im Gegensatz zum oben dargestellten globalen Großprovider liegt die absolute Stärke dieses Providertyps in der **Qualität des Personals** sowie in der Höhe des i.d.R. erzielten **Tagessatzes**.

Der HR-Dienstleister

Dieser Typ Provider hat „Service“ auf seine Fahnen geschrieben. Als Allrounder im Bereich des Interim Management agiert er wie der verlängerte Arm einer internen Personalabteilung und „besorgt“ Interim Manager für alle Aufgabenstellungen und Fachbereiche.

Seine Zielgruppe ist der Mittelstand, bei denen die Personalabteilung sehr „lean“ aufgestellt ist, den Fokus auf die Personaladministration legt, oder von der das eher selten vorkommende Thema des Interim Managements nicht in der Tiefe beherrscht wird. Es kann auch sein, dass der Einsatz eines „teuren“ und hochqualifizierten Interim Managers aus Qualitätsgründen bewusst unter der Federführung eines kompetenten und politisch neutralen Dienstleisters abgedeckt werden soll. In diesen Fällen ist der Ansprechpartner des Providers i.d.R. die Geschäftsführung selbst.

Ein solcher Provider ist meist von mittlerer Größe und vom Inhaber geführt. Die HR-Rolle spiegelt sich im Personal und in den Qualifikationen der Kundenberater wider. Eine große „Service-Mentalität“, „HR-Kompetenz“ und „Fähigkeit den Prozess zu gestalten und zu führen“ (neuerdings auch das Bedienen von Datenbanken und die Suche im Web zur Identifikation von Kandidaten) ist wichtiger als das fachliche Verständnis darüber, was der Interim Manager beim Kunden in der operativen Praxis tun wird. Eine gute, persönliche (klassisch analoge) Vertrauensbeziehung mit großem Verständnis der kulturellen Besonderheiten und der Entscheider des Unternehmens prägt das Bild. Entsprechend kann der Provider bei der Vorauswahl, seinen Empfehlungen und auch in der Gestaltung des gesamten Prozesses genau auf die Bedürfnisse des Kunden eingehen.

Ob ein solcher Provider auf der einen Seite die fachlichen Anforderungen beim Kunden versteht und beurteilen kann, und auf der anderen Seite ein bestimmter Interim Manager nicht blendet und wirklich die erforderliche Qualifikation mitbringt, sei an dieser Stelle kritisch angemerkt. In der Praxis zeigt sich, dass manche

Kunden das auch gar nicht wollen. Sie wünschen einfach „als Service" eine gute Vorauswahl an Kandidaten. Und das schnell – und alles zu einem guten Tagessatz. Sie trauen sich dann selbst zu, das Fachliche zu beurteilen. Und wenn ein bestimmter Provider nicht diese Vorauswahl liefert, dann wird halt ein weiterer Provider gefragt. In der Regel arbeiten Provider ja ohne finanzielle Vorleistung des Kunden.

Die besondere Herausforderung dieses Providertypus sind sinkende Margen pro Projekt bei einer steigenden Anzahl an (unverbindlichen) Anfragen, die von der Kundenseite kommen.

Warum? Zunehmend besser über Interim Management informierte Kunden lernen mit jedem Projekt. Mit der Zeit weiß ein Kunde, wie und wo ein Provider seine Kandidaten besorgt, welche Alterativen es zur Ansprache von Interim Managern gibt (z.B. über Social Media und Plattformen). Ein Kunde kann, wie im Bereich der Festanstellungen auch, die Vorstellungsgespräche selbst organisieren. Er hat Vorstellungen zum Tagessatz und zu den sonstigen Konditionen. Somit wird er mit der Zeit immer weniger bereit, für „Service", den manche Kunden auch als „eigene Bequemlichkeit" oder „Convenience" bezeichnen, einen signifikanten Preisaufschlag zu bezahlen. Selbst wenn es dem Unternehmen gut geht, summieren sich die Ausgaben für einen Provider nämlich schnell auf mehrere 10-Tausend Euro pro Interim Manager.

In der Praxis zeigt sich seit Jahren, dass „service-affine" Kunden (um diesen Begriff zu verwenden) mehrere Provider dieses Typs ansprechen, wenn sie einen Interim Manager brauchen. Meist werden 3 Provider mit derselben Anfrage „beglückt" und starten parallel im Markt die Suche nach Kandidaten. Selbst wenn in eigenen Pool-Beständen nachgeschaut wird, ergeben sich Dopplungen, denn viele Interim Manager finden sich in den Poolbeständen mehrerer Provider oder werden parallel in den Business-Netzwerken oder bei UNITEDINTERIM gefunden und angesprochen. Solche „rat races" machen weder den Providern noch den Interim Managern Spaß. Sie führen letztlich zu einem Wettkampf darüber, welcher Kandidat von welchem Provider zuerst angesprochen wurde und wer den besten Preis bietet.

Die Folge: Schnelligkeit und Preis geht vor Qualität. Viele Kunden nehmen dies in Kauf, erhalten sie doch auf diese Weise innerhalb weniger Tage ein Dutzend CVs, unter den sie dann meist doch jemanden finden, der passt. Zudem kann ein Kunde durch das Ausspielen mehrerer Provider den Tagessatz erheblich verringern. Provider dieses Typus leben somit in einem Markt, in dem Schnelligkeit belohnt wird. Das Arbeitsvolumen pro realisiertem Auftrag steigt. Und sie müssen auch noch mit sinkenden Margen auskommen. Ohne jetzt finanzielle Kennziffern zu konkretiseren kann festgehalten werden, dass ihr „finanzieller Beitrag pro Anfrage" nach unten tendiert. Das zu kompensieren, geht vornehmenlich durch Kostensenkung (z.B. Modifikation der Wertschöpfungskette durch „abgespeckte Prozesse") oder einen Anstieg des realisierten Projekt-Volumens.

Folgerichtig zeigt sich aktuell im Markt, dass auf der einen Seite des Spektrums diese Provider immer kleiner werden und alles an Struktur- und Personalkosten sparen, was geht. Die Aufgabe repräsentativer Büros, die Verkleinerung von Mitarbeiterstäben (die dann teilweise selbst als Provider weitermachten) oder die Aufgabe – oder nur noch vordergründige Erhaltung – von aufwändigen eigenen Pools sind Belege dafür. Auf der anderen Seite werden andere Provider bewusst größer, um somit (Sprung-) Fixkosten auf mehr Schultern zu verteilen oder Größenvorteile zu realisieren (z.B. im Marketing). Zusammenschlüsse mehrerer Provider oder (internationale) Kooperationen waren und sind die Folge.

Der Scout

Dieser Provider-Typus ist der Experte für „bequeme" oder nicht digital affine Kunden, die nicht viel Geld für die Suche nach dem richtigen Interim Manager ausgeben wollen. Diese meist im Mittelstand tätigen Kunden wollen sich aber auch die Arbeit sparen, selbst Kandidaten zu suchen oder besitzen nicht die (digitale) Kompetenz oder die Zeitbudgets, um relevante Interim Manager im Web zu identifizieren.

Ein Scout ist daher eine sinnvolle Ergänzung der eigenen personalen Ressourcen des Unternehmens zum kleinen Preis. Er ist digital affin und sucht im Web bzw. auf Plattformen nach Kandidaten, die für die anstehende Aufgabe in Frage kommen, verfügbar sind und bereit sind, für einen bestimmten Tagessatz zu arbeiten. Diese Profile werden an den Kunden weitergegeben. Ein solcher Provider beschränkt sich jedoch auf diese Rolle im Research und wird nicht Vertragspartner der beiden Parteien.

Es handelt sich fast ausschließlich um „one man" bzw. „one woman shows"; eventuell noch mit einigen Teilzeitkräften. Es sind meist Personen, die eine persönliche Vertrauensbeziehung zu einem Top-Entscheider des Kunden haben – oder mit einer bestimmten Kompetenz in digitaler Suchmethodik werben, mit denen sich in einer digitalen Welt schnell bestimmte Engpass-Kandidaten aufspüren lassen. Solche Scouts wissen daher genau, welchen „Typ" dieser Entscheider bevorzugt oder sind besonders fit in digitalem Research. Auf der anderen Seite ist es naheliegend, dass sie i.d.R. das geforderte Fachliche oder Methodische eines Interim Managers nur oberflächlich beurteilen können. Aber das wird von ihnen auch nicht erwartet. Die Entscheider des Kunden geben klare Kriterien vor und sind der Meinung, die Endauswahl selbst übernehmen zu können. Es kommt ihnen mehr darauf an, vom Scout eine gute „Longlist" von verfügbaren Kandidaten zu erhalten.

Der Preis dieses Providers ist – aufgrund seines beschränkten Leistungsumfanges – sehr niedrig und i.d.R. ein erfolgsbasierter Pauschalpreis. Eine in der Praxis zu findende Variante ist die Übernahme von Recruitment-Aktivitäten als Dienstleistung auf Tages- oder Stundensatz-Basis je nach Umfang, Art und Dauer. Es ist kritisch zu hinterfragen, inwieweit dieser Typ Provider – vor dem Hintergrund einer zunehmenden Digitalkompetenz von Entscheidern (oder entsprechend qualifizierter HR-Abteilungen) – Zukunftschancen hat. Vermutlich ist es ein Übergangsphänomen, das sich nur noch solange hält, wie sich manche Interim Manager digital geradezu verstecken und die Entscheider beim Kunden „digital nicht fit" oder schlichtweg „bequem" sind.

6. Quellenverzeichnis

AIMP. (2018). Protokoll Workshop 2 - AIMP-Jahresforum 2018. *Zukunfts-Workshop zur Interim Management Arbeit im Jahre 2030.*

AIMP. (02. Juni 2020). *AIMP-Providerumfrage 2020*. Von Website AIMP - Arbeitskreis Interim Management Provider: https://www.aimp.de/fileadmin/data/AIMP_Umfragen/15_AIMP_PROVIDERUMFRAGE_17-04-2020.pdf abgerufen

butterflymanager GmbH. (01. Juni 2019). *Workshop zur Globalisierung - AIMP Jahresforum 2019.* Von Website der butterflymanager GmbH: https://www.butterflymanager.com/mehr-als-15-jahre-butterflymanager/workshop-zur-globalisierung/ abgerufen

butterflymanager GmbH. (01. Februar 2020). Insider, Umsetzer und Vordenker im Interim Management seit fast 25 Jahren! *Der Schmetterling - Kundenzeitschrift der butterflymanager GmbH*, S. https://www.butterflymanager.com/mehr-als-15-jahre-butterflymanager/insider-umsetzer-und-vordenker/.

IfM - Institut für Mittelstandsforschung Bonn. (20. Juni 2020). *Selbstständige/Freie Berufe.* Von Informationen rund um die mittelständische Wirtschaft: https://www.ifm-bonn.org/statistiken/selbststaendigefreie-berufe/#accordion=0&tab=1 abgerufen

Interim Excellence GmbH. (02. Juni 2020). *Homepage*. Von Website interim-x.com: https://www.interim-x.com/de-EU/ abgerufen

Interim Excellence GmbH. (02. Juni 2020a). *Preise für Unternehmen*. Von Website der Interim Excellence GmbH: https://www.interim-x.com/de-EU/fuer-unternehmen/preise/ abgerufen

Lettmann, S. (08. Juni 2020). *Wissen Interim Management. Welche Mehrwert hat ein Interim Manager für Ihr Unternehmen?* Von Website der butterflymanager GmbH: https://www.butterflymanager.com/mehr-als-15-jahre-butterflymanager/welchen-mehrwert-hat-ein-interim-manager-fuer-ihr-unternehmen/ abgerufen

Management Angels GmbH. (08. Juni 2020). *Ihre Voraussetzungen.* Von Website der Management Angels GmbH: https://www.managementangels.com/de/interim-manager-voraussetzungen abgerufen

Ohne Autor. (2015). Pilatus Event 2015: Interim Management – quo vadis? 25. September 2015. *Protokoll.*

Parker, G., Van Alstyne, M., & Choudary, S. (2016). *Platform Revolution – A Practical Guide to the New Economy that is Transforming the Way We Live, Work, and Play.* New York: W.W. Norton & Company.

Raab, A. (14. November 2019). *Digitalisierung und Kreativität - Personalexpertin Angela Raab: Die Kleinen verlieren den Anschluss.* Von Website der Business-on.de Christian Weis GmbH.: http://www.business-on.de/digitalisierung-und-kreativitaet-personalexpertin-angela-raab-die-kleinen-verlieren-den-anschluss-_id55321.html abgerufen

Resources Global Professionals (Germany) GmbH. (02. Juni 2020a). *Wie geht es mit den Online-Portalen weiter?* Von Website der Resources Global Professionals (Germany) GmbH: https://de.rgp.com/blog/interim-management/wie-geht-es-mit-den-online-portalen-weiter abgerufen

Resources Global Professionals (Germany) GmbH. (02. Juni 2020b). *Hompepage.* Von Website der Resources Global Professionals (Germany) GmbH: https://de.rgp.com/ abgerufen

Schönfeld, H. (29. Juni 2019). *UNITEDINTERIM Blog: Pommes rot-weiß für Interim Manager? Vertikale und offene Plattformen als smarte Kombi.* Von Website UNITEDINTERIM: https://www.unitedinterim.com/blogs/pommes-rot-weiss-fuer-interim-manager-vertikale-und-offene-plattformen-als-smarte-kombi.html abgerufen

Sunkel, U. (28. Mai 2020). *Warum BigData die Provider ersetzen kann. Lesenswert. Unser Blog.* Von Website Resources Global Professionals (Germany) GmbH: https://de.rgp.com/blog/interim-management/warum-bigdata-die-provider-ersetzen-kann abgerufen

Tsorro GmbH. (02. Juni 2020). *Homepage.* Von Website der Tsorro GmbH: https://tsorro.com/ abgerufen

Tsorro GmbH. (03. Juni 2020a). *Eperte werden.* Von Homepage der Tsorro GmbH: https://tsorro.com/experte-werden/ abgerufen

Xing. (12. August 2019). *Hallo! Das ist HalloFreelancer.* Von Hallo Freelancer - Ein Service von Xing. abgerufen

6. Kapitel: 10 Irrtümer über Interim Management

Autor: Jürgen Becker

Jede Branche, so auch das Interim Management, hat ihre „Irrtümer". Das sind Glaubenssätze, die von vielen Menschen ausgesprochen oder auch nur gedacht werden, in den meisten Fällen jedoch einer kritischen Analyse nicht standhalten können.

In der langjährigen Praxis der beiden Autoren Jürgen Becker und Dr. Harald Schönfeld sind zehn dieser „Irrtümer" immer wieder aufgetaucht. Diese wurden ursprünglich in einer Videoreihe mit beiden Autoren als Sprechern veröffentlicht, analysiert und kommentiert. Für dieses Handbuch wurden sie transkribiert und in leicht verkürzter Form dokumentiert. So findet sich im Folgenden eine Zusammenfassung der Scripts für die gleichlautendende Videoreihe – unterlegt mit zahlreichen Charts und weiterführenden Links.

Die Videoreihe wurde veröffentlicht als Playlist bei YouTube im Kanal von UNITEDINTERIM.

(https://www.youtube.com/c/UNITEDINTERIM)

1. Irtum: Interim Manager werden nur im Sanierungsfall eingesetzt

Der Anstoß zu unserer Serie kam von der Zeitschrift Impulse, die Ende November 2021 einen Artikel brachte, den ein Provider gesponsort hatte, mit der Überschrift: „8 Irrtümer über Interim Management."

Es war wohl mal wieder an der Zeit! Wir beide kennen diese „Irrtümer" seitdem wir im Interim Business tätig sind – und das ist immerhin seit 2003.

Aber irgendwie halten sich diese „Irrtümer" hartnäckig – was uns beide sehr erstaunt, denn der Providerverband AIMP und auch die Interim Management-Verbände in den gesamten deutschsprechenden Ländern versuchen über etwa den gleichen Zeitraum kontinuierlich gegen diese Irrtümer anzuarbeiten.

Ganz erstaunlich, weil offenbar nicht wirklich erfolgreich, denn diese Irrtümer geistern beharrlich durch die Medien und in der Folge dann auch durch die Unternehmen.

Das Schlimmste ist: Diese Irrtümer sind – gesamthaft betrachtet – massive Wachstumshemmer im Markt für Interim Management. Diese Irrtümer halten Kunden davon ab, Interim Manager so zu nutzen, wie sie es – zum eigenen Wohl – könnten. Und dadurch entgeht den Interim Managern viel Geschäft!

Ein neues Jahr ist angebrochen: Räumen wir also jetzt radikal mit diesen zum Teil unglaublichen Irrtümern auf – mit Zahlen, Daten und Fakten. Als unser Beitrag von UNITEDINTERIM.

Irrtum No. 1: Interim Manager werden nur im Sanierungsfall eingesetzt.

Ganz erstaunlich. Und seit mindestens 20 Jahren falsch – denn soweit wir zurückblicken können, hatte die Sanierung stets untergeordnete Bedeutung und hat nie einen Anteil von einem Fünftel am Interim Business überschritten.

Das sind öffentlich zugängliche und anerkannte Zahlen des AIMP aus der letzten Providerumfrage. Die inverse Aussage lautet also: Mehr als 80 Prozent des Interim Business hat mit Sanierungsfällen rein gar nichts zu tun!

Das zeigt die AIMP-Providerumfrage ganz eindeutig: Allein die Projekt-Vakanz, das klassische Projektgeschäft und Change-Management stehen jeweils für mehr Geschäft! Das zeigt, dass die Mehrzahl der Unternehmen Interim Manager in ganz anderen Bereichen einsetzen.

In ganz normalen Bereichen! Und während ein paar Jahren war sogar der Anteil der Projekte im Aufbau von Geschäften – also Unternehmen oder Geschäftsbereichen – höher. Die Interim Manager kamen also an Bord, um neu zu schaffen – nicht um das, was da ist, zu restrukturieren.

Wir können dieses Bild weiter abrunden mit einer weiteren Grafik – ebenfalls vom AIMP.

Hier zeigt die Providerumfrage, dass in nur 15 Prozent aller Projekte Interim Manager Aufgaben als Geschäftsführer mit Restrukturierungsaufgaben übernommen haben. Folglich haben 85 Prozent aller Mandate mit Restrukturierung rein gar nichts zu tun!

Das ist schon eine bemerkenswert verzerrte Wahrnehmung! Wir müssen uns deshalb fragen: Woher kommt diese dramatische Fehleinschätzung?

Zunächst müssen wir festhalten, dass das Interim Management seine Ursprünge im Restrukturierungsbereich hat.

Der große Schub, den das Interim Management dann in Deutschland im Rahmen der Deutschen Einheit nahm, hatte auch einen ganz klaren Fokus in der Restrukturierung: Denken wir nur an das Geschäft mit und über die Treuhand.

Dann denke ich: Das hat mit der Berichterstattung in den Medien zu tun. „Restrukturierung" hat immer einen Hauch von Dramatik und eignet sich daher für die Medien sehr viel besser als zum Beispiel die „Projektvakanz".

> *Stimmt: Ich erinnere mich an diese Ritter-, Retter- und Heldengeschichten. Stets bebildert mit einem Rettungsring oder so ziemlich allen Plattitüden aus der Welt der Feuerwehr. Leider nicht mehr im Netz verfügbar ist mein persönlicher Gipfel: Abgebildet war der Interim Manager auf der Landebahn mit dem Helikopter im Rücken: Unfassbar!*

Fassen wir zusammen: Die Restrukturierung ist ein wichtiger Geschäftsbereich im Interim Business – aber keinesfalls der Wichtigste.

> *Das Projektgeschäft außerhalb der Restrukturierung ist fast dreimal so groß und das Change-Management hat zumindest eine gleich wichtige Bedeutung. Was also empfehlen wir?*

Ganz einfach: Entfernen Sie im Hinterkopf das Etikett „Restrukturierung" – und ersetzen Sie es durch „schnell verfügbare Fachleute", auf die Sie nicht ewig warten müssen.

2. Irrtum: Interim Manager kommen nur auf Geschäftsführerebene zum Einsatz

Auf den ersten Blick scheint dieser zweite Irrtum sich kaum vom ersten zu unterscheiden. Dennoch sprechen wir von zwei völlig unterschiedlichen Themenkomplexen.

Genau, denn Irrtum No. 1 betrifft die Frage, welche Art Aufgabe im Unternehmen zu erledigen ist – und spiegelt durchaus die Lebensphasen eines Unternehmens wider: Vom Aufbau, über das Überbrücken von Kapazitätsengpässen in der Wachstumsphase, die klassische Projektarbeit in der Reifephase bis zum Change Management in der Revitalisierungsphase und schließlich zur Restrukturierung.

Heute aber widmen wir uns der Frage: „In welcher Linienfunktion oder in welchen Ebenen übernehmen dann Interim Manager die Mandate in den Unternehmen"? Und das ist keinesfalls in der Masse die Geschäftsführungsebene.

Wer würde das beim pyramidalen Aufbau der Unternehmen auch erwarten? Als ob die Masse der Mandate ausgerechnet an der Spitze der Pyramide anfallen würde – und nicht in der tragenden Basis darunter.

Richtig! Und deshalb findet auch nur knapp ein Viertel der Interim Mandate auf der Geschäftsführungsebene statt. Auch diese Zahlen sind vom AIMP und öffentlich zugänglich.

Fassen wir an dieser Stelle kurz zusammen: Das Interim Management von heute ist keineswegs dominiert durch Geschäftsführer mit Restrukturierungsaufgaben. Stattdessen hat das Interim-Business das gesamte Spektrum der betrieblichen Funktionen erreicht.

Ja. Weil es handfeste Vorteile für die Unternehmen bietet. Schauen wir uns das Jahr 2020 im Detail an.

Für viele vielleicht überraschend wurden Interim Manager und Interim Managerinnen für Personal im Jahr 2020 besonders stark nachgefragt. Stärker als jede andere Funktion.

Das ist im Übrigen kein Ausreißer. Wenn Sie sich die AIMP-Providerumfragen der letzten Jahre anschauen, dann werden Sie das erkennen.

Letztlich ist das auch nicht weiter verwunderlich. Spezialisten für das Thema Personal werden vor allem vom Mittelstand nachgefragt. Hier hatte die Personalabteilung in der Vergangenheit mitunter die Rolle des internen Einwohnermeldeamtes, das dann den aktuellen Herausforderungen nicht mehr gewachsen ist.

Und deshalb muss Knowhow von außen zugeführt werden, wenn das Unternehmen z. B. auf den Feldern „War for Talent", Employer Branding oder Agilität punkten möchte.

Woher sollte dieses Knowhow sonst kommen, wenn nicht von Interim Managern und vor allem Interim Managerinnen, die diese Linienfunktion dominieren? Dadurch, dass der bisheriger Personalleiter für eine Woche auf ein Seminar geschickt wird? Das funktioniert nie im Leben!

Traditionell stark nachgefragt werden Interim Manager für den Bereich Finanzen. Systemeinführung, Fast Closing oder auch Optimierung der Prozesse lauten hier ein paar beispielhafte Themen.

Mitunter macht auch die Hausbank liebevoll ihren Einfluss geltend, weil das Kundenunternehmen nicht mehr die Vorgaben an das Reporting erfüllt. Hier hilft dann ein Interim Manager, dass diese Vorgaben möglichst schnell erfüllt werden.

Lass uns abschließend noch auf die Techniker eingehen, denn Techniker sind seit Jahren sehr gefragt, auch wenn die letzten verfügbaren Zahlen vom AIMP das nicht widerspiegeln. Wir vermuten, dass dies Corona-bedingt ist.

Technischer Leiter, Werks- und Produktionsleiter sind Überschriften für viele Anforderungsprofile im Markt. Und die Themen heißen hier z. B. Prozessoptimierung, Lean Management, Automatisierung oder auch Verlagerung.

Fassen wir unsere Einschätzung zum Irrtum No. 2. zusammen: Interim Manager kommen eben nicht nur auf Geschäftsführungsebene zum Einsatz! Das Projektgeschäft außerhalb der Geschäftsführungsebene ist deshalb rund dreimal so groß und Personal, Finanzen und Technik sind dort die bestimmenden Linienfunktionen.

Was also empfehlen wir?

Ganz einfach: Entfernen Sie im Hinterkopf das Etikett „Geschäftsführung“ – und ersetzen Sie es durch „schnell verfügbare Fachleute“, auf die Sie nicht ewig warten müssen.

3. Irrtum: Interim Manager machen das Gleiche wie Unternehmensberater

„Interim Manager machen das Gleiche wie Unternehmensberater“ lautet der Irrtum No. 3, mit dem wir uns heute beschäftigen.

Eine ganze Reihe von Interim Managern nennen sich auch „Unternehmensberater“ oder Berater bieten zusätzlich Interim Management-Dienstleistungen an. Wir brauchen uns also gar nicht zu wundern, wenn viele Kunden – und vielleicht sogar auch Interim Manager – da gar keinen Unterschied sehen.

Richtig, in der Praxis finden sich halt viele Ungenauigkeiten. Doch das soll uns jetzt nicht davon abhalten, mal eine saubere Abgrenzung zu versuchen. Denn wir brauchen diese Klarheit in der Branche – nicht nur an dieser Stelle.

Klarheit im Begriff führt zu Klarheit in der Wahrnehmung von Interim Managern, in der Beurteilung, von dem, was ein Interim Manager bei einer konkreten Problemstellung an Mehrwert bringen kann, in der Entscheidung für oder gegen einen bestimmten Kandidaten und letztlich in der Kommunikation aller Marktteilnehmer.

Ich halte es für einen guten Ansatz, wenn wir im ersten Schritt maximal vereinfachen – und in einfachen Bildern denken. Und uns zunächst einmal fragen: Wie viele Berater gibt es in Deutschland – und wie viele Interim Manager gibt es in Deutschland?

Statista berichtet für 2020 von 184.000 Beratern und der AIMP von gut 13.000 Interim Managern – neuere Zahlen liegen noch nicht vor. Etwas vereinfacht gesagt, gibt es fast 13mal so viele Berater wie Interim Manager in Deutschland. Wenn also Statista und der AIMP sauber trennen, dann wird es für die Unterscheidung gute Gründe geben. Was unterscheidet also beide?

Wenn wir auch hier etwas vereinfachen und plakativ bleiben, dann ist der Berater der Vordenker, der Analytiker – der aufzeigt, wie´s gehen soll. Dem gegenüber ist der Interim Manager der Experte für die operative Umsetzung und Durchsetzung definierter Maßnahmen.

An dieser etwas vereinfachenden Stelle müssen wir festhalten, dass ein Berater damit leben muss, dass seine Vorschläge, dass seine Konzepte nicht in jedem Fall vom Unternehmen umgesetzt werden. Ein Unternehmen ist völlig frei in dieser Entscheidung – und es gibt tatsächlich solche Fälle, in denen die Empfehlungen des Beraters nicht umgesetzt werden, sondern im Archiv verschwinden.

Ein Interim Manager hingegen wird, einmal an Bord, ausschließlich mit der Umsetzung beschäftigt sein. Dass er hierbei eigene Ideen einbringen wird, ist selbstverständlich. Aber er wird nicht in der Lage sein, z. B. ein Konzept, das das Unternehmen von einem Berater hat erarbeiten lassen, zu kippen. Ich habe das Unternehmen ausdrücklich sagen hören.

Um seine Dienstleistung erbringen zu können, hat ein Berater in aller Regel ein so genanntes „Back-Office", das ihm zuarbeitet – hier vor allem das Research abdeckt und zum Beispiel Berichte und Präsentationen erstellt. In diesem Bereich arbeiten dann auch typischerweise die Junior-Berater am Anfang ihrer Karriere.

Ein Interim Manager hat ein solches Backoffice nicht. Das ist auch letztlich nicht erforderlich, weil er operativ im Unternehmen agiert und dort tut, was immer zu tun ist. Hierbei greift er auf die komplette Infrastruktur des Unternehmens zu – und so ist es durchaus möglich, dass Interim Manager Unternehmensberater beauftragen, z. B. den Einstieg in einen neuen Markt vorzudenken und vorzubereiten.

Umgekehrt stehen Unternehmensberater nicht einmal selten vor der Situation, dass ihr Kunde sagt: „Wir finden es gut, was Sie vorschlagen: Setzen Sie das bitte um!" Das können die Berater dann typischerweise nicht, weil sie weder über die Kapazitäten noch die operative Erfahrung verfügen.

Um in einer solchen Situation die erforderlichen Kapazitäten bereitstellen zu können, holen Berater dann Interim Manager an Bord.

Das erklärt auch, weshalb Unternehmensberater zu den Kunden von UNITED-INTERIM zählen.

Damit sind wir beim Thema „Operative Erfahrung", auf das wir an anderer Stelle ausführlicher eingehen werden. Sie werden auf junge Berater treffen, die über das aktuelle Uni-Wissen verfügen – ganz besonders in den führenden Beratungshäusern. Sie werden jedoch einen solchen jungen Menschen niemals im Interim Management finden.

Aus Kundensicht ist das undenkbar, weil die Kunden mit einem Interim Manager oder einer Interim Managerin stets neben dem Wissen auch die entsprechende Erfahrungen ins Unternehmen holen möchten. Einfach, weil dann die Erfolgswahrscheinlichkeit viel höher ist – ganz besonders dann, wenn der Interim Manager eine vergleichbare Aufgabe schon einmal gestemmt hat.

Ja. Das ist eine ganz andere Kompetenz, die viel mit Menschen und langjähriger Berufserfahrung zu tun hat. Ein Interim Manager oder eine Interim Managerin arbeitet dabei als Experte oder Führungskraft mit dem Team des Unternehmens und arbeitet mit den Kollegen und Kolleginnen im Kundenunternehmen eng zusammen.

Und wenn der Interim Manager am Ende des Projektes geht, dann hat er eine ganze Menge von seinem Wissen an das Team übertragen. Es gibt Unternehmen, die nehmen diesen „Knowhow-Transfer" ausdrücklich in den Vertrag mit dem Interim Manager auf. Denn dann funktioniert das auch nachhaltig – und nicht nur theoretisch auf schönen Charts oder in Studien.

Werfen wir zum Abschluss noch einen Blick auf die Kosten – denn auch hier unterscheiden sich Berater und Interim Manager deutlich.

Richtig. Der Tagessatz eines Interim Managers beträgt etwa den Faktor 0,7 eines Unternehmensberaters. Ein Interim Manager ist also im Schnitt ein Drittel „günstiger" als ein Unternehmensberater. Warum ist das so? Ein Interim Manager ist im Schnitt viel länger in einem Projekt tätig als ein Berater. Hinzu kommt sein Backoffice, das wir angesprochen haben und das er finanzieren muss. Natürlich gibt es im Einzelfall Unterschiede – je nach individueller Qualifikation und Person.

Wenn wir genauer hinsehen, dann unterscheiden sich Berater und Interim Manager deutlich. Wie also lautet unsere Empfehlung?

Entfernen Sie im Hinterkopf das Etikett „Berater", wenn Sie an Interim Manager denken – und ersetzen Sie es durch „schnell verfügbare und operativ starke Fachleute", auf die Sie nicht ewig warten müssen.

4. Irrtum: Interim Manager brauchen zu lange, bis sie einen echten Beitrag liefern

„Interim Manager sind schnell verfügbar und schnell wirksam." Das ist einer der Glaubenssätze von Interim Managern – und auch von Personalchefs, die Interim Manager engagieren. Doch es gibt auch die Gegenposition: „Interim Manager brauchen zu lange, bis sie einen echten Beitrag liefern."

Die Argumentation um das Thema Schnelligkeit und Wirksamkeit sollte jeder Interim Manager kennen, der mit Kunden über seinen Mehrwert – und damit über seinen Tagessatz – spricht. Aber auch für Entscheider in Unternehmen ist das wichtig, um einzuschätzen, was der Einsatz eines Interim Managers oder einer Interim Managerin wirklich bringt.

Gehen wir einmal systematisch vor. Starten wir mit dem Rekrutierungsprozess. Danach werden wir uns anschauen, wie schnell Interim Manager in den Job hineinkommen und wirksam werden.

Für Manger in Festanstellungen haben wir ja üblicherweise 7 Phasen eines Rekrutierungsprozesses. Sie werden das kennen.

1. Bedarfsanalyse
2. Definition Stellenprofil (Job Description) / Anforderungsprofil
3. Zusammenarbeit mit Personalberater und/oder selbst Stellenanzeigen erstellen und veröffentlichen / posten (intern / extern)
4. Vorauswahl
5. Durchführung von Interviews (virtuell / persönlich),ggfs. mehrere Runden
6. Kandidatenauswahl
7. Integration / Onboarding

Wir wissen alle, dieser Prozess dauert inzwischen viele Monate. Die aktuelle Marktlage kennen wir alle. Und dann gibt es vertraglich ja meist auch noch wie auch immer geartete Kündigungsfristen. So sind es dann in der Praxis bei Führungskräften durchaus 9 Monate zwischen der Erkenntnis „Wir brauchen jemanden" bis zum Arbeitsbeginn.

Im Interim Management ist die Struktur des Rekrutierungsprozesses sehr ähnlich. Jedoch unterscheidet sich der Prozess an zwei Stellen ganz erheblich: Die erste lautet: „Schnelligkeit" – denn das ist einer der ganz entscheidenden Vorteile des Interim Managements.

Das heisst: Interim Manager sind faktisch schneller an Bord als ein Festangestellter. Wenige Tage oder maximal 2-3 Wochen im Vergleich zu 6 bis 9 Monaten.

Der zweite wesentliche Unterschied ist die Ausrichtung des Rekrutierungsprozesses: Hier soll ein Mensch an Bord geholt werden, der sich ausschließlich um eine Aufgabe kümmert – und nicht jemand, der langfristig und ins Gefüge passend das Unternehmen prägen soll. Und selbstverständlich versuchen die Unternehmen dann jemanden zu finden, der eine solche Aufgabe schon einmal gelöst hat.

Richtig. Solche Interim Manager sind dann erste Wahl. Üblicherweise erhöht das die Sicherheit, dass diese Aufgabe ein erneutes Mal erfolgreich erledigt wird – und meist ist solch ein Experte dann ja auch schneller unterwegs, weil er weiß, worauf es ankommt. Noch ein Punkt ist, dass diese Aufgabe bis auf die Verträge durchschlägt: Während der Vertrag für eine Festanstellung die Rolle oder die Funktion im Unternehmen beschreibt, definiert der Vertrag mit einem Interim Manager die Aufgabe, das Projekt, bis hin zu Teilprojekten.

Kommen wir jetzt zur Wirksamkeit im Unternehmen. Hier denkt man bei neuen Mitarbeitern in der 100 Tage-Dimension: Diese 100 Tage gesteht man neuen Mitarbeitern zu, um sich erst einmal zu orientieren.

Richtig. Wenn man im Internet nach den Stichworten „Führungskräfte" und „100 Tage" sucht, dann findet man sogar „Checklisten" wie diese von der Karriere-akademie. Dort erfährt man, dass es Führungskräften in den ersten 100 Tagen ihrer Tätigkeit erst einmal um Standing geht, um Vertrauensaufbau, und um den Aufbau eines Netzwerkes im Unternehmen.

Genau – und das ist wichtig an dieser Stelle: Neuen Führungskräften wird in dieser Zeit eher ein Beobachten als ein Handeln empfohlen: Die ersten 100 Tage sollen lieber zur Orientierung genutzt werden: Um sich mit der Unternehmenskultur zu befassen, mit dem Kennenlernen der internen Strukturen und Abläufe; mit Fragen Stellen und Einlesen. Es geht aber auch darum – ich zitiere – sich „in Szene zu setzen".

Merken Sie etwas? Es geht nur am Rande um konkrete Aufgaben, die dringend anstehen! Soweit zum Mindset, dass offenbar von Angestellten, die Karriere machen wollen und sollen, erwartet und gelebt wird.

Ich huldige jetzt mal meinem Image als Minister der Finsternis: Wer als Entscheider bei dringend anstehenden Aufgaben einen Festangestellten sucht, und erwartet, dass eine solche Aufgabe mit Hochdruck angegangen wird, der wird wohl bei Kandidaten auf Unverständnis stoßen. Jeder der Karriere machen will, würde ein extrem hohes Risiko fahren, wenn er so vorgehen würde.

Die Risiken sind Widerstände oder Untiefen, die ein Neuer oder jemand, der etwas zum ersten Mal macht, gar nicht kennt. Es ist ja auch normal, dass man am Anfang eines neuen Jobs noch nicht alles beherrschen kann, sondern erst hineinkommen muss.

Und er würde auf eine interne Organisation treffen, die gar nicht darauf vorbereitet ist, dass der oder die Neue sofort mit einem bestimmten Thema loslegen will. Ich weiß aus eigener Erfahrung, dass das gern einmal für Irritationen sorgt – und damit Widerstände aufbaut.

Richtig. Das sind alles Gründe, weshalb ein Interim Manager geholt wird, der Profi für genau die anstehende Aufgabe ist. Interim Manager müssen natürlich am Anfang auch erfassen, was in einer Firma los ist. Doch dann können sie sich voll auf die Aufgabe konzentrieren.

Und das tun sie auch, denn sie brauchen keine Zeit in Firmenpolitik oder für die eigene Karriere zu investieren. Und ganz wichtig: Es liegt nahe, dass jemand, der eine bestimmte Aufgaben schon 2- oder 3mal erfolgreich erledigt hat, viel weniger Zeit braucht, um zu verstehen, was Sache ist und loslegen kann.

> *Er weiß in der Regel auch schon, was die Knackpunkte für den Erfolg sind. Es liegt einfach auf der Hand, dass dann auch weniger Fehler gemacht werden, die Geld kosten oder mit denen man Zeit verliert. Abgesehen davon ist – gerade wenn es um Veränderungen geht – die Akzeptanz einer solchen Person wesentlich höher.*

Damit ist klar: Wenn ein Unternehmen will, dass bestimmte Maßnahmen oder Projekte zügig angegangen und zielstrebig umgesetzt werden, dann ist es mit einem Interim Manager sehr gut bedient. Interim Manager sind es gewohnt, sich schnell auf neue Menschen und Situationen einzustellen. Sie bringen ein hohes Maß an Praxiserfahrung aus unterschiedlichen Projekten mit. Damit können sie von Anfang an Best-Practice-Knowhow einbringen und sehr zügig einen echten Beitrag liefern.

> *Professionelle Interim Manager verfügen über eine bewährte Methodik, die ersten Tage und Wochen zu gestalten. Ein Beispiel ist René Bollier. Er erhielt im Jahre 2011 vom AIMP die Auszeichnung als Interim Manager des Jahres. Von 2018 bis 2019 war er zudem Präsident des Dachverbandes Schweizer Interim Manager – DSIM. Mit all seiner Erfahrung sagt er: „Ein guter Interim Manager erzeugt schon am ersten Tag Wirkung".*

René Bollier macht deutlich, dass die Arbeit eines professionellen Interim Managers schon vor dem Antritt im Unternehmen vor Ort beginnt. Sie startet mit einer klaren Skizzierung des Projektes und dessen Zielen. Ab Tag 1 stehen dann die Plausibilisierung der Vorgaben und die Konkretisierung des Plans im Vordergrund. Danach folgen ein konkretes Konzept und die konsequente Umsetzung.

5. Irrtum: Das sind Führungskräfte, die keinen festen Job mehr bekommen

Ein sehr weit verbreiteter Irrtum lautet: „Interim Manager sind ehemalige Führungskräfte, die keinen festen Job mehr bekommen!" Heute wollen wir uns anschauen, was an dieser Aussage dran ist.

Zunächst einmal hat mich schon immer diese latente Abwertung irritiert: Denn in dieser Aussage schwingt mehr als deutlich durch: „Feste Jobs sind gut! Und wenn Du keinen festen Job hast, dann bist Du eben nicht gut!" Was für eine Arroganz! Was für ein Blödsinn!

Natürlich: Denken Sie z. B. nur an Architekten, Steuerberater, Ärzte oder Künstler. Es gibt viele Menschen, die als Freiberufler oder Selbständiger exzellente Arbeit leisten. Aber lassen Sie uns dem Thema systematisch nähern – und zunächst einmal festhalten, dass die Aussage „Interim Manager sind ehemalige Führungskräfte, die keinen festen Job mehr bekommen!" in 2 Teilaussagen untergliedert werden muss, die wir in den nächsten 5 Minuten separat abhandeln.

Ja, die erste Teilaussage lautet: „Das sind ehemalige Führungskräfte. Die zweite: „Die bekommen keinen festen Job mehr!"

Auf der Grundlage unserer fast 20-jährigen Praxis können wir festhalten: Die erste Teilaussage trifft zu. Wir kennen kaum Menschen, die ins Interim Management eingestiegen sind, ohne vorher als Führungskraft angestellt in Unternehmen tätig gewesen zu sein.

Typischerweise bringt ein Interim Manager oder eine Interim Managerin, die ins Interim Management einsteigen, mindestens 10 Jahre Führungserfahrung im Angestelltenverhältnis mit. Und das muss auch so sein, denn die Kundenunternehmen erwarten ausgeprägte Praxiserfahrung. Ausnahmen gibt es aus meiner Sicht letztlich nur für professionelle Projektmanager: Hier ist die Führungserfahrung aus meiner Sicht dem Methodenwissen untergeordnet.

> *Halten wir deshalb fest: Es ist richtig, dass Interim Manager so gut wie ausnahmslos Führungskräfte sind, die über viele Jahre und in der Regel in unterschiedlichen Unternehmen erfahren sind. Diese hochqualifizierten Menschen stehen den Unternehmen für anstehende Aufgaben zur Verfügung – und das kurzfristig. Und nicht erst nach 9 Monaten.*

Kommen wir nun zur zweiten Teilaussage: „Die bekommen keinen festen Job mehr!" Ich denke ganz persönlich: Da ist was dran – denn viele sind in der Altersklasse zwischen 50 und 55, wenn sie sich für die Karriere im Interim Management entscheiden.

> *Wir wollen an dieser Stelle nichts beschönigen: Viele in dieser Altersklasse tun sich schwer, einen Job in Festanstellung zu bekommen. Daran hat in der Praxis auch das Antidiskriminierungsgesetz nicht viel geändert.*

Wenn wir uns jedoch einmal anschauen, was genau dazu geführt hat, dass sich solche Menschen um eine neue Aufgabe bemühen müssen, dann hat das durchaus nicht immer mit dem Menschen und seiner Qualifikation zu tun.

> *Ganz und gar nicht: Wie oft hören wir von Restrukturierungen und Kostensenkungsprogrammen, von Fusionen und Verlagerungen sowie strategischen Neuausrichtungen, die zur Freistellung solcher Menschen geführt haben.*

Und genau an dieser Stelle kommt jetzt eine neue Komponente hinzu. Nämlich, dass solche Menschen ganz bewusst für sich entscheiden: Nicht mehr mit mir! Nie wieder eine abhängige Beschäftigung! Und die ab dann für keine Festanstellung mehr zur Verfügung stehen.

Diese Entscheidung wird dann öfter als man glauben möchte, auf einem soliden finanziellen Fundament getroffen: Die Abfindungen, die in aller Regel gezahlt werden, gesellen sich zu privaten Mitteln.

Und damit steht dann einer Karriere im Interim Management grundsätzlich nichts im Weg: Hoch qualifizierte Menschen, unabhängig und nicht mehr an einer Karriere im Kundenunternehmen interessiert, suchen sich die Unternehmen aus, für die sie arbeiten möchten.

Und das ist in jüngerer Zeit eindeutig zu erkennen: Wenn ein Kundenunternehmen den Vorstellungen eines richtig gut qualifizierten Interim Managers nicht entspricht, dann wird das Projekt abgelehnt.

Professionelle Interim Manager gehen deshalb auch nur noch ganz selten zurück in eine Festanstellung. Das zeigen die Analysen des AIMP ganz eindeutig! Nur zwischen 3 und 6 Prozent der Projekte führen am Ende zur Festanstellung des Interim Managers im Kundenunternehmen. Diese Zahlen und unsere Erfahrung sagen uns: Wer einmal als Interim Manager tätig ist – und zwar erfolgreich – bevor-zugt es, als Interim Manager unabhängig zu bleiben.

Aus meiner Sicht ist das ein ganz starkes Zeichen dafür, dass die Aussage „Die bekommen keinen festen Job mehr“ falsch ist. Aber wir möchten eine weitere Facette herausarbeiten, die zu dieser Aussage gehört.

Ja, und das möchten wir deshalb unbedingt an dieser Stelle ansprechen. Es gibt in der Tat etliche Führungskräfte, die z.B. mit Mitte 50 aus unterschiedlichen Gründen ohne Job dastehen und mit Nachdruck an einer neuen Festanstellung arbeiten. Aber dann über einen längeren Zeitraum nicht erfolgreich sind.-

Dann steigt typischerweise der Panik-Level – und dann entdecken solche Menschen das Interim Management für sich. Die Logik lautet hier: „Ehe ich nichts habe, mache ich mich als Interim Manager selbständig. Vielleicht komme ich auf diesem Weg an eine neue Festanstellung."

Ein solches Vorgehen ist in aller Regel zum Scheitern verurteilt: Denn der Markt hat sich inzwischen derart professionalisiert, dass nur noch Anbieter dauerhaft erfolgreich sein können, die selbst professionell vorgehen: Also über eine klare Experten-Positionierung verfügen, dem Kunden ihren Mehrwert als Interim Manager aufzeigen können, über einen hochwertigen Marktaufritt und eine systematische Marktbearbeitung verfügen. Und das ist bei diesem „Trojanischen Pferd" in den seltensten Fällen so.

Und die Kunden spüren das typischerweise. Wir kennen Fälle, in denen das Unternehmen Kandidaten abgelehnt hat mit dem Argument: „Der oder die möchte ja eine Festanstellung bei uns. Dort haben wir aber andere Pläne." Wie aber können sich Unternehmen vor solchen „Verzweiflungs-Kandidaten" schützen?

Das ist in der Tat nicht ganz einfach – aber, wenn Sie solche Kandidaten ausschließen möchten, dann helfen Ihnen Zertifikate, wie sie z. B. die renommierte Steinbeis Augsburg Business School anbietet oder aber das Qualitätssiegel von UNITEDINTERIM sicher ein gutes Stück weiter.

6. Irrtum: Interim Manager sind zu teuer

Unser Thema heute lautet: Interim Manager sind zu teuer! Gemeint ist hier: Zu teuer im Vergleich zu festen Mitarbeitern, nicht etwa zu teuer im Vergleich zu Beratern.

Zur Erinnerung: Wir haben diese kleine Video-Reihe aufgesetzt, um im Detail auf einen Artikel einzugehen, den das Magazin Impulse veröffentlicht hatte. Dieser Artikel war überschrieben mit dem Titel „8 Irrtümer über Interim Management". Die Aussage „Interim Manager sind zu teuer" wurde folglich von Impulse als „Irrtum" gebrandmarkt.

Wie stets wollen wir uns systematisch dieser Einschätzung nähern: Mit Zahlen, Daten, Fakten. Ich sage vorweg, mein Kollege Jürgen Becker wird sich in seiner analytischen Art nicht scheuen, mit dem Feuerzeug zu spielen und an den Lebenslügen so mancher Branchenteilnehmer herumzuzündeln.

Die Aussage „Interim Manager sind zu teuer" begleitet mich so lange wie ich im Interim Management tätig bin. Und solange der AIMP seine Provider-Studie veröffentlicht, wurde dieses „zu teuer" als der wichtigste Hinderungsgrund genannt, der Unternehmen davon abhält, Interim Manager zu beauftragen:

Wir beziehen uns immerhin auf die inzwischen 16. AIMP-Studie – und dieser Hinderungsgrund war in jedem Jahr mit Abstand der wichtigste. Mit stets um 30 Prozent. Also durchaus ein hochgradig relevanter Grund, der die Nachfrageseite abwinken lässt.

Auf solche Situationen kann die Anbieterseite grundsätzlich durch zwei Maßnahmen reagieren. Sie (1) reduziert die Preise und (2) sie macht der Nachfrageseite klar, dass ihre Einschätzung unzutreffend ist. Die zweite Option ist – trotz nennenswerter Anstrengungen – krachend gescheitert. Anderenfalls hätte die Aussage nicht über eineinhalb Jahrzehnte durchgängig als wichtigster Hinderungsgrund genannt werden dürfen.

Zu diesen nennenswerten Anstrengungen gehört, dass so ziemlich jeder Provider eine Modellrechnung vorweisen kann, die nachweist, dass Interim Manager kaum teurer sind als Mitarbeiter in Festanstellung.

Ich erinnere mich noch gut an diese Übung: Da hatte ich 2003 online ein Excel-Sheet zur Verfügung gestellt. Mit vielen Variablen, die das Unternehmen einsetzen konnte. Inhaltlich abgestimmt mit dem damaligen Personalchef von Accenture. Im Nachhinein: Eine brachiale Zeitverschwendung.

Ja, so ein Excel-Sheet hatte ich in meinen Anfängen in der Branche vor fast 20 Jahren auch erstellt – was hatten wir im Provider-Verband immer wieder und über Jahre hinweg diskutiert, was da alles an Kosten für Festangestellte anzusetzen sind, die bei Interim Managern einfach nicht vorkommen. Und der eine oder andere Anbieter stellt solche Rechner auch heute noch zur Verfügung. Wenn es Sie interessiert: Wir stellen Ihnen zwei davon in der Beschreibung zu diesem Video zur Verfügung – unter anderem den Rechner vom AIMP.

Ja, das ist alles mathematisch sehr schön – jedoch hat es nicht helfen können, diesen 30 Prozent-Wall gegen das Interim Management einzureißen. Der ehrenwerte Versuch, etwa einem Drittel der Unternehmen klarzumachen, dass sie falsch unterwegs sind, ist aus meiner Sicht vollkommen gescheitert. Fragen wir uns deshalb: Woran liegt das?

An dieser Stelle wird gern vermutet, dass diese rund 30 Prozent zum Mittelstand gehören. Und da der Mittelstand nicht so hohe Gehälter zahlt, sind Interim Manager folglich kein Thema.

Dagegen sprechen zwei Argumente: Zunächst, dass Interim Manager ihren Tagessatz durchaus den Gegebenheiten beim Kunden anpassen. Und daraus folgt, dass es sehr wohl Interim Manager gibt, die für Projekte im Mittelstand geringere Tagessätze fordern als im Konzernumfeld.

Das zweite Argument lautet: Der Mittelstand ist für mindestens die Hälfte der Nachfrage nach Interim Managern verantwortlich.

Auch das weist die AIMP-Providerstudie seit Jahren nach! Was folgern wir daraus? Erstens: Es gibt eine große Gruppe von Unternehmen, die Interim Manager für zu teuer halten – unabhängig von smarten Rechenmodellen, die das Gegenteil beweisen.

Und zweitens: Diese große Gruppe setzt sich nicht ausschließlich aus Unternehmen des Mittelstandes zusammen. Ich folgere daraus: Interim Manager werden diese Gruppe nur dann erschließen können, wenn die Preise gesenkt werden. Für den Endkunden, das Unternehmen.

Mit solch einer knallharten Aussage machst Du Dich aber unbeliebt.

Nun: Es ist nicht mein Job, mich beliebt zu machen.

Ich glaube aber nicht, dass Du willst, dass Interim Manager, die beim Kunden vor Ort die Leistung erbringen, Honorar-Einbußen erleiden. Aus Sicht der Interim Manager muss es da einen anderen Weg geben.

Sicher. Und dieser Weg kann dann nur lauten: Die Providermarge muss weg! Und es ist ja kein Geheimnis, dass wir hier von irgendwo um 25 bis 30 Prozent sprechen – in der Spitze von 40 bis 50 Prozent. Dann kostet ein Interim Manager den Kunden nicht mehr, sagen wir 1.300 Euro, sondern nur noch um 950 Euro. Das ist eine völlig andere Dimension.

Richtig, wenn Sie die Margen herausrechnen, dann ist das eine Menge Geld – und wir können uns vorstellen, dass viele Unternehmen aus dieser 30-Prozent Ablehner-Gruppe ihre Einschätzung dann ändern.

Auf den Punkt gebracht bedeutet das also: Wenn sich die Interim Manager diese Ablehner-Gruppe erschließen wollen, dann müssen sie direkt an diese Kundengruppe ran. Auf welchem analogen Weg auch immer – oder eben auf digitalem Weg über uns.

Ja, der direkte Weg zum Kunden wird immer mehr zum Königsweg für professionelle Interim Manager. Wir möchten aber noch einen anderen Gedanken einbringen – und zwar einen qualitativen: Die Nutzen-Argumentation, den Mehr-wert eines Interim Managers.

Klar, jetzt kommt eins Deiner Lieblingsthemen ...

Wenn Interim Manager dem Kunden klarmachen können, welchen Nutzen sie bringen, dann ist das Preisthema in aller Regel vom Tisch. Wenn Interim Manager verdeutlichen, dass sie mehr einbringen als sie kosten, dann wird jeder Unternehmer dabei sein. Und weil Interim Manager und Entscheider in den Unternehmen Kennziffern so lieben, hat der Markt den Begriff RoIM geprägt – Return on Interim Management.

Ja, wenn ich mich recht entsinne, dann hat Heuse den Begriff vor Jahren erfunden. Und Heuse hat auch im vorigen Jahr eine Studie dazu veröffentlicht.

Genau. Nach dieser Studie brachten 81 Prozent der Mandate mehr als das Doppelte der Kosten ein, 21 Prozent sogar mehr als das Zehnfache! Wir verlinken auf diese Studie in der Beschreibung zu diesem Video.

Ich finde: Das ist ein tolles Konzept – auch wenn Heuse von einer „Schätzung“ spricht. Und nichts liegt mir ferner, als das in irgendeiner Weise zu entwerten. Aber ich habe nicht den Eindruck, dass das nachhaltig im Markt angekommen ist – und sich im Honorarmodell der Interim Manager oder der Provider niedergeschlagen hätte.

Dir ist klar, dass Du jetzt anfängst, an einem zentralen Branchennarrativ – man könnte es auch Lebenslüge so mancher Verkäufer in der Branche – zu zündeln. Damit machst Du Dir keine Freunde. Aber sag schon, was Du meinst?

Na ja. Wenn ich als Interim Manager behaupte, leicht das Doppelte meiner Kosten hereinzuholen dann kann ich doch einen Tagessatz anbieten, der meine Lebenshaltung deckt. Sagen wir 250 Euro.

Und der Rest dann variabel?

Ja, sicher! Und weil ich dann als Interim Manager das Risiko trage, würde ich eine zusätzliche Komponente erwarten. Sagen wir 15 Prozent von dem, was ich über meine Kosten hinaus für das Unternehmen hereingeholt habe. Das könnte mir gefallen! Und ich glaube, den Kunden auch.

7. Irrtum: Interim Manager identifizieren sich nicht mit Unternehmenszielen

Unser Thema heute ist der Irrglaube: Interim Manager identifizieren sich nicht mit den Zielen des Unternehmens.

Ich habe mich immer gefragt, worauf diese Einschätzung zurückzuführen ist: Als ob eine Vertragsform Einfluss auf die Identifikation eines Mitarbeitenden hat. Und letztlich sind Interim Manager nichts anderes – nur eben auf Zeit – und in einer anderen Rolle.

Richtig. Aus meiner Sicht baut diese Einschätzung zunächst einmal auf einem sehr brüchigen Fundament.

Du denkst hierbei an die Gallup-Studie?

Genau. Seit über 20 Jahren errechnet Gallup den so genannten „Engagement Index". Das ist das Ergebnis einer Analyse zur emotionalen Bindung der Mitarbeiter zum eigenen Arbeitsplatz. Also letztlich der Identifikation der angestellten Mitarbeiter mit dem eigenen Unternehmen. Und über diese lange Zeit sieht das überragend schlecht aus.

Es geht uns heute nicht darum, die Veränderungen auf der Zeitachse zu diskutieren: Stattdessen möchten wir Ihnen zeigen, dass über die vergangenen 20 Jahre mindestens 80 Prozent der angestellten Mitarbeiter eine geringe oder aber sogar keine emotionale Bindung zum eigenen Arbeitsplatz hatten.

Wenn wir das als Maßstab anlegen, dann können wir an dieser Stelle festhalten: Der Vorbehalt gegen Interim Manager, sie würden sich nicht mit den Zielen des Unternehmens identifizieren, läuft ins Leere, wenn irgendwo um 80 Prozent der fest angestellten Mitarbeiter sich selbst nicht besonders mit ihrem Unternehmen identifizieren.

Aus unserer langjährigen Erfahrung ist es zudem sehr oft so, dass sich Interim Manager und Managerinnen durchaus mit den Zielen des Unternehmens identifizieren. Der Begriff Identifikation bezeichnet in der Psychologie einen Vorgang, bei dem man sich in die Rolle oder Situation einer anderen Person versetzt, oder einen innerseelischen Vorgang, der sogar identitätsstiftend ist, indem er ein Gefühl der Zugehörigkeit erzeugt.

Und diese Zugehörigkeit wird in der Praxis dann häufig als Voraussetzung für Engagement angesehen. Wer sich identifiziert, der hängt sich für die Firma rein. Gerade wenn es um wichtige Themen geht, braucht jedes Unternehmen Menschen, die sich voll einsetzen.

Richtig, wer sich engagiert, der setzt sich voll ein. Jürgen: Wusstest Du eigentlich, dass Engagement ein psychologischer Vertrag ist.

Ich habe mich ein wenig mit den Hintergründen beschäftigt. Durch die großen Veränderungen in der Arbeitswelt hat sich über die Jahrzehnte auch der psychologische Vertrag gewandelt. Anfangs wurde von einer vergleichsweise simplen Erwartungshaltung ausgegangen: Mitarbeiter erfüllen ihre Aufgaben und sind dem Arbeitgeber gegenüber loyal – dafür werden sie vom Unternehmen langfristig beschäftigt und erhalten eine (implizite) Jobgarantie.

Wir wissen alle, diese Zeiten sind leider fast überall vorbei. In der modernen Arbeitswelt sind die Erwartungen vielschichtiger und komplexer. Von Arbeitnehmern wird erwartet, dass sie zum Unternehmenserfolg beitragen, sich aktiv in Problemlösungen einbringen und sich langfristig weiterentwickeln und auch ihre Kompetenzen immer weiter ausbauen.

Bei Interim Managern ist es einfacher: Am Anfang wird besprochen, worum es im Detail geht – und das wird dann auch im Vertrag festgehalten. Ein Interim Manager versichert, die abgesprochene Leistung dann auch liefern zu können. Und dann geht es ausschließlich um die klar definierten Themen in dem definierten Zeitraum für das definierte Honorar.

Bei Interim Managern ist es somit viel einfacher und viel transparenter als bei Angestellten. Interim Manager können sich auf die klar definierte Ziele konzentrieren. Sie müssen dann nur noch sicherstellen, dass das Projekt erfolgreich abgeschlossen wird.

Dann bekommen Sie nicht nur ihr Geld, sondern es erhöht vor allem ihre Reputation im Markt und damit ihren Marktwert.

Erfolgreich abgeschlossene Projekte münden in Referenzen, die wiederum für andere Kunden wesentliche Kriterien sind, wenn sie vor der Entscheidung für oder gegen einen Interim Manager stehen.

> *Wir kennen aus der Praxis ungezählte Fälle, in denen potentielle Unternehmenskunden nach Referenzen gefragt haben – und auf der Grundlage dieser Referenzen durchaus schon einmal einen Kandidaten abgelehnt haben mit dem Hinweis: „Die Referenz hat nicht verfangen!"*

Wenn also der Projekterfolg solch eine überragende Bedeutung hat, dann können wir daraus ableiten, dass ein Interim Manager kein Projekt bei einem Unternehmen annehmen wird, mit dem er sich nicht identifizieren kann und nicht meint, diesen psychologischen Vertrag erfüllen zu können.

> *Stimmt. So gibt es Interim Manager, die nur solchen Aufträge annehmen, bei denen sie genau das können. Wir kennen etliche, die es z.B. kategorisch ablehnen, für Unternehmen aus der Rüstungsindustrie oder für Produzenten von Alkoholika zu arbeiten.*

... Aber wir möchten in diesem Zusammenhang noch eine Facette hinzufügen. Das ist die Identifikation der Mitarbeiter im Unternehmen mit dem Interim Manager vor Ort.

> *Ja, in der Praxis erleben wir es immer wieder, dass der der Interim Manager schon einmal als der „Messias", der Heilsbringer angesehen wird. „Endlich geschieht hier mal etwas!", lautet eine typische Aussage in solchen Situationen. Das ist dann schon ein überragendes Zeichen für das volle Engagement, die Identifikation des Interim Managers.*

8.Irrtum: Interim Manager lohnen sich nur für große Unternehmen

Heute gehen wir auf einen der seltsamsten Irrtümer im Interim Management ein: „Der Einsatz von Interim Managern lohnt sich nur für große Unternehmen". Das Verb „lohnen" deutet für mich darauf hin, dass diese Sichtweise mit dem Irrtum zusammenhängt, Interim Manager seien zu teuer.

Auf den Irrtum „Interim Manager sind zu teuer" sind wir in unserer kleinen Video-Reihe bereits eingegangen.

„Interim Manager lohnen sich nur für große Unternehmen." Dieser Irrtum hält sich hartnäckig, obwohl die AIMP-Providerstudie seit Jahren nachweist, dass vor allem die nicht so großen Unternehmen Interim Manager nutzen. Denn so lange es diese Studie gibt, haben große Unternehmen stets den kleineren Anteil am Interim Business – auch wenn im ersten Jahr der Pandemie die Großunternehmen sichtbar mehr gemacht haben.

Wenn wir eine Ebene tiefer in diese Analyse einsteigen, dann fällt auf, dass das Maximum und das Minimum dieses Clusters jeweils für den geringsten Anteil stehen. Wir können also sagen, dass die ganz großen Unternehmen und die ganz kleinen Firmen Interim Management im Vergleich zu den anderen Unternehmen weniger nutzen.

An dieser Stelle sollten wir uns noch einmal daran erinnern, weshalb Unternehmen Interim Manager an Bord holen. Dafür gibt es letztlich stets einen von zwei Gründen: Sie brauchen (1) zusätzliche Kapazitäten oder (2) zusätzliches Knowhow.

Ganz große Unternehmen haben hier sicher die geringsten Probleme: Sie können oftmals die für ein Projekt erforderlichen Kapazitäten aus dem bestehenden Mitarbeiterbestand rekrutieren, selbst dann, wenn sie schlank – neudeutsch „lean" – aufgestellt sind. Ich habe es z.B. erlebt, dass eine HR-

Managerin aus der Zentrale für ein halbes Jahr in ein Produktionswerk ging und dort die offene Stelle überbrückt hat.

Zwar holen sich auch große Unternehmen zusätzliches „Know-how“ und dann auch über Unternehmensberater an Bord. Dennoch ist dieser Know-how-Transfer für große Unternehmen in aller Regel nicht so ausgeprägt, weil es sich aufgrund der Größe solcher Unternehmen durchaus lohnt, eigenes Spezialistenwissen an Bord zu haben.

Denken Sie hierbei z. B. an eigene Rechtsabteilungen, eigene Architekten oder große, professionelle Marketingabteilungen oder gar ganze Stäbe für Strategie und Business Development. Kleine Unternehmen mit weniger als 100 Mitarbeitern können das sicher nicht vorhalten.

Ich denke deshalb, dass sich Interim Manager tatsächlich für diese kleinen Unternehmen nicht rechnet – Start-ups einmal ausgenommen: Da werden dann zusätzliche Projekte oder Themen erst gar nicht in Angriff genommen. Aber auch das ändert sich sofort, wenn die kreditgebende Bank darauf besteht, weil sie um ihre Gelder fürchtet.

Denken Sie hier zum Beispiel an das Berichtswesen, wenn die Bank dies als unzureichend ansieht – oder an ein professionelles Projektmanagement, weil Kunden unzufrieden werden, weil Termine oder Qualitätsstandards nicht gehalten werden.

Wenn wir das etwas vereinfacht zusammenfassen, dann können wir sagen: Auf der Grundlage der AIMP-Providerstudie und über die vergangenen 15 Jahre stand der eher kleine Mittelstand mit 500 bis 999 Mitarbeitern für gut 30 bis fast 50 Prozent des Interim Business – also für die größte Kundengruppe!

Also zeigt sich auch in der Praxis, dass sich der Einsatz von Interim Managern gerade für den Mittelstand – also für die mittlere Unternehmensgröße – ganz besonders zu lohnen scheint. Fragen wir uns also, weshalb ist das so? Und hierbei suchen wir Antworten, die über ein „Sie brauchen eben doch zusätzliche Kapazitäten oder zusätzliches Knowhow" hinausgehen.

So hart das klingen mag: Ich denke, viele Unternehmen im kleineren Mittelstand sind für hochqualifizierte Menschen keine attraktive Option für eine Festanstellung. Wenn Sie als Unternehmen in der Automotive-Industrie ihren Sitz in „Pusemuckel" haben und mit Audi, BMW und Daimler um die besten Leute konkurrieren, dann tun Sie sich wahrscheinlich nicht leicht.

Absolut richtig. Solche Unternehmen haben echt Probleme, attraktiv für Top-Leute mit gesuchten Qualifikationen zu sein. Und genau an dieser Stelle kommen Interim Manager ins Spiel. Können wir deshalb sagen: Interim Manager helfen somit im „War for Talent" – im Kampf um gute Mitarbeiter?

Ja, durchaus – wenn auch nur kurzfristig. Um langfristig bestehen zu können, muss ein solches Unternehmen schon sehr viel mehr machen. Aber das ist ein anderes Thema.

9. Irrtum: Vertrieb machen Interim Manager dann, wenn ihr Projekt endet

Neben der Leistung im Projekt selbst ist das wichtigste Thema für Interim Manager überhaupt: Der Vertrieb in eigener Sache. Verblüffenderweise sehen das viele Interim Manager nicht so. Ich sage verblüffend, weil es für Interim Manager unter wirtschaftlichen Gründen absolut zentral ist, dass sie immer wieder neue Projekt-Angebote erhalten – und zwar zu guten Tagessätzen.

Richtig. In der Praxis sehen wir jedoch zentrale und brutale Fehler. Wenn man die kennt, gewinnt man „Big Points". Mit dem Ziel eines nicht nur fachlich, sondern auch noch wirtschaftlich erfolgreichem Interim Managers. Und viele Interim Manager fragen uns danach.

Tatsächlich nimmt dann auch das Kapitel in unserem Karriere-Handbuch von allen Kapiteln den größten Raum ein, das sich mit dem Thema „So kommen Angebot und Nachfrage zusammen" beschäftigt.

Und dafür gibt es gute Gründe. Denn wir sind immer wieder erschüttert, wie oft uns Interim Manager aus tiefer Überzeugung sagen: „Vertrieb? Darum kümmere ich mich, wenn mein Mandat zu Ende ist – und ich ein neues Projekt brauche."

Ich möchte an dieser Stelle ganz deutlich sagen: Jeder im Interim Business – und damit die Interim Manager auch – agiert im B2B-Geschäft. Und in diesem Geschäft halte ich eine solche Einstellung für nicht professionell.

Und sie ist auch abseits von all dem, was alle Experten im Bereich Marketing und Vertrieb raten. Und auch von dem, was wirtschaftlich erfolgreiche Interim Manager sagen und persönlich tun.

Nun wird der eine oder andere antworten, dass dieses Vorgehen in der Vergangenheit oftmals aber auf genau diese Weise funktioniert hat.

Das möchte ich nicht einmal bestreiten. Die Frage stellt sich jedoch, ob das auch künftig so funktionieren kann – in einer Welt, die sich enorm verändert und in einem Interim Business, das sich auf eine beinahe dramatische Art professionalisiert. Und wettbewerbsintensiver wird.

Wir müssen nicht darüber reden, wie sehr sich unsere Welt verändert hat. Aber wir müssen an dieser Stelle noch einmal darauf eingehen, wie sehr sich der B2B-Vertrieb verändert hat: Schonungslos offengelegt hat das die Studie „Thought Leadership“ von Edelmann und LinkedIn, auf die wir im Detail eingegangen sind.

Wir wollen uns nicht wiederholen, aber eine Erkenntnis aus Studien, Analysen und Erfahrungen aus der Praxis müssen wir in unserem heutigen Kontext unbedingt ansprechen, weil sie wirklich wichtig ist.

Diese Erkenntnis lautet: „83 Prozent einer B2B-Kaufentscheidung erfolgt, bevor der Käufer einen Anbieter direkt anspricht.“ Etwas vereinfacht können wir sagen: Die Entscheidung des Kunden, sich mit einem bestimmten Interim Manager als Kanndidat der engeren Wahl befassen zu wollen, ist im Wesentlichen bereits gefallen, während sich der Interim Manager noch im aktuellen Projekt befindet.

So ist es. Mich würde das schwer beschäftigen. Ja, mich würde das sogar sehr belasten. Interim Manager die so agieren, verpassen das richtige „Window of Opportunity“. Ihr vertriebliches Timing stimmt nicht mehr.

Nun bringen viele Interim Manager das Argument: „Ich bin im Projekt, da habe ich keine Zeit für so etwas!“

Ja, das kenne ich auch zu Genüge. Aber bei allem Respekt: Das nehme ich niemandem ab – und ich meine niemandem! Das ist eine reine Schutzbehauptung.

Wie kannst Du da so sicher sein?

Zunächst: Ich habe selbst zwei große Interim Mandate gemacht und fünf Startups hochgezogen. Und natürlich arbeitest Du da auch nachts. Aber nicht ununterbrochen – nicht jede Nacht. Das stimmt einfach nicht! Und deshalb hast Du auch die Zeit „für so etwas".

Auf der anderen Seite gibt es ja auch Interim Manager, die schwer in Projekten gebunden sind – und dennoch den Vertrieb in eigener Sache bestens auf die Reihe bekommen. Peter Kuhle kann hier als Beispiel dienen.

Absolut. Peter Kuhle folgt sichtbar einer „Thought Leadership"-Strategie. Er hat 2021 ganze 11 Publikationen veröffentlicht nach 19 Publikationen im Jahr davor. Und fürs laufende Jahr liegt auch bereits die erste Veröffentlichung vor. Und das alles: während er im Projekt ist!

Andere Interim Manager beschäftigen dafür dritte Dienstleister, die sie auf diesem Feld unterstützen. Und da werden dann durchaus jährlich um die 20.000 Euro investiert. Das ist dann sicher kein opportunistisches Vorgehen mehr, sondern konsequentes Handeln!

Während andere noch immer meinen, mit einem CV wär´s getan! Ich formuliere mal hart: Das ist fahrlässig oder gar verantwortungslos sich selbst gegenüber. Wie in Gottes Namen wollen Sie durch solches Nichtstun gegen andere Interim Manager auch nur ansatzweise ankommen?

Beruhigen wir die Gemüter und fassen zusammen. Wir kommen nicht daran vorbei: Vertrieb ist ein systematischer, mittel- bis langfristig ausgerichteter Prozess. Viele Interim Manager sehen im Eigenvertrieb jedoch noch immer eine opportunistische Hauruck-Aktion.

Genau. „Wenn mein Projekt zu Ende geht, dann werde ich wieder aktiv. Und das kräftig."

In der tiefen Überzeugung: Jetzt muss ich mal was machen! Ich hab ja fast ein Jahr nichts gemacht, sondern bin von der Bildfläche verschwunden!

Genau. Dann sende ich den Providern meinen aktualisierten CV mit dem Hinweis, dass ich „ab sofort für neue, spannende Herausforderungen zur Verfügung stehe". Und jetzt bitte her damit! Diese Erwartungshaltung ist schon bemerkenswert.

Wenn wir uns das kritisch anschauen, dann ist das alles andere als ein unternehmerisches Denken und Handeln. Das ist die Mentalität eines Angestellten – und entspricht nicht dem, was Unternehmen von einer selbständig und verantwortungsvoll denkenden Führungskraft erwarten.

Absolut. Ich gehe sogar soweit zu sagen: Wer so vorgeht, befindet sich in einer quasi „abhängigen" Beschäftigung! Er oder sie ist abhängig davon, dass Provider oder das berühmte eigene Netzwerk sie füttern. Und der Himmel möge verhüten, dass eine oder gar beide Parteien als lebensspendende Infusion ausfallen.

Gerade, wenn viele Interim Manager den Wert der „persönlichen „Freiheit", der „Unabhängigkeit" und „Selbstbestimmung" so hochhalten: Was also empfehlen wir den Interim Managern?

Erstens: Verstehen Sie den Vertrieb in eigener Sache als elementaren Bestandteil Ihres Unternehmer-Seins. Hierzu gibt es keine Alternative!

Und wenn Sie Vertrieb nicht können – oder meinen, vielleicht nicht so richtig gut darin zu sein – dann kaufen Sie sich die Unterstützung dritter Dienstleister ein. Es müssen ja nicht gleich 20.000 Euro im Jahr sein: 540

Euro bei UNITEDINTERIM reichen sicher für den Start. Sie sind immer und uneingeschränkt sichtbar, auch wenn Sie im Projekt tätig sind: Weil wir Vertrieb und Werbung für Sie machen.

Zweitens: Erarbeiten Sie sich eine eigene Marke. Malte Borchardt von forma interim predigt das seit Jahren. Und er hat recht! Profis im Interim Business wie Ulvi Aydin haben das längst erkannt.

Beim Aufbau Ihrer Marke hilft Ihnen Malte Borchardt und wir sorgen dann dafür, dass Ihre Marke sichtbar wird: Wir veröffentlichen und bewerben Ihre Case Studies, Ihre Blogbeiträge, Ihre Videos – und wenn Sie mögen Ihre Bücher.

Ja, natürlich: Das kostet Zeit und das kostet Geld. Aber nennen Sie mir mal ein Geschäft, in das Sie nicht Zeit und Geld investieren müssen. Ich jedenfalls kenn´ keins.

10. Irrtum: Erfahrung ist der Schlüssel zu erfolgreichem Interim Management

Zum Abschluss wollen und können wir es uns nicht nehmen lassen, eines der Mantra-ähnlichen Argumente der Branche als Irrtum zu entlarven.

Dieser Irrtum lautet: Erfahrung ist der Schlüssel zu erfolgreichem Interim Management. Ja, viele Interim Manager glauben das und scheiben das dann auch noch auf ihre Homepage und ihren Lebenslauf.

Uns entsetzt das immer wieder und ich möchte an dieser Stelle eine Warnung aussprechen: Wer dieses Video bis zum Ende ansieht und dann unseren Argumenten folgt, der wird niemals mehr einem Interim Manager und auch keinem Provider vorurteilsfrei begegnen können, der pauschal mit dem Argument „Erfahrung" überzeugen möchte.

Ja, Erfahrung ist der „Evergreen der Branche" – andere sagen, Erfahrung ist das zentrale „Top Argument, damit Kunden einen Interim Manager engagieren". Viele Profis meinen inzwischen zu Recht: „Lassen Sie bitte diese alte flache Leier. Das schadet Ihnen nur!"

Das wird jetzt den einen oder anderen Zuschauer zutiefst erschüttern, weil er oder sie sich vielleicht selbst angesprochen fühlt. Aber wir wollen niemandem zu nahe treten. Wir wollen dieses Argument „Erfahrung" differenziert und vor allem nachvollziehbar betrachten. Konstruktiv! Schauen wir uns deshalb zunächst einmal an, wie mit dem Thema Erfahrung typischerweise gepunktet werden soll.

Das zentrale Argument lautet: Interim Manager haben schon unzählige Unternehmen von innen gesehen. Sie sind Experten der Praxis, der Umsetzung vor Ort, keine Theoretiker. Sie erkennen daher sehr schnell, was wirklich funktioniert oder wo es im Argen liegt. Ihre Einarbeitungszeit ist damit sehr gering und sie können in kürzester Zeit Mehrwert – einen hohen RoIM (Return on Interim Management) – für das Unternehmen schaffen.

Diese Argumentation wird dadurch untermauert, dass Interim Manager, gerade weil sie selbst schon viel erlebt haben, sehr glaubwürdig in dem sind, was sie tun. Das ist in Zeiten der Veränderung sehr wertvoll. Interim Manager seien daher in der Umsetzung und im Einbinden aller Beteiligten i.d.R. schneller als angestellte Manager, die so etwas zum ersten Mal machen. Und Schnelligkeit wird immer wichtiger.

Kunden hören so etwas sehr gerne. Gerade wenn jemand etwas schon 2, 3, 4 oder 5-mal erfolgreich gemacht hat, dann gibt das Sicherheit, dass das jetzt auch wieder klappt. Keiner möchte jemanden engagieren, der etwas zum ersten Mal macht.

Das ist nicht anders als beim Chirurgen, der Sie operieren soll. Da wählen Sie auch lieber den Oberarzt, der das seit vielen Jahren täglich macht und bitten nicht Ihren Hausarzt im Nebenzimmer an Ihnen herumzuschnipseln.

Absolut, wir kennen den Wert der Erfahrung ja auch aus anderen Lebensbereichen. Da gibt es den erfahrenen Autofahrer, die erfahrene Ärztin, die erfahrene Liebhaberin, den erfahrenen Fussballtrainer. Also: Erfahrung ist ohne jeden Zweifel richtig. Wobei zu viel Erfahrung aus alten Zeiten aber auch nicht immer das ist, was jeder schätzt, oder?

Genau jetzt kommen wir zum Punkt, bei dem Erfahrung beginnt, ein zweischneidiges Schwert zu werden – und wo Kunden ganz genau hinschauen müssen – und auch Interim Manager, wenn sie sich selbst als „erfahren" bezeichnen.

Richtig, Erfahrung ist der Blick nach hinten – in den Rückspiegel des Berufslebens sozusagen. Und wenn wir im Bild des Autofahrens sind, dann kann das Schauen in einen Rückspiegel nur dann eine erfolgreiche Strategie sein, wenn die Strasse nach vorne genau gleich bleibt. Also wenn da nichts kommt, was in der Vergangenheit nicht auch schon so da war.

Nun, was in der Vergangenheit ein Erfolgsmuster war, muss es nicht unbedingt auch in der Zukunft sein. Es kann sogar so sein, dass zu viel Erfolg ein Hemmschuh ist, sich zu öffnen, Neues zu lernen und neue Wege zu beschreiten. Es war ja bisher immer alles richtig – es war ja bisher alles gut.

Wir erleben gerade, dass ganze Branchen sich derartig schnell wandeln, dass sie kaum wiederzuerkennen sind. Die Liste der Herausforderungen ist z.B. im Maschinenbau, worüber wir als Herausgeber ja gerade zusammen mit 8 Interim Managern ein Buch geschrieben haben, lang: Software, Robotik, Künstliche Intelligenz, das Internet der Dinge, Satellitennetze, De-Globalisierung und Lieferkettenprobleme. Das ist nur ein Ausschnitt. Im Maschinenbau wird es z.B. bald keine Maschine mehr ohne Künstliche Intelligenz geben.

> *Erfahrung ist in so einem Umfeld vollkommen neu einzuordnen und zu bewerten. Erfolgsstories oder gar Job-Titel wie Geschäftsführer, Bereichsleiter, Direktor, Vice President von vor 3, 5 oder gar 10 Jahren interessieren niemanden mehr, der heute ein brennendes Problem hat und jemanden sucht, der es lösen kann. Es gibt sogar ernst zu nehmende Branchenexperten, die warnen, dass Leute, die sich auf ihre Erfahrung zu viel einbilden, zur Gefahr für ihre Kunden werden. Das Argument lautet: „Die sind nicht offen genug – die sind nicht auf dem neuesten Stand."*

Wir gehen keinesfalls soweit zu sagen: Erfahrene Interim Manager sind eine Gefahr. Aber wir sagen: Heldengeschichten aus der Vergangenheit sagen gar nichts darüber aus, ob ein Interim Manager auch die Herausforderungen der Zukunft bewältigen kann.

> *In jedem Fall: Seien Sie als Interim Manager ganz vorsichtig, wenn Sie Erfahrung als Verkaufsargument verwenden. Und wenn Sie ein Kunde von Interim Managern sind, dann hören Sie bitte genau hin, wie das gemeint ist – und was darüber hinaus an Argumenten gebracht wird.*

Kommen wir auf eine pragmatische Ebene. Die Lösung liegt ja darin, das Beste aus zwei Welten kombinieren zu können: der Vergangenheit und der Zukunft. Und dann dem Kunden klar zu machen, dass genau diese Kombination sehr wertvoll ist, die aktuellen und in die Zukunft weisenden Aufgaben und Themen lösen zu können.

Also: Erfahrung ist dann gut, wenn sie Teil einer zukunftsgerichteten Lösung ist.

Und diese Verbindung muss in der Kommunikation eines Interim Managers deutlich und ganz konkret rüber kommen.

Was das ist, wird bei jedem Interim Manager anders sein – abhängig von seiner Positionierung und dem, was ihn für seine Kunden so besonders und wertvoll macht. Aus unserer Erfahrung sind aber meistens diese beiden Punkte mit dabei:

Punkt 1: Führungs-Kompetenz: Ganz zentral sind für mich die Menschen. Eine Management- oder Führungsaufgabe – und darum geht es ja im Interim Management – hat immer mit Menschen zu tun. Da geht es um die zielgerichtete Motivation, den Umgang mit Widerständen, die Gestaltung von Beziehungen in der Firma und auch um die Freude am gemeinsamen Tun. Wir kennen sehr viele Interim Manager, die über viele Jahre eine geradezu begeisternde Führungskompetenz aufgebaut haben – auch für Zukunftsthemen.

Punkt 2: Emotionales Standing. Damit meine ich die Ausstrahlung von emotionaler Sicherheit. Wer als Person ausstrahlt, ähnlich gerichtete Situationen oder Unsicherheiten in der Vergangenheit erfolgreich bewältigt zu haben, der kann auch seinem neuen Umfeld Sicherheit und Vertrauen vermitteln, neue Wege gehen zu können. Das ist dann keine Überzeugung auf fachlichem Gebiet, sondern eine emotionale Botschaft. Das hat etwas mit persönlicher Reife, vielleicht auch mit der Weisheit des Älteren im guten Sinne zu tun.

Was könnte es noch sein?

Das brauchen wir beiden eigentlich nicht im Detail auszuführen. Denn jeder Interim Manager hat als Unternehmer die Eigenverantwortung und Kompetenz, selbst herauszufinden und zu wissen, was in seinem Fachgebiet die größten Herausforderungen seiner Kunden sind. Und dann gilt es, dafür zu sorgen, darin fachlich fit zu sein, um auch inhaltlich bis in die Ecken des Fachgebietes mitreden zu können.

> *Ja, kontinuierliche fachliche Weiterbildung ist genauso Teil der Achtsamkeit sich selbst gegenüber wie kontinuierliches Marketing und Vertrieb, also dafür zu sorgen, dass Kunden das auch mitbekommen.*

Und glauben Sie mir: Ihre Kunden hören von Ihnen nichts lieber, als dass Sie aktuelle Weiterbildungen machen – oder wenn Sie in Case Studies, in Blogbeiträgen oder Fachbeiträgen darüber berichten, wie Sie Ihr Wissen zusammen mit Ihrer Erfahrung bei anderen Kunde umgesetzt haben. Dann liegt Ihr Mehrwert für jeden Kunden offen sichtbar.

7. Kapitel: Das richtige Skill-Set und wie Sie dieses erwerben!

Autor: Dr. Günther Singer

7.1. Einleitung

Dieses Handbuch startete mit der Darstellung von längerfristigen, relevanten Trends. Die Folgekapitel ergänzten den Blick um die Besonderheiten des Interim Managements. Zusammen bilden sie den **Kontext von Karrieren**, woraus sich eine Vielzahl an bekannten – aber auch neuen – Chancen und Möglichkeiten für Interim Manager eröffnen.

Damit zukünftige Interim Manager, aber auch die bereits am Markt tätigen Profis, diese für eine erfolgreiche, individuelle Karrierestrategie nutzen können (siehe dazu **Kapitel 8**), bedarf es relevanter Skills und Erfahrungen. Dieses Kapitel erklärt, welche Skills für Interim Manager wichtig sind – und wie diese erworben werden können.

7.2. Was sind Skills?

In den letzten Jahren hat sich in der deutschen Managementsprache der Begriff Skill (Deutsch: Fertigkeit oder auch Kompetenz) etabliert. Skills sind erlernt und basieren auf **Fähigkeiten.**

> *Sich bewegen zu können, ist eine angeborene Fähigkeit. Wiener Walzer tanzen können, ist jedoch erlernt und ein Skill.*

Skills beinhalten auch immer ein gewisses Mass an **Wissen**, das bewusst oder unbewusst sein kann. Jeder, der einen Tanzkurs besucht hat, memorierte zuerst gewisse Schrittfolgen und Figuren. Mit entsprechender Übung wurden diese dann automatisiert. Wenn Sie länger nicht getanzt haben, müssen Sie wieder nachdenken, um die richtigen Bewegungsmuster abzurufen. Skills können rein kognitiver Natur sein (Kopfrechnen: 2+2= 4) oder Wissenselemente beinhalten, die eine Voraussetzung für Handlungen sind. Die Entwicklung und Umsetzung einer Unternehmensstrategie ist ein Beispiel hierfür. Manche Skills sind tief verknüpft mit Persönlichkeit, Erfahrung, Motivation und Reife. Je komplexer Skills werden, desto schwieriger sind diese zu erlernen. Nehmen wir als Beispiel „aktives Zuhören":

> *Aktives Zuhören ist für die meisten in einem zweitägigen Intensiv-Verhaltenstraining mit Video und Rollenspiel zumindest in seinen Grundzügen erlernbar. Viele Manager haben dies erlernt, bzw. in einem Führungskräfte-Entwicklungsprogramm über sich ergehen lassen. Fragen Sie den Partner oder die Partnerin der Führungskraft, wie der Transfer in das tägliche Eheleben funktioniert hat.*

Die Kenntnis der wichtigsten **Methoden** ist bei komplexen Skills (wie z.B. Change Management) eine Grundvoraussetzung. Die Übung und Verfeinerung in jahrelanger Praxis kommen hinzu. So ist ein mehrmonatiger Zertifikatslehrgang zum Thema Change Management mit der grundlegenden Platzreife beim Golf zu vergleichen. Change Manager, die zwei Restrukturierungen in unterschiedlichen Umgebungen hinter sich haben, sind dann vielleicht noch nicht Meister der Disziplin, aber in Analogie zum Golfspiel in der Lage, die Eleganz des Spiels bei einem PGA Turnier zu würdigen und davon zu lernen. Bis zu einem passablen Handicap ist es dann immer noch ein weiter Weg.

7.3. Skills – Beschäftigungsfähigkeit in einer digitalen Welt

Am Thema der **Digitalisierung und seinen Auswirkungen auf die Arbeitswelt** kommt niemand mehr vorbei. Dies trifft Interim Manager sogar doppelt:

> Interim Manager sind einerseits herausgefordert, **sich selbst** relevante Skills anzueignen und andererseits **für andere** (ihre Kunden) Systeme zu gestalten bzw. zu führen, in denen Mitarbeiter die zur Ausübung notwendigen Skills besitzen und zielführend anwenden können.

Das Etablieren eines funktionstüchtigen Skill Management Systems in einer Unternehmung ist alles andere als trivial. So bietet z.B. Coursera, die international operierende Weiterbildungsplattform allein im Jahr 2022 über 7.000 Kurse an. Um das Angebot zu gestalten und den Lernenden passende Angebote zu machen, wurde eine Skill Taxonomie entwickelt die im Jahr 2022, 36.000 Skills (Coursera, 2022; S. 38) beinhaltet. Hier werden nun die wichtigsten Ergebnisse von zwei Studien des Instituts für Beschäftigung und Employability (IBE) besprochen.

7.3.1. Lebenslanges Lernen

In der Studie „Schwerpunkt Beschäftigungseffekte der Digitalisierung" (IBE, 2019) wurden über 800 Führungskräfte aus der D-A-CH-Region befragt. Die beiden Kriterien, die am höchsten bewertet wurden, waren lebenslange **Lernbereitschaft** (40 Prozent) und **Lernfähigkeit** (39 Prozent**)**, gefolgt von Teamfähigkeit (39 Prozent), Kommunikations-fähigkeit (36 Prozent) und Eigenständigkeit (34 Prozent).

7.3.2. Die Engpassfaktoren sind „soft"

In der Studie *„Schwerpunkt Kompetenzen für eine digitale Welt"* (IBE, 2017) werden wichtige Erkenntnisse für das Managen der digitalen Transformation der Arbeitsorganisation benannt. Unter den ersten fünf Herausforderungen finden sich jeweils zweimal das **Managen von Komplexität und Anpassungen** im Bereich der Führungs- und Unternehmenskultur. Überraschendes, aber eindeutiges Ergebnis: In beiden Studien liegen die Engpassfaktoren nicht im Bereich der Vermittlung von „Hard" KT-Skills, sondern im „Soft"-Bereich!!

- Managen der zunehmenden Komplexität in der Zusammenarbeit (Projekt-arbeit etc.): 58 Prozent
- Anpassung der Führungskultur an flexible Arbeitsmodelle: 53 Prozent
- Entwicklung neuer Formen der Kooperation und Vernetzung: 50 Prozent
- Anpassung der Unternehmenskultur: 44 Prozent
- Managen der zunehmenden Komplexität in Prozessen: 43 Prozent

Der Erwerb der benötigten Soft-Skills ist eine große Herausforderung für alle Beteiligten, insbesondere aber für Manager. Diese sind sowohl persönlich betroffen, diese zu erwerben, aber auch gefordert, die nötigen Systeme zu gestalten, um ihre Projekte in einer zunehmend post-industriell aufgestellten Organisation ins Ziel bringen zu können.

„Harte Skills“ sind natürlich auch noch von Bedeutung: Fachkenntnisse gelten laut dieser Studie mit 65 Prozent als Nummer eins, gefolgt von IT-Grundkompetenzen (48 Prozent) und Medienkompetenzen (28 Prozent). Interessant ist, dass in vielen Unternehmen immer noch mit IT-Grundkompetenzen gekämpft wird. Andererseits ist der „pain“ bei den Hard Skills offensichtlich viel geringer als im Bereich Soft-Skills. Durch die Herausforderungen, die sich in der D-A-CH-Region im Zuge der notwendigen kul-turellen Veränderungen für viele Unternehmungen ergeben, scheinen die Heraus-forderungen bei den Soft-Skills beständig höher als im Bereich der Hard-Skills zu liegen.

7.4. Skills für Manager

7.4.1. Skills von Managern – Das sagt Peter F. Drucker

Bevor wir noch detaillierter auf die spezifischen Skills für Interim Manager eingehen, soll das das Thema „**Management**“ auf eine breitere Basis gestellt werden. Interim Manager sind ja auch „Manager“ – und benötigen auch deren Skills.

Peter F. Drucker, einer der einflussreichsten Begründer der modernen Management-Lehre, hat sich dem „Management“ ausführlich gewidmet. Er publizierte schon 1966 das Buch *„The Effective Executive“* (Drucker, 1967). Die Publikation ist auch heute noch aktuell und relevant. Drucker sieht fünf Schlüsselthemen bzw. Herausforderungen für Manager:

1. Persönliche Effektivität
2. Richtiger Umgang mit der Zeit
3. Wie man einen Beitrag erbringt
4. Das produktive Nutzen von Stärken
5. Das Treffen effektiver Entscheidungen

Drucker hat über die Jahre immer wieder betont, wie wichtig das Selbst-Management für die Effektivität von Managern ist. Die Harvard Business Publikation *„Managing Oneself and What makes an Effective Executive"* (Drucker, 2017) ist ein weiterer Meilenstein und ist eine anregende Nachtlektüre mit Tiefgang. Im seinem posthum erschienenen Reader *„Die fünf entscheidenden Fragen des Managements"* (Drucker, 2009) erörtert er diese Fragen gemeinsam mit anderen bekannten Management Autoren, wie z.B. Philip Kotler und Jim Collins. Demnach gehört es zum Berufsbild eines Managers, möglichst gute Antworten auf die folgenden Fragen zu finden:

1. Was ist unsere Mission?
2. Wer ist unser Kunde?
3. Worauf legt der Kunde wert?
4. Was sind unsere Ergebnisse?
5. Was ist unser Plan?

Die Skills zur Klärung dieser Fragen gehören in die Skill-Tool-Box jedes Managers – und auch Interim Manager. In „Skills-Sprache" übersetzt, lauten diese Fragen:

1. Wie klären Sie die Mission eines Unternehmens?
2. Wie identifizieren Sie einen Kunden?
3. Wie definieren Sie, was dem Kunden wertvoll ist?
4. Wie messen Sie Ergebnisse?
5. Wie planen Sie Maßnahmen?

Die Fragen wirken an der Oberfläche trivial, doch die Antworten sind es nicht. Die Methoden ändern sich hierzu ständig. Als Beispiel dient hier das Thema des Messens von Ergebnissen. Es ist eng verknüpft mit Unternehmensprozessen und Performance Management Systemen.

> *Unternehmensprozesse verändern sich grundlegend durch die Digitalisierung und die Strukturen von postindustriellen Organisationen. Die Metriken zur Erfolgsmessung werden seit den 1980er Jahren kontinuierlich gepflegt, optimiert und neuen Aufgabenstellungen angepasst. Eine Unternehmung,*

die aus tausenden von selbststeuernden und ergebnis-verantwortlichen Teams besteht, hat nicht nur eine andere Kultur, sondern auch ein grundsätzlich anderes Performance Management und Controlling System.

Um beim Thema Messen und Steuern zu bleiben: Das Thema Business Analytics entwickelt sich rasant in den letzten Jahren. Die durch die Digitalisierung stark wachsenden Datenmengen, verknüpft mit neuen Tools, die von immer mehr Artificial Intelligence unterstützt werden, sind eine ständige Herausforderung, um hier auf der Höhe der Zeit zu bleiben.

7.4.2. Skills von Managern in postindustriellen Organisationen

Die von Peter F. Drucker in der zweiten Hälfte des 19. Jahrhunderts identifizierten Skills sind heute Teil jeder state-of-the-art Management-Ausbildung. Die Notwendigkeit, **Self-Management auf hohem Niveau** zu beherrschen, ist durch die VUCA-Charakteristik der Wirtschaft und dezentrale Organisationsprinzipien von postindustriellen Unternehmungen so wichtig wie noch nie. Was sind aber nun weitere typische Skill-Kategorien für Manager in postindustriellen Organisationen? Was ermöglicht es Mitarbeitern und Managern in Unternehmungen, die als erfolgreich gelten – oder Defizite haben – selbst nachhaltig erfolgreich zu sein? Die Antworten dazu werden in den nächsten Textabschnitten beleuchtet.

Zunächst ist es wichtig zu verstehen, dass der Erwerb von Skills eine **methodische Herausforderung** ist. Besonders für berufstätige Personen ist der Skills-Erwerb zudem eine aufwändige Angelegenheit und Belastung. Die Zeit für eine entsprechende Weiterbildung bedingt Einkommensverluste oder muss von der dringend benötigten Zeit für die Familie oder die eigene Regeneration abgespart werden.

Tipp für Interim Manager: Wer sich neue Skills aneignet, sollte sorgfältig prüfen, ob diese auch in Zukunft benötigt werden.

Eine Methode, genau dies sicher zu stellen, haben wir in Referenz auf Peter F. Drucker schon angewendet. Die oben genannten Skill-Kategorien haben sich in der Praxis bewährt und werden wohl auch in Zukunft Bestand haben. Wir wenden die Methode noch einmal in rezenterer Form an. So publizierte im Jahre 2011 eine Forschergruppe des The University of Phoenix Research Institute in Palo Alto die Studie *„Future Work Skills 2020“* (Davies, Fidler, & Gorbis, 2011). Die Forscher identifizierten sechs Veränderungstreiber, die genau in unsere VUCA-Welt, die wir am Anfang des Buches beschrieben haben, passen. Zu diesen gehören extreme Langlebigkeit, die die Natur von Karrieren und des Lernens verändert, die Automatisierung von Arbeitsplätzen durch „Smart Machines“, sowie eine „computational world“ die wir unter Industrie 4.0 kennen. Neue Organisationsformen getrieben durch soziale Technologien in einer globalisierten und verknüpften Welt sind weitere Faktoren.

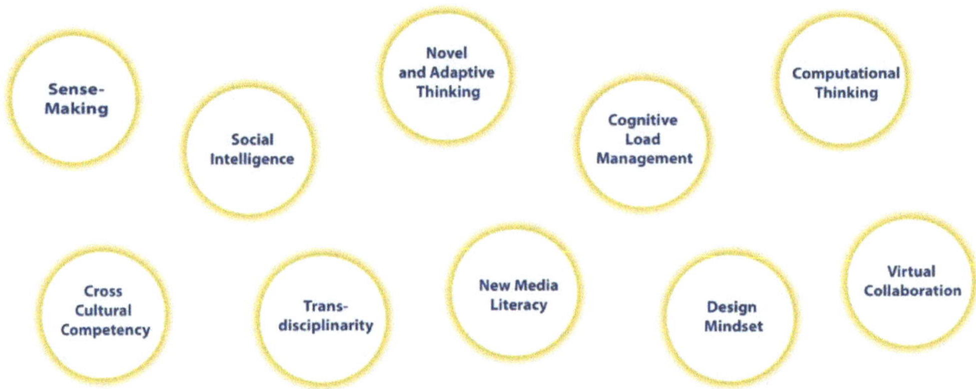

Abb.1: 10 Skills for the Future (Davies et al., 2011, p. 13) - Eigene Darstellung.

Basierend auf diesem Szenario identifizieren die Autoren der Studie ***„10 Skills for the Future Workforce“***:

Als Nummer 1 identifizierten sie **Sinn-Stiftung** (Sense Making). Die Wichtigkeit davon dürfte den Leser spätestens nach den vorhergehenden Ausführungen zu der

Beschäftigungsgruppe der „Millenials“ und den Arbeitskulturen von Postindustriellen Organisationen nicht überraschen. Dabei ist im Hinterkopf zu behalten: Wenn Sie als Manager zum Thema „Sinn“ nicht mit sich selbst im Klaren sind, können Sie den auch kaum im Führungsprozess stiften.

Nummer 2 der Liste ist **Soziale Intelligenz**. Industrielle Organisationen waren hier relativ einfach gestrickt. Wenn Sie sozial klug waren, wählten Sie einen Vorgesetzten, mit dem Sie „gut“ konnten und schufen eine Führungskultur in der Sie ihre „direct reports“, halbwegs anständig behandelten. Wenn diese nicht kooperieren wollten, tauschten Sie diese über kurz oder lang aus. In modernen, flachen teambasierenden Organisationen berichten nun jedoch möglicherweise dutzende Teams an Sie, deren Personalstruktur Sie gar nicht oder nur indirekt beeinflussen können. In den Teams arbeiten möglicherweise sogar Personen mit Fachkompetenzen, die Sie nicht verstehen. Noch etwas: In der klassischen industriellen Organisation entstand Respekt oft dadurch, dass der Vorgesetzte besser qualifiziert war und man sich mit der Bitte um Rat an ihn wenden konnte. Auch das ist nun anders – und Respekt muss sich über andere Mechanismen bilden.

Nummer 3 der Liste, **Cross Cultural Competence** (kulturübergreifende Kompetenz), ist eine Sonderform der sozialen Kompetenz. Das Thema ist nicht unbedingt neu, aber die kulturellen Unterschiede in der D-A-CH-Region sind relativ gering. Arbeitsmigranten aus anderen europäischen Ländern oder aus dem Rest der Welt hatten sich anzupassen. Eine dazu passende und aktuelle Fragestellung: Wie ist das, wenn eine deutsche Unternehmung einen chinesischen Mehrheitseigentümer bekommt und die Jahresziele in Shanghai ausgehandelt werden? Wer passt sich hier wem an?

Innovatives Denken (Novel & Adaptive Thinking) und **Design Mindset** sind zwei weitere Skills, die uns für die absehbare Zukunft von Künstlicher Intelligenz (KI) unterscheiden. Standardfunktionen werden automatisiert oder sind zumindest keinen Interim Manager-Tagessatz wert. Um aber innovativ in einem Bereich sein zu können, muss man diesen auch gemeistert haben. Dies wirft spezielle Herausforderungen für die eigene Qualifizierungsstrategie auf.

Computational Thinking („Informatisches Denken“) macht uns kollaborationsfähig mit Künstlicher Intelligenz (KI) und anschlussfähig an die Welt der Industrie 4.0. Als Interim Manager wird es von Ihrer Positionierung abhängen, wie tief Sie in die Gestaltung von informationsbasierenden Prozessen eintauchen werden. Grundsätzlich gilt, dass es ohne ein gewisses Grundverständnis nicht mehr geht – und die Anforderungen jährlich steigen.

Skills im Bereich **sozialer Medien** (New Media Literacy) und **virtueller Kollaboration** sind unverzichtbar bei der täglichen Arbeit und der nachhaltigen Eigenvermarktung als Interim Manager. Wie wichtig das ist und wie großen Wert innovative Unternehmen darauflegen, zeigt das Beispiel von IBM: Teil der Bonifikationsziele von Managern ist die aktive Teilnahme an der internen Knowledge-Management Plattform. Der CEO des Unternehmens Buurtzorg führt durch Schreiben eines internen Blogs. Auch der ehemalige CEO des DAX-Konzerns Merck, Stefan Oschmann, veröffentlichte über viele Jahre hinweg bis zu seinem planmässigen Ausscheiden 2021 aus dem Unternehmen regelmässig in den Sozialen Medien und Business Netzwerken ein kurzes Video. Meist wurde er von einem internen Kollegen zu einem aktuellen Thema interviewt und erklärte wichtige Unternehmensentscheidungen, wie z.B. die Übernahme eines Wettbewerbers oder die Art und Weise, wie im Unternehmen geplant wird.

Besondere Beachtung finden aktuell die Posts von Börsenschwergewichten, wie Elon Musk von Tesla:

> *Elon Musk hat bei seinem Twitter Account (@elonmusk) im Juli 2022, 102 Millionen Follower (Musk, 2022). Zwischen humorvollen gibt es ernsthafte Tweets. Bei den Ernsthaften verändert sich oft der Börsenkurs eines oder mehrerer Unternehmen substanziell. Das Risiko ist hoch, aber PR und Werbung gibt es quasi zum Nulltarif.*

Tipp für Interim Manager: Twitter hat neben dem typischen Rauschen der Sozialen Medien das Potential, Sie mit relevanten Informationen, die "cutting-edge" sind, zu versorgen. Der Aufbau eines eigenen Accounts mit Reichweite ist aufwändig. Nutzen Sie Twitter aber zumindest, um Themen, die für Ihre Arbeit relevant sind, zu recherchieren und Innovatoren sowie Kunden zu folgen.

7.5. Interim Manager - Berufsbild

Die oben diskutierten Skills für Manager sind – wie bereits dargestellt – natürlich auch für Interim Manager relevant. Doch Interim Manager benötigen **zusätzlich noch Skills**, um nachhaltig erfolgreich zu sein.

7.5.1. Was machen Interim Manager?

Die Frage „*Was machen Interim Manager*?" mag sich als Ausgangpunkt für eine Klärung des Skill-Bedarfs trivial anhören. Man könnte dies vereinfacht in der Form beantworten, dass diese für limitierte Zeit eine Managementfunktion in einem Unternehmen übernehmen. Diese Aussage ist aber nicht vollständig. Bei genauerem Hinsehen umfasst das Berufsbild von Interim Managern eine **komplexere Thematik** als die von Managern an sich. Interim Manager sind natürlich Manager in unterschiedlichen Fachbereichen, aber sie sind noch mehr: Sie sind vor allem auch Selbstständige bzw. Freiberufler – meist sogenannte Ein-Personen-Unternehmen (EPU) – die in einem internationalen Markt tätig sind. Manche von ihnen leben auch eine sogenannte „Portfolio-Karriere", in der sie unterschiedlichen Tätigkeiten zur gleichen Zeit nachgehen. Sie sind vielleicht zusätzlich auch noch als Consultant tätig oder haben Mandate im Aufsichtsrat (Verwaltungsrat) oder Beirat von Unternehmungen. Aus all diesen Tätigkeiten resultieren spezifische Skill-Anforderungen, die sich nicht zuletzt aus den Kerneinsatzbereichen oder Rollen von Interim Managern ergeben.

7.5.2. Rollen von Interim Managern

Zur Qualitätssicherung im UNITEDINTERIM Online Portal – und damit Kunden ganz spezifisch nach bestimmten „Typen“ an Interim Managern suchen können – entwickelte ich mit meinen Kollegen und Mit-Autoren Jürgen Becker und Dr. Harald Schönfeld eine Typologie zur Klassifizierung der Rollen. Die im folgenden aufgeführten Rollen werden in idealtypischer Weise von Interim Managern in ihren Projekten eingenommen (UNITEDINTERIM, 2022b):

Sechs idealtypische Rollen von Interim Managern:

1. Gründer-Aufbauer
2. Sanierer-Restrukturierer
3. Kommunikator-Team-Builder
4. Innovator
5. Prozessorientierter Strukturierer
6. Experte für Spezialaufgaben

Wenn eine Unternehmung nun einen Interim Manager sucht, wird die Übernahme einer solchen Rolle als Teil des Anforderungsprofils benannt – manchmal ex-plizit aber auch sehr oft implizit. Nicht alle Manager eignen sich für alle Rollen. Ein exzellenter „Gründer-Aufbauer“ ist noch lange kein guter „Sanierer-Restrukturierer“. Zu unterschiedlich sind die Anforderungen an die Persönlichkeit, die sozialen Skills und das nötige Fachwissen, um erfolgreich zu sein.

Im Rahmen des Qualitätssicherungsprozesses des UNITEDINTERIM-Portals, werden die Interim Manager mit Hilfe der Persönlichkeits Struktur Analyse® (PSA), einem von Life and Career Design Consulting im Jahre 2007 entwickelten Persönlichkeits Assessments (Life and Career Design Consulting, 2020), diesen Rollen zugeordnet. Dies ermöglicht den Interim Managern eine größere Klarheit über sich selbst und über die Rollen, in denen sie am ehesten Flow haben werden. Zudem liegt der Vorteil für die nachfragenden Unternehmen auf der Hand: Sie erhalten mehr Sicherheit zur Beantwortung der Frage, ob der betreffende Interim Manager für die anstehende Aufgabe von der Persönlichkeit her passt.

7.6. Skills für Interim Manager

Die erweiterte Skill-Diskussion, die wir hatten, soll nun speziell für Interim Manager auf den Punkt gebracht werden. Die Skills sind wiederum eng verknüpft mit Ihrer persönlichen Karriere- und Geschäftsstrategie, die wir im abschliessenden Kapitel des Handbuches bearbeiten werden. Hier nebenstehend ein Überblick der Skills für Interim Manager, die im Folgenden weiter systematisiert und erklärt werden:

Abb.2: Skills für Interim Manager (Quelle: Eigene Darstellung).

7.6.1. Kernkompetenz – Fach-Skills

→ Das ist die fachliche Expertise, die Sie einbringen.

Unabhängig davon, in welcher Fachdisziplin oder Fachdisziplinen Sie tätig sind (sei es z.B. als Restrukturierer, Sanierer, Controller, Produktionslogistiker, Einkäufer oder Personaler): Ohne ausgewiesene Expertise bekommen sie keinen Auftrag. In welcher Breite, Tiefe und Aktualität Sie diese Disziplin beherrschen oder wie Sie dieses dokumentieren und Ihren potentiellen Kunden verdeutlichen, ist Teil ihrer Karriere- und Geschäftsstrategie.

7.6.2. Management und Change Management

→ Kerngeschäft: Beantwortung der Fragen von Peter Drucker plus einer weiteren

Wie oben dargestellt, ist „Managen" das Kerngeschäft für Manager – und damit auch für Interim Manager. Diese dafür relevanten Skills sind die Antworten auf die fünf entscheidenden Fragen des Managements (Drucker, 2009) die wir schon diskutiert haben. Es kommt aber noch eine sechste hinzu: Die Frage „Wie verändern und entwickeln Sie Unternehmen systematisch?" ist Teil vieler Aufträge im Interim Management. Sie schliesst nahtlos an die 5 Fragen von Peter F. Drucker und ergänzt diese. Es entsteht somit die folgende Liste mit 6 Fragen für Interim Manager:

1. Wie klären Sie die Mission eines Unternehmens?
2. Wie identifizieren Sie einen Kunden?
3. Wie definieren Sie was dem Kunden wertvoll ist?
4. Wie messen Sie Ergebnisse?
5. Wie planen Sie Maßnahmen?
6. Wie verändern und entwickeln Sie Unternehmen systematisch?

7.6.3. Projekt-Management

→ Das Führen von Projekten ist „Bread and Butter" für Interim Manager.

Interim Manager werden geholt, um spezifische Ziele in einem begrenzten Zeitraum zu erreichen. Dies ist nur in Projekten möglich. Sie nehmen in diesen Projekten eine Schlüsselrolle ein. Ob diese Projekte nach der Wasserfall-Methode oder nach agilen Projektmanagement-Methoden oder anderen Methoden geführt werden, richtet sich nach den jeweiligen Anforderungen. Die Beherrschung eines professionellen Projektmanagements ist unverzichtbar für das Skill-Set. Unverzichtbar ist auch die Kompetenz, diese durch relevante Software-Tools zu unterstützen. MS-Project, Merlin Project, MS-Teams, Wrike dienen hier als Beispiele.

7.6.4. Komplexe Problemlösung

→ Maschinen sind schlecht darin – und Sie haben einen Wettbewerbsvorteil.

Skills zum Lösen komplexer Probleme rechtfertigen nicht nur einen hohen Tagessatz. Sie differenzieren Sie auch nachhaltig von Künstlicher Intelligenz, die auf absehbare Zeit eher spezialisiert wirksam ist, bzw. weiterhin durch den Menschen augmentiert werden muss, um wirksam zu werden.

7.6.5. Soft-Skills

→ Maschinen sind wirklich schlecht darin – und Menschen haben einen Wettbewerbsvorteil.

Bis Maschinen den „Turing Test“ im Bereich der Soft-Skills bestehen, wird es noch eine lange Zeit dauern. Menschen wertschätzend und motivierend zu führen, mit Kunden für beide Seiten akzeptable „Deals“ auszuhandeln, entstehende Konflikte zu vermeiden oder konstruktiv und zielführend in Change Prozessen zu lösen, sind weitere Beispiele für Aufgaben, die auf absehbare Zeit nicht an die KI delegiert werden können.

7.6.6. Lern-Skills

→ Bei dieser Rate der Veränderung: Lernen endet niemals.

Die Notwendigkeit des lebenslangen Lernens wurde oben schon mit der IBE-Studie diskutiert. Kaum jemand, der noch länger als 5 Jahre im Geschäft bleiben möchte, wird für sich selbst die Notwendigkeit bestreiten, beständig zu lernen. Das Thema der „**Lernstrategien für Interim Manager**" wird im nächsten Abschnitt ausführlich behandelt.

7.6.7. Selbst-Management

→ Sich selbst proaktiv und zielgerichtet durch eine VUCA-Welt steuern und beständig neu erfinden.

Sind Sie in der Lage, in einer Verhandlung mit Kunden kognitiv in Meta-Reflexion zu sein? Das heisst, Sie können – parallel zu den laufenden inhaltlichen Verhandlungsthemen – die bestehenden Beziehungen sowie die Konflikte analysieren und alternative Handlungsszenarien generieren?

Gratulation, wenn Sie das unter Druck können.

Sind Sie nach einer mittel-emotionalen Situation in der Lage, innerhalb von 10 Minuten Ihren Puls auf unter 70 Schläge die Minute zu drosseln und Ihren Verstand zu leeren, um sich auf eine komplett neue Situation einzustellen?

Wenn Sie diese Frage mit „ja" beantwortet haben, dann meditieren sie wahrscheinlich jeden Tag, was sie balanciert und mental und emotional fit erhält – und auch langsamer altern lässt.

Das sind nur zwei Beispiele von Self-Management-Skills. Es gibt viele weitere, die vielleicht auch nicht von jedem meisterbar sind und für die es entsprechende, weiterführende Literatur gibt.

Die größte Standardherausforderung im Interim Management ist das individuelle **Zeitmanagement.** Es geht um die Optimierung der fakturierbaren eigenen Arbeitszeit, die Balance von Berufs- und Privatleben – oder Zeit für sich selbst im Privatleben zu finden, wenn Sie Familienverpflichtungen haben.

Eine weitere Herausforderung, jetzt auf der **Werte- und Sinnebene**, stellt sich jenen, die in die zweite Hälfte ihrer Karriere gekommen sind. In dieser Lebensphase kommen typischerweise Fragen auf wie *„Ich war erfolgreich und bin es immer noch, aber will ich das, was ich tue, den Rest meines Lebens machen*?“ Sollte die Antwort auf eine qualitativ neue zweite oder auch dritte Phase des Berufslebens hinweisen, ist der Fragesteller herausgefordert, sich neu zu erfinden. Manche werden dies nicht wollen oder können - aber als (zukünftiger) Interim Manager sind Sie entweder gerade dabei es zu tun, oder haben es (als langjähriger Profi im Interim Business) schon bewältigt.

7.6.8. Networking und Kollaboration

→ Wichtig, um in einem Business-Umfeld erfolgreich tätig zu sein.

Manager – wie auch Interim Manager – leben und arbeiten nicht allein. Ihr Erfolg ist immer davon abhängig, wie sie die Beziehungen zu anderen gestalten. Teamstrukturen und Netzwerke sind heute allgegenwärtig: In Teams (die zunehmend cross-functional und divers strukturiert sind) wirksam sein zu können, ist unverzichtbar. Für „Führungskräfte“ kommt hinzu, dass es i.d.R. zu ihren Aufgaben gehört, die Rahmenbedingungen für zielführend arbeitende Mitarbeiter und Teams zu gestalten sowie die Schnittstellen zu anderen Bereichen und Netzwerken zu definieren oder selbst zu übernehmen. Auch die in der Praxis immer mehr aufkommenden Agile Management Methoden basieren auf Team- und Netzwerkansätzen. Hinzu kommt die Beherrschung von gängigen Online-Kommunikationstools wie Zoom, Skype, MS-Teams oder Google Meet. Spätestens seit Corona gehört das zum Standardrepertoire.

7.6.9. Englisch

→ Englisch ist die gemeinsame Sprache in einer globalisierten Welt.

Ich möchte hier eine kurze – nur wenige Jahre zurückliegende – Begebenheit schildern, die aus einer Beratung von einem Unternehmen in der Medienbranche in der D-A-CH-Region durch mein Unternehmen stammt. Sie erläutert, wie selbstverständlich inzwischen die Beherrschung von Englisch-Kenntnissen geworden ist:

> *Wir gestalteten mit dem Kunden ein breitgefächertes Trainingsprogram für die Mitarbeiter. Eine Empfehlung an das Unternehmen bestand darin, Business Englisch für Führungskräfte und Schlüsselmitarbeiter in das Bildungsprogramm aufzunehmen, weil gravierende Defizite zu verzeichnen waren. Die Antwort lautete: „Wir sind eine deutsche Unternehmung und benötigen dies nicht!" Sie können sich vorstellen, dass es Verwunderung auf Beraterseite gab, aber als Dienstleister kann man den Kunden ja nicht zu seinem Glück zwingen. Innerhalb eines Jahres wurde das Unternehmen dann an ein global tätiges Unternehmen verkauft. Es ergab sich, dass das gesamte Reporting in Englischer Sprache zu erfolgen hatte. Nicht nur das: Auch Präsentationen und Besprechungen des Managements wurden innerhalb von sechs Monaten auf Englisch durchgeführt. Die Konsequenzen für Manager und Führungskräfte waren gravierend.*
>
> *Mein persönlicher Kommentar dazu: „Have a nice day!"*

7.6.10. Personal Branding und Selbstvermarktung

→ Sie müssen sich nachhaltig am Markt differenzieren und positionieren.

Bei diesem Thema tun sich viele Interim Manager überraschender Weise sehr schwer. Wenn sie vor ihrer Selbstständigkeit in großen Unternehmen tätig waren, mussten sie sich zwar auch intern "vermarkten". Doch ist der Aufbau und die Pflege persönlicher Beziehungen und des eigenen Images im Unternehmen doch etwas grundsätzlich anderes als eine nachhaltige Reputation, ein „branding" als Solo oder Ein-Personen-Unternehmen (EPU) in einem Markt mit Tausenden von Unternehmen, die als Zielkunden in Frage kommen, aufzubauen und zu pflegen.

Ein Interim Manager, der ein positiv besetztes „Brand" verkörpert, die auf vielfältige und relevante Weise im Markt sichtbar ist, kann i.d.R. höhere Tagessätze verlangen und die Auslastung wird weniger Sorgen bereiten. Die Pflege der Marke muss jedoch kontinuierlich und mit einem gewissen Aufwand geschehen. Wenn Sie zwei, drei Jahre durch Projekte nicht am Markt sichtbar sind und die Serie Ihrer Aufträge reisst, was ja gar nichts mit der Qualität ihrer Arbeit zu tun haben muss, dann könnte dies zu einer unnötig langen Pause führen.

Unterstützung zu Marketing- und Vertriebsfragen haben Sie ja schon in vorgelagerten Kapiteln dieses Handbuches bekommen. Wir kommen in jeden Fall bei der Bearbeitung von Karrierestrategien noch darauf zurück.

7.6.11. IKT-Skills

→ Informations- und Kommunikations-Technologie ist „überall"

Ich gehe davon aus, dass Sie auf einer Skala von 1-3 mit den Office Produkten von Microsoft zumindest auf der Stufe 2 zu Hause sind. MS-Word, MS-Excel, MS-PowerPoint und MS-Outlook gehören zu den unverzichtbaren Werkzeugen. Beispiele:

> Wenn Sie im Controlling oder Performance Management tätig sind, ist MS-Excel Ihr tägliches Werkzeug. Pivotieren geht im Handumdrehen und statistische Verfahren gehören zu Ihrem Tagesgeschäft. Aber auch Excel-Experten sind von den Möglichkeiten, die Microsoft in den letzten Jahren hinzugefügt hat, überrascht, fungiert das Programm nun auch noch als Front-End zu Applikationen der Künstlichen Intelligenz, die Cloud basiert ablaufen. Einige neue Funktionen wurden von Jared Spataro (Corporate Vice Presi-dent für Microsoft 365) bei der Ignite Konferenz 2018 vorgestellt (Spataro, Sept. 24, 2018). „Ideen" (Ideas) unterstützt Anwender in Excel bei der Identifikation von Trends, Mustern und Ausreissern in Data Sets. Neue Datentypen wie Aktien und Geografie erleichtern die Analyse und Darstellung von Daten. „Lookup" und „Match" erleichtern die Suche und es können jetzt auch Daten in Excel eingeben werden, die einfach mit dem Smartphone fotografiert wurden. Das sind alles hilfreiche Funktionen, die einem die Arbeit erleichtern und gute niederschwellige Beispiele für die Kollaboration von Menschen und KI sind. Die neueste Version von Office 365 bietet die vorgenannten Funktionen.

Nächster Schritt:

Was sagen Ihnen die Begriffe Python, Machine Deep Learning, Azure Cognitive Services, API-Interface, PHP, Scrum, HTML5, Slack? Gratulation, wenn Sie ein grundsätzliches Verständnis von diesen haben! Nein, Sie müssen sich nicht zum IT-Coder entwickeln. Wenn Sie aber nicht „**anschlussfähig**" an IT-Spezialisten sind, können Sie bei einer Planungsbesprechung, die verknüpft ist mit der Digitalisierung der Unternehmung oder einem auch für Sie relevanten neuen Projekt, keinen konstruktiven Beitrag erbringen. Im Worst-Case werden Sie als Entscheider heftigste Akzeptanzprobleme bekommen.

Tipp für Interim Manager: Wie tief Sie in die Fachwelt der IT-Themen eindringen müssen, wird von Ihrer Karrierestrategie abhängen. Sie sollten aber zumindest die wesentlichsten Begriffe kennen, richtig aussprechen und in den Grundzügen verstehen. Selbst ein Vorstellungsgespräch kann sonst zum peinlichen Fiasko werden! Im Worst-Case: Projektabbruch wegen fehlender Akzeptanz – oder gar wegen falscher Entscheidungen.

7.7. Erwerben, Erhalten und Nachweisen von Skills

Wir haben uns bisher damit auseinandergesetzt, warum und vor allem welche Skills Interim Manager benötigen. Nun widmen wir uns dem Thema wie diese erworben, erhalten und nachgewiesen werden.

Ausgangspunkt in der Karriere als Interim Manager

In jedem Fall bringen Neueinsteiger bestimmte Skills und Erfahrungen aus ihrer vorherigen Berufslaufbahn mit. Auch Interim Manager, die schon seit Jahren „im Projekt" sind, haben dabei bestimmte Skills angewandt und können darauf verweisen. Diese können nun äusserst attraktiv für neue Kunden sein und stark nachgefragt sein. Es kann aber auch sein, dass Interim Manager feststellen müssen, dass die vorhandenen Skills leider „unattraktiv“ sind. In jedem Fall besteht Handlungsbedarf:

Attraktive Skills am Markt

Interim Manager mit Skills, die in Unternehmen stark nachgefragt werden, haben in etwa ein **Zeitfenster von 3-5 Jahren**, in denen diese Skills noch gut zu vermarkten sind. Wenn ein Interim Manager in hoch attraktiven, innovativen Projekten tätig ist und seine Skills dort in der Praxis ständig anwendet, dann können diese erhalten werden – oder sogar noch durch weitere Anwendungspraxis ausgebaut werden. Im Gegensatz dazu können Skills aber auch „verstauben“, wenn längere Projekte in Unternehmen anstehen, bei denen diese nicht oder nur wenig eingesetzt werden.

Tipp für Interim Manager: Die Konsequenz daraus ist, dass neben der „normalen“ Projektarbeit **kontinuierlich** marktattraktive Skills zu pflegen, zu aktualisieren oder neu zu erwerben sind – und das in Eigeninitiative.

Beispiel:

Nehmen wir an, jemand war bisher über viele Jahre hinweg erfolgreich als Produktionsleiter in einem Betrieb (oder als Interim Manager immer wieder in solchen Unternehmen) tätig. Er möchte jetzt aber auch neben der interimistischen Leitung einer Produktion zusätzlich noch herausfordernde und finanziell attraktive Projekte zur (Teil-) Verlagerung der Produktion ins Ausland leiten. Dann sind seine Skills zum Thema Produktion zu erhalten (bzw. regelmässig zu aktualisieren), aber auch zwingend neue Skills (z.B. im Projektmanagement sowie im Umgang mit dem Betriebsrat und den Gewerkschaften sowie im Bereich der Sprachkenntnisse) aufzubauen.

Unattraktive Skills am Markt

Es gibt viele Einsteiger ins Interim Management, die am Ende ihrer Tätigkeit als Angestellter nur über sehr wenige moderne und am Markt nachgefragte Skills verfügen. Die Gründe liegen häufig darin, dass sie zuletzt vor allem mit Routinetätigkeiten betraut waren und auch nicht in den Genuss von (teuren und zeitaufwändigen) Weiterbildungen kamen.

Tipp für Interim Manager: Es sind zwei Dinge zu tun. Erstens die Erarbeitung einer nachhaltigen **Karrierestrategie** als Interim Manager (siehe hierzu das nächste Kapitel) und zweitens ein darauf abgestimmtes persönliches **Entwicklungsprogramm**. Je nach Größe des Deltas auf eine ausreichend attraktive Positionierung kann dies wenige Monate oder auch 1-2 Jahre dauern. Das kann jedoch eine ausgezeichnete und sich finanziell rechnende Investition sein – vor allem wenn Sie noch länger als 5 Jahre als Interim Manager tätig sein wollen.

7.8. Methoden zur Skill-Entwicklung

Es gibt eine Vielzahl von Methoden, mit denen Skills entwickelt werden können. Im Folgenden wird eine Auswahl dargestellt, die sich besonders für zukünftige und gegenwärtige Interim Manager eignet – und auch noch berufsbegleitend genutzt werden kann.

7.8.1. Attraktive Projekte – Learning on the Job

Unternehmen erwarten von Interim Managern, dass sie – quasi als Nebeneffekt zu ihrer normalen Tätigkeit – einen Teil ihres Know-hows in pragmatischer Weise „on the job" an die Mitarbeiter weitergeben. Das ist einer der Hauptvorteile des Interim Managements. Der Wissenserwerb der Mitarbeiter geschieht so ohne spezielle Kurse und zugeschnitten auf die spezifischen Anforderungen des Unternehmens. Gerade der Mittelstand schätzt diese Art des Know-how-Transfers.

Es gilt aber auch umgekehrt: Für viele Interim Manager ist die Tätigkeit in einem modernen, innovativen Unternehmen sehr lehrreich. Auch wenn Sie selbst Ihren Teil einbringen: Sie gewinnen zusätzliche Expertise, werden mit neuen Entwicklungen, Tools und Methoden vertraut gemacht und können das als Vermarktungsargument in die Suche nach neuen Anschlussaufträgen einbringen. Wie an anderer Stelle dieses Handbuches angesprochen, sind Case Studies eine zunehmend geschätzte Unterlage, in Ergänzung zum klassischen CV, in dem sich neue Kompetenzen und erreichte KPIs ebenfalls gut machen.

Noch ein Gedanke: Bei der hohen Veränderungsgeschwindigkeit entsteht vieles Wissen nicht in einem Forschungsinstitut an einer Universität, sondern bei Unternehmen.

Wenn Interim Manager in neue inhaltliche Bereiche oder neue Märkte vordringen wollen, um hier Expertise aufzubauen, kann es auch klug sein, bestimmte Projekte (oder zumindest einige Einsatztage) bei einem attraktiven Unternehmen pro bono zu machen. Ihr Honorar ist das Gelernte.

7.8.2. Eingebunden in attraktive Communities

Innovatives Wissen entsteht vielfach auch in Expertennetzwerken. Was sind das für Netzwerke, in die es lohnenswert ist, eingebunden zu sein? Wo treffen sich die Kollegen? Geschieht dies auf Konferenzen, online in Expertenforen, auf Twitter oder LinkedIn, oder möglicherweise in Gruppen, in die man eingeladen werden muss, um Zugang zu haben? Netzwerke, in denen Investoren verkehren, sind ebenfalls durchaus attraktiv. Die exklusiveren sind „by invitation only".

Erfolgreiches Networking unterliegt Spielregeln. Erstens muss man etwas beitragen können und zweitens es auch tun. Erst an dritter Stelle kommt das Nehmen. Halten Sie die Augen auf, was sich in Ihrem Umfeld oder bei Kollegen tut. Haben Sie Mut, zu fragen und ggfs. um die Öffnung von Türen zu bitten.

Im Interim Management gibt es ebenfalls Profi-Netzwerke. In erster Linie handelt sich dabei um die Verbände der Interim Manager. Die wesentlichsten sind:

- in Deutschland: DDIM (https://ddim.de/)
- in der Schweiz: DSIM (https://dsim.ch/)
- in Österreich: DÖIM (https://xn--dim-sna.org/)
- in Liechtenstein / Rheintal: (https://rheintal-interim.org/)

Alle Verbände bieten nationale und regionale Veranstaltungen und Netzwerktreffen (z.T. mit Vorträgen und Diskussionen zu aktuellen Themen) sowie den Austausch mit vielfältigen Synergien untereinander an: Online und auch auf klassische, persönliche Weise.

Zu nennen ist auch die Branchenvereinigung der Provider AIMP (Arbeitskreis Interim Management Provider, https://www.aimp.de/). Der AIMP engagiert sich für den Interim-Markt nicht nur durch die in diesem Handbuch mehrfach zitierte jährliche Studie, sondern organisiert zudem seit Jahren auch einen der wichtigsten jährlichen Branchentreffs sowie einige regionale Veranstaltungen.

7.8.3. Lesen – folgen – abonnieren – selber posten

Das Lesen von geeigneter Fachliteratur, qualifizierter Wirtschaftspresse und Nachrichtendienste ist eine Grunddisziplin für jeden Knowledge Worker im Management. Erfahrungswerte lassen auf etwa eine Stunde pro Tag schliessen, um auf dem Laufenden zu bleiben.

Dies wird ein Mix an Büchern, Fachartikeln und Wirtschaftspresse sein; in den letzten Jahren ist ein aktives Partizipieren in den Sozialen Medien und Business Netzwerken hinzugekommen. Das schliesst Videos, z.B. auf YouTube und das Auswerten abonnierter Kanäle mit ein. Sie müssen jetzt z.B. nicht selbst jede Woche etwas posten oder twittern; es ist jedoch extrem effizient, innovativen (ausgewählten) Personen und relevanten Organisationen über Twitter, LinkedIn oder YouTube zu folgen bzw. mit ihnen verbunden zu sein und ihre Informationen zu erhalten.

Im Interim Management ist es geradezu normal geworden, dass relevante Provider, Plattformen und auch einzelne Interim Manager kontinuierlich und über mehrere Kanäle hinweg relevante Branchen-News posten bzw. veröffentlichen. Die Mitgliedschaft in entsprechenden Gruppen bei Xing oder LinkedIn ist somit eine nur zu empfehlende und sehr effiziente Möglichkeit, Marktforschung zu betreiben und zu „wissen was läuft“.

7.8.4. Kurse - Lehrgänge

Die Auswahl der richtigen Kurse und Lehrgänge sollte sich gut in die Karrierestrategie einfügen, handelt es sich hier ja um größere Aufwendungen. Berufsbegleitend werden hier eine Reihe von attraktiven Formaten physisch, online oder in einem „blended-learning" Format angeboten, in dem ein abgestimmter Mix der Lernformate Verwendung findet. Diese reichen von einem Zertifikatskurs zum Scrum-Master, welcher wenige Tage dauert bis zu einem zweijährigen Executive-MBA Programm. Die Kosten starten bei 0 Euro und gehen bis zu mehr als 100.000 Euro. Darin sind die eigenen Opportunitätskosten nicht berücksichtigt.

Beispiele:

Die innovativsten Lernformen sind sogenannte MOOCs (Massive Open Online Course), in denen einige wenige Teilnehmer – oder auch einige Tausend – gleichzeitig einen Kurs absolvieren. Man hat hier in der über 10-jährigen Geschichte didaktisch viel gelernt, um das Wissen effizient und teilnehmergerecht zu vermitteln.

Prominente Anbieter sind hier Coursera mit über 4.500 Kursen Mitte des Jahres 2020 (Coursera, 2020) und über 7.000 Kursen im Jahre 2022 (Hurley, 2022). Dabei werden über 92 Millionen registrierte Nutzer gezählt. Man kooperiert mit über 250 Partnern, wie zum Beispiel der Stanford University, Amazon Webservices, Google, Fudan University. Für Unternehmen gibt es spezifische Angebote.

Zweiter prominenter Anbieter ist EDX mit über 3.600 Kursen, 42 Millionen registrierten Nutzern und über 160 Partnern (EDX, 2022). Partner sind hier unter anderem Harvard University, Massachusetts Institute of Technology, ETH Zürich, Delft University of Technology, IBM, Microsoft. Auch hier gibt es für Unternehmen spezifische Angebote.

Für den Nachweis einer besonderen – und den Tagessatz nach oben schraubenden – Positionierung ist es interessant, ein entsprechendes Zertifikat oder ein Diplom (z.B. für einen MicroMaster) von einem der prominenten Anbieter zu besitzen. EDX bietet eine Reihe von MicroMaster Programmen an. Das sind Programme die „tiefes Wissen" (deep knowledge) in einem Fachbereich auf Graduate

Ebene vermitteln und unmittelbare Relevanz für die berufliche Tätigkeit haben. Business Analytics, Supply Chain Management, Marketing Analytics, Artificial Intelligence, Design Thinking, Internet of Things (IOT) dienen hier zur Illustration.

Der MicroMasters® in Digital Transformation Leadership der Boston University kostet im Juli 2022 1.759 Euro mit fünf Kursen über neun Monate verteilt (EDX, 2022); keine fixen Kurszeiten.

Der MicroMasters® in Supply Chain Management des Massachusetts Institute of Technology (MIT) kostet im Juli 2022 1.494 Euro mit sechs Kursen über eineinhalb Jahre verteilt (EDX, 2022). Wann immer man Zeit hat, kann dieses Programm absolviert werden; keine fixen Kurszeiten.

Die Angebote variieren im Preis, sind aber günstiger als die Teilnahme an einer zwei- bis dreitägigen Internationalen Konferenz für Manager.

Im deutschsprachigen Raum bestehen, gerade auch für Interim Manager, sehr gute Erfahrungen und Referenzen im Hinblick auf die Angebote der **Steinbeis Augsburg Business School** (https://steinbeis-ifem.de/uebersicht/). Es finden sich u.a. sehr zeitgemässe, praxisrelevante Zertifikatskurse, z.B. Projekt- und Prozessmanagement, Change – Innovation – Digitalisierung, Personal- und Organisationsentwicklung (u.a. als zertifizierter Restrukturierungsberater), Unternehmensführung und Leadership (u.a. als Certified Interim Manager), Agile Transformation, Marketing Sales, sowie Sustainable Finance und ESG.

Bei Themen rund um das Feld der Digitalisierung empfehlen wir vor allem die Angebote des **Hasso-Plattner-Instituts** (HPI) in Potsdam (https://hpi.de). Es erforscht und vermittelt praktische und angewandte Themen digitaler Technologien – auch für Berufstätige.

7.8.5. Coaching

Coaching als hoch individualisierte, professionelle Lernform ist in vielen Situationen wirkungsvoll und persönlich in vertrauensvoller Umgebung oder auch Online über Videokonferenz-Systeme nutzbar. Hier einige Beispiele für klug eingesetztes Coaching:

Ein ganz neues Thema

Wenn man neu in einem Bereich ist, sind die Aufwendungen hoch, sich zu orientieren und in Schwung zu kommen. Ein guter und auf das Thema spezialisierter Coach[28] kann helfen, die individuell wichtigen Entscheidungskriterien zu definieren, die relevanten Informationen schnell zu erhalten, diese fokussiert und gemäss den relevanten Kriterien auszuwerten – und dann die ersten wichtigen Schritte zu setzen.

Treffen von weitreichenden Entscheidungen

Beim Treffen von komplexen und weitreichenden Entscheidungen, die einen stark selbst betreffen, ist die Zeit in kompetentes Coaching gut investiert. Es reduziert den Blinden-Fleck in der Wahrnehmung und man holt sich eine Second Opinion, um die eigene Position zu überprüfen – und eine ggfs. teure Fehlentscheidungen zu vermeiden. Wer an seiner Karriere-Strategie als Interim Manager arbeitet, kann diese mit gutem Coaching auf sehr effiziente Weise optimieren und validieren.

Training

Ein Coach kann auch als Trainer fungieren. Golfspieler haben höchst wahrscheinlich schon einmal Unterstützung von einem „Pro“ in Anspruch genommen, um den eigenen Schwung zu optimieren. Im Business Kontext funktioniert das genauso. Spezifische Situationen, die Schwierigkeiten bereiten, können gezielt trainiert werden. Das kann das Erstinterview bei einem möglichen Auftraggeber sein

---

[28] Aktuelle Coachingangebote für Interim Manager (Einsteiger als auch Profis) finden sich auch auf der Website von UNITEDINTERIM, einer auf Interim Management spezialisierten Plattform. (UNITEDINTERIM,2022a)

(Top-Empfehlung der Autoren dieses Handbuches) oder auch eine Situation aus dem Arbeitsalltag, wie das Führen von Verhandlungen mit asiatischen Lieferanten (wenn Sie z.B. Einkäufer sind).

7.9. Nachweisen von Skills und Kompetenzen

Es liegt in der Natur der Sache des Interim Managements, dass es Erstkontakte mit potentiellen neuen Kunden gibt. Manche Manager haben nur ein bis zweimal in ihrer Karriere diese Situation erlebt, z.B. als sie sich für eine Aufgabe als Angestellter beworben haben, bevor sie Interim Manager wurden. Nun kann dies durchaus mehrmals im Jahr erfolgen.

Im Bereich des Kernkontaktnetzes, indem man sich persönlich kennt, ist der Nachweis einfach und reduziert sich manchmal auf ein persönliches Gespräch. Gelegentlich ist sogar kein CV und kein Zertifikat nötig („*Man kennt sich ja.*"). In allen anderen Fällen – und das ist der Regelfall – sind Skills und Kompetenzen explizit nachzuweisen.

Worauf ist zu achten?

Nachgewiesene Erfolgsbilanz

Nummer eins ist sicher eine glaubhafte und lückenlosenachgewiesene Erfolgsbilanz. In dieser können und sollten sich auch nicht perfekt gelaufene Mandate befinden. Niemand hat immer nur Erfolg. Das öffnet die Tür und manchmal ist das auch ausreichend. Wie an anderer Stelle dieses Handbuches beschrieben (**vergleiche Kapitel 9: Verkaufsunterlagen für Interim Manager**), ist im Interim Management ein detaillierter und aussagefähiger CV (Managerprofil) die Standardunterlage. Eine gute Ergänzung sind Fallstudien (Case Studies), die besondere Erfolge verdeutlichen und in denen die spezifischen Skills und Kompetenzen des Interim Managers in der Umsetzung seines Mandates beschrieben werden. Referenzschreiben zufriedener Kunden (vergleichbar mit den „Zeugnissen" eines Angestellten) sind eine weitere Ergänzung.

Je innovativer Unternehmen sind, desto mehr stützen sie sich jedoch nicht nur auf vergangenheitsbezogene Daten. Sie wollen auch einschätzen, inwieweit ein Interim Manager Zukunftsthemen – also Neues – bewältigen kann. Das gilt auch für die Gestaltung von Veränderungsprozessen, bei denen Kunden „loslassen" und „sich anvertrauen" müssen.

Wie kann dem Kunden Sicherheit gegeben werden?

Die Lösung liegt in der Erlangung und Dokumentation von „Zertifizierungen" bis hin zur Ablegung von bestimmten „Berufsprüfungen." Beispiel:

> *Marketing Manager gibt es viele. Aber Marketing Manager mit fortgeschrittenen Skills in Marketing Analytics sind Mangelware. Auch wenn ein Interim Manager sich noch keinen Namen als Marketing Analytics Spezialist, hinterlegt mit attraktiven Projekten, gemacht hat, könnte ein MicroMasters® Abschluss der University of Berkley hilfreich sein. Eine zertifizierte Scrum Master Ausbildung könnte auch nicht schaden, um die Tür zu Projekten zu öffnen, bei denen der Kunde explizit die Beherrschung agiler Managementmethoden wünscht. Vor allem, wenn Provider in der Suche nach einem Interim Manager eingeschaltet sind, werden diese den Kundenwunsch erfüllen wollen, und nur solche Kandidaten dem Kunden vorlegen, bei denen die gewünschten Kompetenzen durch aktuelle Nachweise deutlich hervorgehoben sind. Auch wenn ein Kunde eine Online-Plattform oder ein Business-Netzwerk zur Suche nach einem Interim Manager nutzt, ist es ein Leichtes, bestimmte Suchbegriffe einzugeben – um anschließend eine Trefferliste mit entsprechenden Kandidaten zu erhalten.*

In regulierten Branchen ist die Ausführung gewisser Tätigkeiten an die Ablegung von Berufsprüfungen gebunden. Wer als Auditor oder Wirtschaftsprüfer tätig sein will, muss diese Prüfungen auch nachweisen. Kein Führerschein, kein Lenken eines Kraftfahrzeuges. Als Mitglied in einem Kontrollgremium, bestehen je nach Land auch Auflagen an die Qualifikation der Aufsichts- bzw. Verwaltungsräte. Gerade die letztgenannten sind höchst attraktiv für Interim Manager, wenn zusätzlich zum Projekt-Geschäft noch weitere Einkommensquellen als Teil des eigenen Leistungs-Portfolios erschlossen werden sollen.

7.9.1. Nachweisen von Soft-Skills

Ein proaktiver Umgang mit nachgewiesen Qualifikationen im Soft-Skills Bereich ist bei Unternehmungen, die sehr kulturbewusst agieren, sinnvoll. Wer will schon, dass ein Interim Manager die jahrelange Aufbauarbeit in der Gestaltung der Unternehmenskultur in sechs Monaten zunichte macht – und Millenials oder seltene „Talents“ zum Weiterziehen anspornt? Negativ formuliert: Kulturelle Flurschäden sind zu vermeiden. Positiv formuliert: Ein weiterer Ausbau einer zukunfts-orientierten Kultur ist gewünscht – und sei es, durch das „richtige Mass“ an kultureller Passung oder gar erforderlicher Diversity.

Ein Offenlegen der Ergebnisse einer Persönlichkeitsanalyse, wie dem im anglophonen Raum sehr beliebten MBTI-Myers Briggs Typen Indikator (Myers and Briggs Foundation, 2022) oder der PSA-Persönlichkeits Struktur Analyse® (Life and Career Design Consulting, 2022) mit einem qualifizierten und sehr gut reflektiertem Gespräch, schafft Vertrauen.

7.9.2. Skills für das eigene Unternehmen: Unternehmer sein

Viele Interim Manager sind Selbständige, Freiberufler oder auch Chef ihres eigenen kleinen Unternehmens: Das kann z.B. ein Einzelunternehmen sein oder auch eine Gesellschaft mit beschränkter Haftung (GmbH). Je nach Land, in dem der Interim Manager bzw. seine Gesellschaft den Sitz hat, herrschen andere rechtliche Anforderungen. So sind in einigen Ländern definierte Qualifikationsnachweise zum Führen dieser Unternehmung zu erbringen oder andere Voraussetzungen (z.B. im Bereich der Sozialversicherung) zu erfüllen.

Tipp für Interim Manager: Das Denken und Handeln als Unternehmer ist zentral – und **erfolgskritisch** – für einen Interim Manager. Um nachhaltig erfolgreich Unternehmer in eigener Sache zu sein, wird in jedem Fall ein umfassendes unternehmerisches Skill-Set benötigt.

Die **wichtigsten unternehmerischen Skills als Interim Manager** sind:

- Selbstmanagement und Selbstführung: Es sind (nur) Sie selbst, der Ihnen Ihre Ziele setzt, Sie „motiviert“, leitet und entwickelt.
- Unternehmensstrategie / Karrierestrategie – diese sind eng verknüpft.
- Marketing / Vertrieb / Marktforschung: Damit Sie Anfragen und Aufträge erhalten – und auch in Zukunft wettbewerbsfähig im Geschäft sind.
- Informationstechnologie: Sie müssen ihre eigene IT betreiben - auch wenn diese primär in der Cloud sein wird.
- Vertragsrecht: Sie sollten wissen, wie Ihre Verträge im Interim Management zu gestalten sind und was die vertraglichen Üblichkeiten in der Branche sind. Das gilt Richtung Kunde, aber auch Richtung Provider, wenn Sie mit einem solchen zusammenarbeiten. Sie müssen vor allem wissen, wie Sie „Scheinselbständigkeit“ vermeiden.
- Rechnungswesen, Buchhaltung und Controlling: Sie müssen in der Lage sein, pünktlich Ihre eigenen Rechnungen zu schreiben und ggfs. auch zu mahnen. Eine transparente Buchhaltung und ein gutes Controlling gibt Ihnen Übersicht zur Liquiditätssituation. Gerade in Krisenzeiten oder in Zeiten, in denen Sie ohne Projekt sind, ist Klarheit über die eigene finanzielle Situation unverzichtbar. Je mehr Sie selbst können, desto geringer werden auch die Kosten für Ihren Steuerberater sein.
- Social Media
- Datenschutz (z.B. DSGVO - Europäische Datenschutz Grundverordnung)
- Unternehmensrecht
- Sozialversicherungsrecht: Damit Sie die richtigen Entscheidungen zu Ihrer Krankenkasse und zur Rentenversicherung treffen können – und ggfs. auskunftsfähig sind, wenn Ihre Kunden oder die Behörden danach fragen.

- Finanz- und Steuerrecht und sei es, um Ihrem Steuerberater die richtigen Fragen stellen zu können und um zu verstehen, was er Ihnen rät.

Selbstverständlich werden Interim Manager einige Leistungen zukaufen müssen. Als Unternehmer in eigener Sache müssen sie jedoch in der Lage sein, sich für bestimmte Partner oder Dienstleister entscheiden zu können und diese zielgerichtet zu steuern.

7.10. Quellenverzeichnis

Coursera. (2020). Lernen Sie unsere Partner kennen. Retrieved July 24, 2020 from https://www.coursera.org/about/partners

Coursera. (2022). Global Skills Report 2022. https://www.coursera.org/skills-reports/global

Davies, A., Fidler, D., & Gorbis, M. (2011). *Future Work Skills 2020.* Retrieved from Palo Alto: http://www.iftf.org/uploads/media/SR-1382A_UPRI_future_work_skills_sm.pdf

Drucker, P. F. (1967). *The Effective Executive*. London,: Heinemann.

Drucker, P. F. (2009). *Die fünf entscheidenden Fragen des Managements*. Weinheim: Wiley-VCH.

Drucker, P. F. (2017). *Managing Oneself: The Key to Success*. Boston: Harvard Business Review Press.

EDX. About us. Retrieved July 26, 2022 from https://www.edx.org/about-us

EDX. MicroMasters® Program in Digital Transformation Leadership. EDX. Retrieved July 26, 2022 from MicroMasters® Program in Digital Transformation Leadership

EDX. MicroMasters® Program in Supply Chain Management. EDX. Retrieved July 26, 2022 from https://www.edx.org/micromasters/mitx-supply-chain-management?index=product&queryID=ab1734922ca39f66e44104ca01c82e62&position=1&linked_from=autocomplete

Hofstede, G. (2022). The 6-D model of national culture. Retrieved from https://geerthofstede.com/culture-geert-hofstede-gert-jan-hofstede/6d-model-of-national-culture/

Hofstede Insights. (2022). Compare Countries. Retrieved from https://www.hofstede-insights.com/product/compare-countries/

House, R. J. (2004). *Culture, Leadership, and Organizations: The GLOBE Study of 62 Societies* (R. J. House, P. J. Hanges, M. Javidan, P. W. Dorfmann, & V. Gupta Eds.). Thousand Oaks: SAGE Publications.

Hurley, L. Top Coursera Statistics. Learnopoly. Retrieved July 26, 2022 from https://learnopoly.com/coursera-statistics/

IBE. (2017). *HR-Report 2017 - Schwerpunkt Kompetenzen für eine digitale Welt*. Abgerufen von https://www.hays.de/documents/10192/118775/Hays-Studie-HR-Report-2017.pdf/

IBE. (2019). *HR-Report 2019 - Schwerpunkt Beschäftigungseffekte der Digitalisierung*. Abgerufen von https://www.hays.de/documents/10192/118775/hays-studie-hr-report-2019.pdf/b4dd2e3c-120e-8094-e586-bdf99ac04194

Life and Career Design Consulting. (2022). Persönlichkeits Struktur Analyse (PSA). Abgerufen von https://lifeandcareer.eu/online-services

Musk, E. Twitter. Retrieved July 25, 2022 from https://twitter.com/elonmusk

Myers and Briggs Foundation. (2022). The purpose of the Myers-Briggs Type Indicator® (MBTI®). Retrieved from https://www.myersbriggs.org/my-mbti-personality-type/mbti-basics/home.htm?bhcp=1

Spataro, J. (Sept. 24, 2018). Bringing AI to Excel—4 new features announced today at Ignite. Retrieved from https://www.microsoft.com/en-us/microsoft-365/blog/2018/09/24/bringing-ai-to-excel-4-new-features-announced-today-at-ignite/

Steinbeis Augsburg Business School. (2022). Übersicht der Kurse und Seminare. https://steinbeis-ifem.de/uebersicht/

UNITEDINTERIM (2022a). Coaching Angebot für Interim Manager. Abgerufen von https://www.unitedinterim.com/fuer-interim-manager/coaching-angebot-fuer-interim-manager.html

UNITEDINTERIM. (2022b). Rollen - Persönlichkeitstypen im Interim Management. Abgerufen von https://www.unitedinterim.com/faq/softskills-typologie-bei-unitedinterim.html

8. Kapitel: Karrierestrategien für Interim Manager

Autor: Dr. Günther Singer

8.1. Einleitung

Dieses Kapitel wird Sie bei der Überprüfung und Weiterentwicklung Ihrer bisherigen Karrierestrategie unterstützen. Es ist so gestaltet, dass Sie die Punkte Schritt für Schritt durcharbeiten können. Wenn Sie das tun, erhalten Sie als Resultat einen Entwurf für einen Karriereplan. Diesen können Sie dann weiter entwickeln – oder auch mit Personen Ihres Vertrauens besprechen, auf Stichhaltigkeit überprüfen und adaptieren. Inzwischen finden sich sogar Angebote, an Ihrer Karrierestrategie online unterstützt weiterzuarbeiten.

Frage: Haben die Pandemie sowie die geopolitischen und wirtschaftlichen Herausforderungen etwas an den Karrierestrategien, die hier im Kern schon in der ersten Version des Handbuches präsentiert worden sind, geändert?

An den Strategien hat sich nichts geändert, diese sind robust. Was sich aber sehr wohl signifikant verstärkt hat, ist die Notwendigkeit, aktiv zu steuern und vorausschauend zu handeln. Laissez-faire als Strategieoption auf der Kommandobrücke der eigenen Karriere bzw. des eigenen Lebens ist inmitten der wohl weiter zu erwartenden Turbulenzen unverantwortlicher den je.

8.2. Neueinsteiger - Studie

Im Sommer 2021 führte ich eine kleine Studie (Tiefeninterviews) durch. Das Ziel bestand darin, den Einstieg von Personen in die berufliche Tätigkeit als Interim Manager (noch) besser zu verstehen. Die Interviewpartner wurden freundlicherweise von UNITEDINTERIM und butterflymanager vermittelt. Die Stichprobe entsprach altersmässig dem Branchenstandard (50 plus). Frauen waren überrepräsentiert. Alle waren im ersten Jahr und hatten mehrheitlich auch noch keine Mandate. Die

CORONA-Krise mit den negativen Auswirkungen auf dem Interim Management Markt erschwerte klar den Einstieg.

Die hervorstechendste Gemeinsamkeit ist, dass alle solide Management-Karrieren in gehobenen Funktionen bei größeren Unternehmen hinter sich hatten. Fachlich sind sie alle kompetent in ihrem Kernkompetenzbereich (Finanzen, HR etc.).

Hier einige Erkenntnisse aus den Tiefeninterviews:

1. Geschieht der Einstieg in das Interim Management aus Notwendigkeit oder lang gehegtem Wunsch?

Keine(r) hatte dies langfristig geplant. Bei 1/3 der Personen ist Interim Management die primäre Option. Bei 2/3 ist es ein weiteres Standbein neben Consulting und Aufsichtsratsmandaten. Bei den ab Sechzigjährigen war klar sichtbar, dass die Wahrscheinlichkeit, wieder eine Anstellung als Manager zu bekommen, als sehr gering eingestuft wurde. Interim Manager und Consultant waren hier zwingendermassen die primären Optionen.

Bei etwa 1/3 war es der Weg von „gläserne Decke“ (d.h. keine Aufstiegsmöglichkeit) hin zu einer neuen Qualität für die "letzte" berufliche Phase.

2. Wie bereiten sich die Personen auf die neue berufliche Phase vor?

Vorab hatte niemand der Studienteilnehmer eine nennenswerte Vorbereitung getroffen.

Erst bei Beginn oder unmittelbar vor Beginn der nach außen kommunizierten Absicht als Interim Manager tätig zu sein, werden „Marketingmaßnahmen“ gesetzt: Update oder Einrichtung von Social Media Accounts, Aufbau einer eigenen Website, Registrierung bei Vermittlern und Online-Portalen für Interim Manager sowie die Aktivierung des eigenen persönlichen Netzwerks.

3. Welches Karrieremodell verfolgen sie? (Konsekutive Karriere, Portfolio Karriere)

Etwa 1/3 verfolgten ein konsekutives Karrieremodell, 2/3 eine Portfolio Karriere.

Fazit: Zusammenfassend kann gesagt werden, dass die "neuen" Interim Manager von einer gründlichen, längerfristigen Vorbereitung profitiert hätten. – Und das ist jetzt sehr freundlich formuliert! Die Erkenntnisse bestärken uns, die Autoren, darin, wie notwendig und wertvoll dieses Handbuch gerade für (potentielle) Neueinsteiger ins Interim Management ist.

8.3. Motivation im biografischen Kontext

Was treibt Sie an? Warum stehen Sie am Morgen auf?

Das sind Fragen, die im Kontext eines spezifischen Tages oder eines Monats oft leicht zu beantworten sind. Die Antworten sind dann häufig: *Ich bin hungrig, habe einen Termin, muss mich um meine Familie kümmern und Geld verdienen – oder ich mache jetzt Urlaub*.

Diese Fragen jedoch für einen längeren Zeitraum – zum Beispiel für die nächsten 10 Jahre – zu beantworten, ist weit herausfordernder. Karrieren oder Berufslaufbahnen finden ja im Kontext der Biografie eines Menschen statt. So können wir von einer Lebensspanne von 90 Jahren für die heute Berufstätigen in der D-A-CH-Region ausgehen.

> *Nehmen wir als Beispiel vereinfachend an, dass die Berufstätigkeit mit etwa 20 Jahren beginnt und bis etwa 70 dauert: 50 der 90 Jahre sind von Erwerbstätigkeit geprägt. Die ersten 20 sind primär dem Lernen gewidmet die letzten 20 unterschiedlichen Formen des „Ruhestandes". Manche spielen hier gerne Golf, segeln oder erfreuen sich an ihrer Familie. Peter F. Drucker, den ich als einen der Begründer der Managementtheorie vorgestellt habe,*

ist 95 Jahre alt geworden, publizierte und gab Interviews bis kurz vor seinem Tode. Er war wahrscheinlich ab dem 70. Lebensjahr produktiver als davor.

Die Karrieremotivation verändert sich über die Jahre. Ein junger Mensch, der seinen ersten Job sucht oder dabei ist ein Start-up zu gründen, hat sicher eine andere Motivationsstruktur als eine Person, die älter als fünfzig Jahre oder gar kurz vor dem Renteneintritt ist.

8.3.1. Motivation von Interim Managern

Interim Manager sind Personen, die in der zweiten Hälfte ihrer Karriere stehen. Fast alle haben vorher den ersten Teil der Karriere in Unternehmen oder Organisationen als Manager in festen Anstellungsverhältnissen zugebracht. Dort haben sie grundlegende Management-Skills und Expertisen erworben, um als Interim Manager tätig zu sein. Altersmässig beginnt dies in der Praxis bei etwa 40 Jahren. Das Ende ist nach oben offen, doch gibt es faktisch nur wenige Interim Manager über 70 Jahre. Das Durchschnittsalter der aktiven Interim Manager liegt bei 55 Jahren[29].

Die Motive und Ursachen, als Manager nicht mehr weiter in einer festen Anstellung tätig sein zu wollen, sind vielschichtig. Dazu gehören der Wunsch nach mehr persönlicher Freiheit und Unabhängigkeit, das Bestreben mehr Geld in weniger Arbeitstagen zu verdienen – oder die Erfahrung (manchmal auch die Befürchtung), allein schon aufgrund eines bestimmten Alters keine neue Beschäftigung mehr in der Fixanstellung zu erhalten. Motive und Ursachen unterscheiden sich nicht grundsätzlich von Managern und Consultants, die sich als EPUs (Solos) selb-

[29] Die Daten stammen aus den internen Auswertungen der Geschäftsführer und Poolmanager der Provider butterflymanager GmbH (www.butterflymanager.com) und MANATNET GmbH (www.manatnet.com) sowie der auf Interim Management spezialisierten Plattform UNITEDINTERIM (www.unitedinterim.com), die über Erfahrungen mit Tausenden an Interim Managern verfügen. Die Zahlen wurden zudem in persönlichen Gesprächen der Autoren dieses Handbuches mit mehreren Providern und Vorständen der Berufsverbände für Interim Manager aus der DACH-Region verifiziert.

ständig machen. Für ein tieferes Verständnis der Karrieremotivation ist das im folgenden dargestellte Karriere-Ankermodell hilfreich.

8.3.2. Karriereanker – Edgar Schein

Das von Edgar Schein (langjährig als Professor an der Sloan School of Management des MIT tätig), entwickelte Karriereanker-Modell (Schein, 1990) ermöglicht eine fundierte Einsicht in die eigenen Präferenzen zur Karrierewahl. Er identifizierte acht Anker:

1. **Technisch-Funktionale Kompetenz**

Wenn Ihr Karriereanker im technisch-funktionalen Bereich liegt, sind Sie stets motiviert und bestrebt, auf Ihrem Fachgebiet Ihre Fähigkeiten/Fertigkeiten anzuwenden und weiterzuentwickeln. Ihr Selbstwertgefühl ist gekoppelt an die Ausübung dieser Fähigkeiten, und Sie sind dann am glücklichsten, wenn Sie Ihre Arbeit herausfordert.

2. **General Management-Kompetenz**

Wenn dies Ihr Karriereanker ist, haben Sie den Ehrgeiz, auf der Karriereleiter einer Organisation aufzusteigen. Sie wollen für die Gesamtergebnisse verantwortlich sein und Sie identifizieren Ihre Arbeit mit dem Erfolg der Organisation, für die Sie arbeiten.

3. **Autonomie/Unabhängigkeit**

Wenn Ihr Karriereanker Autonomie/Unabhängigkeit ist, wollen Sie Ihre Arbeit möglichst selbstbestimmt durchführen. Wenn Sie in einer Organisation tätig sind, wollen Sie in Bereichen bleiben, die Ihnen Flexibilität, bezogen auf wann und wie Sie arbeiten, gewähren.

4. **Sicherheit/Stabilität**

Wenn Ihr Karriereanker Sicherheit/Stabilität ist, würden Sie nie Ihre Arbeitsplatzsicherheit in einem Unternehmen aufs Spiel setzen. Dieser Anker ist gekennzeichnet durch die Sorge um finanzielle Sicherheit und Arbeitsplatzsicherheit.

5. Unternehmerische Kreativität

Wenn Ihr Karriereanker „Unternehmerische Kreativität“ lautet, wollen Sie am liebsten ein eigenes Unternehmen gründen, wo Sie Ihre Fähigkeiten und Ihre Bereitschaft einbringen können, Risiken einzugehen und Hindernisse zu überwinden. Sie wollen etwas schaffen, das auch andere anerkennen und bewundern.

6. Service/Hingabe an eine Aufgabe

Wenn Ihr Karriereanker die Hingabe an eine Aufgabe ist, wollen Sie etwas tun, das sozial wertvoll und wichtig ist; z.B. Umweltprobleme lösen, Konflikte bereinigen, Krankheiten durch neue Medikamente heilen, etc.

7. Totale Herausforderung

Wenn Ihr Karriereanker die „Totale Herausforderung“ ist, wollen Sie Lösungen für scheinbar unlösbare Probleme finden, zähe Gegner besiegen oder schwierige Hindernisse überwinden. Der einzig sinnvolle Grund für Sie, eine Karriere zu verfolgen, ist die Möglichkeit, das Unmögliche zu erreichen.

8. Life Style

Wenn Ihr Karriereanker Life Style ist, wollen Sie Ihre persönlichen, familiären und beruflichen Bedürfnisse optimal integrieren. Sie suchen eine Karrieresituation, die genug Flexibilität erlaubt, um eine solche Integration zu ermöglichen.

8.3.3. Karriereanker – Bedeutung für Interim Manager

Was bewegt Sie als Interim Manager tätig zu sein? Ich gehe davon aus, dass Sie dies nicht nur aus Sachzwängen tun, sondern weil Sie dies einer festen Anstellung vorziehen. Menschen haben jedoch nie nur einen Karriereanker. Es sind immer mehrere, die unterschiedlich stark ausgeprägt sind.

Tipp für Interim Manager: Um mehr Klarheit über Ihre Karriereanker zu bekommen, bringen Sie die acht oben dargestellten Anker in eine Rangreihe. Ganz oben Ihr stärkster, dann Ihr zweitstärkster bis zu dem am geringsten ausgeprägten. Überprüfen Sie Ihre Einschätzung mit jemanden, dem Sie vertrauen und der Sie gut kennt.

Was ist Ihr Ergebnis? Ich hoffe Ihre Top-Anker sind nicht „Sicherheit“ gefolgt von „Life Style“. Wenn dem so ist, sind Sie im Interim Management falsch. Unternehmerische Kreativität wäre auch nicht hilfreich als Nummer eins, da Sie ja nicht primär an der eigenen Unternehmung arbeiten, sondern in der von anderen. Auch wenn jemand erfolgreich war, wird er letztlich über kurz oder lang etwas anderes suchen.

Die anderen Anker können bei erfolgreichen Interim Managern unterschiedlich priorisiert sein. Je nach Ausprägung kommt es zu unterschiedlichen Geschäftsmodellen. Wenn jemand Service und Hingabe als Anker hat, werden seine Klienten bevorzugt im Non-Profit-Bereich liegen. Beim Anker „Totale Herausforderung“ ist jemand gut bei risikoreichen Projekten aufgehoben. Eine erfolgreiche Sanierung, die kaum jemand für erfolgreich gehalten hat, ist für ihn ein Kick!

8.4. Strategie – Baukastensatz

Dieses Kapitel gibt einen Überblick über die verschiedenen Strategien, die einem Interim Manager zur Verfolgung seiner Karriere zur Verfügung stehen.

Die einzelnen Elemente können dann im Sinne eines Baukastensatzes genutzt werden, um eine eigene Strategie zu bauen, die Ihnen persönlich mit all Ihren Skills und Motivationen entspricht. Ziel der an dieser Stelle gut investierten Arbeit ist der Erwerb einer nachhaltigen Positionierung am Markt – was dann die Ausrichtung (oder Fortsetzung) der eigenen Karriere bestimmt. In Ihre persönliche Planungsarbeit kann alles einfliessen, was in den bisherigen Kapiteln zum Markt und auch zu den Skills geschrieben wurde. Sobald Ihre Positionierung steht, wird es Ihnen leichtfallen, Entscheidungskriterien darüber zu definieren, was für Ihre Karriere als Interim Manager förderlich ist und was nicht.

> ***Beispiel:*** *Wenn Sie wissen, dass Sie sich als Experte für komplexe Produktionsverlagerungen nach Asien im hochmodernen internationalen Maschinenbau positionieren, wird klar, welche Weiterbildung Sie benötigen (ggfs. Update zu den aktuellsten Produktionsplanungs-Systemen, Update*

Englisch-Kenntnisse), welche „Bildersprache" Ihre Webseite verwenden soll (Sie im Umfeld asiatischer Geschäftsleute und/oder einer modernen Produktionsanlage) und auch, welche Regelungen Sie verbindlich mit Ihrem Familien- und Freundeskreis treffen müssen, weil Sie mit längeren Abwesenheitsphasen leben müssen. Sie werden ebenfalls Kenntnisse zu längeren Arbeits-Aufenthalten im asiatischen Ausland aufbauen müssen und wissen, wie Sie das administrativ (auch vertraglich mit Ihrem Auftraggeber) gestalten. Sie wissen dann auch, dass es nicht „karriere-fördernd" ist, wenn Sie laufend Projekte annehmen, die lediglich in der Überbrückung einer Vakanz bestehen – und das auch noch in sehr traditionell aufgestellten Unternehmen mit wenig Innovationskraft.

Tipp für Interim Manager: Wenn Sie diesen Strategie-Prozess richtig machen, erhalten Sie **Klarheit und Sicherheit** darüber, wie Sie Ihre Karriere als Interim Manager ausrichten wollen. Auf diesem soliden Fundament können Sie anschließend aufbauen, um fokussiert Ihre Marktbearbeitung **(siehe Kapitel 9 und 10)** – anzugehen – und sich um konkrete Projekte zu bemühen, die Ihnen entsprechen.

Ein Nebeneffekt: Kunden schätzen es enorm, wenn Sie als Interim Manager genau wissen und sagen können, was Sie als Mensch und Manager ausmacht, was Sie können und wollen – oder auch was nicht. Meist wird Ihnen durch diesen Prozess auch der **Nutzen und Mehrwert** klar, den Sie für Ihre Kunden erbringen – und für den diese ja am Ende des Tages auch bereit sein sollen, einen Tagessatz von i.d.R. mehr als tausend Euro zu bezahlen.

8.4.1. Begriffsklärung: Strategie

Ich definiere hier Strategie in folgender Weise:

„Strategie ist ein integriertes Bündel von Prinzipien zur Erreichung eines Zieles."

Ziele sind nicht immanenter Teil einer Strategie, sondern vorab zu entwickeln. Maßnahmen sind auch nicht Teil der Strategie, sondern dienen zur Umsetzung der Strategie. Der Prozess läuft in folgender Weise:

1. Ziel
2. Strategie
3. Maßnahmen (Umsetzung)

Ein **Beispiel**, das den sportlich orientierten Läufer motivieren könnte:

Ausgangssituation

Sie laufen gerne und möchten in einem halben Jahr an einem Marathon teilnehmen. Im Moment laufen Sie Distanzen unter 10 Kilometer und stufen sich als langsam ein. Sie haben ein paar Kilo zu viel und ernähren sich ungesund.

Ziel

Teilnahme an einem Marathon in einem halben Jahr. Ankommen in einer Zeit unter 5 Stunden ohne Schädigung der Gesundheit.

Strategie

Ein systematisches, berufsbegleitendes, gesundheitsschonendes Aufbautraining, das Sie schrittweise an das Leistungsziel in zwei Phasen (1. Aufbauphase, 2. Leistungsphase) heranführt.

Maßnahmen

In der Aufbauphase die etwa 12 Wochen dauert (halbe Zeit), wird wöchentlich eine Distanz von etwa 40 Kilometern gleichmässig verteilt auf 4 Läufe gelaufen. In den ersten 3 Wochen ist eine Laufleistung zwischen 30 und 40 Kilometer akzeptabel. Der Durchschnittspuls soll 145 pro Lauf nicht überschreiten. Die Geschwindigkeit und Steigerung der Laufleistung orientiert sich am Durchschnittspuls. Die Ernährung ist dem Lauftraining gemäss anzupassen. Es gibt keinen Alkoholkonsum in dieser Zeit.

In der Leistungsphase wird die Laufdauer auf 40-60 Kilometer pro Woche angehoben. Einmal pro Woche gibt es ein Intervalltraining, in dem der Durchschnittspuls von 145 auf 160 angehoben wird. In den letzten zwei Monaten vor dem Marathon gibt es eine Teilnahme an zwei Halbmarathons mit dem Ziel die Durchschnittswerte des Pulses von 145 nicht zu überschreiten. In den letzten drei Tagen vor dem Marathon wird pausiert.

Dies mag als eine Skizze für die Maßnahmen dienen. Ausgefeilte wochenweise Trainingspläne finden Sie hier "Trainingsplan Marathon unter 5:00 Stunden" (Runner'sWorld, 2020). Das Thema zur richtigen Ernährung füllt sicher ein eigenes Buch.

8.4.2. Anpassung von Karrierestrategien

Ziele und Strategien sollten eher kurz formuliert, aber dennoch gut überlegt werden. Die Planung und Umsetzung von Maßnahmen können je nach Thema agil oder nach dem Wasserfallmodell erfolgen.

Tipp für Interim Manager: Im Karrierebereich ist Klarheit wichtig. Grundsätzliche Änderungen von Zielen und Strategien sollten mittelfristig (3-7 Jahre) erfolgen.

8.4.3. Explizite versus implizite Strategie

Es mag vielleicht überraschen, aber jeder hat eine Karrierestrategie. Aber nicht jeder hat eine explizite, die wirkungsvoll und handlungsanleitend ist. Viele haben eine implizite Strategie, die nur teilweise bewusst ist. Diese mag wirkungsvoll sein oder nicht.

8.5. Strategiestile der Karriere

Lassen Sie uns mit Stilen für Karrieren beginnen, bevor wir zu den Strategien kommen.

8.5.1. Strategiestil – Laissez-faire

Laissez-faire ist der nach meiner persönlichen Erfahrung häufigste und beliebteste aller Stile für angestellte Arbeitnehmer. Es überrascht daher nicht, dass dieser Stil bei vielen Managern der Fall ist, die in klassisch-industriell strukturierten Unternehmen tätig sind. Viele arbeiten in den vorgegebenen Strukturen und machen Karriere innerhalb der von der Organisation vorgegebenen Pfaden. Wenn nun ein Manager in die unternehmerische Welt des Interim Managers eintritt, hat er oft keine Erfahrung mit dem Navigieren in einer Welt ohne vorgegebene Leitlinien und ohne Gespräche mit (durchaus kompetenten) Personalentwicklern und deren Entwicklungsmaßnahmen.

In der relativ strukturierten Welt der klassischen Industrieorganisation mag ein „laufen lassen", ein „treiben lassen" oder ein „sich anvertrauen" durchaus als normal empfunden werden - und sogar wirkungsvoll sein. In der unternehmerischen Welt des Interim Managers hat Laissez-faire jedoch keinen Platz. Ein so vorgehender Interim Manager würde von seinen Wettbewerbern – anderen Interim Managern – an die Seite geschoben werden.

8.5.2. Strategiestil – Alles planen

Der zum Laissez-faire Stil polar entgegengesetzte Stil ist „Alles planen" zu wollen.

Um eine Metapher zu verwenden: Möglicherweise war der Manager einer Großunternehmung gewohnt, ein Containerschiff der Superklasse zu lenken und zu kontrollieren. Nun ist er Kapitän einer wendigen kleinen Jacht ohne Matrosen. Andere Navigationsinstrumente stehen zur Verfügung und die bisher gewählten Routen durch die Weltmeere sind nicht empfehlenswert. In Küstennähe navigierend, stehen nun aber auch mehr Häfen zum Anlegen zur Verfügung.

In einer VUCA-Welt (in der „alles möglich" ist) und für einen Solo Interim Manager (der nur beschränkte Arbeitskapazitäten hat) ist „alles planen" keine sehr erfolgsversprechende Option. Es würde ihn schon rein zeitlich an die Grenzen der Belastbarkeit führen. Er käme kaum mehr zur eigentlichen Arbeit.

8.5.3. Strategiestil – Surfen

Surfer studieren sehr genau das Wetter und die Meeresbrandung, um zum richtigen Zeitpunkt die Wellen nutzen zu können. Sie bewegen sich mit den Wellen und nutzen deren Energie, um voranzukommen.

Haben Sie sich vielleicht gewundert, warum dieses Handbuch Ihnen so viel Information über gesellschaftliche Rahmenbedingungen, technische und soziale Änderungen sowie Marktinformationen zur Verfügung stellt? Hier haben Sie nun die Antwort. Als erfolgreicher Karrieresurfer benötigen Sie verlässliche Informationen zur Wetterlage und den Strömungen des Marktes, in dem Sie sich bewegen.

Laissez-Faire - Alles Planen - Surfen

Was ist Ihr bevorzugter Stil?

8.6. Kernstrategien von Karrieren

Zwei Kernstrategien haben sich in der Praxis bewährt: Die Konsekutive- und die Portfolio-Strategie. Beide werden im Folgenden näher beschrieben.

8.6.1. Konsekutive Strategie

Um ein Bild zu verwenden: In der konsekutiven Strategie jonglieren Sie zu einem bestimmten Zeitpunkt einen großen Ball. Um einen weiteren Ball zu jonglieren, legen Sie den ersten ab.

In der konsekutiven Karrierestrategie folgt ein Job oder eine selbstständige Tätigkeit der nächsten. Der Marketing Assistent wird zum Marketing Spezialisten, dieser wird dann Marketing Leiter. Dies kann in der gleichen oder auch in drei verschiedenen Firmen stattfinden. Es sind aber immer exklusive Jobs. Eine parallele Tätigkeit (z.B. bei einem anderen Unternehmen oder in einer anderen Aufgabe) ist nicht erwünscht oder vertragsmässig ausgeschlossen.

Es kann auch zwischen selbstständiger und unselbständiger Tätigkeit gewechselt werden. Das Kernmerkmal ist hier eine Kernpositionierung, die zu einem gegeben Zeitpunkt Exklusivitätscharakter hat. Sie sind also entweder angestellter Manager oder Interim Manager. Sie jonglieren einen großen Ball.

8.6.2. Portfolio-Strategie

Um im selben Bild zu bleiben: In diesem Format jonglieren Sie mehrere unterschiedlich große Bälle zur gleichen Zeit.

In einer Portfolio-Karrierestrategie hat jemand mehrere Jobs oder Tätigkeiten gleichzeitig. Er ist z.B. Interim Manager, Mitglied des Aufsichtsrates einer Unternehmung und Dozent an einer Universität – alles zur gleichen Zeit. Je nach Umfang und Organisationsform der jeweiligen Tätigkeiten ergänzen sich diese möglicherweise sehr gut einander.

> *Beispiel: Der Interim Manager, der als Experte für Logistik fungiert, unterrichtet zusätzlich an der Fachhochschule „Prozesslogistik in der Automobilen Supply Chain". Kunden werden es schätzen, dass der Interim Manager nachweislich über exzellentes und aktuelles fachliches Know-how verfügt. Gleichzeitig freut sich der Interim Manager über regelmässiges und sicher fliessendes Einkommen, auch wenn der Tag an der Fachhochschule nicht in gleicher Höhe dotiert wird, wie ein Tag bei einem großen Automobil-Zulieferer.*

Eine komplementäre Portfolio-Strategie hat viele Vorteile, die wir noch weiter diskutieren werden. Doch Vorsicht! Das Jonglieren von mehreren Bällen will gelernt sein. Ihr Image und Ihre vom Kunden wahrgenommene Professionalität darf nicht leiden:

Im Unterschied zum Publikum im Zirkus nehmen es Kunden, die sich auf den Einsatz und das Engagement eines Interim Managers verlassen, äusserst krumm, wenn „die Bälle“ auf den Boden fallen. So geht es z.B. nicht, dass Interim Management Aufträge gemäss Positionierung für mehrere Monate zu Produktionswerken des Kunden ins Ausland führen können – aber gleichzeitig Zusagen für eine regelmässige Dozententätigkeit im Inland gegeben werden.

Konsekutiv ←→ Portfolio

Für welche Kernstrategie entscheiden Sie sich?

8.7. Unterstützende Strategien

Wenn Sie sich für eine Kernstrategie entschieden haben, sind noch die unterstützenden Strategien zu entwickeln und umzusetzen. Personen, die glauben, dass der Laissez-Faire Stil für Sie der Richtige ist, können diesen Teil überspringen. Die Surfer und die Planer bitte weiterlesen.

Die nun behandelten Themen verknüpfen die „Produktentwicklung“ von Ihnen selbst (in diesem Falle werden Sie als „Produkt“ verstanden, welches am Ende des Tages bei einem Kunden eine Dienstleistung erbringt) mit dem Privaten, mit Lernen, Netzwerken, Geld und Risiko.

8.7.1. Private Strategie

Beruflich und privat sind zwei Bereiche, die in einem dynamischen Wechselspiel stehen. Je nach Lebensphase wird einer der Bereiche dominanter sein. Die Herausforderung besteht darin, diese so zu gestalten, dass sie einander ergänzen – oder zumindest nicht sabotieren.

Egal ob Sie Single ohne Betreuungspflichten sind oder gemeinsam mit einem Partner oder einer Partnerin eine Familie mit Kindern im schulpflichtigen Alter managen: Eine Tätigkeit als Interim Manager ist mit besonderen Herausforderungen verbunden.

> ***Beispiel:*** *Können Sie sich sechs Monate lang für 5 (manchmal auch bis zu 7) Tage die Woche auf ein Projekt konzentrieren? Können Sie am Sonntagabend in ein Flugzeug steigen, um am Montagmorgen um 7 Uhr beim Kunden frisch und fit „auf der Matte" zu stehen? Können Sie dann am Freitagabend gegen 18 Uhr vom Kunden aus zum Flughafen eilen – um gegen 22:30 Uhr „guten Abend" zur Familie zu sagen? Ist es möglich, für 9 Monate nach Shenzhen zu wechseln? Je nach Antwort werden Sie für gewisse Projekte verfügbar sein oder nicht.*

Aber selbst, wenn Sie weniger intensive Projekte in der Nähe Ihres Wohnortes übernehmen, ist es oft schwierig, Termine im sozialen Umfeld regelmässig wahrzunehmen. Die Karten für die Konzertpremiere, die Sie ein halbes Jahr vorher gekauft haben, aber dann den Termin nicht wahrnehmen konnten, sind zwar finanziell leicht verschmerzbar, doch möchte man dies nicht zu oft machen, um persönlichen Beziehungen nicht zu belasten. Schwierig ist es auch mit der Einbindung in Sportvereine (z.B. die regelmässige Tennisstunde oder die feste Golfrunde mit bestimmten Freunden während der Woche), die Wahrnehmung von Präsenzpflichten in Service Clubs und anderen Vereinen.

Die meisten langjährig tätigen Interim Manager haben Strategien entwickelt, während des Mandats körperlich und beruflich fit zu bleiben sowie ihre Hobbies und sozialen Kontakte zu pflegen: Die einen besuchen Fitness-Studios am Einsatzort (per Tageseintritt oder mit einem bestimmten flexiblen Abo einer Fitness-Kette), andere spielen als Gast auf anderen Golfplätzen, andere werden sogar für die Dauer des Mandats Mitglied in einem lokalen Musikverein und nehmen an den Übungsstunden teil (ein uns bekannter Interim Manager z.B. als Posaunist). Nicht wenige nutzen Online-Weiterbildungen, wenn sie während der Woche abends in ihrem Hotelzimmer sitzen.

8.7.2. Professionelle Fachstrategie

Welche fachliche Identität haben Sie? Verstehen Sie sich als General Manager (z.B. als CEO), Finanz-Manager (z.B. als CFO), Business Analyst mit Schwerpunkt Marketing, oder als Personaler? Möglicherweise sind Sie auch in der Lage, je nach Projekt als CEO oder CFO zu agieren. Hinter diesen fachlichen Identitäten stehen tiefe professionelle Kompetenzen bzw. Bündel an Skills. Man kann aber nicht alles können. Hier sind je nach der Positionierung Entscheidungen zu treffen, die dann in die Produktenwicklung und die damit verbundene Lernstrategie einfliessen.

8.7.3. Produktentwicklung und Lernstrategie

In der Ein-Personen-Unternehmung (EPU) des Interim Managers ist Produktentwicklung und Lernen eng miteinander verknüpft. Ein immer weiterführendes Lernen mit dem Erwerb oder einer Optimierung der notwendigen Skills führt zur immer weiteren Verbesserung des Produktes. Am Ende des Tages ist der Interim Manager ja das „Produkt", welches eine Dienstleistung (bzw. einen Service) erbringt: Je hochwertiger das Lernen – desto hochwertiger die Dienstleistung!

Was viele Interim Manager schmerzhaft lernen, die früher als Manager tätig waren, ist, dass sie nicht mehr an die Ressourcen eines Unternehmens angebunden sind. Dies inkludiert die Weiterbildung, die bezahlte Teilnahme an Kongressen und vor allem das Eingebunden sein in innovative Themen. Es war einfach, einen Consultant „aus dem Boden wachsen“ zu lassen und sich „mal kurz briefen“ zu lassen. Natürlich ist das auch als Interim Manager möglich, doch nun ist das nun aus eigener Tasche „als Investition“ zu bezahlen.

Entwicklung der Dienstleistung im Interim Projekt

Die wahrscheinlich effektivste und kostengünstigste Form der Produktentwicklung ist in einem Interimsmandat. Die Voraussetzung, dass ein Interim Manager ein innovatives Projekt bekommt, in dem er seine Dienstleistung signifikant weiterentwickeln kann, sind bereits vorhandene Skills und nachgewiesene Expertise auf hohem Niveau. Kunde und Interim Manager gehen dann gemeinsam den nächsten Schritt. Das sind ganz klar keine Projekte "von der Stange" – und selten. In den meisten Fällen wird ein Projekt, das der Positionierung des Interim Managers entspricht, jedoch zumindest einen Erhalt der Skills und punktuelles neues Lernen ermöglichen.

Entwicklung der Dienstleistung außerhalb von Projekten

Die Entwicklung der Dienstleistung außerhalb von Projekten kann durchaus sinnvoll sein. In vielen Fachbereichen (z.B. rund um die Themen der Künstlichen Intelligenz, welche aktuell im Bereich der Automobilindustrie Anwendung finden – Stichwort: Autonomes Fahren) ist die Innovationsgeschwindigkeit so hoch, dass sich komplett neue Disziplinen eröffnen. Es ist natürlich toll, wenn jemand die Expertise on-the-job bei Innovationsführern wie Apple, Google, Microsoft, Amazon, Facebook, Nvidia oder Alibaba erwerben kann, doch expandiert hier die Nachfrage nach diesem Know-how so extrem, so dass diese nicht allein durch Personen, die ihre Expertise in diesen Firmen erworben haben, abgedeckt werden kann.

Eine tiefgreifende Transformation zu einem entsprechenden Experten bedarf einer Investition von ein bis zwei Jahren. Danach sollten Sie sich über gut bezahlte Aufträge keine Sorge machen müssen[30].

---

[30] Wer Interesse an der erfolgreichen Digitalisierungstransformation eines Interim Manager-Kollegen hat, der ist eingeladen, das Webinar von Rafael Knuth anzusehen (Knuth, 8. April 2019). Er liefert zudem Unterstützungsmaterial, das sie zur eigenen Digitalisierung nützen können.

8.7.4. Netzwerkstrategie – Networking

Wenn Ihr primärer Karriereanker „Autonomie“ ist, dann haben Sie vielleicht wenig Motivation zum Netzwerken. Das könnte aber vielleicht auch mit einem Missverständnis zu tun haben. Erfolgreiches, professionelles Networking hat wenig mit Facebook-artiger Kontaktpflege zu tun. Es hat auch nichts mit *„Ich melde mich, wenn ich etwas brauche“* zu tun. Erfolgreiches Networking ist ein **Kollaborieren auf meist niedrigem Niveau mit einer wechselseitigen Nutzenproposition.**

> ***Zwei Beispiele:*** *Sie stolpern über ein attraktives Buch, das in das Kerngeschäftsmodell eines Netzwerkpartners passt – und schicken ihm einfach die Information. Sie erfahren von einem attraktiven Interim Mandat, das für eine Interim Management Kollegin passen könnte – und Sie binden diese ein.*

Professionelles Networking ist etwas für Kompetente und Starke, die etwas zu geben haben und dies auch tun; und zwar ohne eine direkte, unmittelbare Gegenleistung zu erwarten. Die anderen sind nur Follower in einem Social Media Network! Das Erfolgsgeheimnis guten Netzwerkens ist: *Je mehr man hineingibt – desto mehr wird man erhalten.* Im Bereich des professionellen Interim Managements ist das „mehr“ aber untrennbar mit dem Begriff der „Qualität“ verbunden.

8.7.5. Finanzstrategie – ein möglicher Killer

Sie haben eine Familie zu ernähren oder finanziell von Ihnen abhängige Kinder, die sich noch in der Ausbildung befinden? Wenn ja, dann wird Ihre Finanzstrategie anders aussehen, als wenn Sie nicht von einem durch Arbeit zu erzielenden Einkommen abhängen. Wenn Sie glauben, dass dies eine rhetorische Frage war, dann irren Sie sich. Es gibt Interim Manager, die haben genug verdient oder auch geerbt, um nicht mehr tätig sein zu müssen. Sie wollen es aber.

Die meisten Interim Manager müssen jedoch von Ihrem Tagessatz (multipliziert mit der Auslastung) leben. Für sie ist dann eine nicht zufriedenstellende Finanz-Strategie ein Berufskiller. Wer aufgrund bestehender Zahlungsverpflichtungen die Sicherheit eines regelmässigen Einkommens braucht – oder das Entstehen von Existenzängsten fürchtet – der sollte genau überlegen, ob eine Tätigkeit als Interim Manager „sein Ding" ist. Eine Tätigkeit als Angestellter ist dann vorzuziehen, auch wenn es allen Realisten inzwischen klar ist, dass die Sicherheit des Arbeitsplatzes für angestellte Manager spätestens ab einem Alter von Mitte 50 mit jedem weiteren Berufsjahr zur Illusion wird und rapide sinkt.

In diesem Handbuch wurde an anderer Stelle (insbesondere in Kapitel 3) ausführlich auf die Verdienstmöglichkeiten hingewiesen. So verdienten Interim Manager im Jahre 2021 im Durchschnitt 1.096 Euro pro Tag bei einer Auslastung von 156 Tagen (AIMP, 2021). Das ergibt einen Jahresumsatz von etwa 171.000 Euro. Zu beachten ist, dass dies Durchschnittswerte sind. Ein Neueinsteiger wird – wenn er nicht einen Glückstreffer landet – eine Weile bis zum ersten Auftrag brauchen und daher anfangs eher am unteren Rand der Auslastung liegen.

Umsätze: Gerade Neueinsteiger müssen am Anfang Ihrer Karriere als Interim Manager auf eine eher „dürre Zeit" finanziell vorbereitet sein.

Ein guter Steuerberater wird Ihnen seine Erfahrungswerte zu den **Kosten** darlegen können, die durch die jeweils von Ihnen gewählte Rechtsform (Freiberufler/Selbstständig/Gesellschaft) – und je nach Land und Ort Ihres Domizils – in Euro entstehen.

Einer der Vorteile des Interim Managements sind die geringen Fixkosten. Wenn Sie mit einem Homeoffice auskommen, betragen die Fixkosten über das Jahr hinweg (ohne Auto) zwischen 20.000 und 40.000 Euro. Das beinhaltet wesentliche Elemente wie die notwendige IT, Webpräsenz, Vermögensschadenhaftpflichtversicherung (Berufshaftpflicht), den Steuerberater sowie Marketing- und Vertriebskosten (einschließlich Gebühren für die berufsbedingt notwendigen Plattformen und Netzwerke); ggfs. auch Aufwendungen für Zwangsmitgliedschaften in berufsständischen Organisationen (gilt für Österreich).

Zu berücksichtigen sind für jeden Interim Manager die Kosten der Sozialversicherung (Krankenversicherung, Rentenversicherung), Fortbildung oder Teilnahme an Kongressen, Rücklagen für das Alter und den Urlaub. Selbstverständlich ist zu kalkulieren, welches (Unternehmer-) Gehalt Sie für sich als angemessen empfinden.

Der größte Anteil an den Fixkosten sind die **Marketing- und Vertriebskosten**. Auch darauf wurde in diesem Handbuch an mehreren Stellen eingegangen. Wenn Sie sieben Minuten erübrigen können, empfehle ich Ihnen den Videoblog Beitrag von Harald Schönfeld: „Interim Manager: Was kostet mich der eigene Vertrieb?“ (Schönfeld, 28. Juli 2018). Das Thema unterstreicht auch Giso Weyand, der die Marketing und Vertriebskosten mit 15.000 bis 20.000 Euro ansetzt. (Weyand, 2022). Das sind etwa 10 Prozent des Umsatzes des durchschnittlichen Interim Managers.

Gerade die Corona-Krise hat gezeigt, dass ungeplante Leerzeiten selbst für die erfolgreichsten und bestqualifizierten Interim Manager entstehen können. Sie sollten auch nicht jeden Auftrag annehmen müssen, wie oben bereits angesprochen. Dies verwässert die Positionierung. „Sogenannte Muss Aufträge“ sind zudem dem Flow abträglich, was letztlich auf Ihr Wohlbefinden und à la longue auf die Gesundheit schlägt.

Tipp für Interim Manager: Fragen Sie sich, wie lange Sie finanziell ohne signifikante Einschränkungen über die Runden kommen können, ohne einen Auftrag zu haben. Die Erfahrung sagt, dass Ihr Finanzpolster für sechs Monate halten sollte: Wenn Sie als Interim Manager neu starten und auch dann, wenn Sie bereits als ein solcher tätig sind – Sie sollten ruhig schlafen können!

8.7.6. Risikostrategie

Apropos Gesundheit: Die Gesundheit gilt als der größte Risikofaktor für Ein-Personen-Unternehmen (EPUs) und damit auch für Interim Manager. Wenn Sie nicht arbeiten können, verdienen Sie kein Geld. Ein neues Mandat kann in einem nicht arbeitsfähigen Zustand gar nicht erst nicht begonnen werden. Sollten Sie in einem Mandat für längere Zeit ausfallen, laufen Sie Gefahr, dass der Kunden die Zusammenarbeit beendet und sich nach einer Alternative umschaut. Die Arbeit bleibt ja sonst liegen![31]

Wenn den Prognosen zu trauen ist, dann ist für die Zukunft mit mehr Ereignissen zu rechnen, die „VUCA"-bedingt sind. Welche das sind, wurde oben in Kapitel 2 dieses Handbuches näher beschrieben. So wird von vielen Marktteilnehmern ein starker Anstieg von Sanierungen, Restrukturierungen, M&A-Themen und Transformations- bzw. Digitalisierungsprojekten erwartet.

8.7.7. Risikoreduzierende und geldsparende Maßnahmen

(a) Gesundheit

Halten sie sich fit und gesund, achten Sie auf Ihr Immunsystem. Übergewicht und Herz-Kreislauf-Probleme sind ja für niemanden erstrebenswert, aber bei Personen, die oft über mehrere Monate Höchstleistungen im Arbeitsprozess erbringen müssen, besonders kritisch. Substanzmissbrauch ist der Fitness ebenso abträglich.

Wenn Sie außerhalb von Europa operieren, sind die empfohlenen Schutzimpfungen für die jeweilige Region ein Muss. Die Website der Weltgesundheits-

[31] In den meisten Interim Management Verträgen ist geregelt, wie mit einem Ausfall (z.B. aufgrund von Krankheit) zu rechnen ist. In den meisten Fällen wird dem Kunden das Recht zugestanden, den Interim Manager auszutauschen, wenn eine Krankheit oder ein Ausfall länger als ein bestimmter Zeitraum dauert.

organisation kann hier helfen (WHO, 2022). Es ist klug, etwaigen Tipps zur Malaria-prävention zu folgen, auch wenn Sie keinen Trip aufs Land planen und primär in klimatisierten Bereichen der großen Städte arbeiten. Bis auf weiteres sind natürlich auch rezente Informationen zum Thema CORONA zu beachten.

Sportbekleidung gehört bei mehrtägigen Reisen ins Gepäck. Laufen kann man nicht überall, aber Fitness-Studios kann man auch als Gast besuchen. Golfer wissen auch, wie man sich global bewegt.

(b) Cash Stärke

Ihre Finanzkraft sollte Ihnen ermöglichen, mindestens 6 Monate (je länger desto besser), ohne Aufträge auskommen zu können. Das Thema haben wir schon oben diskutiert.

(c) Versicherungen

Ein besonderes Thema sind Versicherungen zur Absicherung von Risiken, die aus der Tätigkeit als Interim Manager resultieren. Diese sind vor der erstmaligen Aufnahme der Tätigkeit als Interim Manager – und im Laufe der Zeit von Projekt zu Projekt – zu prüfen.

Für den Bereich des Interim Managements gibt es Versicherungsbroker, die sich auf die Besonderheiten des Managerschutzes spezialisiert haben. Gerade für Einsteiger empfiehlt sich ein Beratungsgespräch, zumal die einzugehenden Risiken je nach Positionierung unterschiedlich sind.

Tipp für Interim Manager: Die notwendige Vorsorge ist unbedingt zu treffen. Als Basis empfiehlt sich zumindest eine persönliche Vermögensschadenhaftpflichtversicherung. Mitglieder der Geschäftsführung tragen zudem spezifische Risiken, die den Abschluss einer „Directors and Officers Versicherung" (D&O) nahelegen. Mehr Informationen finden Sie zum Stichwort „D&O-Versicherung" (UNITEDINTERIM, 2022b), bei AsseCon (AsseCon, 2020) und bei AXA-Versicherung (https://axaxl.com/de/insurance/products/directors-and-officers). Pensions,- Kranken-, und Unfallversicherungen sind ebenfalls zu bedienen: Je nach Domizil kann das freiwillig geschehen oder als Pflichtbeitrag.

Spartipp: Es gibt Versicherungsbroker, die auf Interim Manager spezialisiert sind und Interim Managern signifikante Rabatte einräumen, wenn diese eine Mitgliedschaft in einem Berufsverband (z.B. DDIM) oder eine Registrierung bei bestimmten Plattformen (z.B. UNITEDINTERIM) oder Qualitäts-Providern (z.B. Mitgliedern des AIMP) vorweisen können. Ein weiteres Beispiel ist die AXA-Versicherung.

Das Vorhandensein entsprechender Versicherungen wird von den Behörden zudem als ein wichtiges (wenn auch allein nicht ausreichendes) Anzeichen dafür gewertet, dass Sie nicht scheinselbständig tätig sind. Die Diskussion um die Scheinselbständigkeit ist jedoch ein eigenständiges und umfangreiches Thema und soll hier nicht weiter vertieft werden.

(d) Sponsoring durch Red-Bull

Diejenigen von Ihnen, die den Karriereanker „Totale Herausforderung" haben, werde ich mit den folgenden Worten nicht erreichen. Das ist mir klar: *Enjoy*! Doch überlegen Sie: Wenn Sie eine Firma hätten, die nur einen Arbeitnehmer hat, und bei dessen Ausfall kein Umsatz mehr gemacht werden würde, würden Sie es gerne sehen, wenn er als Hobby Freiklettern oder Drachenfliegen hat?

Wenn Sie ein Einzelunternehmer sind, haben Sie natürlich das Recht, einen „Red Bull Lifestyle“ privat zu pflegen. Doch sichern Sie zumindest Ihre Familie materiell ab, bevor Sie sich den Wing Suit umschnallen. Ohne hier zu fürsorglich klingen zu wollen: Red Bull gehört in die Dose, Sie können es auch trinken, Sie sollten aber als Interim Manager nicht auch noch anstreben, von Red Bull gesponsert zu werden.

(e) Passives Einkommen

Ein passives Grundeinkommen aus Kapitalerträgen oder Vermietung von Objekten (und sei es eine immer noch frei gebliebene Einliegerwohnung oder eine kaum genutzte Ferienwohnung, die zeitweise vermietet werden könnte) bessern nicht nur das Einkommen auf, sondern reduzieren auch das Geschäftsrisiko. Wenn Sie diese Möglichkeiten haben, nutzen Sie sie. Schauen Sie z.B., welche Möglichkeiten Ihnen Airbnb bietet.

(f) Portfolio Strategie

Die Portfolio-Strategie ist eine weitere Methode zur Risikominimierung. Mandate, Tätigkeiten oder Einkommensquellen, die Ihnen passives Einkommen ermöglichen, schaffen Stabilität aber nicht unbedingt Spitzeneinkommen, da sie sich auch ausschliessen können.

Tipp für Interim Manager: Nehmen Sie sich die Zeit und formulieren Sie für sich Ihre persönliche Risikostrategie in einem VUCA-Umfeld. Je mehr der oben benannten Punkte (a – f) Sie für sich in Anspruch nehmen und erfüllen können, desto mehr ruhigen Schlaf werden Sie im Laufe Ihrer Karriere als Interim Manager finden.

8.8. Karrierestrategie und Künstliche Intelligenz (KI)

Sie werden sich vielleicht wundern, warum Sie sich mit dem Thema KI-Strategie und intelligenten Maschinen auseinandersetzen sollen, wenn Ihre Dienstleistung möglicherweise nichts mit künstlicher Intelligenz und intelligenten Maschinen zu tun hat. Im Kapitel 2 wurden Automatisierung, Industrie 4.0 und Künstliche Intelligenz als Opportunitäten für Interim Manager beschrieben. Sie können diese aber nur nutzen, wenn Sie sich richtig positionieren.

8.8.1. Automatisierung versus Augmentierung

Technologie hilft uns seit Jahrtausenden ein besseres Leben zu führen. Wer würde schon gerne zum Brunnen laufen, um Wasser zu holen. Ein Netzwerk an Röhren und Pumpen nimmt uns die Tätigkeit ab. Sie öffnen am Morgen einfach den Wasserhahn und können den Tank der Kaffeemaschine befüllen. Wenn Sie eine industrielle Kaffeemaschine hätten, müssten Sie nicht einmal mehr den Tank befüllen.

> *Ein Beispiel für Augmentierung ist der Kompass. Seereisende navigierten über Jahrtausende mit Hilfe der Sterne. Die Erfindung des Kompasses ermöglichte nicht nur eine Überprüfung der Navigation anhand der Sterne, sondern ermöglichte auch bei bedecktem Himmel die gewünschte Richtung zu segeln. Der Kompass ersetzte nicht den Navigator, sondern augmentierte seine Skills. Selbst die Einführung von GPS-Systemen in der Seefahrt hat bis heute aber die Navigatoren nicht ersetzt.*

Nutzen Sie MS-Excel? Es ist ein mächtiges Werkzeug. Es augmentiert Sie in Ihrer Arbeit. Ich kenne zwar keine Studie zu dem Thema Automatisierung und Jobverluste durch Excel, doch ich vermute stark, dass MS-Excel mehr Jobs geschaffen als vernichtet hat. Ich gehe davon aus, dass wir zumindest bis 2030 KI-bedingt weit mehr positive **Augmentierungseffekte** als Jobverluste durch Automatisierung haben werden.

8.8.2. Karrierestrategien – Augmentierung – Davenport

Thomas H. Davenport ist spezialisiert in den Bereichen Digital Business und Big Data. Er hat eine Professur am Babson College und unterrichtet zudem an der Harvard Business School und der MIT School of Management. Ich kann Ihnen seine profunden und gut lesbaren Bücher nur wärmstens empfehlen. Seit vielen Jahren weist er auf die Möglichkeiten hin, die KIs bieten. Sie können sowohl zur Automatisierung als auch Augmentierung genutzt werden. Davenport sieht weit mehr Nutzen im Augmentierungsansatz durch KI als in der Automatisierung. In dem Buch, „*Only Humans Need Apply – Winners & Losers in the Age of Smart Machines*" (Davenport & Kirby, 2016, p. 76), wird ein Modell auf Basis der Augmentierung dargestellt. Es soll die Basis dafür bilden, im Folgenden die Opportunitäten für Interim Manager darzustellen:

Hochsteigen (Stepping Up)

Jemand arbeitet über den KIs in Bereichen, die unübersichtlich und schlecht strukturiert sind. Für Interim Manager sind dies klassische Managementpositionen CEO, CFO, Marketing Direktor.

Zur Seite steigen (Stepping Aside)

In Bereiche gehen, die schwer codierbar, wenig rational und auch menschenbezogen sind. Verkaufen, verhandeln und vermitteln gehören dazu. Wenn Sie als Interim Manager einen Merger & Acquisition Prozess begleiten, dann sind Sie hier am richtigen Platz.

Einsteigen (Stepping In)

Sie treten in direkte Interaktion mit den Computer Systemen und nützen diese in der täglichen Arbeit. Ein „Marketing Analytics Interim Manager" macht genau dies. Er nutzt die Werkzeuge, um bessere Marketing-Entscheidungen treffen zu können.

In eine Nische gehen (Stepping Narrowly)

Es gibt Spezialisierungsbereiche, die zwar automatisierbar wären, aber es macht aus wirtschaftlichen Gründen keinen Sinn, dies zu tun. Sehr lokal operierende oder kleine Branchen generieren hier Möglichkeiten für Interim Manager.

Nach vorne gehen (Stepping Forward)

Hier fokussiert man auf die Weiterentwicklung von intelligenten Maschinen. Interim Manager, die dies nutzen wollen, benötigen ein gerütteltes Mass an Expertise mit KIs und Automatisierung 4.0. Das heisst nicht, dass Sie Techniker sein müssen, doch eine tiefe Vertrautheit mit Technologie und der IT-Branche ist unverzichtbar.

8.9. Karrierestrategie entwickeln

Sie haben möglicherweise schon eine gut durchdachte und erfolgreiche explizite Karrierestrategie? Sie können dann diesen Teil überspringen – oder zur Überprüfung der Nachhaltigkeit nützen. Alle jene, die noch keine explizite Strategie haben, mit der eigenen unzufrieden sind oder erst als Interim Manager tätig werden wollen, finden hier eine Anleitung zur Entwicklung. Es sei jedoch darauf verwiesen, dass ein eigenständiges Durcharbeiten der nächsten Kapitel – nur für sich selbst – eine umfassende Karriereberatung, ein professionelles Coaching oder Feedback-Gespräche mit fachkundigen Kollegen oder Experten nicht ersetzen kann.

8.9.1. Beim Unternehmer als Person beginnen

Strategie-Entwicklung ist keine einmalige Tätigkeit, die mechanistisch und linear abläuft. Selbst bei großen Unternehmen ist dies ein interaktiver, wiederkehrender Prozess. Im Sinne der „best practice" involviert es alle Ebenen der Unternehmung – und ist ein „crafting" oder „designing". Bei Einzelunternehmen (wie Interim Managern) ist es „best practice", mit dem Unternehmer als Person zu beginnen; der Markt folgt danach.

8.9.2. Design-Fragen für die Karrierestrategie

Die folgenden vier Design-Fragen strukturieren den Prozess für die Entwicklung Ihrer Karrierestrategie. Im Anschluss werden sie im Detail behandelt.

1. Was machen Sie wirklich gerne?
2. Worin sind Sie wirklich gut?
3. Welche Opportunitäten bietet der Markt Ihnen als Interim Manager?
4. Welche der Opportunitäten geben Ihnen Flow?

Design-Frage 1: Was machen Sie wirklich gerne?

Zur Beantwortung dieser Frage finden Sie Unterstützung bei einer Reihe von Themen, die in diesem Buch bereits bearbeitet wurden.

(a) Karriereanker (Kapitel 8.3.2. und 8.3.3.)

Was sind Ihre zwei bis drei wichtigsten Karriereanker?

1. Technisch-Funktional
2. General Management
3. Autonomie/Unabhängigkeit
4. Sicherheit/Stabilität
5. Unternehmerische Kreativität
6. Service/Hingabe an eine Aufgabe
7. Die Totale Herausforderung
8. Life Style

(b) Hobbies

Haben Sie Hobbies, die sie intensiv betreiben oder betrieben haben? Notieren Sie sich diese.

(c) Flow (Kapitel 8.5.2.)

Bei welchen Tätigkeiten haben Sie Flow bei der Arbeit? Welche Art von Projekten passt am besten zu Ihnen? Die Antwort liegt darin, für sich selbst heraus zu arbeiten, welche der im Interim Management vorzufindenden Rollen Sie wirklich **gerne** ausfüllen – nicht unbedingt darin, welche Sie („zur Not" oder „wenn es nicht anders geht") übernehmen „könnten". Oben wurden dazu die folgenden sechs Rollen von Interim Managern vorgestellt (UNITEDINTERIM, 2022a):

1. Gründer-Aufbauer
2. Sanierer-Restrukturierer
3. Kommunikator-Team-Builder
4. Innovator
5. Prozessorientierter Strukturierer
6. Experte für Spezialaufgaben

(d) Persönlichkeit (Kapitel 8)

Wie passen Tätigkeiten und Projekte zu Ihrer Persönlichkeit? Diese beiden Assessments haben wir besprochen.

1. MBTI-Myers Briggs Typen Indikator (Myers and Briggs Foundation, 2022)
2. Persönlichkeits Struktur Analyse® (PSA) - (Life and Career Design Consulting, 2022d)

(Sie können natürlich auch andere aussagekräftige Persönlichkeitsverfahren verwenden.)

Design-Frage 2: Worin sind Sie wirklich gut?

Die Frage erscheint an der Oberfläche einfach zu beantworten. Themen, in denen wir oft wirklich gut sind, nehmen wir gar nicht wahr, da wir sie als selbstverständlich betrachten. Die Frage ist auch alleine nur schwer zu beantworten, da diese im Verhältnis zu anderen und im Kontext des Marktes (also im Vergleich zu anderen Interim Managern) zu beantworten ist. Diese Methoden sind hilfreich bei der Beantwortung:

(a) Projekt-Review

Listen Sie die wichtigsten Jobs und Projekte der letzten 10-20 Jahre auf.

Beurteilen Sie diese auf einer Skala von 1-5 nach den Kriterien:

Projekt-Erfolg insgesamt	1 - 2 - 3 - 4 - 5
Die Qualität meines Beitrags	1 - 2 - 3 - 4 - 5
Flow gehabt	1 - 2 - 3 - 4 - 5

(b) Skills

Im Kapitel 7 haben wir Skills, die für Interim Manager wichtig sind, bearbeitet. Machen Sie doch hier einen Status zu den Kategorien:

Kernkompetenz - Fach-Skills	1 - 2 - 3 - 4 - 5
Management und Change Management	1 - 2 - 3 - 4 - 5
Projekt Management	1 - 2 - 3 - 4 - 5
Komplexe Problemlösung	1 - 2 - 3 - 4 - 5
Soft-Skills!	1 - 2 - 3 - 4 - 5
Lerns-Skills!	1 - 2 - 3 - 4 - 5
Selbst-Management	1 - 2 - 3 - 4 - 5
Networking und Kollaboration	1 - 2 - 3 - 4 - 5
Cross-Cultural Skills	1 - 2 - 3 - 4 - 5
Englisch	1 - 2 - 3 - 4 - 5
Personal Branding und Selbstvermarktung	1 - 2 - 3 - 4 - 5
IKT Skills	1 - 2 - 3 - 4 - 5

Das Ergebnis fliesst dann in die weitere Strategieentwicklung ein. Etwaige Defizite sind durch die Maßnahmen der Lernstrategie zu beseitigen.

Design-Frage 3: Welche Opportunitäten bietet der Markt Ihnen als Interim Manager?

Bei der Beantwortung unterstützen die Kapitel 3, 4 und 5.

(a) Der Markt

Lassen Sie dazu die wichtigsten Themen der drei Kapitel noch einmal Revue passieren und notieren Sie sich, was Sie persönlich für sich selbst daraus mitgenommen haben:

- Kapitel 3 – Der Markt für Interim Management in der DACH-Region. Zahlen / Daten / Fakten
- Kapitel 4 – So kommen Angebot und Nachfrage zusammen
- Kapitel 5 – Dynamik des Umfelds, Mittelstand und Interim 4.0

Abb.1: Markt (Quelle: Eigene Darstellung).

(b) Opportunitäten

Eine Opportunität ist die Schnittmenge zwischen den Gelegenheiten, die der Markt grundsätzlich bietet (oben dargestellt) und Ihren persönlichen Fähigkeiten (capabilities). Beantworten Sie für sich die Frage zu den Schnittmengen – egal ob Sie konkret Interesse haben, in diesen Bereichen als Interim Manager zu arbeiten, oder nicht. An dieser Stelle geht es zunächst darum, sich grundsätzlich über Ihre Mög-lichkeiten klar zu werden – und noch nicht einzuschränken. Wie Sie sich in den nächsten Schritten fokussieren, dazu weiter unten.

Abb.2: Markt und Opportunität (Quelle: Eigene Darstellung).

Design-Frage 4: Welche der Opportunitäten geben Ihnen Flow?

Filtern Sie nun aus den Antworten der Design Frage 3 heraus, welche Opportunitäten Ihnen Flow geben. Die Voraussetzungen für Flow sind, dass Projekte Sie nicht überfordern oder unterfordern. Sie sollten Ihnen einen gewissen „Kick" geben. Die wertvollsten davon sind solche, bei denen Sie auch noch etwas lernen können. Diese können in den gelb darstellten Kern der Kreise gestellt werden.

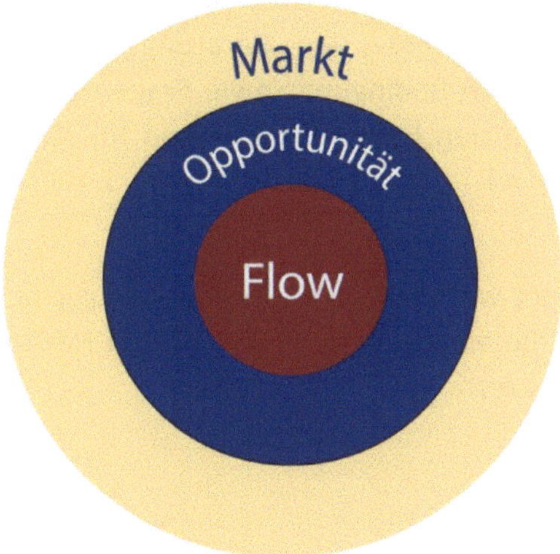

Abb.3: Markt – Opportunität – Flow (Quelle: Eigene Darstellung).

Wenn Sie mit der Beantwortung der vier Design-Fragen herausgefunden haben, was Sie gerne machen und dabei auch noch richtig gut sind und Flow empfinden – und der Markt auch noch Gelegenheiten bietet, Ihnen dafür ein auskömmliches Honorar zu bezahlen, dann ist der grundlegende Schritt für Ihre Karriere als Interim Manager getan: Die Design-Phase Ihrer „Produktentwicklung“ ist abgeschlossen.

Die nächsten Schritte betreffen dann Ihre persönliche Positionierung und anschliessend die Marktbearbeitung.

8.10. Positionierung im Markt der Freelancer

Nachdem Sie die Design-Fragen für Ihre Karrierestrategie erstellt haben, können Sie nun das eigene Business Modell ausarbeiten. Ein wichtiger Schritt ist Ihre Positionierung im großen und recht unübersichtlichen Markt der Freelancer. Dieser Markt ist nicht klar abgrenzt. Selbst Kunden werfen gelegentlich die Begriffe durcheinander. Begriffe wie „a-typische Arbeitsverhältnisse“, „nicht traditionelle Arbeitsverhältnisse“, „Gewerke“, „Projektarbeit“, „Service- und Beratungsleistungen“ kommen zur Anwendung. Die steuerrechtlichen Bedingung sowie Fragen um Versicherungen und Haftung gehören weiter zu den Herausforderungen für alle Beteiligten in diesem Markt[32] – und wurden z.T. schon zuvor in Kapitel 7 (bei den Skills) bereits erwähnt.

In den folgenden Abschnitten fokussieren wir uns auf die Positionierung unter Marketing-Aspekten. Wesentlich ist dazu die eigene Abgrenzung zu den Nachbarsegmenten der Consultants und der Gig Worker:

8.10.1. Abgrenzung zu Consultants

Der Berufsstand der Consultants, auch Unternehmensberater genannt, hat eine Geschichte, die bis ins 19. Jahrhundert zurückreicht. Arthur D. Little wird gerne als die erste Consulting-Unternehmung zitiert. Die Gründung fand 1876 in den USA statt (Spencer, 2019). Die Management-Consulting-Branche entwickelte sich aber erst massgeblich ab den 1950 Jahren. In der DACH-Region ging es in den 1980er-Jahren richtig los.

Wie in Kapitel 3 bereits dargestellt, finden sich in der Praxis bei Interim Managern einige Überschneidungen zu Unternehmensberatern. Der wesentliche Unterschied wird jedoch darin gesehen, dass Interim Manager ihren Fokus auf die **operative Umsetzung oder Durchsetzung** von Maßnahmen legen. Diese können auf Empfehlungen aufsetzen, die vorher von einem Berater gegeben wurden – oder von dem Interim Manager selbst, der vorher eine Analyse gemacht hat.

Wie Interim Manager, sind viele Consultants zum Teil ebenfalls als Einzelunternehmer (EPU / Freiberufler / Selbständiger) tätig. Doch gibt es in der Branche et-

[32] Der Interim Management Markt hat eine Geschichte seit den 1980 Jahren im D-A-CH-Raum. Für ein besseres Verständnis verweise für ich auf das 2. Kapitel „Der Markt für Interim Manager“ und den Artikel „So kommen Unternehmen an Interim Manager und den Blog-Artikel „Eine kleine Geschichte der Vermittlung“ von Harald Schönfeld (Schönfeld, 16. August 2019).

liche Consulting-Unternehmen, die global aufgestellt sind und über zehntausende an Mitarbeitern verfügen. Die Interim-Branche ist viel kleinteiliger.

Gleich qualifizierte Berater und Interim Manager erzielen als Person über das Jahr hinweg einen ähnlich hohen Honorarumsatz. Bei vergleichbaren Leistungen verrechnet ein Interim Manager jedoch in etwa nur 70 Prozent des Tagessatzes eines Consultants. Dies gleicht sich typischerweise jedoch wieder die höhere Anzahl der pro Jahr verrechenbaren Tage wieder aus. Projekte im Interim Management dauern im Schnitt einfach länger als Beratungsprojekte.

Auf den Punkt gebracht: Ein Interim Manager hat seine Stärken und Einsätze mehr in der „Umsetzung und Durchsetzung" und positioniert sich entsprechend. Ein Consultant positioniert sich mehr in der „Analyse" und im „Richtung zeigen".

8.10.2. Abgrenzung zu Gig Workern

In den letzten Jahren sind „Gig Worker" als Ausprägung der **„Gig Economy"** entstanden. Gig Worker sind ein neues Phänomen des 21. Jahrhunderts. Sie sind eine schnell gewachsene Gruppe, die zurzeit noch nicht leicht zu definieren ist. Eine andere Bezeichnung für sie ist **„Neue Selbständige"**.

> *Das Gig Economy DATA HUB (Gig Economy DATA HUB, 2020a), eine Initiative der University of Cornell und des Aspen Institute, setzt sich wissenschaftlich mit dem Phänomen der „Gig Economy" auseinander. Kriterien zur Definition sind die Form des Arbeitsarrangements, welches eher kurzzeitig und projektorientiert ist: „These types of arrangements are often called alternative or non-standard work arrangements, and may include freelancing, temp agency work, self-employment, and subcontracted work." (Gig Economy DATA HUB, 2020b)*

Die Begriffe gehen also aktuell noch etwas bunt durcheinander. Das ist typisch für eine Umbruchszeit und bedeutet, dass sich etwas grundsätzlich Neues entwickelt.

Daher sind die Abgrenzungen in der Praxis zurzeit noch eher über Phänomene – und noch nicht über allseits akzeptierte Begriffsdefinitionen – möglich:

In der Praxis der DACH-Region erbringen Gig Worker ihre Arbeitsleistung in unterschiedlichen Funktionsbereichen und in fast allen Branchen; ebenfalls zu extrem variierenden „Honoraren". Die Kompensation erfolgt manchmal pauschaliert als „Gewerk" (z.B. für die Erstellung von Konzepten oder Studien); manchmal auf Stundensatzbasis. Die arbeitsrechtliche Basis liegt oft im Graubereich, zumal wenn es sich um Dienstleistungen bzw. Services handelt, die vom Home-Office aus geleistet werden.

> *Wenn die Tätigkeit von den zuständigen Behörden nicht klar in ein Schema einzuordnen ist, laufen Gig Worker Gefahr, dass ihre Tätigkeit als „Scheinselbständigkeit" von der Sozialversicherung und anderen Behörden beurteilt wird. Es kann zu Strafen und empfindlichen Nachzahlungen (z.B. Finanzamt, Gewerbeamt und bei der Sozialversicherung) bei allen Beteiligten führen. Bei Tätigkeiten, welche die Landesgrenzen übergreifen, ist die Situation noch komplizierter.*

Man könnte sich die Frage stellen, ob Interim Manager auch Gig Worker sind. Ich erlaube mir an dieser Stelle, die Marktsegmentierung des seit 2003 am Markt befindlichen Providers butterflymanager GmbH zu nützen (butterflymanager, 2022). Dieser Provider unterscheidet in seiner Analyse vier Kategorien an Interim Managern, die sich u.a. durch aufsteigende Tagessätze unterschieden:

1. Interim-Fachspezialist
2. Interim-Experte
3. Interim-Führungskraft
4. Interim-Executive

Die „oberen Ebenen" der Interim Manager, also Interim-Führungskräfte und Interim-Executives sind in einer Diskussion über Parallelen zu Gig Worker eindeutig auszuschliessen. Sie treten in operative, umsetzungsorientierte Managementrollen ein, führen projektbezogen Mitarbeiter und treffen entsprechende Management-Entscheidungen. Die Aufgaben und Beiträge von **Interim-Fachspezialisten** und **Interim-Experten** könnten jedoch prinzipiell auch nicht nur über den Einsatz von

Interim Managern geleistet werden, sondern von Anbietern, die sich als „Consultants“ oder „Gig Worker“ verstehen.

> ***Zwei Beispiele**: Bei Interim-Fachspezialisten und Interim-Experten gibt es eine große Gruppe, die oft „unter dem Radar“ fliegt: Es sind Akademiker, die an Universitäten und Fachhochschulen hauptberuflich tätig sind. Unter den Etiketten von Forschung, Studien und Transferprojekten wirken sie auf den Markt ein. Viele von ihnen sind extrem kompetente und ernstzunehmende Wettbewerber, bieten sie doch Leistungen oft zu komplett anderen Kostenstrukturen an. Die Infrastruktur ist staatlich finanziert, Studierende machen oft ihre Praktika (mit oder ohne Taschengeld) in den Projekten, die vom Professor koordiniert werden. Hier kollidiert der Staat mit dem privaten Sektor.*
>
> *Es gibt auch eine nicht unbeachtliche Anzahl von Akademikern, die keine fixe Anstellung in Universitäten haben, diese aber gerne hätten. Sie überleben mit dem einen oder anderen Lehrauftrag oder durch eine Tätigkeit in schlecht bezahlten Forschungsprojekten unter prekären wirtschaftlichen Verhältnissen. Obwohl einige von ihnen nicht wirklich für Unternehmen tätig sein wollen, übernehmen sie als hochqualifizierte Gig Worker (Teil-) Projekte zu Tagessätzen, die professionelle Interim Manager nicht einmal als Stundensatz akzeptieren würden.*

8.10.3. Grenzen ziehen: Von „Freelance“ zu „Freelancer Management Dienstleistungen“

In der Praxis werden alle drei Gruppen (Interim Manager, Consultants und Gig Worker) häufig in die Kategorie der **Freelancer** gesteckt – eine schnell wachsende, gesamtwirtschaftlich immer bedeutsamer werdende Gruppe[33].

> *Beispiel: Verschaffen Sie sich selbst einen Überblick, in dem Sie die Website „Hallo Freelancer“ (www.hallofreelancer.com) besuchen. Es ist ein Service von Xing und bringt Unternehmen und Freelancer in Kontakt. Laut Angaben des Portals sind dies über 450.000 Personen in 2020 (Xing, 05. Juni 2020) und über 500.000 in 2021 (Xing, 21. Juni 2021). Das Portal ist jedoch nicht kuratiert (qualitätsgesichert), d.h. die Angaben der dort aufzufindenden Personen basieren auf deren Eigenangabe. Xing wendet sich mit diesem Angebot an Einzelpersonen, wobei auch Interim Manager und Consultants in die Einheits-Kategorie der Freelancer (Xing, 2020, S.7) gesteckt werden. Dies ist marketingtechnisch nachvollziehen, verbreitert es doch den vom Portal bearbeiteten Markt. Es verwässert jedoch die Thematik: Die vorzufindenden Gruppen arbeiten zu unterschiedlichen rechtlichen Bedingungen und Tagessätzen. So kann der Tagessatz eines Consultants leicht in der gleichen Höhe wie die Honorierung der gesamten Wochenleistung eines Gig Workers sein. Vor allem aber: Die Skills und Arbeitsmethoden der „Freelancer“ umfassen ein schier unendliches Kontinuum an Bandbreite und Tiefe. Richtung Kunden bestehen vollkommen unterschiedliche Anforderungen an die Entscheidungsgrundlagen, ob es sich um einen hochqualifizierten analytischen Consultant, einen motivationsstarken Interim Manager auf C-Level oder einen fachlich versierten Marketing-Freelancer zur Erstellung eines kleinen Werbe-Prospektes handelt.*

---

[33] Einen vertieften Überblick zum Freelancer-Markt finden Sie auf der Webpage von Life and Career Design (Life and Career Design Consulting, 2022a). Über 15 Online Plattformen, die Jobs und Projekte für Freelancer vermitteln, sind hier gelistet und kategorisiert. Interim Manager können dies nutzen, um aktiv nach Angeboten für Aufträge zu suchen bzw. sich zu präsentieren, um gefunden zu werden. Hier der Link zum kostenfreien Service (Life and Career Design Consulting, 2022b): https://lifeandcareer.eu/freelancer-plattformen

Allein schon aufgrund Ihrer Größe und Breite ist die generelle Kategorie der Freelancer kaum brauchbar, um sich über diesen Begriff als qualifizierter Interim Manager bei Kunden zu präsentieren. In pragmatischer Weise wird daher die Bezeichnung „**Markt für Freelancer Management Dienstleistungen**“ vorgeschlagen. Dies selbst in dem Bewusstsein, dass im Markt die Abgrenzungen zwischen Interim Managern, Consultants und qualifizieren Gig Workern unscharf sind.

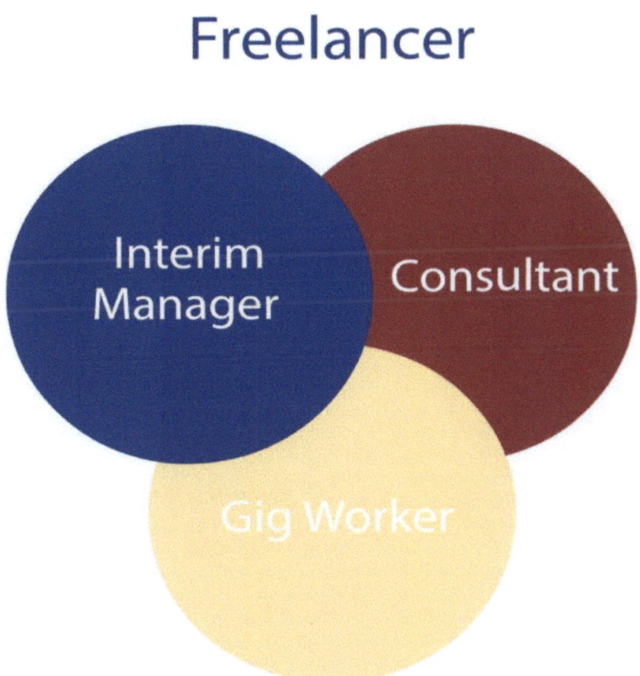

Abb.4: Markt für Freelancer Management Dienstleistungen (Quelle: Eigene Darstellung).

Die Gemeinsamkeit aller drei Gruppen, die hier als Markt zusammengefasst sind ist, dass alle drei Gruppen von den in Kapitel 2 diskutierten Opportunitäten *„Ende der Langzeitarbeitsverhältnisse"* und *„Work-Force Composition"* profitieren. Siehe hierzu die nachfolgende Grafik *„Drei Ringe Modell des Personals"*. So gut wie alle Anbieter sind als Einzelpersonenunternehmen (EPU) oder „Solos" tätig. Ob die Personengruppen nun als „Stammpersonal" in den Kern 1 oder 2 „insourced" werden, als „Partner" langfristig verbunden sind oder als „kurzzeitige Dienstleister" auftreten, wird durch die Personalstrategie der jeweiligen Unternehmung gelenkt.

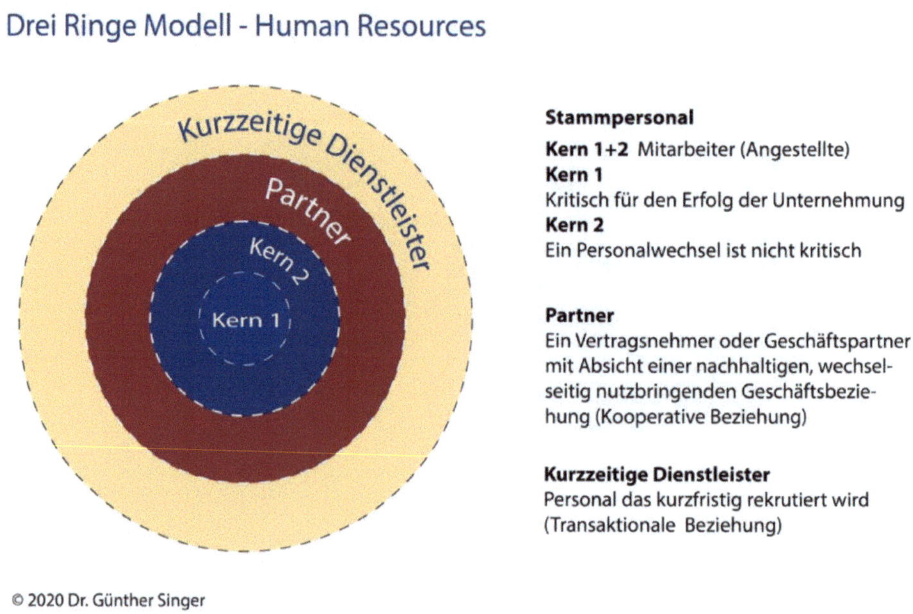

Abb.5: Drei Ringe Modell – Human Resources (Quelle: Eigene Darstellung).

In der Praxis treten etliche Kollegen als „Interim Manager und Consultant" auf. Im Rahmen Ihrer persönlichen Business-Strategie ist es natürlich möglich, in zwei oder sogar allen drei Segmenten gleichzeitig unterwegs zu sein. Sie sollten aber aufpassen, dass Ihre Kunden nicht den Eindruck bekommen, dass Sie als Gig Worker billiger zu haben sind, als wenn Sie als Interim Manager oder Consultant auftreten.

Es muss klar sein, was das Standbein und was das Spielbein ist. Sind sie „nur" Interim Manager oder „auch" Consultant? Oder sind Sie „primär" Consultant, der „wenn es sich so ergibt" zusätzlich im Anschluss an eine Analyse auch gleich die operative Umsetzung mit anbietet? Es gibt hier kein richtig oder falsch – aber Ihre Kernpositionierung muss klar ersichtlich sein. In Summe soll es zu Ihrem spezifischen Karrierekonzept und Dienstleistungsangebot passen. Ebenfalls sollte die Positionierung die bereits diskutierten Strategieelemente der Kernstrategie als auch der unterstützenden Strategien berücksichtigen.

Tipp für Interim Manager: Eine klare Positionierung als Interim Manager mit einem aussagekräftigen Branding Ihrer Person ist unverzichtbar! Vergleichen Sie dazu auch Kapitel 7 und 9.

8.11. Business Modell einer Karriere: Planungstemplate

Dieses Kapitel bietet im Überblick ein praxisorientiertes Template mit den wichtigsten – in den letzten Kapiteln näher erläuterten – Punkten, die für die Planung einer Karriere im Interim Management Berücksichtigung finden sollten.

8.11.1. Kernstrategie

Sie haben die Wahl: Entscheiden Sie sich für eine „Konsekutive Strategie" oder eine „Portfolio Strategie". Beschreiben Sie diese!

8.11.2. Unterstützende Strategien

Beschreiben Sie Ihre unterstützenden Strategien:

- Private Strategie
- Professionelle Fachstrategie

- Produktentwicklung und Lernstrategie
- Netzwerkstrategie – Networking
- Finanzstrategie (siehe auch Kosten- und Umsatzplanung)
- Risikostrategie

Wenn für Sie das Thema der Künstlichen Intelligenz eine wichtige Rolle spielt, dann berücksichtigen Sie an dieser Stelle noch die Opportunitäten, die für Sie durch die Augmentierung entstehen.

8.11.3. Angebotsplanung

Was ist das Kernangebot an Ihre Kunden? Was ist der Nutzen, den Sie diesen Kunden erbringen? Das Kernangebot muss tief in Ihrem nachweisbaren Job- bzw. Projektportfolio und der damit verbundenen Expertise bzw. in den Skill-Sets, verankert sein.

Ich empfehle Ihnen in diesem Zusammenhang dringend die Auseinandersetzung mit der Wertschöpfung bzw. dem Mehrwert, den Sie Ihren Kunden bieten. Auf dieses zentrale Element Ihres Angebotes wird in anderen Kapiteln dieses Handbuches detailliert eingegangen[34]. Wenn Sie glaubwürdig vorrechnen oder (z.B. mit Hilfe von Case Studies) belegen können, dass Sie voraussichtlich viel mehr bringen als kosten, überzeugen Sie Kunden und haben es bei der Honorarverhandlung leichter, Ihre Vorstellungen durchzusetzen.

8.11.4. Kundenplanung

- Wer ist Ihr typischer Zielkunde, für den Sie tätig sein möchten?
- Für welche Kunden wollen Sie definitiv nicht arbeiten?
- Spezialisieren Sie sich auf eine bestimmte Branche?

[34] Beispiel: Ludwig Heuse erläutert das Konzept des RoIM (Return on Interim Management) und liefert Daten aus 501 abgeschlossenen IM-Projekten (Heuse, 2014, S. 12).

- Oder fokussieren Sie sich auf eine spezifische geografische, kulturelle oder Sprachregion?

8.11.5. Vertriebsplanung

Beim Vertrieb dreht sich alles darum, wie Ihre Dienstleistung als Interim Manager ihren Weg zum zahlenden Kunden findet. (Details finden Sie in Kapitel 9). Die Planung umfasst alle Maßnahmen und Aktivitäten, um Ihre angestrebten Ziele zu erreichen. Das können sein:

- Angestrebter Umsatz im Jahr
- Art der Unternehmen, bei denen Sie tätig sein wollen
- Art der Tätigkeit in diesen Unternehmen
- Art der Themen, die Sie dort bearbeiten oder lösen möchten
- Anzahl oder Qualität der Kundenanfragen, die Sie generieren möchten
- Menschen und Geschäftsmodelle, mit denen Sie beim Vertrieb zu tun haben wollen – oder auch nicht
- Anzahl der Aufträge bzw. Projekteinsätze im Jahr
- Anzahl der Tage im Jahr, an denen Sie arbeiten möchten – oder auch sich mit anderen Themen beschäftigen möchten

8.12. Finanzplanung

In der Praxis hat sich gezeigt, dass die meisten Interim Manager ihre Finanzen (leider) nur zu zwei Zeitpunkten planen: (1) Beim Einstieg, wenn die Unsicherheit hoch ist, ob es auch wirklich klappt und (2) wenn sie eine Weile nicht im Projekt sind und feststellen, dass sie von ihren Reserven leben.

Praxistipp 1: Führen Sie eine Finanzplanung immer durch – auch wenn es Ihnen im Moment gut geht und Sie in einem gut laufenden Projekt tätig sind.

Praxistipp 2: Planen Sie immer für zwei Kalenderjahre, nämlich für das laufende und das kommende Jahr. Interim Management ist keine kurzfristige Sache.

Die Finanzplanung beinhaltet:

- Kostenplanung
- Umsatzplanung
- Gewinnplanung
- Finanzreserven

Die Daten sollten monatlich oder pro Quartal auf den neuesten Stand gebracht werden. Ein Excel-Blatt reicht, um die wichtigsten Daten zur Steuerung bereit zu haben.

8.12.1. Kostenplanung

- Wie hoch sind die fixen und auch die variablen Ausgaben, z.B. für das Home-Office, IT, Webpräsenz, Kommunikationskosten, Versicherungen, Steuerberatungskosten, Sozialabgaben, Marketing- und Vertriebskosten sowie Steuern. Wenn sie ein Auto benötigen, ist dies auch zu berücksichtigen.

- Fortbildung oder die Teilnahme an Kongressen (auch wenn Sie noch keine konkreten Pläne haben) sind ebenfalls zu berücksichtigen. Die eigenen Skills zu pflegen oder gar noch auszubauen, ist Ihre ureigene Verantwortung!

- Ihr Unternehmerlohn fliesst kalkulatorisch ein. Ihr Lohn wird vom Gewinn bezahlt. Kein Gewinn, kein Einkommen! Wie hoch ist der Mindestlohn, den Sie sich als Unternehmer bezahlen wollen/müssen? Sie werden persönliche Verpflichtungen haben, denen nachzukommen ist.

8.12.2. Umsatzplanung

- Mindestumsatz – ermöglicht es den finanziellen Verpflichtungen und notwendigen Investitionen (z.B. für IT und bestimmte Marketing- und Vertriebskosten) nachzukommen

- Wunschumsatz – ermöglicht das Bedienen der Verpflichtungen, zusätzlichen Investitionen, Rücklagen und Sparzielen

8.12.3. Gewinnplanung

- Wieviel möchten Sie (noch) investieren, an Rücklagen bilden oder sparen? Haben Sie Träume für die Zeit zwischen den Projekten (z.B. Sabattical) eine Wunsch-Weiterbildung (z.B. einen Executive-Kurs an einer renommierten Universität) oder eine Vorstellung für ihr Alter?

8.12.4. Finanzreserven

- Finanzreserven sind sicher zu stellen, da Interim Manager ja kein kontinuierliches Einkommen haben.

- 6-12 Monate an Reserven sind vorzusehen, um nicht in Turbulenzen zu kommen.

Bitte beachten Sie, dass Sie möglicherweise von der Steuerbehörde oder Versicherungen zeitversetzt veranlagt werden. Zahlungen können hier daher auch 2-3 Jahre später anfallen. Wenn Sie rückwirkend eine hohe Vorschreibung bekommen und ein schwaches Umsatzjahr haben, ist das möglicherweise eine Herausforderung für die Liquidität. Je nach Steuersitz bzw. Land, in dem Sie tätig sind, gibt es hier unterschiedliche Herausforderungen.

8.13. Karriere-Workshop für Interim Manager – iCareer-Online

Die obigen Ausführungen dienten dem Überblick. Sollten Sie weiterführendes Interesse haben, Ihre Karrierestrategie online unterstützt zu entwickeln, dann finden Sie einen Karriere-Workshop für Interim Manager im iCareer Portal von Life and Career Design (Life and Career Design Consulting, 2022c): http://iCareer.online

8.14. Quellenverzeichnis

AIMP. (2020). AIMP-Providerumfrage 2020. Abgerufen von https://www.aimp.de/fileadmin/data/AIMP_Umfragen/15_AIMP_PROVIDERUMFRAGE_17-04-2020.pdf

AsseCon. (2020). Managerschutz. Abgerufen von https://www.assecon.de/managerschutz

butterflymanager. (2022). Tagessätze. Abgerufen von https://www.butterflymanager.com/fuer-unternehmen/tagessaetze/

Davenport, T. H., & Kirby, J. (2016). Only Humans Need Apply : Winners and Losers in the Age of Smart Machines (First edition. ed.): HarperBusiness.

Heuse, L. (2014). Interim Management in Deutschland 2013. Abgerufen von https://www.interim-management.de/c/Heuse_Studie_2013_Interim_Management_Deutschland.pdf

Knuth, R. (8. April 2019). Wie kann ich mich als Interim Manager digital transformieren? Abgerufen von https://youtu.be/uEVAtWwxUAM

Life and Career Design Consulting. (2022a). Freelancer. Abgerufen von https://lifeandcareer.eu/freelancer/

Life and Career Design Consulting. (2022b). Freelancer-Plattformen. Abgerufen von https://lifeandcareer.eu/freelancer/freelancer-plattformen/

Life and Career Design Consulting. (2022c). iCareer - Online - Karriere Workshop für Interim Manager. Abgerufen von http://iCareer.online

Life and Career Design Consulting. (2022d). Persönlichkeits Struktur Analyse (PSA). Abgerufen von https://lifeandcareer.eu/online-services/

Manatnet. (2022). Ihr Interim Management-Provider für die Digitalisierung im Mittelstand. https://www.manatnet.com

Myers and Briggs Foundation. (2022). The purpose of the Myers-Briggs Type Indicator® (MBTI®). Retrieved from https://www.myersbriggs.org/my-mbti-personality-type/mbti-basics/home.htm?bhcp=1

Runner'sWorld. (2020). Trainingsplan Marathon unter 5:00 Stunden. Abgerufen von https://www.runnersworld.de/trainingsplaene/marathon-laufen-unter-5-00-stunden/

Schein, E. H. (1990). Career Anchors: Discovering Your Real Values. San Francisco: Jossey-Bass Pfeiffer.

Schönfeld, H. (16. August 2019). So kommen Unternehmen an Interim Manager: Eine kleine Geschichte der Vermittlung. Abgerufen von https://www.UNITEDINTERIM.com/blogs/so-kommen-unternehmen-an-interim-manager-eine-kleine-geschichte-der-vermittlung.html

Schönfeld, H. (Producer). (28. Juli 2018). Interim Manager: Was kostet mich der eigene Vertrieb? Abgerufen von https://youtu.be/_DsbrcEM_ww

Singer, G. (2022). Human Resource Management. Technische Universität Wien. Wien.

Spencer, T. (2022). Brief History of the Consulting Industry. Retrieved from https://www.spencertom.com/2016/06/06/brief-history-of-the-consulting-industry/#.XWKtri2BrUJ

UNITEDINTERIM. (2022a). Rollen - Persönlichkeitstypen im Interim Management. Abgerufen von https://www.unitedinterim.com/faq/softskills-typologie-bei-unitedinterim.html

UNITEDINTERIM. (2022b). D&O-Versicherung. Abgerufen von https://www.unitedinterim.com/faq/d-o-versicherung.html

Weyand, G. (2022). Ihre Voraussetzungen. Abgerufen von https://www.managementangels.com/de/interim-manager-voraussetzungen

WHO. (2020). Weltgesundheitsorganisation - Regionalbüro für Europa. Retrieved from https://www.who.int/europe/home?v=welcome#

Xing. (05. Juli 2020). Hallo Freelancer. Abgerufen von www.hallofreelancer.com

Xing. (2020). Freelancer suchen und finden. Xing. Abgerufen von www.hallofreelancer.com

Xing. (21. Juni 2021). HalloFreelancer – Die vollautomatisierte Freelancer-Vermittlung von Xing. Xing. Zugriff 29. Juli 2022 from https://www.youtube.com/watch?v=WHEr3gTMy-A&t=3s

9. Kapitel: Verkaufsunterlagen für Interim Manager

Autor: Jürgen Becker

9.1. Einleitung: Verkaufsunterlagen für Interim Manager

Die Verkaufs-Unterlagen eines jeden Interim Managers haben im Vertrieb in eigener Sache überragende Bedeutung. Das Ausmaß dieser Bedeutung wird jedoch von erstaunlich vielen Interim Managern unterschätzt. Während es noch vor wenigen Jahren ausreichte, einen aus Zeiten der Festanstellung herübergeretteten CV zur Verfügung zu stellen, haben sich inzwischen die Anforderungen der Kunden an die Unterlagen der Interim Manager dramatisch erhöht. Erstaunlich viele Interim Manager sind sich dessen nicht bewusst – oder sie verdrängen diese Tatsache.

Der wesentliche Unterschied zur Vergangenheit liegt darin, dass es für Kunden-Unternehmen heute nicht mehr ausreicht, zu erfahren, wo und in welchen Funktionen der Interim Manager in der Vergangenheit gearbeitet hat. Stattdessen wollen die Unternehmen wissen, was der jeweilige Interim Manager kann – und in wie weit dies relevant ist für die im eigenen Unternehmen anstehenden Aufgaben. Und: Die Unternehmen erwarten sehr weitgehende Informationen, weil sie bereits im Vorfeld und bevor sie überhaupt mit irgendjemandem in Kontakt treten, ihre Entscheidung sehr weitgehend vorbereiten wollen: „Research from Gartner shows that 83 Prozent of a typical B2B purchasing decision — researching solutions, ranking options and benchmarking pricing — happens before a buyer engages directly with a provider." (LinkedIn/Edelmann, 2021).

Es ist offensichtlich, dass ein CV allein diesen Prozess auf der Kundenseite nicht unterstützen kann, sondern durch weitere, für das Kundenunternehmen relevante Informationen ergänzt und darüber hinaus an allen denkbaren „Touchpoints“ zur Verfügung gestellt werden muss: Anderenfalls kann die Vorbereitung des von Gartner angesprochenen Entscheidungsprozesses schlichtweg nicht erfolgen.

Die besten Interim Manager liefern heute all das aus einem Guss: CV, Case Studies, Homepage, Video sowie Blog- und Fachbeiträge in traditionellen und digitalen Medien – und „zahlen so auf die eigene Marke ein". Daraus folgt zwingend: Interim Manager, die glauben, mit weniger auskommen zu können, geraten unmittelbar ins Hintertreffen im Wettbewerb um attraktive Projekte.

9.1.1. Weshalb tun sich Interim Manager mit dem Verkauf in eigener Sache so schwer?

Menschen, die ins Interim-Business einsteigen, sind in aller Regel durchs Bewerben geprägt – nicht durchs Verkaufen. Sicher liegt das zunächst daran, dass so gut wie alle Interim Manager durch ein Arbeitsleben in Festanstellung „sozialisiert" wurden – und deshalb gelernt haben, wie „man" sich in der Welt der Festanstellungen bewirbt. Das haben sie typischerweise ein halbes bis ein ganzes Dutzend Mal in vielleicht rund 25 Jahren gemacht. Wenn überhaupt – und sie nicht von Headhuntern angesprochen wurden. Dieses „Ich werde angesprochen" – also eine passive Grundhaltung – ist aus meiner Sicht tief im Innern dieser Menschen verankert. Und diese passive Grundhaltung ist das Kernproblem vieler Interim Manager! Sicher fällt es nicht leicht, sich von dieser Haltung, von dieser Einstellung zu lösen – jedoch ist genau das für den Erfolg im Interim Business unabdingbar!

Wenn wir die Anzahl der hier als typisch genannten 12 Bewerbungen auf unsere 25 Jahre verteilen, dann hat jeder und jede im Schnitt alle zwei Jahre eine Bewerbung verfasst. Selbst, wenn wir das Volumen verdoppeln, kommen wir in diesem Modell auf nicht mehr als eine Bewerbung im Jahr: Verproben Sie das einmal spaßeshalber für Ihre ganz persönliche Historie...

Es kann also niemanden verwundern, wenn der typische Einsteiger ins Interim-Business meint, die Spielregeln aus den Zeiten der Festanstellung auch im Interim Business anwenden zu können. Bemerkenswerter Weise stellt sich so gut wie niemand die Frage, wie denn ein sporadisch ablaufender Prozess aus der Vergangenheit als ein die persönliche Zukunft tragendes Fundament, als Blaupause für einen erfolgreichen Vertriebsprozess als Unternehmer in eigener Sache dienen könne. Und exakt hier liegt der Anfang allen Übels!

Deshalb empfehle ich Ihnen: Vergessen Sie alles, was Sie über das Bewerben und das Schreiben von CVs verinnerlicht haben. Und beginnen Sie ganz neu zu denken. Und beginnen Sie, bevor Sie auch nur die ersten Sätze formulieren, mit den beiden alles entscheidenden Fragen:

9.1.2. Die beiden alles entscheidenden Fragen als Basis für Ihren Vertriebserfolg

Beantworten Sie ehrlich diese beiden Fragen, denn daraus resultiert Ihre ganz persönliche Positionierung, mit der Sie sich am Markt vom Wettbewerb unterscheiden:

1. **Was kann ich richtig gut – und besser als andere?**
2. **Warum sollte ein Kunde das bei mir einkaufen – und nicht beim Wettbewerb?**

Hier ist ein Beispiel aus der Praxis, wie solche Antworten lauten können: „Ich bin Spezialist in der Additiven Fertigung (3D-Druck) mit Experten-Knowhow im Multi Jet Fusion-Verfahren (MJF) für (farbigen) Kunststoff und Metall. Ich reduziere meinen Tagessatz ab einer Projektdauer von 120 Tagen."

Regelmäßig werde ich gefragt, ob eine derart präzise Positionierung denn nicht kontraproduktiv sei, weil der jeweilige Interim Manager dann ja nur für dieses ganz scharfe, enge Angebot kontaktiert wird – für alles andere aber nicht. Das ist richtig – und genau so soll es sein: Ein Unternehmen, das einen Interim Manager benötigt, befindet sich stets in einer besonderen Situation (nicht zwingend in einer Krise) – denn anderenfalls bräuchte es nicht die Unterstützung durch einen Externen, einen Interim Manager. In einer solchen Situation wird sich das Unternehmen ausschließlich einem ausgewiesenen Spezialisten anvertrauen: Generalisten werden in solchen Situationen typischerweise nicht benötigt – von Ausnahmen abgesehen.

Ein weiterer Vorteil einer solch präzisen Positionierung: Sie werden nicht angesprochen auf Themen, bei denen Sie ohnehin nicht helfen können – oder auf Projekte, die Sie mit an Sicherheit grenzender Wahrscheinlichkeit gegen Kollegen verlieren werden, die in einem solchen Thema dann tatsächlich spezialisiert sind. Das erhöht Ihre Effizienz im Vertrieb erheblich!

9.1.3. Anforderungen Analoge Welt vs. Digitale Welt

Grundsätzlich macht es keinen Unterschied, ob Sie Ihre Unterlagen in der analogen oder der digitalen Welt zur Verfügung stellen. Ihren absoluten Anspruch an Qualität und Professionalität sämtlicher Unterlagen wird Ihnen jedes Unternehmen stets danken – völlig unabhängig davon, auf welchem Weg es Ihre Unterlagen erhalten hat.

Selbstverständlich können einige Unterlagen nur auf digitalem Weg verwendet werden: Hierzu gehören Blogs („Weblogs"[1)]) und natürlich Videos.

Bitte nehmen Sie in den Hinterkopf: Gartners typischer Unternehmenskunde, den ich im zweiten Absatz angesprochen habe, wird seine vorbereitenden Arbeiten für seine Entscheidungsfindung aus meiner Sicht mit Sicherheit nicht auf analogem, sondern auf digitalem Weg durchführen: Sie sind daher bestens beraten, wenn Sie Ihrem potentiellen Kunden sämtliche – und ich meine „sämtliche"! – Unterlagen und Informationen digital zur Verfügung stellen.

Bitte beachten Sie unbedingt: Die Anforderungen an die Aktualität Ihrer Unterlagen in der digitalen Welt sind sehr viel höher als in der analogen. Mit veralteten Unterlagen – z. B. einem nicht mehr aktuellen Profil bei UNITEDINTERIM, Xing oder LinkedIn – positionieren Sie sich unmittelbar außerhalb der Profi-Liga. Denn Sie signalisieren allen (!) potentiellen Kunden, dass sie Ihnen nicht einmal diesen im Vergleich nur minimalen Aufwand wert sind. Eine fatale Einstellung, wenn Sie von eben diesen Unternehmen in aller Regel über 1.000 Euro am Tag kassieren möchten.

9.2. Curriculum Vitae (CV)

Auch wenn seine Bedeutung abgenommen hat: Der CV ist noch immer ein wichtiges Dokument im Eigen-Vertrieb!

Verblüffender Weise waren – gemessen an dem, was die Creme der Interim Manager zur Verfügung stellt – weitaus die meisten CVs, die ich in den vergangenen knapp 20 Jahren gelesen habe, schlecht gemacht: Ohne jede Positionierung, ohne auch nur angedeuteten Kunden-Nutzen, langweilig geschrieben, langweilig im Layout sowie gespickt mit unspektakulären Passfoto-nahen Bildern und – in aller Regel unvollständig: So fehlten in der Mehrheit für die jeweiligen Stationen Branche, Umsatz und Anzahl der Mitarbeiter.

Eine geradezu verblüffend mickriges Angebot an diejenigen – die künftigen Kunden! – die typischerweise mindesten 20.000 Euro im Monat hinblättern sollen.

Was also sollte Ihren CV kennzeichnen?

9.2.1. Langweilen Sie nicht!

Halten Sie sich vor Augen, dass Ihr Kunde mit an Sicherheit grenzender Wahrscheinlichkeit nicht nur Ihr Dokument auf dem Tisch haben wird. Quälen Sie ihn also nicht – nein, überraschen Sie ihn! Sie wollen doch, dass Ihr potentieller Kunde Sie unbedingt kennenlernen möchte. Sie möchten doch ein erstes Gespräch mit Ihrem potentiellen Kunden führen dürfen – um ihn dann vollends von Ihrer Leistungsfähigkeit zu überzeugen. Sie möchten doch ein Mandat erhalten und – bitte sehen Sie mir das nach! –: Sie möchten doch viel Geld verdienen.

Orientieren Sie sich – und das ist mein voller Ernst! – an den Verkaufsprospekten von z. B. Porsche, Mercedes Benz, Audi und Co. Zeigen Sie, was Sie Tolles zu bieten haben. Was eigentlich hält Sie davon ab, Bilder zu zeigen – über Ihr eigenes Foto hinaus?

Streichen Sie konsequent Banalitäten, weil Sie damit kein Mandat gewinnen werden: Anzahl und Alter der Kinder, Name und Geburtsname der Ehefrau und – das ist mir tatsächlich untergekommen! – Name und Beruf Ihrer Eltern. Steichen Sie Grundkenntnisse in welcher Sprache auch immer, weil Sie damit ohnehin kein Mandat gegen diejenigen gewinnen werden, die die jeweilige Sprache fließend beherrschen: Und nur das zählt für Ihre potentiellen Kunden! Streichen Sie Hobbies, weil Ihr potentieller Kunde Sie dafür nicht beschäftigen wird. Und: Es ist selbstverständlich, dass Sie Schulen besucht haben, wenn Sie einen Universitätsabschluss mitbringen. Und schließlich müssen Sie außerhalb der Schweiz den Wehrdienst nicht nachweisen: Die Bundeswehr ist kein typischer Nachfrager nach Interim Management-Dienstleistungen!

9.2.2. Fakten, Fakten, Fakten! Und stets an die Leser denken!

Grundsätzlich gehört zu jeder beruflichen Station, die Sie abbilden: Name des Unternehmens, Branche, Umsatz, Anzahl der Mitarbeiter. Beantworten Sie knapp und auf den Punkt die Fragen: Was war Ihre Aufgabe? Wie sind Sie vorgegangen? Und was war das Ergebnis Ihrer Arbeit? Und wenn Sie dabei ein „Leuchtturm-Projekt" skizzieren können: Umso besser!

Vermeiden Sie unbedingt Allgemeinplätze, mit denen Sie ein Kopfschütteln bei Ihren potentiellen Kunden hervorrufen werden: Dass Sie als CFO die Finanzen verantwortet haben, ist selbstverständlich. Wenn Sie neue Märkte erschlossen haben, ohne diese zu nennen, ist diese Aussage für Ihren potentiellen Kunden wenig relevant. Auch nicht, wenn Sie ein Kostensenkungsprogramm verantwortet haben, und keine „vorher-nachher"-Zahlen nennen. Gleiches gilt z.B. für Durchlaufzeiten, die Sie verkürzt, und Ausschuss, den Sie reduziert haben: Ohne solche Fakten lassen Sie ganz sicher erhebliches Potential liegen.

9.2.3. Positionierung und Nutzenversprechen

Nutzen Sie die erste Seite nicht für alles, was es zu Ihnen als Person zu sagen gibt – so verlockend das sein mag. Bringen Sie stattdessen Ihre Positionierung – also das, wofür Sie stehen. Das, was Sie Ihrem potentiellen Kunden anbieten können (siehe Kapitel 9.2.).

Ergänzen Sie diese Ihre Unique Selling Proposition (USP) durch Ihr Nutzenversprechen: Welchen Wert werden Sie für Ihren potentiellen Kunden schaffen? Sagen Sie´s ihm ganz konkret – und lassen Sie ihn nicht aus Ihren „fachlichen Kompetenzen" oder „Erworbenen Fähigkeiten" seine eigenen Schlüsse ziehen: Sie könnten Ihnen nicht gefallen!

9.3. Softskills

Vom Tagesgeschäft einmal abgesehen sind die Softskills der Interim Manager für viele Mandate wichtig. Je stärker z. B. die Komponenten „Change“ oder „Restrukturierung“ in einem Projekt ausgeprägt sind, umso mehr Bedeutung erhalten die Softskills der jeweiligen Kandidaten – bei gleicher fachlicher Qualität. Der Hintergrund ist ganz einfach: In solchen Mandaten stehen die Unternehmen vor deutlichen Veränderungen. Diese Veränderungen können nur gemeinsam mit den Mitarbeitern der Unternehmen erfolgreich verlaufen – niemals gegen sie.

Wie aber weisen Interim Manager ihre Softskills nach?

Aus meiner Sicht gibt es hierfür grundsätzlich drei Wege mit einer unterschiedlich ausgeprägten Relevanz für den nachfragenden Kunden:

(1) **Eigene Darstellung des Interim Managers:** Im CV werden Begriffe aufgeführt, um die eigene Persönlichkeit zu beschreiben. Hierzu gehören beliebte Klassiker wie z. B. „Hands-on“, „unternehmerisch denkend und handelnd“, „kreativ“ oder „belastbar“. In diesem Fall bleibt dem nachfragenden Unternehmen letztlich nur die Möglichkeit, sich auf den eigenen Eindruck zu verlassen.

(2) **Darstellung eines Dritten:** Solche Einschätzungen kommen im Interim-Business typischerweise von Interim-Providern oder – noch ausgesprochen selten! – über so genannte Diagnostic Tools. Diesen letzteren Weg geht z. B. UNITEDINTERIM und setzt auf die Persönlichkeits-Struktur-Analyse (PSA)[2)] von Prof. Dr. Günter Singer in Wien.

(2.1.) **Darstellung eines Interim-Providers:** Provider ordnen die Softskills der Interim Manager in aller Regel auf der Grundlage eines persönlichen Gespräches ein. Da Interim-Provider oftmals sehr lang am Markt tätig sind (verifizieren Sie das im konkreten Fall!), haben sie sehr viel Erfahrung, die ihnen hilft, die Persönlichkeit eines Interim Managers recht gut einzuschätzen. Bitte beachten Sie jedoch, dass Sie typischerweise die Maßstäbe für dieses Einordnen nicht kennen und auch die Ergebnisse nicht sehen werden. Und dass diese Gespräche nicht immer von den gleichen Mitarbeitern geführt werden und damit eine vergleichbare Basis schwerlich gegeben ist.

(2.2.) **Diagnostic Tools:** Anders als im Umfeld von Festanstellungen werden im Interim-Business „Diagnostic-Tools“ noch nicht eingesetzt. Im Februar 2019 hat UNITEDINTERIM dann als erstes Unternehmen in der Branche das Diagnostic-Tool „PSA“ von Prof. Dr. Singer eingeführt. Auf wissenschaftlicher und transparenter Basis werden die Softskills jedes Interim Managers im Rahmen eines „Self Assessments“ der Interim Manager vom Computer erarbeitet. Durch die gemeinsame Basis und das gleiche Verfahren sind die Ergebnisse schließlich vergleichbar.

Mitunter werden „Diagnostic Tools“ als zu wenig individuell kritisiert oder andere Tools werden bevorzugt im Vergleich zur PSA. Darum geht es letztlich jedoch nicht. Stattdessen geht es darum, dem potentiellen Kunden eine fundierte und belastbare erste Einschätzung der Persönlichkeit des jeweiligen Kandidaten an die Hand zu geben. Aufsetzend auf dieser ersten Einschätzung kann das Unternehmen diesen Eindruck festigen oder aber für sich individuell revidieren. Weil beiden Parteien die Ergebnisse der PSA vorliegen, eignet sie sich sehr gut für eine fundierte Diskussion im Vorfeld des Projektes.

9.4. Homepage

Die eigene Homepage ist inzwischen ein Hygienefaktor[3)]. Vereinfacht gesagt: Niemand nimmt heutzutage die eigene Homepage eines Interim Managers mit applaudierendem Respekt zur Kenntnis – oder wird gar mit wehendem Banner sofort zum Geschäftsabschluss übergehen. Aber wenn sie nicht vorhanden ist, fällt´s als Manko auf. Wenn Sie sich zudem das Thema „Digitalisierung“ auf die Fahnen geschrieben haben, werden Sie ohne eine eigene – überzeugende! – Website chancenlos sein.

Auch wenn durchaus nicht jeder Interim Manager eine eigene Homepage bietet, ist das Angebot an Websites zum Thema Interim Management inzwischen riesig. In diesem wettbewerbsintensiven Umfeld von Google organisch – also ohne nennenswerte Gelder in Google-Ads zu investieren – einigermaßen vorn auf der Trefferliste angezeigt zu werden, ist somit für den Interim Manager als Einzelkämpfer ein beinahe hoffnungsloses Unterfangen.

Unterschätzen Sie deshalb nicht den Aufwand, der mit Ihrer eigenen Homepage einher geht. Eine Homepage, die nicht permanent neuen Content liefert, ist bei Google chancenlos – und selbst dann wird Google mit etwa halbjährlichen „Anpassungen" des eigenen Algorithmus dafür sorgen, dass es Ihnen nicht langweilig wird.

Ich empfehle, dass Sie Ihre Homepage als Visitenkarte und erweiterten Prospekt, meinetwegen: CV, verstehen. Vermeiden Sie deshalb unbedingt, die gleiche Information wie im CV bereitzustellen, sondern gehen Sie deutlich sichtbar darüber hinaus. Nur dann schaffen Sie einen Mehrwert für Ihren potentiellen Kunden!

Und schließlich: Halten Sie die Erwartungshaltung niedrig an Ihre eigene Website! Und freuen Sie sich über jedes Mandat, das Sie über die eigene Site akquirieren. Aller Erfahrung nach werden es nicht allzu viele sein.

9.5. Video

Im Umfeld der Festanstellungen sind Videos auf dem Vormarsch. So gibt es Unternehmen, die erwarten ein Kurz-Video von ihren Bewerbern: Hierzu gehören z. B: Daimler und Adidas. In den zwei Jahren, die seit der Erstauflage dieses Karriere-Handbuchs vergangen sind, sind Videos auch im Interim Management angekommen. Bemerkenswert: Der renommierte Provider Top50[4)] aus der Schweiz bestand auf ein Video im Rahmen der eigenen Nachfolgeregelung – und ließ Bewerbungen ohne solches Video erst gar nicht zu.

Der Grund für die zunehmende Popularität ist zweifach: Zunächst unterstreicht der Bewerber, dass er mit dem Medium Video – das immer kostengünstiger herzustellen ist und das spätestens seit YouTube seinen Siegeszug angetreten hat – umgehen kann. Bitte unterschätzen Sie dieses Signal auf keinen Fall! Darüber hinaus erhält der potentielle Arbeitgeber zusätzliche wertvolle Informationen zum Bewerber – über die Eindimensionalität des CV als geschriebenem Text hinaus. Hierzu gehören z.B. sprachliche Fähigkeiten, Mimik und Gestik. Oder allgemeinsprachlich: Unternehmen bekommen einen Eindruck davon, wie der Interim Manager oder die Managerin „rüberkommt".

Videos zu produzieren ist heute sehr kostengünstig: Ihr Smartphone reicht meist aus, sicher jedoch Ihre digitale Kamera, die inzwischen 4k-Qualität liefert. Einfache, aber ausreichende Post-Processing-Software wird mit jedem neuen PC ausgeliefert oder sie wird als Freeware im Internet zur Verfügung gestellt.

Sie finden zahlreiche Tutorials und Tipps im Internet wie z. B. „10 Tipps für das perfekte Bewerbungsvideo[5)]". Vermeiden Sie jedoch auf alle Fälle die vier Kardinalfehler: (1) Ablesen, (2) Untersicht (weil Ihr Smartphone auf dem Tisch liegt), (3) schlechten Ton und (4) einen unruhigen Hintergrund mit z. B. mit einem Thermostaten an der Wand direkt neben Ihrem Kopf.

Nehmen Sie bitte in den Hinterkopf: Ihr Video wird veralten! Spätestens nach einem Jahr müssen Sie ein neues Video drehen, um einigermaßen aktuell zu bleiben. Wenn Sie an einen eigenen Kanal bei YouTube denken, dann müssen Sie sich an den Besten orientieren, die mehrere Videos je Woche bereitstellen. Aus meiner persönlichen Sicht dürfte das Interim Managern kaum möglich sein.

9.6. Fallstudien

Fallstudien (Case Studies) sind die „Arbeitsproben" eines Interim Managers und runden die Unterlagen in idealer Weise ab. Wie z.B. ein Musiker oder ein Fotograf zeigen Sie Ihre besten Arbeiten – und selbstverständlich können Sie dann erwarten, dass ein potentieller Kunde Ihnen sagt: „Genau das brauche ich von Ihnen!"

Damit Ihr Kunde diese Reaktion zeigen kann, müssen Sie die grundsätzliche Logik des CVs (siehe Kapitel 9.2.) anwenden: „Langweilen Sie nicht!" und „Fakten, Fakten, Fakten! Und an den Leser denken!"

Deshalb muss Ihre Case-Study, Ihre Arbeitsprobe, zumindest diese Punkte nennen: Branche, Linienfunktion, Umsatz und Anzahl der Mitarbeiter – und diese Blöcke mit Leben füllen: Was war Ihre Aufgabe?, wie sind Sie vorgegangen? und was war dann das Ergebnis Ihrer Arbeit?

Wenn Sie diese Informationen liefern, wird Ihr potentieller Kunde sehr gut dies mit der individuellen Aufgabenstellung in seinem Unternehmen abgleichen können.

Und: Je dichter beides beieinanderliegt, umso höher ist die Wahrscheinlichkeit, dass Sie den Auftrag bekommen werden.

Im Oktober 2022 stellten die Interim Manager bei UNITEDINTERIM rund 200 solcher Case Studies[6)] offen zur Verfügung – offen und mit allen Kontaktdaten. Es wird niemanden verwundern, dass Kunden, die Interim Manager suchen, über Suchalgorithmen auf diese Case Studies geleitet werden, weil sie vor relevanten Begriffen und Inhalten nur so strotzen.

9.7. Referenzen

Referenzen schließlich sind das Wertvollste, das Sie haben: Gehen Sie also sorgsam mit ihnen um!

Referenzen sind Menschen, die mit Ihnen im Projekt – oder auch in der Festanstellung, wenn sie nicht zu lang zurückliegt – auf Führungsebene zusammengearbeitet haben.

Referenzen wird Ihr potentieller Kunde mit Ihnen nur dann ansprechen, wenn Sie zu den letzten, den besten Kandidaten in der engsten Auswahl gehören.

Typischerweise wird Ihr potentieller Kunde mit Ihrer Referenz seinen eigenen Eindruck absichern wollen. Daher empfehle ich Ihnen, Ihre Referenz mit Ihrem Wissen aus den Vorgesprächen zu „briefen". Ihre Referenz wird dennoch nach bestem Wissen und Gewissen auf die Fragen Ihres potentiellen Kunden antworten: Das ist er sich als Professional schuldig! Und so habe ich es erlebt, dass der Interim Manager tatsächlich aufgrund des Telefonates des Entscheiders auf der Kundenseite mit seinem Referenzgeber das Mandat auf der Ziellinie verloren hat. Mit dem Feedback des Kunden: „Seine Referenz hat nicht verfangen!"

Eine schriftliche Top-Referenz oder eine Referenz, die die eigene Positionierung untermauert, können Interim Manager seit Ende 2021 bei UNITEDINTERIM hochladen und ihren potentiellen Kunden zur Verfügung stellen.

9.8. Blog

Die Anzahl von Interim Managern, die ein eigenes Blog betreiben, ist sehr gering. Gemessen an den Blogs, die Google generisch (also ohne Anzeigen) unter den ersten 100 Treffern für die Suche „Interim Manager Blog“ listet, liegt der Anteil der Interim Manager mit eigenem Blog bei 20 Prozent (Stand: 21. Mai 2022). Allerdings sind dies 5 Prozentpunkte mehr als zur Erstausgabe dieses Handbuchs. Ganz offensichtlich erkennen einige Interim Manager den Nutzen, den ein eigenes Blog ihnen bietet.

Ein Blog ist ein ideales Medium, wenn Sie Ihre Positionierung etablieren und festigen möchten. Ein Blog, das sich auf Ihre Kernkompetenzen wie z. B. den Maschinenbau konzentriert, wird über die Zeit sehr viel (Thema-) relevanten Content aufbauen – und Ihnen deshalb neue Kontakte und, darauf aufbauend, möglicherweise Geschäft bringen.

Aber Achtung! Ein Blog verursacht einen nicht zu unterschätzenden Aufwand, weil Sie regelmäßig schreiben müssen: Ein Blog, das nicht regelmäßig neue Inhalte bietet, wird von Google praktisch links liegen gelassen. Sie sollten deshalb mindestens monatlich schreiben.

Ich habe zudem den Eindruck, als würden die klassischen, text-orientierten Blogs gegenüber den Vlogs, also Video-Blogs, an Bedeutung verlieren.

9.9. Profile auf Plattformen

Heute, im Jahr 2022, führt kein Weg daran vorbei, dass sich ein Interim Manager mit den Möglichkeiten digitaler Plattformen auseinandersetzt. Ganz besonders gilt dies für Neueinsteiger, die erst am Anfang ihrer Karriere stehen und sich im Markt etablieren müssen, denn sie können nicht auf ein etabliertes, in analogen Tagen aufgebautes eigenes Netzwerk bauen, das sie – zumindest noch eine Zeitlang – trägt.

Grundsätzlich unterscheiden wir General Interest-Plattformen (also Plattformen die viele Bereiche abdecken – unter anderem auch Interim Management) und

Special Interest-Plattformen, die sich auf das Interim-Business und seine Besonderheiten konzentrieren.

Darüber hinaus müssen Sie offene von geschlossenen Plattformen unterscheiden: Offene Plattformen werden potentiellen Kunden Ihre Unterlagen direkt zugänglich machen und ohne, dass ein Dritter dazwischensteht. Sie können dies tun, weil sie auf Vermittlungsprovisionen verzichten und stattdessen ein Entgelt für die Nutzung der Plattform verlangen (oder aber sich über Werbung finanzieren). Geschlossene Plattformen finanzieren sich durch Provisionserlöse, die sie dadurch schützen, dass potentielle Kunden die Unterlagen der Interim Manager ausschließlich über den Bertreiber der Plattform erhalten.

9.9.1. General Interest-Plattformen

Die folgenden Plattformen aus dem Segment „General Interest“ sind ausnahmslos offene Plattformen.

9.9.1.1. Xing[7)]

Xing ist ein soziales Netzwerk, in dem die Mitglieder vorrangig ihre beruflichen Kontakte verwalten. Betrieben wird Xing von New Work SE in Hamburg. Xing bietet vor allem eine Plattform für Geschäftsnetzwerke überwiegend im deutschsprachigen Raum. Im Januar 2021 hatte Xing nach eigenen Angaben 19 Millionen Nutzer in Deutschland, Österreich und der Schweiz.

9.9.1.2. LinkedIn[8)]

LinkedIn mit Sitz in Sunnyvale, Kalifornien, USA ist ein webbasiertes soziales Netzwerk zur Pflege bestehender Geschäftskontakte und zum Knüpfen von neuen geschäftlichen Verbindungen. LinkedIn ist in 24 Sprachen verfügbar und hat über 830 Millionen Anwender in 200 Ländern und Regionen. Die USA führen mit über 188 Millionen Nutzern, gefolgt von Europa mit 138 Millionen Mitgliedern, Indien mit 88 Millionen und die VR China mit 56 Millionen. Seit 8. Dezember 2016 gehört das Unternehmen zu Microsoft.

9.9.1.3. Twitter[9)]

Twitter (englisch für „Gezwitscher“) ist ein Mikrobloggingdienst des Unternehmens Twitter Inc. Auf Twitter können angemeldete Nutzer telegrammartige Kurznachrichten oder Kommentare verbreiten. Die Nachrichten werden „Tweets“ (von englisch to tweet „zwitschern“) genannt. Im Vergleich zu Xing und LinkedIn nutzen Interim Manager in der DACH-Region Twitter nur in einem sehr geringen Ausmaß. Ich erwarte, dass sich dies im Laufe der kommenden Jahre ändern wird: So hat z. B. das Unternehmen Interim-Professional Marktplaats B.V.[10)] aus den Niederlanden gut 14.200 Follower (Stand: 21. Mai 2022) – eine Anzahl, von der jeder Player im Interim-Business der DACH-Region noch Lichtjahre entfernt ist.

9.9.1.4. Facebook[11)]

Facebook ist ein soziales Netzwerk, das vom US-amerikanischen Unternehmen Meta Platforms betrieben wird. Im Jahr 2019 betrug der Umsatz 70,7 Mrd. USD. Facebook ermöglicht die Erstellung von privaten Profilen zur Darstellung der eigenen Person, von Seiten zur geschäftlichen oder künstlerischen Präsenz, sowie von Gruppen zur Diskussion gemeinsamer Interessen. Die Profile können durch Freundschaftsanfragen oder Abonnements untereinander vernetzt werden, wobei eine unbeschränkte Anzahl von Abonnenten (analog den Followern auf Twitter) möglich ist, die Höchstgrenze von direkt verbundenen Freunden jedoch auf 5.000 beschränkt bleibt. Im Jahr 2022 spielt Facebook für das Interim Business keine Rolle.

9.9.2. Special Interest-Plattformen

In der DACH-Region gibt es im Oktober 2022 nur wenige auf das Interim Management spezialisierte Plattformen – und nur eine einzige offene Plattform.

9.9.2.1. Geschlossene Special Interest Plattformen

9.9.2.1.1. Interim-x[12)]

interim-x.com ist ein Online-Marktplatz für Interim Management-Projekte. Unternehmen finden hier genau das Fachpersonal, das sie für ihre Projekte suchen.

Auf der anderen Seite können Führungskräfte und Projektmanager gezielt und gut sichtbar Leistungen und Expertise für potenzielle Auftraggeber anbieten. Damit ist interim-x.com weniger ein klassischer Interim Management-Provider als vielmehr ein unabhängiger Vermittler. Unternehmen ebenso wie Interim Manager finden auf der Online Recruiting-Plattform die ideale Infrastruktur vor, um schnell und flexibel Partner zu finden (Achtung: Der oben stehende Text ist die Positionierung gemäss eigener Site der Plattform; Stand: 21. Mai 2022).

9.9.2.1.2. solity[13)]

Solity ist die Nachfolgegesellschaft von TSORRO, ehemals ein virtueller Marktplatz, auf dem sich alle Marktteilnehmer wiederfinden sollten: Top-Freelancer, Unternehmen und Provider.

9.9.3. Offene Special Interest Plattform: UNITEDINTERIM[14)]

UNITEDINTERIM wurde als spezialisierter Dienstleister für den digitalen Eigenvertrieb professioneller Interim Manager von Jürgen Becker und Dr. Harald Schönfeld gegründet – mit einem besonders zugeschnittenen Leistungsangebot – auch über Dienstleistungspartner – für Interim- und Projekt-Manager, Unternehmen und Institutionen aller Kategorien sowie Interim-Management-Provider. Unternehmen finden Kandidaten online: Kostenlos und provisionsfrei. Interim Manager gewinnen Leads im digitalen Vertrieb. Unternehmen erhalten branchenführende Entscheidungsgrundlagen: CV, Case-Study, Blog, Referenz, Video und Diagnostic Tool (PSA[15]). (Positionierung gem. Site; Stand: 21. Mai 2022)

9.9.4. Sonderform: iFellow[16)]

Im Jahr 2015 wurde iFellow als Online-Community für Interim Manager gegründet und wurde seitdem zu einer Internet Plattform für freiberufliche Spezialisten ausgebaut. (Positionierung gem. Site; Stand: 21. Mai 2022)

9.10. Quellenverzeichnis

LinkedIn/Edelmann 2021: B2B Thought Leadership Impact Report https://www.edelman.com/expertise/business-marketing/2021-b2b-thought-leadership-impact-study

[1] https://de.wikipedia.org/wiki/Blog
[2] https://lifeandcareer.eu/online-services/persoenlichkeits-struktur-analyse-psa/
[3] https://de.wikipedia.org/wiki/Zwei-Faktoren-Theorie_(Herzberg)
[4] https://www.linkedin.com/jobs/view/2867427564/?refId=tuscrfRDTuWBgEQpU5wyEw Prozent3D Prozent3D
[5] https://www.die-bewerbungsschreiber.de/bewerbungsvideo
[6] https://www.unitedinterim.com/blogs
[7] https://www.Xing.com
[8] https://www.linkedin.com
[9] https://www.twitter.com
[10] https://www.ipmarktplaats.nl/
[11] https://facebook.com
[12] https://www.interim-x.com
[13] https://tsorro.com/
[14] https://unitedinterim.com
[15] Persönlichkeits-Struktur-Analyse: https://www.unitedinterim.com/glossar.html#item-390
[16] https://www.i-fellow.de/

10. Kapitel: Marktbearbeitung – Der Weg zum Projekt und Umsatz

Autor: Dr. Harald Schönfeld

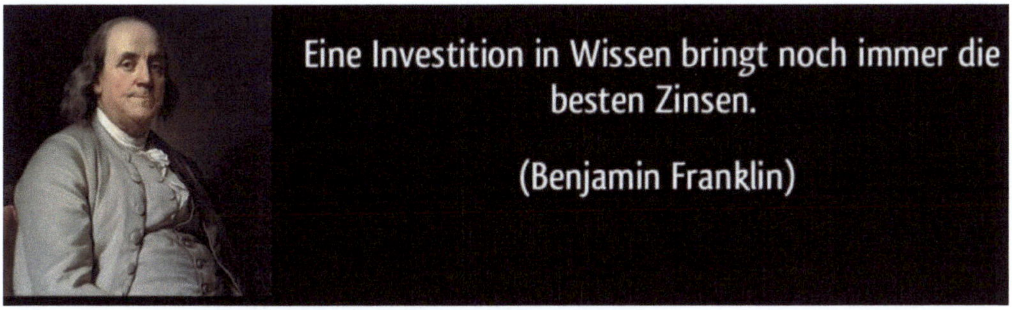

Abb.1: Zitat Benjamin Franklin (Quelle: Gute Zitate, 2022).

„Ein Interim Manager mit klarer Positionierung, professionellem Marktauftritt und gezielten Marketingaktivitäten kann häufiger und passendere Anfragen bekommen, höhere Tagessätze und eine höhere Auslastung erzielen und dazu attraktivere Mandate erhalten." (Malte Borchardt, Spezialist für die Positionierung und das Eigenmarketing von Interim Managern. Quelle: DDIM – Dachgesellschaft Deutsches Interim Management, 2022).

10.1. Einleitung und Kernaussagen zur Marktbearbeitung als Unternehmer in eigener Sache

Die oben stehenden Zitate von Benjamin Franklin (Gute Zitate, 2022) und Malte Borchardt (DDIM, 2022) weisen auf die beiden wichtigsten Aspekte hin, die ein Interim Manager braucht, um erfolgreich zu sein: **Investitionen in sich selbst**, z.B. in Form von aktuellem Fachwissen, moderner Skills und digitaler Tools, sowie die Fähigkeit zur **Selbstvermarktung**. Zur Selbstvermarktung gehört final die Marktbearbeitung. Jetzt dreht sich alles darum, wie die Dienstleistung als Interim Manager ihren Weg zum zahlenden Kunden findet. Das umfasst alle Maßnahmen und Aktivitäten, die einen Einfluss darauf haben, die selbst gesetzten und angestrebten Ziele zu erreichen. Das können sein:

- Angestrebter eigener Umsatz im Jahr; bzw. Höhe des Tagessatzes
- Art des Geschäftsmodells und der Unternehmen, für die Sie tätig sein wollen (Branche, Unternehmensgröße, Marktposition, Eigentümerstruktur, Geschäftslage, Werte)
- Art der Themen, die Sie dort bearbeiten oder lösen möchten
- Art der Tätigkeit oder Ihrer Position (Ihres Levels) in diesen Unternehmen
- Ort oder (Welt-) Region Ihres Einsatzes
- Anzahl oder Qualität der Kundenanfragen, die Sie generieren möchten
- Menschen und Geschäftsmodelle, mit denen Sie beim Vertrieb zu tun haben wollen – oder auch nicht
- Anzahl der Aufträge bzw. Projekteinsätze im Jahr
- Auslastung: Anzahl der Tage im Jahr, an denen Sie arbeiten möchten – oder auch sich mit anderen Themen beschäftigen möchten (persönlicher Freiheitsgrad)

Auch wenn Sie konkrete Tipps erhalten: Der Anspruch dieses Handbuches ist es nicht, Ihnen einen konkreten Marketing- und Vertriebsplan vorzugeben oder gar detaillierte Empfehlungen für z.B. Social Selling oder die überzeugende Präsentation von Content auf bestimmten Plattformen, wie z.B. auf LinkedIn oder UNITEDINTERIM, zum Kopieren vorzugeben. Für Fragen des Marketings und Vertriebs gibt es hervorragende Anleitungen an anderer Stelle. Uns geht es vordringlich um Ihre persönliche, individuelle Karriere als Interim Manager.

Eine professionelle Marktbearbeitung ist jedoch Grundvoraussetzung dafür, dass Sie **an Kunden kommen** und somit überhaupt als Interim Manager eine Karriere starten und möglichst über viele Jahre erfolgreich gestalten können: Als **Unternehmer** und **CEO Ihrer eigenen Karriere**! Für erfahrene Profis ist es zentral, immer besser passende und finanziell lukrativere Aufträge erhalten, damit die Karriere weiterhin einen erfolgreichen Weg nimmt. Ihre Wettbewerber – andere Interim Manager – sind nur einen Mausklick entfernt! Gute Vorbereitung, hohe Sorgfalt und vor allem Qualität sind unabdingbar: Unpassende Postings (siehe Beispiel in Kapitel 10.2.4.) können eine Karriere schnell beenden!

Wenn Sie, vielleicht sogar bei bester fachlicher Qualifikation und aktuellstem Know-how, zur **aktiven Marktbearbeitung als Unternehmer in eigener Sache** nicht bereit sind – und das durch die Lektüre dieses Kapitels erkennen – dann war dieses Handbuch äusserst wertvoll für Sie: Sie wissen jetzt, dass eine Karriere als Interim Manager „nicht ihr Ding" ist. Machen Sie mit Freude und aller Kraft etwas anderes!

Grundlegend für die im folgenden dargestellten Elemente der Marktbearbeitung sind die vier wegweisenden Gedanken, die sich aus den vorhergehenden Kapiteln ergeben haben:

1. **Kunde**: Eine Kern-Frage im Marketing und Vertrieb ist: *„Was ist meine wichtigste Zielgruppe?"* Das ist im Interim Management ganz einfach zu beantworten: Zwei Drittel aller Projekte kommen auf direktem Wege zwischen Interim Manager und Unternehmen zustande. Der Fokus aller Aktivitäten muss also auf dem **Direktvertrieb** (also nicht über den Umweg über einen Vermittler / Provider) zu Ihren potentiellen Kunden liegen. Das ist die wichtigste Hausaufgabe. Alles andere kommt erst mit weitem Abstand.

2. **Customer Journey:** Wie die Kunden „ticken", hat sich im Laufe der letzten Jahre radikal geändert: Der B2B-Vertrieb (und darin befinden sich Interim Manager!) wird zunehmend digitaler, weil die **Customer Journey immer digitaler** wird. Es gilt also, digitale Wege zum Kunden auf professionelle Weise zu nutzen.

3. **Provider:** Wer als Interim Manager meint, er hätte doch „seine" Handvoll Provider, die ihn seit Jahren kennen und das würde reichen, der ignoriert circa 95 Prozent der Nachfrage am Markt (vgl. dazu Kapitel 4.3.7. „Wahrscheinlichkeit, über Provider einen Auftrag zu erhalten"). Provider sind natürlich wichtige Akteure im Markt und können für einzelne Interim Manager (vor allem für solche, die seit Jahren tätig sind und bereits mehrfach mit Ihrem „Stamm-Provider" zusammengearbeitet haben) ein bewährter Vertriebskanal sein; gesamthaft werden sie aber in ihrer Bedeutung für den Vertriebserfolg eines einzelnen Interim Managers überschätzt! Vor allem für Neueinsteiger dürfte es eine geradezu unmögliche Aufgabe sein, auch nur mit 10 Prozent der mittlerweile fast 200 Provider in der DACH-Region eine „Beziehung" aufzubauen – und bei dem

z.T. wechselhaften Personal auch noch in Erinnerung zu bleiben. Mehr als eine gute Handvoll an persönlichen Beziehungen zu ausgewählten Personen bei Providern wird kaum zu pflegen sein – sollte aber getan werden.

4. **Effizienz und Kosten:** Mehr als 2 Dutzend Personen in der Zielgruppe der Unternehmen kann ein Interim Manger gar nicht kontinuierlich und in der erforderlichen Tiefe auf klassisch-persönliche-analoge Weise „pflegen". In der Praxis sind das vor allem ehemalige Kollegen oder gute Kontakte aus der Angestelltenzeit sowie Führungskräfte aus Unternehmen, für die der Interim Manager bereits tätig gewesen ist. Typisch für Interim Manager ist ja die hohe Beanspruchung während eines Projektes. Da bleibt nur ganz wenig Zeit für persönliche Kontakte. Die oben genannte Zahl an persönlichen Kontakten (2 Dutzend) kann allenfalls bei einem extrem spezialisierten Experten reichen, der seit Jahren erfolgreich in einem eng umrissenen Spezialfeld tätig ist. Für die meisten Interim Manager kommen aber Hunderte oder gar Tausende an Unternehmen in Frage, bei denen sie tätig werden könnten. Für sie sind **digitale Kanäle mit hohen Netzwerkeffekten** der schnellste, effizienteste und kostengünstigste Weg, eine größere Zielgruppe zu erreichen und kontinuierlich mit ihr in Beziehung zu sein.

Dieses Kapitel wird neun zentrale Thesen unterfüttern. Sie können Interim Managern als Leitlinien dienen, zumal sie noch in jedem der folgenden Unterkapitel durch Praxistipps aus dem persönlichen Erfahrungsschatz der Autoren ergänzt werden:

1. In allem, was Sie tun: Denken und handeln Sie **wie ein Unternehmen!** Sie sind eines. Trainieren Sie Ihren Mindset entsprechend! Betrachten Sie daher alles, was für Marketing und Vertrieb sowie für Weiterbildung in Sie selbst ansteht, als wichtige Investition!

2. Ihre Fähigkeit zur **Selbstvermarktung** – analog <u>und</u> digital – bestimmt über die Anzahl und Qualität der Anfragen und Projekte sowie über Ihren Tagessatz. Je besser Sie in der Selbstvermarktung sind, desto höher ist Ihr Einkommen.

3. Sie müssen Ihren **Mehrwert** für Ihre Zielgruppe kennen und darlegen können. Mit genauer Kenntnis bestimmter Probleme bzw. der Herausforderungen Ihrer Zielgruppe erzielen Sie Vertrauen. Mit der Fähigkeit, schon in Vorstellungsgesprächen Lösungswege aufzuzeigen und Erfolge in der Vergangenheit sehr anschaulich darzustellen (z.B. in Case Studies mit konkret nachvollziehbaren KPIs), haben Sie gute Chancen, dass ein Kunde erkennt, welche Lösungsqualität und welche Ergebnisse konkret erwartbar sind. Somit wird die Höhe des Tagessatzes plausibel.

4. Der Nukleus aller Aktivitäten ist Ihre **Marke** als Interim Manager. Sie sind schon jetzt eine (Personen-) Marke – ob Sie wollen oder nicht. Betreiben Sie aktives „personal branding!"

5. Die Erstellung einer **Expertenpositionierung** (für fortgeschrittene Interim Manager geht das in weiteren Schritten in Richtung einer „Thought Leadership" für ein bestimmtes Thema) ist der Ausgangspunkt und notwendiger Schritt vor sämtlicher Marktbearbeitung, wie der Erstellung von Unterlagen, einer Homepage, Fotoshootings oder der Registrierung auf Plattformen. Nicht umgekehrt!

6. Interim Manager verkaufen mehr und mehr über **Wissen**! Gerade weil aktuelles Know-how Wissen zu den zentralen Auswahlkriterien für Interim Manager gehört und „teure" Interim Manager immer gut begründet werden müssen (selbst dann, wenn sie über persönliche Empfehlungen oder über Provider kommen), werden Nachweise zu aktuellen Weiterbildungen, idealerweise Zertifizierungen, immer wichtiger.

7. Wer sich **Relevanz** bei seiner Zielgruppe wünscht, muss bei dieser regelmäßig mit attraktiven Inhalten präsent sein: ***Content is king*** ... hat schon Bill Gates gesagt. Produzieren Sie daher kontinuierlich guten **Content** – und verbreiten Sie diesen über digitale und analoge Wege mit hohen Netzwerkeffekten! Nutzen Sie dabei die gesamte Bandbreite wie z.B. Case Studies, Blogs, Beiträge in Fachzeitschriften, Interviews, Fachbücher. Halten Sie Vorträge, bewerben Sie sich für Preise. Lassen Sie über sich berichten. Guter Content geht schnell viral – und vor allem findet man Sie, wenn man Sie googelt

8. Für Neueinsteiger ins Interim Management, die sich möglichst schnell bei möglichst vielen potentiellen Kunden bekannt machen müssen, ist eine umfassende Nutzung von digitalen **Plattformen** mit ihren Netzwerkeffekten und Möglichkeiten, guten Content online zu stellen – und „viral zu gehen" – alternativlos. Digitale Sichtbarkeit gehört zu den zentralen Voraussetzungen, um Anfragen zu erhalten.

9. Wirkungsvoll und vor allem kostensparend ist es, Vertriebswege online und offline – auf sämtlichen Kanälen – auf integrative Weise smart zu **verbinden**. Wichtig: Auch Personen, mit denen eine persönliche Beziehung unterhalten wird (z.B. bei Providern und bei Unternehmen) sind in die „digitale Pflege" zu integrieren (kontinuierliche Interaktion). **Social Selling** wird Teil des Kompetenzfeldes von Interim Managern in der Marktbearbeitung.

Final sind alle besprochenen Elemente in ein Bild von drei wesentlichen Erfolgskomponenten zu integrieren, die aufeinander aufbauen: Die Positionierung (u.a. mit Ihrem USP und Mehrwert, idealerweise als Expertenpositionierung), den Marktauftritt (u.a. über die eigene Website und die Präsentation auf Plattformen bzw. Netzwerken; mit Content und Unterlagen die weit über einen klassischen CV hinausgehen) und die Marktbearbeitung (u.a. die integrierte Nutzung verschiedener Vertriebskanäle und von Netzwerkeffekten / Social Selling).

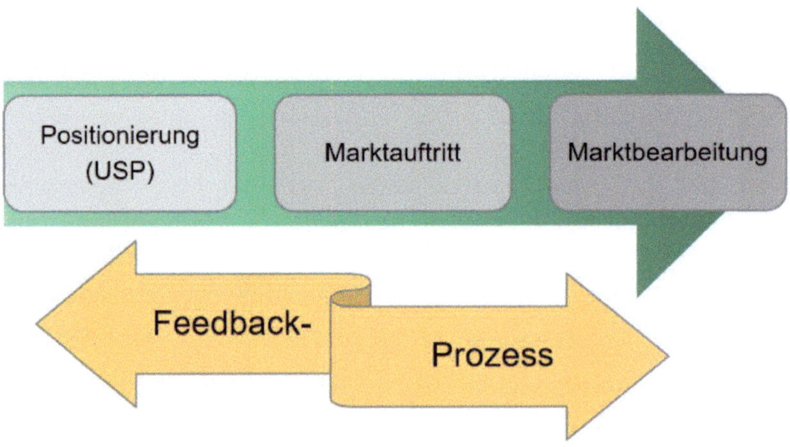

Abb.2: Erfolgskomponenten im Eigenvertrieb (Quelle: Eigene Darstellung).

10.2. Zentralen Herausforderungen begegnen

10.2.1. Unternehmerische Voraussetzungen – vor allem zum Einstieg

Die Management Angels GmbH in Hamburg gelten als einer der renommiertesten Provider im Markt. Entsprechend liegen aus mehr als 20 Jahren umfassende Erfahrungen mit Tausenden von Interim Managern darüber vor, was die Voraussetzungen sind, erfolgreich in das Interim Business einzusteigen – aber auch, um dann dauerhaft erfolgreich zu bleiben. Die Management Angels sagen (Management Angels GmbH, 2020): *„Interim Manager – das ist Beruf und Berufung und weniger ein Job. Umso wichtiger, dass Sie gut vorbereitet sind, bevor Sie den Schritt in die Selbständigkeit gehen."*

Auf der gleichen Website kommt Giso Weyand, *„Deutschlands Berater-Berater"* zu Wort, der seit vielen Jahren erfolgreich Interim Manager berät und sein Wissen immer wieder auf diversen Weiterbildungsveranstaltungen der Branche teilt. Sein Fragenkatalog hat den Anspruch, Interim Managern bei der Entscheidung über ihren Einstieg ins Interim Geschäft zu helfen. Er zeigt die Voraussetzungen auf, die erfüllt werden sollten, um als Interim Manager erfolgreich zu arbeiten (Management Angels GmbH, 2020):

- *Haben Sie in einer bestimmten Branche, einem bestimmten Arbeitsfeld oder zu einem bestimmten Thema herausragende Erfahrung?*
- *Wissen Sie, wie Interim Management funktioniert? Haben Sie sich mit den nötigen Kompetenzen beschäftigt?*
- *Haben Sie sich mit der rechtlichen Situation und Haftungsfragen für Interim Manager beschäftigt?*
- *Sind Sie selbstbewusst genug, sich als Experte zu verkaufen statt nur als Bewerber zu präsentieren?*
- *Kennen Sie Ihren Zielmarkt genau? Haben Sie sich mit Nachfrage und Konkurrenz beschäftigt?*
- *Sind Sie bereit, bis zu 6 Tage die Woche zu arbeiten und sich in der verbliebenden Zeit auch noch um Marketing und Kontaktpflege zu kümmern?*

- *Haben Sie genug finanzielles Polster, um bis zu ein Jahr ohne Beauftragung zu überstehen?*
- *Sehen Sie Marketing und Vertrieb als wichtige Bausteine Ihrer Arbeit an? Sind Sie dafür bereit, mindestens 15.000 – 20.000 Euro pro Jahr zu investieren?*

Es wird deutlich, wie wichtig für Interim Manager ein umfassendes Selbstverständnis, Denken und Handeln als Unternehmer ist: In Bezug auf die angebotene Dienstleistung, die anvisierten Zielkunden und finanzielle Aspekte. Was Sie an Marketing und Vertrieb sowie an Weiterbildung für sich tun, ist eine notwendige Investition – ein „muss“!

10.2.2. Die überragende Rolle der Selbstvermarktung

Im Detail sehe ich **fünf konkrete Ansatzpunkte**, die darüber bestimmen, wie Interim Manager ihren Weg zum Projekt finden und wieviel Geld sie darin verdienen. Es ist daher wichtig, diese zu verstehen, entsprechende marketing- und vertriebsbezogene Kompetenzen aufzubauen, und smart für sich zu nutzen.

1. Branding: Der Interim Manager als Marke. Basis ist eine Experten-Positionierung.
2. Direktvertrieb: Nutzung der profitabelsten Wege zum Kunden (Marge für Vermittler nur als Ausnahme, nicht als Regelfall).
3. Content: Relevante Inhalte für die Kunden.
4. Netzwerkeffekte: Nutzung von digitalen Plattformen in der Marktbearbeitung als effizienter Weg zu möglichst großer Sichtbarkeit und Reichweite in die Zielgruppen.
5. Integration: Smarte Kombination aller Vertriebskanäle, u.a. beim Social Selling

In der Praxis hat sich gezeigt, dass Marketing und Vertrieb für viele Interim Manager in die Kategorie „unangenehme Arbeit, die ich nicht will“ fallen. Ein oft gehörter Standpunkt ist daher *„Ich bin Finanzer und Vertrieb ist nicht mein Ding. Daran kann ruhig ein anderer verdienen. Das ist aber o.k. für mich“*. Hierbei ist „Finanzer“ ein Platzhalter, der durch praktisch jede Berufsbezeichnung ersetzt werden kann wie z.B. „Ingenieur“, „Produktionsleiter“, „Einkäufer“, oder „Personaler“. Offenbar gehört bei vielen Neueinsteigern und etablieren Interim Managern eine gewisse persönlich-emotionale Überwindung dazu, sich im Rahmen einer Karriere als Interim Manager aktiv und kontinuierlich mit der Selbstvermarktung zu beschäftigen. Vor allem bei der Erstellung von Videos zur Eigenpräsentation herrscht im Moment noch eine kaum nachvollziehbare Scheu; und das in Zeiten, in denen sich YouTube als einer der wirkungsvollsten digitalen Kanäle zum Kunden erweist.

⇨ Details zur Positionierung und dem Marktauftritt, einschließlich den Verkaufsunterlagen eines Interim Managers, finden sich in den **Kapiteln 8 und 9.**

10.2.3. Perspektive Kunde: „Zu teuer“ und „kein Bedarf“

Werfen wir nun einen Blick auf den Kunden. Die positive Nachricht ist, dass in den letzten Jahren die Bekanntheit von Interim Management stark gestiegen ist. Wussten im Jahre 2006 nur circa die Hälfte der potentiellen Kunden, was Interim Management überhaupt ist, so ist Interim Management heute bei mehr als 80 Prozent bekannt.

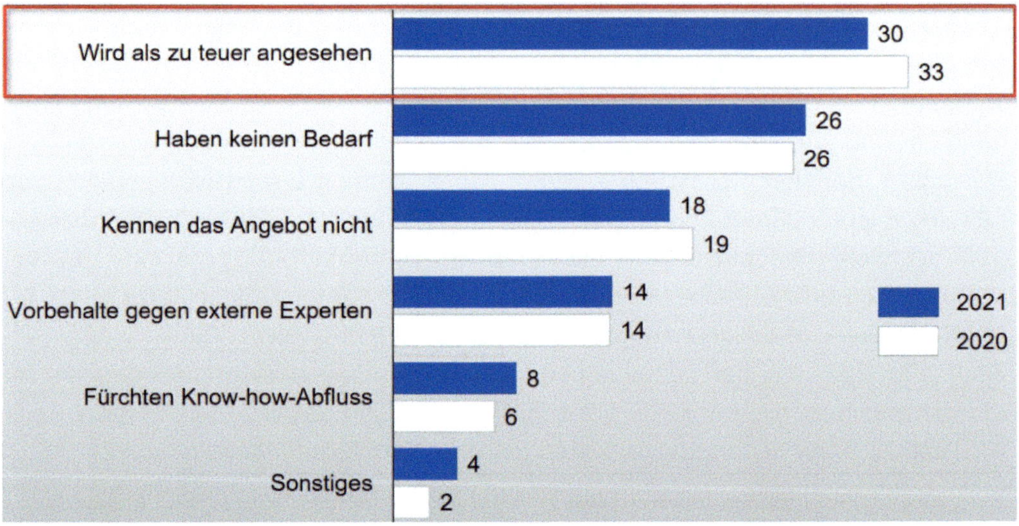

Abb.3: Ablehnungsgründe - Warum Unternehmen Interim Management nicht nutzen (Quelle: AIMP, 2022).

Dieser Trend zur steigenden Bekanntheit von Interim Management wird weitergehen. Ein Interim Manager, der heute auf der Suche nach einem Projekt potentielle Kunden anspricht, wird demnach nur noch bei einer Minderheit mit grundlegenden generischen Argumenten punkten können, welche die Vorteile des Interim Managements in allgemeiner Weise beschreiben. Interessant ist, dass das – offenbar in Unkenntnis dieser Marktveränderung – in der Praxis immer noch der Fall ist. Ein Blick auf die Webseiten von zufällig ausgewählten Interim Managern – und auch von Providern – bestätigt dies.

1. Generell („**Kein Bedarf**") mit 26 Prozent

Viele Gespräche mit Entscheidungsträgern bei Unternehmen, Banken und Investoren vermitteln selbst im Jahr 2022 immer noch eine recht schmale Perspektive auf das Berufsbild eines Interim Managers und auf das, was Interim Manager leisten können. Auch die Presse ist immer noch voll von Berichten vom Einsatz von Interim Managern als „Krisenmanagern" und „Rettern in der Not". Die in der Mehrzahl normalen und unspektakulären Projekte – wie all die Einsätze in Veränderungsprozessen oder zur Überbrückung von Vakanzen – sind nicht so präsent. Ich denke, es ist jedoch eine Frage der Zeit, bis dieses Wissen bei den Entscheidern ankommt. Der Mangel an kompetenten Fach- und Führungskräften mit aktueller Qualifikation ist durch die Krisen der letzten Zeit nicht geringer geworden. Zudem sind die Argumente zu überzeugend, die für den Einsatz von Interim Managern in den Transformationsvorhaben, die nun ausgerufen werden, sprechen. Die laufende Öffentlichkeitsarbeit der Verbände und die zunehmende digitale Ansprache durch die Interim Manager und die ansteigenden (Fach-) Publikationen über Interim Management[35] werden Tropfen für Tropfen den Stein weiterhin höhlen.

Ein weiteres häufig ausgesprochenes – jedoch eher konfrontatives und daher nicht populäres – Argument aus der Praxis ist, dass die HR-Abteilung es als eigenes Versagen oder Unvermögen empfindet, einen Interim Manager zu engagieren. Man meint, man hätte in der Vergangenheit schwache Kandidaten für die Festanstellung rekrutiert, die das jetzt nicht können, oder Fehler bei der Personalentwicklung gemacht. Oder man sei nicht attraktiv als Arbeitgeber (schwaches „employer branding"). Aus diesen Gründen tue man sich schwer, in kurzer Zeit interessante Bewerber am Arbeitsmarkt zu finden. Kein Wunder, dass manche Kunden eine abwehrende Haltung einnehmen und lieber ein unspezifisches *„kein Bedarf"* rufen, wenn Sie gefragt werden, warum sie Interim Manager nicht einsetzen.

2. Spezifisch („**zu teuer"**) mit 30 Prozent

Ein „zu teuer" ist immer eine vergleichende Aussage. Es ist ein Urteil im Vergleich zu den (Opportunitäts-) Kosten einer Nicht-Beauftragung oder einer internen Lösung. Das kann grundsätzlich den Einsatz von Interim Managern im Unter-

---

[35] Ein Beispiel für Fachpublikationen ist die Reihe „Von Interim Managern" lernen (Herausgeber: Jürgen Becker und Dr. Harald Schönfeld, erschienen im Verlag des Think Tank Diplomatic Council, erhältlich im Buchhandel), in denen Interim Manager der unterschiedlichsten Fachrichtungen über ihre gelösten Aufgabenstellungen in der Praxis berichten (u.a. in der Automobilindustrie, im Maschinen- und Anlagenbau sowie rund um den Themenkreis der Business Transformation. Siehe dazu auch Kapitel 12 dieses Handbuches).

nehmen betreffen oder einen bestimmten Interim Manager, mit dem das Unternehmen wegen einer konkreten Aufgabenstellung im Gespräch ist. In beiden Fällen ist dem Unternehmen der Nutzen oder der Mehrwert des Interim Managers nicht klar geworden oder er wird als zu gering angesehen. Es liegt auf der Hand, dass die Herausstellung des eigenen Nutzens und des Mehrwertes ein wirkungsvoller Ansatzpunkt ist, wenn es darum geht, für ein Projekt engagiert zu werden. Die folgenden Kapitel werden das konkretisieren.

10.2.4. Perspektive Interim Manager: Kunden spiegeln und dann Nutzen aufzeigen

Blicken wir auf die Angebotsseite des Marktes, dann ergeben sich aus den oben dargestellten Herausforderungen der Kunden fünf zentrale und aufeinander aufbauende Bausteine, Kunden zu überzeugen. Vergleichen Sie dazu das **Kapitel 9** zu den Verkaufsunterlagen in diesem Handbuch:

1. **Fachlicher Bezug** zu einem konkret vorliegenden Problem bei einem klar definierten Kunden. („*Für dieses Thema bin ich Experte*!“).
2. **Emotionaler Bezug** zu diesem Problem: („*Ich kann nachfühlen, was Du jetzt empfindest – ich kenne es selbst, wie es Dir jetzt geht!*“).

Mit diesen beiden Punkten fühlt sich ein Kunde in seinem Anliegen in guten Händen! Erst das schliesst ihn dafür auf, sich das Angebot eines Interim Managers näher anzuschauen:

3. **Leistungsangebot:** Was biete ich als Interim Manager? („*Das ist mein konkreter Beitrag für DEINEN Erfolg!*“)
4. Das **Besondere** an mir: Was bin ich für ein Typ? („*So bin ich – so arbeite ich – das unterscheidet mich von anderen Interim Managern!“).*
5. **Wertschöpfungsbeitrag:** Warum bin ich wertvoll für den Kunden? („***Darum bin ich für Dich noch viel mehr Geld wert, als Du für mich bezahlst! Mit diesen Gründen kannst Du auch intern bei Dir im Hause die Leute davon überzeugen, dass Du mich engagierst – selbst Deinen kritischen Finanzer oder die Investoren***

... und die Mitarbeiter, denen Du diesen Interim Manager, z.B. als neuen Projektleiter oder Chef auf Zeit vorstellst!“)

Ganz sicher geht es **nicht so**, wie in diesem Posting bei Xing am 16.02.2022. Solche Beispiele finden sich immer noch in großer Zahl bei Xing und LinkedIn. Offensichtlich gibt es viele Interim Manager, die glauben, durch solche „Wischi-Waschi-Texte“ Kunden von Ihrer Kompetenz überzeugen zu können und am Tag mehr als 1.000 Euro auf den Tisch zu legen. Oder gar noch zu meinen, damit noch andere Menschen zu motivieren, für sich in ihrem eigenen Netzwerk (mit dem eigenen Namen verbunden) Werbung zu machen. Der Beitrag wurde anonymisiert, um dem betreffenden Interim Manager nicht zu schaden (bewusst ohne Quelle, 2022):

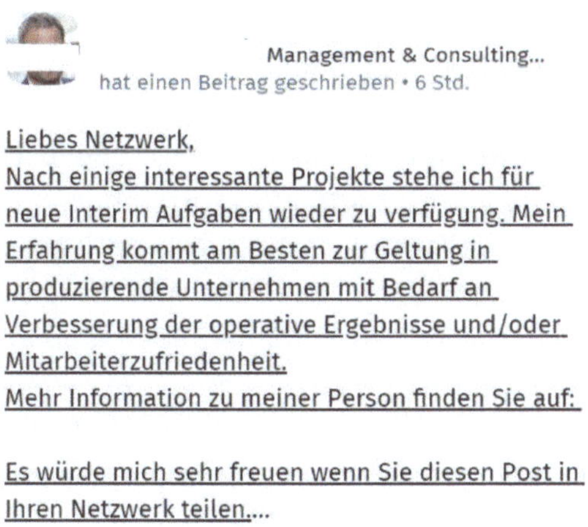

Abb.4: Wie die Überzeugung von Kunden garantiert NICHT funktioniert (Quelle: Xing, 2022).

Unter der Überschrift *„Ein Interim Manager ist eine Investition!“* beschreibt Interim Manager Siegfried Lettmann dagegen sehr konkret, worin der greifbare Mehrwert eines Interim Managers liegen kann (butterflymanager GmbH, 2020):

1. Der monetäre Mehrwert

Ein „Mehrwert“ kann in unterschiedlichen Faktoren liegen. Beginnen wir mit dem sogenannten „Return on Interim Management“ (RoIM), der analog zum „Return on Investment“ (RoI) anderer betrieblicher Ausgaben berechnet wird. Ein Interim Manager ist eine Investition. Und wie bei anderen Investitionen auch, zeigt sich ihre Sinnhaftigkeit erst im Hinblick auf die zusätzliche Rendite, die dadurch ermöglicht wurde. Die Einsatzart spielt dabei eine entscheidende Rolle: Ein Manager auf Zeit, der „nur“ eine Vakanz überbrückt, wird üblicherweise keine höhere Rendite nach sich ziehen, als eine festangestellte Person an der gleichen Position das täte. Ein solcher Einsatz sorgt dafür, dass Agenden und wichtige Aufgaben nicht liegen bleiben und Mitarbeiter, Kunden und andere Stakeholder einen kompetenten Ansprechpartner haben – was an sich wertvoll ist. Es entstehen daher keine maßgeblich höheren Gewinne, jedoch kann die Vermeidung von Opportunitätskosten durchaus wertvoll sein. Die reine Vakanzüberbrückung ist jedoch nicht der Fokus im Interim Management. Die Spezialität der Interim Manager ist heute in der Mehrzahl die Übernahme besonderer (oder auch besonders schwieriger) Veränderungen (Change Management). Hier steigert sich dann auch der RoIM zu Bestwerten auf. In meinen Projekten betrug die Rendite, die sich aus den Einsätzen ergab, stets ein Vielfaches der Kosten, die der Einsatz verursachte. Hier betrug der RoIM mehr als das Zehnfache, entsprach also einer Investitionsrendite von über 1000 Prozent. (...)

2. Sicherheit für Ihre wichtigsten Vorhaben

Der Faktor „Sicherheit“ kann nur schwer in finanziellem Gegenwert gefasst werden: Die hohe Umsetzungssicherheit, die Interim Manager durch ihre reichhaltige Erfahrung schaffen. Scheiternde Veränderungs-Projekte kosten die Unternehmen jedes Jahr hohe Summen. Ein Experte, der auch komplexe Projekte sicher zum Erfolg führt, vermeidet diese Fehlinvestitionen. Gerade bei Change-Vorhaben sind Interim

Manager hervorragend aufgehoben. In den meisten Unternehmen sind größere Change-Projekte eher selten – was auch an der Schwierigkeit der konkreten Umsetzung liegt. Der Grund: Change-unerfahrene Führungskräfte versuchen häufig, Veränderungen genauso anzuleiten, wie sie das Tagesgeschäft anleiten. Das funktioniert meistens nicht! Mutaree hat das übrigens in einer Studie beziffert, und festgestellt, dass sogar nur jedes fünfte Veränderungs-Projekt erfolgreich ist. Für den Change sind völlig andere Zugänge und Kompetenzen nötig als für die tägliche Routine. Wer das nicht berücksichtigt, läuft große Gefahr, die Ziele nicht oder nicht vollumfänglich zu erreichen. Denn die Anforderungen sind an einigen Stellen nahezu diametral.

3. Die steigende Relevanz der Geschwindigkeit

Die Schnelligkeit, mit der Interim Manager ihre Aufgaben abarbeiten, kann heute erfolgsentscheidend sein. In der McKinsey-Umfrage „Disruptive forces in the industrial sectors" gaben 85 Prozent der Befragten aus der Industrie an, dass größere Disrup-tionen ihre Unternehmen verändern würden, und 74 Prozent erklärten ergänzend, dass es vor allem die Geschwindigkeit des Wandels sei, auf die man reagieren müsse. In einer Zeit, in der stetig neue Aufgabenstellungen auftauchen und somit auch neue Kompetenzen benötigt werden, muss man sich die Frage stellen, wie man mit der Entwicklung Schritt halten will. Interim Manager können die nötigen Kompetenzen sehr kurzfristig verfügbar machen – Chancen bieten sich oft nur jenen, die rasch agieren und reagieren können. Die Onboarding-Phase eines Interim Managers ist üblicherweise sehr kurz. Wir sind oft in wenigen Tagen eingearbeitet. Zu den gemeinhin raschen Fortschritten verhelfen uns hier auch umfassende Methoden- und Prozesskompetenz sowie Führungsstärke. Das soll nicht heißen, dass nicht auch festangestellte Manager das leisten können. Für diese war es bisher aber oft einfach nicht nötig, derart vielschichtige Kompetenzen zu entwickeln. Das domi-nierende Routinegeschäft hat diese nicht eingefordert. Abgesehen davon, dass Abstriche zwingend sind, wenn Tagesgeschäft und komplexe Projekte gleichzeitig geschultert werden müssen."

Tipp für Interim Manager: In allem, was Sie als Interim Manager in Richtung eines potentiellen Kunden kommunizieren, um an ein Projekt zu kommen, ist der **Investitionscharakter** und der **Mehrwert** Ihres Einsatzes hervorzuheben. Doch Grundlage ist, dass der Kunde sofort begreift, für was, d.h. für welche Bedürfnislage, Sie überhaupt all diesen Mehrwert mitbringen. Neben all dem Fachlich-Sachlichen: Die häufig **hoch emotionale Ausganglage des Kunden** und seine **emotionalen Bedürfnisse** können gar nicht intensiv genug gespiegelt werden!

10.3. Die eigene Marke aufbauen und pflegen

10.3.1. Die eigene Identität ist Chefsache

Ein Interim Manager ist Unternehmer in eigener Sache. Die eigene Marke gehört dazu. Ich würde sogar – in Analogie zu Pauls Watzlawicks berühmter Aussage (Watzlawick, Beavin, & Jackson, 1969) *„Man kann nicht nicht kommunizieren"* – *sagen:*

„Als Interim Manager können Sie nicht keine Marke sein!"

Ihre Marke sind Sie: Ihre Identität. Immer. Somit ist die Marke Chefsache. Dem entsprechend gilt die Selbstvermarktungsfähigkeit als eine der wichtigsten Kern-kompetenzen eines Interim Managers.

Giso Weyand, *„Deutschlands Berater-Berater",* vermarktet seit Jahren erfolgreich Interim Manager im deutschsprachigen Raum und gibt ihnen einen eigenständigen Markt-Auftritt. Zum Thema „Marke und Marktauftritt" schreibt er (Team Guiso Weyand. Die Berater-Berater, 2020):

„Wer auf der mentalen Shortlist der Kaufentscheider landen will, hat große Aufgaben vor sich. Er muss auffallen und den Nutzen für Entscheider wie Unternehmen zeigen: kurz, präzise und vor allem unverwechselbar. Dabei gilt es, dem Gegenüber das Gefühl zu vermitteln, auf einer Werte-Wellenlänge zu liegen. All das online und offline, auf sämtlichen Kanälen und durch jeden Schlüsselmitarbeiter, sei es im gesprochenen oder geschriebenen Wort. So ist Marke mehr als bloßes Marketing: Sie ist Identität, gemeinsames Ziel des Unternehmens, echter Wettbewerbsvorteil und die Grundlage für eine Kommunikation, die hängen bleibt — im Kopf von Kunden, potenziellen Mitarbeitern und Meinungsbildnern der Branche."

Ein erfahrener Interim Manager, Ulvi I. Aydin (Aydin, 2022), formuliert – basierend auf fast 20 Jahren Praxiserfahrung – die Bedeutung einer zielgerichtet aufgebauten und bewusst gepflegten Marke im Interim Management so: *„Bist du keine Marke, hast du keine Chance! Bist du keine Marke, entscheidet der Preis über deine Zukunft!"* Gerade bei einer Dienstleistung wie Interim Management ist daher „Personal Branding" angesagt.

10.3.2. Personal Branding in der digitalen Welt

Sie müssen sich als ernst zu nehmender Manager oder Managerin nicht die Haare grün-gold färben wie Goldie Chan, um „personal branding" zu betreiben. Goldie Chan gilt jedoch als eine der einflussreichsten Influencerinnen im internationalen Business-Netzwerk LinkedIn, das für die digitale Kontaktanbahnung im Interim Management relevant ist. Ihr Anspruch lautet: *„I explore personal branding and story-telling in the digital age"* (Forbes Media LLC., 2018).

In ihrem Blogbeitrag bei Forbes unter der Rubrik „Careers" fasst Goldie Chan die **10 Goldenen Regeln des personal brandings** zusammen. Darin lässt sie noch weitere Experten, vor allem aus dem Umfeld der aktuellen digitalen Medien, zu Wort kommen. Wichtige Themen wie „Content" und „Video", die auch an anderen Stellen dieses Buches immer wieder betont werden, bezieht sie mit ein. So ergibt sich ein breiter Überblick mit praxisbezogenen Beispielen und Tipps zu den wichtigsten modernen Facetten des personal brandings. Einige Auszüge (Forbes Media LLC., 2018), die für die Zwecke dieses Handbuches genügen sollen:

1. Have a focus

Too many people are unfocused when it comes to press and coverage, trying to be „everything to everyone". Decide what your key message is and stick to it (...) The narrower and more focused your brand is, the easier it is for people to remember who you are. (...)

2. Be genuine

Be genuine. (...) Then your content will help amplify who you are. (...) If you're deeply skilled in one area, your reputation alone will help you build the brand you want.

3. Tell a story

No one wants to hear you shout about your brand into the social media void, so create a story around your brand that your audience can engage with. (...) One of the best ways to tell that story is through written content or video. (...) The most personal way to communicate online is with video. Simply use your smartphone to video message your clients, make a personal connection with prospective clients and connect with co-workers. After all, you always have your smartphone on you!

4. Be consistent

Ensure that your personal brand promise stays consistent, both online and offline (...). You have to demonstrate consistency across your communication, gravitas, and appearance. Don't underestimate how tiny inconsistencies can derail personal brand effectiveness.

5. Be ready to fail

The very best brands always come from repeated trial and error, mistakes and failures and not from instant perfection.

6. Create a positive impact

My quick tip on personal branding is to remember you are your brand, no matter what your current job is, what project you happen to be working on at any one time or whatever the priority happens to be today... always keep in mind the impact you leave on others and remember all we have is our own reputation and that's our brand, so be awesome to each other! Keeping a positive attitude and helping others will only help healthily grow your brand in the long run.

7. Follow a successful example

Success often comes from studying trends and popular individuals on different social media platforms and then implementing them with a twist. Creatively dissecting social analytics and establishing the next big trend can be within your grasp too, if you pay attention across all social media platforms and not simply focus narrowly on one of them.

8. Live your brand

Your personal brand should follow you everywhere you go. It needs to be an authentic manifestation of who you are and amplify what you believe." With this in mind, your personal brand is not only a reflection of a series of job functions like marketing, finance or creative but also ideals like giving back, thoughtful leadership or mentorship.

9. Let other people tell your story

Personal branding is the story people tell about you when you're not in the room. (...) All you have in your life is your name and the reputation you garner."

10. Leave a legacy

Once you've built your personal brand with a reputation and community behind it, the next step is to think about the legacy that you'll leave behind. What are the keywords and actions that you want to be known for? (...) Building a personal brand is much bigger than building a business. The only exit strategy is legacy.

10.3.3. Der Marktauftritt von Interim Managern

Wie für Unternehmen, ist auch für Interim Manager ein Marketingplan als Grundlage für alle Einzelmaßnahmen erforderlich, der sich aus einem Businessplan ableitet. Zu diesen beiden Themen gibt es umfangreiche Literatur und Hilfestellungen; auch für Existenzgründer und Einzelunternehmer. An dieser Stelle soll daher nur auf einige Besonderheiten der Interim-Branche hingewiesen werden.

⇨ Details zu den Verkaufsunterlagen eines Interim Managers finden sich in **Kapitel 9.**

Über viele Jahrzehnte hinweg war es völlig ausreichend und auch üblich, als Interim Manager ausschließlich über einen klassisch aufgebauten CV zu verfügen, wie er bis heute von Angestellten für Bewerbungen verwendet wird. Dieser wurde lediglich um eine Projektliste ergänzt. Hinzu kamen Visitenkarten; bei manchen noch ein hochwertig gestalteter Briefbogen. Bei Bedarf wurde dieser CV auf dem Postwege mit einem freundlichen Anschreiben oder per E-Mail als PDF an potentielle Kunden, Netzwerkpartner und Provider verschickt. Seit einigen Jahren mehren sich die Ansprachen über die Business-Netzwerke Xing und LinkedIn. Etliche verfügbare Interim Manager posten auch noch eine Verfügbarkeitsmeldung; meist in einschlägigen Gruppen.

Erstaunlicherweise ist bis heute das Updaten und Versenden eines klassischen CVs zum Projektende und das damit verbundene „Bin-verfügbar-Melden" bei circa 50 Prozent der Interim Manager die einzige sichtbare Maßnahme des Marktauftritts. Bei vielen Absendern leider auch noch mit der unpersönlichen Anrede „Liebes Netzwerk" oder „Sehr geehrte Damen und Herren", was auf mangelnde Sorgfalt in der Zielkundenanalyse hinweist.

Es ist ebenfalls festzustellen, dass ein gutes Drittel der Interim Manager im Jahre 2022 immer noch nicht über eine professionell gestaltete Website verfügt. Ebenfalls finden sich noch viele E-Mai-Adressen mit eher privatem Charakter, d.h. nicht mit dem Domain-Namen einer eigenen professionellen Website hinter dem @-Zeichen.

Interim Manager mit nicht vorhandenen Webseiten, privaten E-Mail-Adressen und nur rudimentär gepflegtem Auftritt auf den einschlägigen Plattformen lassen – noch freundlich formuliert – Zweifel an ihrer Eignung für den Einsatz in modernen, immer digitaler werdenden Unternehmen aufkommen.

Unbedarfte Neueinsteiger entlarven sich im E-Mail-Verkehr immer noch durch einen Betreff wie „Bewerbung um eine Stelle als Interim Manager".

Eine gute Übersicht zu den heute relevanten Inhalten des Marktauftritts für Interim Manager findet sich bei forma-interim (Forma-Interim, 2022). Der Inhaber, Malte Borchardt, beschäftigt sich seit vielen Jahren mit den Themen der Positionierung, des Marktauftritts und der Marktbearbeitung für Interim Manager. In dieser Zeit hat er den Marktauftritt von Hunderten an Interim Managern optimiert. Für ihn ist der professionelle Marktauftritt auf der Grundlage einer klaren Positionierung zu erstellen. Er setzt den Interim Manager unverwechselbar in Szene: *„…medienübergreifend, konsistent und so, dass Ihre Botschaften und Ihr Angebot im Kopf des Betrachters nachhaltig verankert werden."*

Das Ziel eines professionellen Marktauftrittes ist demnach, „auf allen Kanälen" stringent das erarbeitete Bild des Interim Managers zu zeigen. Es geht darum, einen „hohen Wiedererkennungswert" zu schaffen und den Interim Manager als Person mit seinen Inhalten im Kopf des potenziellen Auftraggebers zu verankern.

Mit einem professionellen Marktauftritt bestätigen Interim Manager einem potentiellen Kunden die Erwartungen, die er an einen modernen Interim Manager stellt.

Der professionelle Marktauftritt eines Interim Managers setzt sich nach Borchardt aus mehreren relevanten Inhalten zusammen (Forma-Interim, 2020):

- Logo & Claim (passende Internetdomain)
- Geschäftsausstattung mit Visitenkarte, Briefbogen, Powerpoint-Vorlage und Grußkarte
- Texte / Wording

- Bildwelt: Fotoshooting / Bildmontage / Stockbilder
- Internetseite
- Managerprofil
- Flyer
- Xing- und LinkedIn-Profil
- Profile in digitalen Plattformen
- Case-Studies
- Podcast
- Video

Ergänzen möchte ich diese Übersicht noch durch den Hinweis auf die Ergebnisse von Diagnostic-Tools zur Persönlichkeit, wie sie an anderer Stelle dieses Buches bereits erläutert werden. Gerade die Persönlichkeit gilt ja als wichtiger Kompetenzbereich eines Interim Managers. Ebenfalls die Nutzung von Blogs: Entweder die eines eigenen, oder (quasi „Huckepack“) die Nutzung von etablierten Blogs mit hoher Reichweite durch einen „Gastbeitrag“. Einzelne Interim Manager profilieren sich inzwischen schon mit einem Video-Blog (Vlog).

Ebenfalls kann der Marktauftritt noch Hinweise auf Auszeichnungen und **Mitgliedschaften in relevanten Communities** umfassen. Das „Teil sein“ der Gemeinschaft mit anderen Experten eines Fachgebietes ist für Auftraggeber ein zusätzlicher Hinweis bzw. die Bestätigung der „Echtheit“ der Expertise.

Tipp für Interim Manager: Mit einer klaren Experten-Positionierung werden Sie als Interim Manager unverwechselbar und gerüstet für einen konsistenten Marktauftritt. Es ist dabei wichtig, dass die Botschaften und das Angebot unverwechselbar im Kopf potentieller Kunden verankert werden. Das Ziel ist es dabei „auf allen Kanälen“ (also analog und digital) einen einheitlichen und eindeutigen Eindruck zu vermitteln: Fachlich-inhaltlich, zum „Typ“ und in der professionellen Darstellung. **Über alles hinweg:** Achten Sie auf die Sprache (die erzeugten **Emotionen**) der von Ihnen verwendeten festen und/oder bewegten Bilder: Von sich selbst (im formellen Anzug mit Krawatte – oder eher leger) und auch von der Umgebung in der Sie sich präsentieren (in Büro, in einer Produktions-Umgebung und/oder im Gespräch mit Menschen).

10.4. Nur effiziente Wege zum Kunden nutzen: Marktbearbeitung

Der direkte Weg zum Kunden (also ohne Vermittler) ist für Interim Manager der profitabelste. Wer nicht teilen muss, kann die höchsten Tagessätze für sich selbst erzielen!

Der rein persönliche Kontakt ist zwar „Gold" wert, kann aber nur einen kleinen Teil der relevanten Zielgruppe abbilden. Mehr als ein bis zwei Dutzend guter persönlicher Kontakte sind kaum auf klassisch-analoge Weise zu pflegen. Damit sind Personen gemeint, mit denen man sich regelmässig persönlich trifft, mit denen man regelmässig telefoniert – und mit denen man auch wechselseitig „vertrauliche", persönliche Informationen, z.B. über die Familiensituation und Hintergründe, austauscht. In der Praxis finden sich in dieser Gruppe viele ehemalige Kollegen aus der Festanstellung, ehemalige Auftraggeber und zufriedene Kunden; auch Kollegen und Mitarbeiter aus vorhergehenden Projekteinsätzen. Wer als Interim Manager jedoch während der Woche fern der Heimat im Projekteinsatz ist und seine Familie nur am Wochenende sieht, der hat nur eine sehr begrenzte Zeit für die Pflege solcher Kontakte; erst recht nicht für Reisen, die abseits der Route zwischen Heimatort und Einsatzort beim Kunden liegen. Es kommt hinzu, dass jeder Tag, bei dem er nicht vor Ort beim Kunden ist, ein Tag ohne Einkommen ist. Es gehört also sehr gut überlegt, welche Kontakte wirklich aufwändig und regelmässig „face-to-face" gepflegt werden.

Daher ist es anzustreben, zusätzlich zur Pflege dieser persönlichen Beziehungen auf digitalem Weg mit potentiellen Kunden ins Gespräch zu kommen. Das können auch digitale Kontakte sein, die bewusst in Ergänzung zu oben dargestellten Treffen durchgeführt werden. Manche Beziehung wird somit „hybrid" – aber sie kann so erhalten und vertieft werden.

Das Ziel besteht im der Aufbau einer ausreichend großen Kundenbasis (Stichwort: Sales Funnel), um damit für einen kontinuierlichen Flow an Anfragen und Projekten zu sorgen. Mit der zunehmenden Ausweitung des Marktes wird es immer wichtiger, eine möglichst große „Reichweite" zu erzielen. Die oben bereits zitierte Goldie Chang (2022) ist ein absoluter Fan der Nutzung von Social Media. So schreibt sie:

„No social media, no brand. It's that simple; if you want exposure, social media is the cheapest marketing tool there is (...) and platforms (...) give you access to millions of potential clients worldwide."

Weil zum Zeitpunkt des Erscheinens dieses Handbuches so gut wie alle im Business der DACH-Region vorzufindenden Personen (und Ansprechpartner bei Kunden) zumindest in einem der relevanten Business-Netzwerke mit einem Profil zu finden sind, liegt es nahe, die Bedeutung des Social Sellings, des Verkaufens unter Nutzung Sozialer Medien wie LinkedIn, Xing oder Facebook, zumindest kurz zu beleuchten. Es geht um die Anbahnung von neuen Kundenkontakten und die Initiierung von Interaktion – durchaus mit einem Wechsel von „digital" zu „persönlich" und wieder zurück zu „digital". Die folgende Abbildung verdeutlicht am Beispiel von LinkedIn, dass es sich um einen stufenweisen Prozess handelt (Blank 2022):

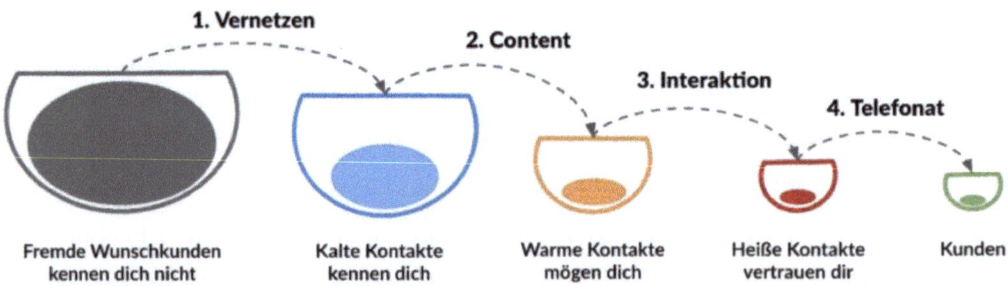

Abb.5: Phasenmodell Social Selling (Quelle: Nach Blank, 2022).

Die Phasen sind:

1. Vernetzen: Kontaktherstellung zu vorselektierten Zielkunden, Bitte um Vernetzung (ggfs. mit kurzer Begründung) und Bestätigung, Mitgliedschaft in relevanten „Gruppen".

2. Content: Setzen von Links zu eigenen Fachartikeln oder weiterführender Literatur, Videos, Blogs, Abgabe von wertvollen Kommentaren zu dem, was andere Nutzer gepostet haben.
3. Interaktion: Liken, kommentieren, ggfs. erweitert um persönliche Nachrichten und das Teilen weiteren Contents
4. Telefonat, was immer mehr zur Videokonferenz wird, z.B. per Zoom oder Teams.

Diesem folgt dann ggfs. ein persönliches Treffen als fünfte Stufe. Wie das in der Praxis laufen kann, wenn „aus online offline" wird, beschreibt ein Nutzer bei LinkedIn, der einen potentiellen Geschäftspartner im Juni 2022 persönlich trifft, nachdem er seit Februar 2020 mit ihm vernetzt ist.

> *Gestern war es wieder so, wie wenn man jemanden trifft, den man schon lange kennt.*
> *Gut, vernetzt sind ... und ich seit 24.2.2020.*
>
> *Meine Empfehlung:*
> 💪 *Bringt euch aktiv auf LinkedIn ein.*
> 💪 *Liked Beiträge, neuerdings sogar mit einem lachenden Zeichen.*
>
> 👍 *Tragt mit euren Eindrücken, verpackt in Kommentare zu einer lebhaften Debatte bei. Zeigt dadurch ein Stück von euch und eurer Expertise.*
>
> 💪 *Schreibt über das, was ihr erlebt, was euch & eure Kundinnen und Kunden beschäftigt. Berichtet über das, was euch inspiriert, motiviert oder auch nachdenklich macht.*
>
> *Seid dabei wertschätzend und anständig. Denkt immer daran, es sind alles Menschen.*

Blank (2022) betont, wie wichtig es ist, etwas Fundiertes zu einen bestimmten Thema sagen und beitragen zu können:

Ein solches Phasenmodell galt auch schon in Zeiten, als Social Media im Business-Bereich noch nicht zum Alltag gehörte. Auch heute noch ist dies – gerade im Mittelstand und bei der Generation der „älteren" Entscheider – immer noch zu finden. Es gilt: Wer diesem Personenkreis zu einem bestimmten Thema nichts Fundiertes zu sagen hat, mit dem redet keiner ernsthaft. Erst recht niemand, der auf diesem Feld ein echtes und dringendes Problem hat - und einen Auftrag mit hohen Tagessätzen zu vergeben.

Interaktion, also Schritt 3, findet dann nicht statt; Vertrauen kann nicht aufgebaut werden. Die Beteiligten kommen gar nicht erst dazu, über eine mögliche Zusammenarbeit näher zu reden. ...

Auch hier gilt: Wer nicht sehr schnell deutlich machen konnte, einen echten Mehrwert zu leisten (natürlich auch über „Content"), dessen Kontakte verflacht schnell.

Das Neue in der Marktbearbeitung ist nun:

- Social Selling ermöglicht den Aufbau von signifikant mehr **Volumen im Sales-Funnel**. In der aktuellen Praxis hat sich (auch im Interim Management) gezeigt, dass die Anzahl von Kontakten immer größer wird, die für einen einzigen Auftrag zu bearbeiten ist.

- Die **Community**, mit der man sich selbst umgibt, wird sichtbar. Abgesehen davon, dass das eigene Umfeld auch das eigene Innere widerspiegelt und wesentlichen Einfluss auf die eigene Weiterentwicklung hat: Potentielle Kunden ziehen aus der Qualität der Communities, in denen sie Sie finden – und bei denen sie durchaus die Qualität der Interaktion anschauen - ihre Rückschlüsse.

- Es gibt neue, mehr **automatisierbare Werkzeuge im Vertrieb**, die es ermöglichen, den breiteren Sales-Funnel kontinuierlich und mit überschaubarem Aufwand zu bearbeiten.

- **Schnelligkeit:** Neuer Content, neue News, aktuelle Fakten können unverzüglich an potentielle Kunden vermittelt werden. In einer zunehmend schneller werdenden „VUCA“-Welt (in vorhergehenden Kapiteln dargestellt) kann das ein unschätzbarer Vorteil sein, von Kunden als Problemlöser für aktuelle Themen wahrgenommen zu werden.

- **Kosten:** Der eingesetzte „Werbe-Euro“ pro Zielkunde im Sales-Funnel kann dramatisch reduziert werden. Fairerweise ist anzumerken, dass aber auch viel mehr Zielkunden bearbeitet werden müssen. Aber so geht es!

> Im Interim Management handelt es sich um eine Dienstleistung, die wichtig und teuer ist. Die Entscheider (i.d.R. auf Geschäftsleitungsebene) sind meist selbst nicht die (Fach-) Experten für die Beurteilung der einzukaufenden Leistung. Sie brauchen daher Sicherheit und kaufen über Vertrauen. Das muss jedoch zunächst einmal aufgebaut werden, läuft über „Relevanz“ und „Beziehung“ und braucht seine Zeit. Durch das Bespielen relevanter Themen (kompetent, kontinuierlich und ohne Verkaufsdruck) schaffen es Interim Manager dann auf die mentale Shortlist potenzieller Kunden. Das ist ein Weg, der guten Content und Zeit braucht. Ebenso den Durchhaltewillen und die Kraft, kontinuierlich an der Zielgruppe zu arbeiten.

Der Aufbau und die kontinuierliche Pflege eines direkten Vertriebsweges ist somit verbunden mit:

- Zeitlichem Aufwand: Mehrere Stunden pro Woche – und das kontinuierlich. Meist sind täglich die Business Netzwerke auf Nachrichten hin zu untersuchen und die Beiträge der eigenen Kontakte – oder die von Zielkunden - zu lesen, zu liken und zu kommentieren.

- Persönlichen Kompetenzen: Hervorzuheben ist die Fähigkeit zur Erstellung und Aufbereitung von interessantem Content (z.B. Case Studies, Blogbeiträge, Kurzkommentare, Videos) und der Bespielung von spezialisierten Plattformen oder auf das Business bezogene Social Media. Aktuell ist das eine Kompetenz, die nur bei einer Minderheit der Interim Manager vorhanden ist. Wer in diesem Bereich „fit“ ist, kann sich aktuell erheblich vom Wettbewerb differenzieren.

- Kosten, z.B. für Mitgliedschaften auf Plattformen und in digitalen Business-Netwerken, für digitale Werbeaktionen oder für Unterstützungsleistungen bei der Erstellung von hochwertigem Content wie Fachartikel, Videos, einschließlich der eigenen Webseite. Nicht zu vergessen: Für entsprechende Hardware, Software und Telekommunikation. Kommt es zu einem persönlichen Termin, sind selbstverständlich auch die Reisespesen zu berücksichtigen.

Zugleich ist aber der zu erzielende Tagessatz signifikant höher als beim indirekten Vertrieb, da **Mittlerprovisionen** im Bereich zwischen 25 und 50 Prozent entfallen. In Zahlen: Bei einem durchschnittlichen Jahresumsatz eines Interim Managers von 173.000.- Euro beträgt das typische Drittel, also die Providermarge 57.666.- Euro. Bei Online-Providern liegt die Provision etwas darunter. Die Marge bzw. das Honorar für die Vermittlungsplattform trägt der Kunde, weshalb für Interim Manager hier i.d.R. ein geringerer Tagessatz zu erzielen ist.

10.4.1. Argumente für Direktvertrieb

Wenn „**Geld**“ somit schon einmal ein starkes Argument für den direkten Vertrieb ist, kommen in der Praxis noch weitere fünf gute Gründe hinzu, als Interim Manager verstärkt auf den direkten Vertrieb zu setzen:

1. Viele Interim Manager verfügen ohnehin über ein **persönliches Kontaktnetzwerk:** Alte Kollegen oder Geschäftsfreunde, Mitgliedschaften in Vereinen oder Verbänden, Kontakte in Sozialen Medien bzw. auf Businessplattformen. Es wäre verschenktes Potential und fahrlässig, diese direkten Kontakte nicht vertrieblich zu nutzen.

2. Beim Direktvertrieb “verkauft” der Interim Manager sich selbst: Mit seinem Fachwissen und seiner Persönlichkeit. Nichts ist so authentisch wie er selbst. Ein Vermittler kann das immer nur durch einen gewissen „Filter“ darstellen und einem Kunden vermitteln.

3. In der Praxis klagen viele Interim Manager (gerade die mit Spezial-Kompetenzen oder auf höheren Management-Ebenen) darüber, dass sie vom Personal der Vermittler in ihrer Besonderheit oder Seniorität oder im Hinblick auf wichtige Facetten ihrer Persönlichkeit und fachlichen Kompetenzen nicht verstanden werden. Sie erhalten dann in der Folge viele Anfragen, die ihrer Meinung nach gar nicht zu ihnen passen oder bei denen die Vorstellungen über den vom Mittler an den Interim Manager gezahlten Tagessatzes deutlich auseinander gehen.

4. Beim indirekten Vertrieb hat stets der Mittler den persönlichen Kontakt zu den Kunden. Es sind und bleiben seine Kunden. Und der Erfolg des Interim Managers hängt weitgehend vom „Goodwill" des Mittlers ab, also wie stark und aktiv er ihn seinen Kunden ans Herz legt. Und das wird in der Praxis häufig wesentlich davon bestimmt, wie viel Marge am Interim Manager zu verdienen ist, bzw. wie "pflegeleicht" oder „loyal" er ist.

5. Am Ende des „Verkaufsprozesses" muss ein Interim Manager immer an den Tisch der Entscheider zum persönlichen Interview. Ein Vermittler kann also daher ohnehin nur die ersten Vertriebsphasen abdecken.

10.4.2. Argumente für den indirekten Vertrieb

Es gibt auch fünf Argumente, die für den Vertrieb über Vermittler sprechen:

1. Die meisten Interim Manager sind Profis und Experten in einem Fachgebiet. In der Mehrzahl zeichnen sie sich heute jedoch (leider immer noch) durch Unsicherheiten oder Schwächen im Eigenvertrieb und im Marketing aus. Vor allem fehlt bei vielen das Wissen und die Erfahrung in der Ansprache von potentiellen Kunden über digitale Kanäle. Diese **fehlende Kompetenz in der Selbstvermarktung** kann ein Interim Manager natürlich prinzipiell durch Provider auffangen lassen, auch wenn das letztlich viel Einkommen kostet – und der Suchradius für neue Projekte maximal eingeschränkt wird.

2. Es gibt Unternehmen, die gerne einen Interim Manager einsetzen wollen, sich jedoch (noch) durch **geringes Wissen zu Interim Management** auszeichnen. Über professionelle Mittler kaufen sie sich „Sicherheit“ ein und stützen ihre Entscheidung für einen bestimmten Interim Manager durch Beratung professionell ab. Bei diesen sicherheits-affinen Kunden ist der Versuch einer Direktansprache meist zum Scheitern verurteilt.

3. Viele Entscheider sind voll im Tagesgeschäft eingebunden und haben „**keine Zeit**“ für die eigene Suche nach Kandidaten. Sie wollen auch nicht von Dutzenden an Interim Managern „auf Akquise“ angesprochen werden, empfinden Anrufe als Belästigung und wehren Kontaktversuche ab. Ein Direktvertrieb ist an dieser Stelle somit sehr schwierig.

4. **Kundenzugang**: Manche Unternehmen schätzen den **Service** und die Unterstützung eines professionellen und kompetenten Providers: Schnelle Vorstellung relevanter Kandidaten, Koordination von Vorstellungsgesprächen, Sicherheit in Vertragsfragen, mehr Kontrolle und Durchsetzung der vertraglich vereinbaren Leistungen durch das projektbegleitende „Shadow Management“ bzw. „Councelling“ des Providers. Solche Zielkunden können über Mittler sehr gut erschlossen werden.

5. **Compliance**: Gerade bei einigen größeren Unternehmen erfordern interne Policies von den Einkaufsprozessen die Einschaltung von mehreren professionellen Anbietern (ggfs. sogar zertifiziert, mit Lieferantennummer). Auch diese Kundengruppen können durch Mittler erreicht werden.

10.4.3. Trends verstärken sich gegenseitig

In der Praxis beruht der aufgezeigte Trend zum direkten Vertrieb vor allem auf den Themen „**Geld**“, „**Kundenkompetenz**“ sowie „**Schnelligkeit**“ und „**Transparenz**“ des Marktes:

- **Aus Sicht des Interim Managers**: Wer selbst seinen Kunden findet, selbst seinen Tagessatz verhandelt und selbst den Vertrag mit dem Kunden schliesst, ist für seine Kunden schon im Vorfeld eines möglichen Projektes authentischer wahrzunehmen. Er kann besser beurteilen, ob das ein Projekt sein könnte, bei dem seine Kompetenz voll zum Tragen kommen kann und wo mögliche Stolpersteine liegen. Am Ende wird er für seine Leistung auch einen höheren Tagessatz erzielen, als wenn ein Mittler involviert wurde.

- **Aus Sicht des Unternehmens**: Immer mehr Unternehmen wissen inzwischen, wann der Einsatz eines Interim Managers Sinn macht, was ein Interim Manager leisten kann (und was nicht), was er kostet, nach welchen Kriterien ausgewählt werden soll und wie sie konkret den Interim Manager einsetzen wollen. Die zunehmende **Transparenz** der Anbieterseite des Marktes und Benutzerfreundlichkeit von Plattformen erleichtert es ihnen nun, **einfach und schnell** mit Interim Managern in Kontakt zu treten. Je hochwertiger die auf einer Plattform hinterlegten Informationen sind, desto leichter kann von den Entscheidern geprüft werden, ob eine Zusammenarbeit Sinn macht. Ganz abgesehen davon, ist der Einkauf einer Dienstleistung so gut wie immer günstiger, als wenn ein Mittler eingeschaltet ist. Und manche Plattform ist sogar kosten- und provisionsfrei für Nachfrager!

Die beiden Trends „Digitalisierung" und „Direkter Vertrieb" verstärken sich gegenseitig! Einschätzung:

- Offenen Plattformen mit direktem Zugang für Anbieter und Nachfrager gehört die Zukunft. Sie haben starke **Netzwerkeffekte** und ermöglichen ein schnelles, unkompliziertes Kennenlernen. Vor allem: **Keine Provisionen** an Vermittler jeder Art! Kosten: Flatrate bzw. Jahresgebühr. Zu unterscheiden sind breit aufgestellte General-Interest-Plattformen wie Xing und LinkedIn (Gebühr für Anbieter und Nachfrager) sowie streng kuratierte Special Interest Plattformen, wie UNITEDINTERIM (Gebühr nur für Anbieter).

- Geschlossene „Vermittler-Plattformen" sind digitale Insellösungen. Im Grunde – und sogar nach Aussage der Plattformbetreiber – handelt es sich um Mittler bzw. Provider, die ein **Hybrid-Modell** betreiben. Für die Nutzer haben sie den Nachteil, dass sie von Provisionen leben, die im Erfolgsfall einen 2-stelligen Prozentsatz des Tagessatzes ausmachen. Selbst wenn der Kunde diese bezahlt, wird dies den Tagessatz reduzieren, den am Ende des Tages der Interim Manager erzielen kann.

- Provider, als traditionelle, analoge Mittler, geraten immer mehr in Zugzwang, ihren Kundennutzen und Wertschöpfungsbeitrag herauszustellen. Eine Möglichkeit, Kosten zu sparen liegt darin, selbst auf einer offenen und für sie kostenfreien Plattform die Vorauswahl ihrer Kandidaten vorzunehmen. Sie können sich damit auf ihre Stärken in der Akquisition von Anfragen, der Kundenberatung und Projektbetreuung fokussieren.

- Trotz aller Markt-Dynamik, die in der 4-Felder-Matrix (vgl. Abbildung in Kapitel 4.8 „Megatrends: Plattformen und direkter Vertrieb“) deutlich wird, sei angemerkt, dass in der Praxis ein gepflegter direkter, persönliche Draht zu Entscheidern von Bedeutung ist. Gerade für **Starter im Interim Management** kann es sinnvoll sein, ganz zu Anfang dieses Potential der persönlichen Kontakte intensiv zu nutzen.

- In einer gleichzeitigen Kombination – besser: **Integration** – der Felder liegt der Königsweg des Vertriebes! Reine Insellösungen sind möglichst zu vermeiden.

10.5. Relevante Inhalte wirksam und effizient inszenieren

Die potentiellen Kunden von Interim Managern gehören zu einer besonders hochwertigen und finanziell starken Werbe-Zielgruppe. Daher ist es nachvollziehbar, dass die Entscheider von Werbung jeder Art für alle Produkte und Dienstleistungen, die ein Unternehmen betreffen, geradezu überflutet werden[36]. Ebenso nachvollziehbar ist es, dass diese Zielgruppen wirksame Abwehrstrategien (für mehr „Ruhe“) entwickelt haben. Es verwundert also nicht, dass unaufgefordert zugesendete Briefen, E-Mails und Ansprachen über soziale Netzwerke von unbekannten Absendern i.d.R. sofort aussortiert, gelöscht oder ignoriert werden. An

[36] In der englisch sprechenden Welt wird in diesem Zusammehang sogar der Begriff „noise“, also „Lärm“ verwendet, der als sehr unangenehm empfunden wird.

dieser Stelle kommt **Content** ins Spiel, um bei der Akquisition einen Kontakt mit potentiellen Kunden zu ermöglichen. Es liegt auf der Hand, dass es viel einfacher ist, einen potentiellen Kunden anzusprechen, wenn dieser auf einen Fachbeitrag schon einmal mit

Gefällt mir

reagiert hat oder gar namentlich einen Kommentar

Kommentar

zu Ihrem Posting verfasst hat. Sie haben dann gleich Anknüpfungspunkte. An späterer Stelle des Rekrutierungsprozesses dient guter Content nochmals als Entscheidungshilfe für den „richtigen" Interim Manager und zur Unterstützung von Glaubwürdigkeit und Akzeptanz bei der Umsetzung im Projekt.

Tipp für Interim Manager: Die Erstellung von hochwertigem Content in hochwertiger Form unter Nutzung von möglichst starken Netzwerkeffekten – gehört zu den **Must-dos** eines Interim Managers. Es ist eine wichtige Investition in Richtung Ihrer Zielkunden und gehört entsprechend präsentiert und inszeniert!

Ganz wichtig ist dabei die Platzierung **in einem hochwertigen, renommierten und seriösen Umfeld**, bzw. einer Fach-Community. Es ist also unbedingt anzuraten, die Nähe zu entsprechenden Institutionen, Vereinen, Verlagen, Management-Fachzeitschriften oder gar Think Tanks zu suchen, unter deren „Schirmherrschaft" der Content entsteht oder in den Verkehr gebracht wird. Ein Beispiel sind die Publikationen des Think Tanks Diplomatic Council, in dessen Verlag u.a. etliche renommierte Interim Manager als Autoren tätig sind.

10.5.1. Content is King

Content rückte erstmals im Jahre 1996 in den Blickpunkt, als Bill Gates einen Artikel zum Thema „Content is King“ schrieb, der auf der Website von Microsoft veröffentlicht wurde. Darin beschreibt er die Zukunft des Internets als Marktplatz für Inhalte. Ein Auszug:

"One of the exciting things about the Internet is that anyone with a PC and a modem can publish whatever content they can create. In a sense, the Internet is the multimedia equivalent of the photocopier. It allows material to be duplicated at low cost, no matter the size of the audience (...). The Internet also allows information to be distributed worldwide at basically zero marginal cost to the publisher. Opportunities are remarkable, and many companies are laying plans to create content for the Internet. (...) (Evans, 2020)

„Content is king” gilt heute als ein wegweisendes Zitat von Bill Gates. Es steht für die Überzeugung, dass der Inhalt, insbesondere der Text, ausschlaggebend für den Erfolg einer Website im Internet ist. Mit unter den Begriff des Contents fallen heute neben den Texten aber auch Bilder, Videos (einschließlich Erklärfilmen und Video-Blogs), Podcasts, Info-Grafiken und sonstige Inhalte einer Webseite.

Bei Content-Marketing geht es darum, eine bestimmte Zielgruppe mit hochwertigen Inhalten anzusprechen, vom eigenen Leistungsangebot zu überzeugen und sie als Kunden zu gewinnen oder zu halten. Nützliche Informationen und die Vermittlung von wertvollem Wissen stehen daher im Vordergrund.

Seine Ziele erreicht das Content-Marketing, indem es den Inhaltsproduzenten (also den Interim Manager) als Experten für eines oder mehrere Themen profiliert. Er wird damit zu jemandem, der bestimmte Unternehmensprobleme aus eigenem Erleben kennt, der über wesentliche Kompetenzen und Know-how oder Erfahrungen, idealerweise Erfolgsnachweise verfügt, Teil der Lösung zu sein.

Zudem ist einzigartiger, hochwertiger und aktueller Content die Grundlage für ein gutes Ranking in Suchmaschinen wie Google – und auf YouTube, was in letzter Zeit „als Suchmaschine“ immer wichtiger wird. Content-Marketing wird daher auch als

Suchmaschinen- und Inbound-Marketing-Technik eingesetzt. Im Suchmaschinen-Marketing machen Inhalte, mit den passenden Keywords durchsetzt, Websites auffindbar. Zudem kann ansprechender Content dazu führen, dass Besucher ihn verlinken bzw. gerne auch an ihr persönliches Netzwerk weiterleiten. Virales Marketing wird somit auf eine inhaltlich starke Grundlage gesetzt.

Tipp für Interim Manager: Für einen Interim Manager ist es nicht nur wichtig, Content zu produzieren und ihn auf seine Webseite zu stellen oder an bestimmte Zielgruppen direkt zu schicken. Gerade der obige Hinweis, dass hochwertiger Content für Suchmaschinen wichtig ist und viral gehen kann, zeigt in die Richtung, wo dieser Content (auch noch) am sinnvollsten zu platzieren ist: Dort, wo **offen auf ihn zugegriffen werden kann**, er damit leicht an andere weitergeleitet werden kann – er sich also viral verbreiten kann! Solche Netzwerkeffekte funktionieren nur in offenen Systemen.

10.5.2. Relevant für den Kunden sein

Wer als Interim Manager von einem Kunden nicht nur gefunden werden will, sondern beim Blick auf die Inhalte des Contents als „relevant" für die Lösung einer anstehenden Aufgabe empfunden werden will, der braucht Inhalte und Ausdrucksformen, die ihm die entsprechenden Kompetenzen in professioneller und geradezu einmaliger Weise zuschreiben. Es ist daher eminent wichtig, dass von jedem Interim Manager relevante Inhalte im Web zu finden sind, welche die Positionierung und Marke stützen und seinen Wertschöpfungsbeitrag untermauern. Gyso Weyand schreibt dazu (Team Giso Weyand, 2020):

„Wer (...) im Kopf des Kunden landen will, der tut gut daran, sich mit seinen inhaltlichen Schwerpunkten zu beschäftigen. Dabei müssen Sie das Rad nicht neu erfinden. Echte Meinungsführerschaft ist die langfristige Entwicklung der eigenen Inhalte, das Finden einer individuellen Inszenierung dieser Inhalte sowie der clevere Einsatz von Kanälen, die zu Ihnen, Ihrer Marke und Ihren Entscheidern passen. Denn daran scheitert es in der Regel: an intensiver Auseinandersetzung mit dem eigenen

Angebot (...) und an einer Inszenierung, die im Beratereinerlei auffällt und spannend ist, obwohl es sich um typische Themen handelt.

Relevanter Content spielt zudem eine wichtige Rolle, wenn ein Interim Manager in die engere Wahl für ein Projekt kommt, der Auftrag also in Sichtweite ist: in jedem Fall werden die Kandidaten gegoogelt. Die Praxis zeigt, dass das auch dann geschieht, wenn der Kontakt zum Kunden über eine klassisch-analoge Beziehung wie eine Empfehlung aus dem Bekanntenkreis, ehemalige Kollegen oder einen Provider zustande kommt. Die künftigen Kollegen und Mitarbeiter im Projekt werden es ebenfalls tun, spätestens nachdem ihnen der Interim Manager vorgestellt wurde. Wer durch kompetente Inhalte in hochwertigem Umfeld auffällt, hat in jedem Fall bessere Chancen für einen neuen Auftrag und bei der Umsetzung im Projekt einen Vorsprung in Richtung Glaubwürdigkeit und Akzeptanz.

Für Interim Manager ist Content nicht nur Text, wie der Bericht zur Lösung einer besonderen Herausforderung in Form einer Fallstudie. Es können auch Videos, Bilder, Fachbücher, Podcasts, Berichte und Interviews, comic-artige Erklärfilme oder (Info-) Grafiken sein. Solche Content-Marketing-Inhalte können auf der eigenen Website platziert werden, aber auch auf eigenen oder anderen Blogs, in Business Netzwerken wie Xing und LinkedIn, auf Social-Media-Plattformen wie LinkedIn, Facebook oder Instagram, auf Plattformen für nutzererzeugte Inhalte wie YouTube oder UNITEDINTERIM oder über klassische Public Relations und Online-PR. Ohne es an dieser Stelle weiter vertiefen zu wollen, kommen weitere Möglichkeiten hinzu: E-Books, White Papers, (Online)-Präsentationen, Newsletter und Microsites, auch in Zusammenarbeit mit redaktionellen Angeboten.

Tipp für Interim Manager: Bilder sagen mehr als 1000 Worte. Es empfiehlt sich das Googeln des Begriffes „**Syndicated Content**“. Beispiele: Ein Fachbeitrag, der auf der eigenen Homepage in ausführlicher Form dargestellt wurde, kann in kürzerer Form in den Medien wie LinkedIn oder Facebook dargestellt werden (und verlinkt) und auch noch als Case Study oder Blog bei UNITEDINTERIM gebracht werden. Ein Video zum eigenen Leistungsangebot kann – sowohl auf der eigenen Homepage als auch im Videokanal von UNITEDINTERIM bei YouTube veröffentlicht werden – somit die Reichweite maximieren. All das spart Zeit und Geld.

Interim Manager, die eine offene Plattform für ihren Eigenvertrieb nutzen, kommen für diesen Content in den Genuss der Kraft einer Plattform. Von Bedeutung ist vor allem die die Reichweite (Netzwerkeffekte). Das können sie als Einzelkämpfer selbst i.d.R. aus Eigenmitteln in den unendlichen Tiefen des Webs und der Vielzahl an Wettbewerbern kaum mehr darstellen. Wenn die Inhalte von den Plattformbetreibern fachkundig kuratiert werden (wie bei UNITEDINTERIM) unterstützt ein solches hochwertiges Umfeld noch die eigene Glaubwürdigkeit.

10.6. Vertriebskanäle smart verknüpfen

10.6.1. Nutzung aller vier Handlungsfelder

Zuvor in Kapitel 10.3.1 sagt Gyso Weyand zum Thema Marke und Marktauftritt, dass die Marktbearbeitung *„online und offline, auf sämtlichen Kanälen geschehen muss“* (Team Guiso Weyand. Die Berater-Berater, 2020). Bereits in Kapitel 4.8. wird nun eine übersichtliche Abbildung vorgestellt und erläutert, welche die in der Realität des Interim Managements gegenwärtig vorzufindenden vertrieblichen **vier Handlungsfelder** beschreibt: Persönliche Kontakte und Provider in der analogen Welt sowie Vermittlungsplattformen und offene Plattformen in der digitalen Welt. Die grundsätzlichen Entwicklungsrichtungen (Trends) sind durch Pfeile gekennzeichnet.

Im Marketing und Vertrieb der Interim Manager stehen die beiden oberen Felder für aktives Handeln und eine aktive Initiierung und Pflege einer Kundenbeziehung. Die beiden unteren Felder hingegen, die auf Vermittler setzen, stehen für eine eher passive Strategie. In der nachstehenden Abbildung, wird daher diese 4-Felder-Matrix aufgegriffen und mit den beiden strategischen Optionen („Aktiv“ oder „Passiv“) am rechten Bildrand ergänzt.

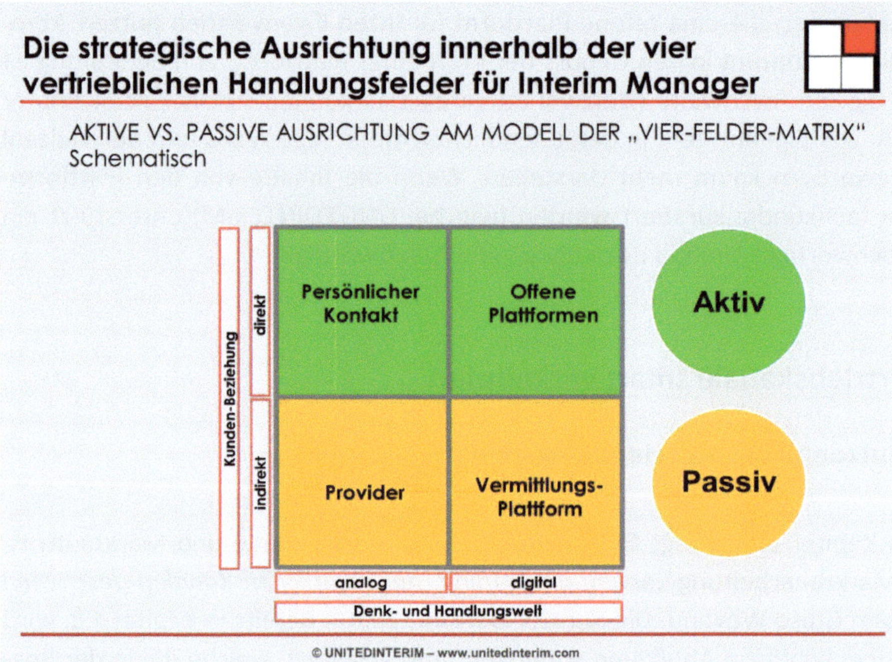

Abb. 6.: Strategische Optionen eines Interim Managers im Vertrieb (Quelle: Eigene Darstellung).

Die Bespielung aller vier Handlungsfelder führt zu einem immer transparenter und effizienter werdenden Findungsprozess beider Marktseiten. Aus meiner Sicht bei

- immer geringer werdenden **Transaktionskosten**, wodurch Interim Management für Kunden billiger wird, was wiederum ein gutes Argument für Unternehmen ist, Interim Manager in der Zukunft noch häufiger einzusetzen. Niedrigere Transaktionskosten gestalten auch für Interim Manager die Marketing- und Vertriebsaufwendungen effizienter;

- mehr **Speed** im Beschaffungs- und Auswahlprozess (was bei dringenden Kundenproblemen ein riesiger Vorteil ist) und

- zunehmender **Entscheidungssicherheit** der Kunden durch ergänzende, digitale Informationsmöglichkeiten über die Kandidaten.

Alle Unterlagen und alle Medien – für alle Felder – sollten jederzeit so gestaltet sein, dass ein Entscheider oder Vermittler, die beide vielleicht keine Fachexperten im Spezialgebiet des Interim Managers sind, sofort verstehen, worum es geht und was das Angebot des Interim Managers ist. Richtig gute, aussagefähige Unterlagen sind daher ein ganz wesentlicher Erfolgsfaktor für die Gewinnung eines neuen Mandates als Interim Manager. Dabei sind drei Dinge entscheidend: 1. Der Inhalt an sich, 2. die Struktur und 3. die Aufbereitung in Grafik oder Inszenierung (bei Videos).

⇨ Details zu den Verkaufsunterlagen eines Interim Managers finden sich in **Kapitel 9.**

> **Tipp für Interim Manager:** Ungeachtet der Entwicklungen in Richtung Digitalisierung sollte jeder Interim Manager im Hinterkopf haben, dass Entscheider und auch Vermittler bzw. Provider in ihrer Gesamtheit **auf allen der vier Felder** (jedoch nach individueller Präferenz) nach Profilen suchen. Daher sollte – mit Prioritätensetzung – für jedes Feld überlegt werden, was getan werden soll.

Ebenso wird es auch in Zukunft Unternehmen geben, welche die besondere Beratungskompetenz eines erfahrenen Providers und seinen Service schätzen. Das Feld „Interim 2.0 – Provider" (Kapitel 5.6.2) wird daher weiterhin seine Berechtigung behalten, wenn auch unter Berücksichtigung der dort vorzufindenden Weiterentwicklung der Geschäftsmodelle (siehe Kapitel 5.7.). Um von Vertretern dieses Vertriebskanals (bei inzwischen >200 Providern in der D-A-CH-Region) gefunden zu werden, ist jedoch eine individuelle, vertiefte Beziehungspflege kaum mehr möglich oder sollte auf eine Handvoll fokussiert werden. Der Rest wird sicherlich durch eine professionell gestaltete, aktuelle Präsenz und gepflegte Beziehungen auf miteinander kombinierten offenen Plattformen abdeckbar sein … ergänzt durch starken Content zu den Kernbegriffen der Positionierung. So kann man dann auch von Providern auf Plattformen gefunden werden. Die Geschäftsführerin eines Providers schreibt dazu an einen der Verfasser im September 2022:

> *„Der Provider wird keinen eigenen Pool zukünftig mehr vorhalten und pflegen. Die Interim Manager werden ihre Profile auf externen Datenbanken wie UNITEDINTERIM, Xing, Linkedin etc. zur Verfügung stellen. Exklu-sive Pools für Provider lohnen sich bei den aktuellen Margen nicht mehr."*

Damit ist klar, dass es für Interim Manager, die den „Vertriebsweg Provider" in der Breite nutzen wollen, unabdingbar geworden ist, von den Mitarbeitern der Provider auf **offenen Plattformen** gefunden zu werden – mit überzeugendem und professionellem Auftritt.

Das gleiche gilt für Vertreter des Feldes „Interim 3.0" (rechts unten, Kapitel 5.6.3), die in der Praxis offensichtlich auch in den anderen Feldern der 4-Felder-Matix unterwegs sind (z.B. auf den offenen Plattformen von „Interim 4.0"), wenn sie Kandidaten für die Anfragen ihrer Kunden suchen.

10.6.2. Die goldene Kombination und pragmatische Tipps

Unter Berücksichtigung der oben dargestellten Trends zu Plattformen und zum Direktvertrieb liegt ein Big-Point der effizienten Marktbearbeitung in der Verknüpfung: Die smarte Kombination von mehreren Vertriebskanälen und (Marketing-) Maßnahmen ist der Königsweg. Immer mit dem Blick Richtung Kunde sind Homepage, Plattformen (einschließlich YouTube) und Social Media zu synchronisieren und ständig auf aktuellem Stand zu halten. Eine solche Integration (siehe folgende Abbildung) gibt nicht nur die Sicherzeit, alle zur Verfügung stehenden Wege zum Kunden zu nutzen; es ist letztlich auch eine sehr effiziente und kostenbewusste Vorgehensweise.

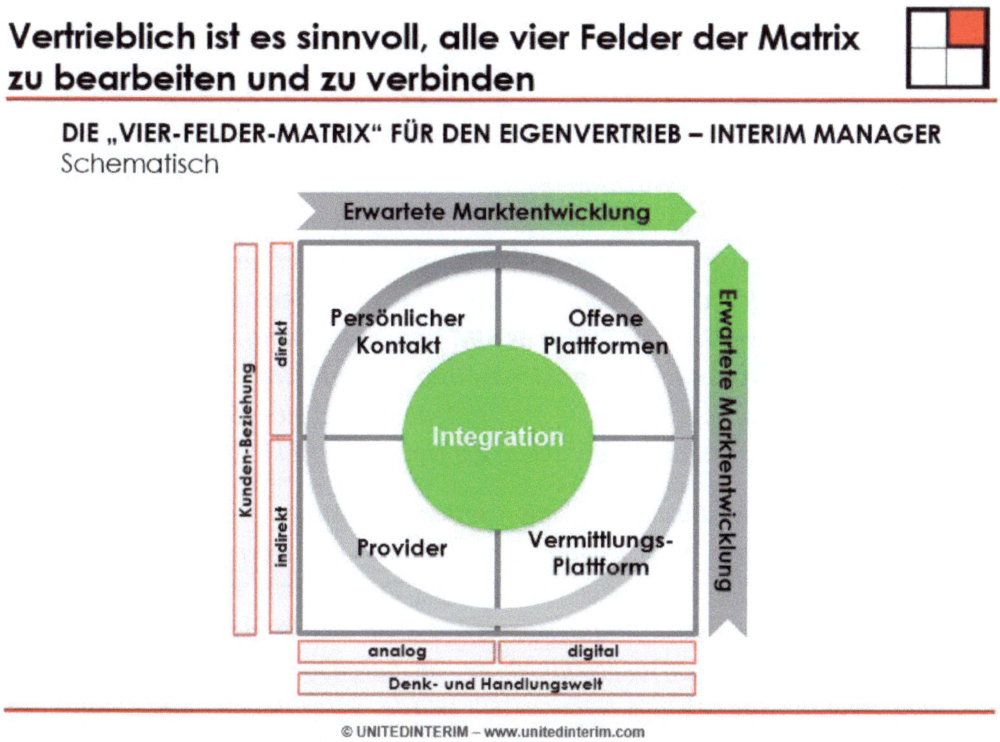

Abb. 7: Integration aller vier Handlungsfelder (Quelle: Eigene Darstellung).

Die kontinuierliche Erstellung von hochwertigem **Content** für mehrere Kanäle (möglichst solche mit hoher Reichweite und Sichtbarkeit) ist dafür eine wichtige Voraussetzung. Dazu einige pragmatische Tipps (vgl. Schönfeld, 2019):

(1) Als Grundlage: *Packen Sie möglichst viel Content auf die jeweilige Infrastruktur. Das sind die relevanten offenen Plattformen (also LinkedIn und UNITEDINTERIM) und Ihre Homepage. Laden Sie alles hoch, was Sie an attraktivem Content zur Verfügung haben, und zwar kontinuierlich. Idealerweise ist das ein Mix aus Wort (CV, Fallstudie / Referenzprojekt/ Blogbeitrag/ Resultate des Diagnostic Tools zur Persönlichkeit – PSA) sowie stehendem Bild (Foto) und bewegtem Bild (Video).*

Hochwertigkeit geht vor Menge! Wenn Sie mehr dazu lesen wollen, googeln sie zu „Content Syndication" im Web..

(2) Setzen Sie nun Links: *Von Ihrem Content auf der einen Plattform zum Content auf der anderen. Von Ihrer Homepage zu Ihrer Präsentation auf der Plattform. Alles auch umgekehrt und unter Nutzung diverser Gruppen auf LinkedIn und Xing. Wenn eine Plattform (wie UNITEDINTERIM) Ihr Video auf dem eigenen YoutTube-Kanal veröffentlich oder einen Blogbeitrag von Ihnen aktiv mit der gesamten Power einer starken Plattform in den relevanten Markt bringt (**überragender Vorteil und Alleinstellungsmerkmal von UNITEDINTERIM gegenüber Xing und LinkedIn**), dann posten Sie den Link zu Ihrem Video oder zu Ihrem Blogbeitrag bei LinkedIn (und in den Gruppen). Ebenso verlinken Sie das mit Ihrer Website. So etwas lieben die Suchmaschinen! Und: Sie nutzen vor allem die Netzwerkeffekte der Plattformen.*

(3) Um jetzt gezielt in „Beziehung" mit Kunden zu kommen: *Verbinden Sie sich bei Xing und LinkedIn mit den Personen, die Ihnen als potentielle Kunden oder Multiplikatoren wichtig erscheinen. Senden Sie ihnen dann einen Link zu Ihrem Content, den Sie bei LinkedIn, Ihrer Homepage oder bei UNITEDINTERIM platziert haben – oder der von UNITEDINTERIM für Sie bereits bei Twitter, als Blog, als Fallstudie oder bei YouTube ins Netz gestellt wurde. Sprechen Sie über Inhalte bzw. Fachthemen, bei denen Sie Teil der Lösung sein können! So entstehen Grund-lagen und Anknüpfungspunkte für persönliche Beziehungen mit diesen Zielkunden. Sie schaffen Awareness. Und Sie differenzieren sich **als relevanter Professional oder Experte für die Lösung eines bestimmten Kundenproblems** von Ihren Wettbewerbern. Abgesehen davon ist das bestes Markenmanagement in eigener Sache!*

10.6.3. Hands-on: Acht zentrale „To dos" für nachhaltigen Erfolg in der Praxis

In der Praxis sind acht Punkte von zentraler Bedeutung, um Kundenkontakte zu gewinnen, Anfragen zu erhalten und Verträge abzuschließen:

(1) Klarheit über die eigene **Zielgruppe** und deren **Bedürfnislage:** *„Wer ist mein Kunde?", „Was sind im Moment seine dringlichsten Probleme"? „Was kosten die ihn"? „Wie geht es dem Kunden dabei emotional – wo hat er Schmerzen – wo leidet er besonders?" „Wohin gehen die Problemlösungs-Hypothesen des Kunden?"*)

(2) Klarheit über die **Orte** (meist mehrere), an denen sich die Kunden befinden (analoge und digitale). Das müssen nicht unbedingt nur „offizielle" Orte sein. In klassisch-analogen Zeiten war das oft der Golfplatz oder ein exklusiver Club, eine Messe oder Konferenz, an der Kontakte geknüpft werden konnten. In den zunehmend digitaler werdenden Zeiten wird es (leider) immer herausfordernder, einer Zielgruppe einen bestimmten Ort zuordnen zu können. Das Wissen um diese „Intransparenz" erfordert einen glasklaren Blick auf die *gesamte* **Customer Journey**: Ein Kunde ist an mehreren Stellen – mit Hilfe unterschiedlicher Medien – zu „bearbeiten".

(3) Klarheit über den eigenen Wertschöpfungsbeitrag bei dieser Zielgruppe: *„Was ist konkret mein* ***Nutzen, bzw. mein Mehrwert****?"*. Manche rechnen sogar recht konkret und sprechen dabei von einem „Return on Interim Management". Dokumentation von dem, was einen selbst besonders macht und von Wettbewer*bern unterscheidet. Formuli*erung des USP – *„Was kann ich besser als andere*?" Und: *„Was macht mich „merk-würdig*?"). Das kann auch die Persönlichkeit sein, belegt durch die Ergebnisse eines Diagnost*ic Tools wie PSA.*

(4) Aktualität der Kompetenzen und des Know-hows. Wie schon mehrfach dargelegt, ist Wissen (aktuell und „state of the art") inzwischen zu einem Kern-Asset von Interim Managern geworden. Und weil es sich um Spezialistenkompetenz handelt, die ein Kunde kaum selbst überprüfen kann und weil er i.d.R. seine Entscheidung für einen bestimmten Kandidaten fundiert begründen muss, werden **Zertifizierungen** bzw. Bescheinigungen über Weiterbildungen bei möglichst renommierten Einrichtungen zu einer immer unverzichtbaren Notwendigkeit.

(5) Erstellung von **Content**, der für die Zielgruppe interessant ist, z.B. durch Fallstudien bzw. Case Studie*s zu Kundenproblemen in meiner Zielgruppe* und wie sie gelöst wurden. Hintergrund: Die dort aufgeführten Schlüsselbegriffe sind

„Gold“ für die *Suchmaschinen. Und ein potentieller* Kunde wird im Web *zunächst nach Begriffen rund* um sein eigenes Problem suchen .... Und nicht unbedingt sofort nach einem „erfahrenden Interim Manager“. Erfolgreich sind Medien, die von der Zielgruppe *leicht und gerne* genutzt werden. Das sind vor allem Videos, die auf die eigene Homepage gestellt stellen können, gleichzeitig aber auch auf Plattformen wie YouTube; oder auf UNITEDINTERIM, wobei das Video dann auch gleichzeitig als Service im entsprechenden YouTube-Kanal präsentiert und sichtbar gemacht wird. In der letzten Zeit kommen hochwertige fachbezogene Medien mit hohem Glaubwürdigkeitscharakter hinzu, wie Bücher und Fachmagazine. Hier gibt es Beispiele, wie sich mehrere Interim Manager zu Autorengemeinschaften rund um eine bestimmte Branche oder ein aktuell brennendes Thema zusammengeschlossen haben (UNITEDINTERIM / Diplomatic Council 2022). Wer Fachleute zu einem bestimmten Thema sucht – und selbst Amazon wird dabei immer wichtiger – findet den Weg zu einem passenden Experten.

(6) **Sichtbarkeit** durch die Nutzung von Tools, die Reichweite (idealerweise in Form von Kontakten) in der Zielgruppe bringen. Das geht bezahlbar nur durch die multiplizierende Kraft (*Netzwerkeffekt)* von **Plattformen**. Eine Präsenz bei offenen Plattformen wie Xing, LinkedIn und UNITEDINTERIM (und eine smarte Verknüpfung) kann daher heute als notwendiger Standard einer digitalen Vermarktungsstrategie von Interim Managern angesehen werden. In Zukunft werden weitere Player, wie YouTube und Amazon, weiter an Bedeutung gewinnen. Darum ist die Sichtbarkeit dort schon jetzt in die Planung der eigenen Massnahmen einzubeziehen.

(7) **Delivery-Netzwerk**: Als klassische Einzelkämpfer sind Interim Manager gut beraten, Strategien der Zusammenarbeit, wie die der Koopetition (englisch Coopetition), für sich zu prüfen und so Skaleneffekte zu realisieren. Die Teilhabe an einem Delivery Netzwerk kann nicht nur zur Leistungserstellung eine zunehmend wichtige Rolle spielen, sondern auch in der Akquisition; und sei es, dass man von einem anderen Interim Manager, der ein Projekt verantwortlich führt, punktuell oder ergänzend hinzugenommen oder empfohlen wird. Im Markt zeigen sich schon jetzt dauerhafte oder auf ein Thema fokussierte Formen der Zusammenarbeit. Beispiele: Aktive Mitarbeit in Berufsverbänden, Zusammenschluss in Sozietäten, gemeinsame Erstellung von (Fach-) Büchern oder

Präsentationen in Wirtschaftszeitschriften; Nutzung der Möglichkeiten von offenen Plattformen wie LinkedIn oder UNITEDINTERIM, auch dort nach Kollegen zu suchen und so ein „Team" zusammenzustellen oder einzelne Kollegen zur eigenen Unterstützung hinzuzuholen.

(8) **Kontinuität** in der Marktbearbeitung (Marketingaktivitäten bzw. Beziehungsaufbau und Pflege – und zwar ständig; auch wenn man als Interim Manager im Projekt ist. Zur Not kann die damit verbundene Arbeit an einen Dienstleister delegiert werden – es sollte aber nie pausiert werden!)

Punkt 1 bis 4 brauchen Interim Manager sowieso, egal wie sehr ihr persönlicher Mix in der Nutzung der verschiedenen Vertriebswege im Interim Management aussieht.

Punkt 4 bis 7 sind inzwischen eine Notwendigkeit geworden – in allen Branchen. Ausgehend von einem immer digitaler gewordenen Informations- und Einkaufsverhalten der Kunden hat sich der B2B-Vertrieb massiv verändert (Digitalisierung der Customer Journey). Nur mit der Hilfe von Plattformen, die kontinuierlich mit relevanten Inhalten die Suchmaschinen füttern und helfen, Beziehungen zu Kunden anzubahnen, kann halbwegs ökonomisch eine gewisse **Sichtbarkeit** und **Relevanz** bei potentiellen Kunden erreicht werden. Als Einzelkämpfer darauf zu vertrauen, dass es reicht, eine eigene Homepage zu erstellen, einzelne E-Mails an potentielle Kunden zu versenden und sporadisch bei Xing oder in LinkedIn-Foren einzelne Beiträge zu platzieren, um von Suchmaschinen und Kunden in den schier unendlichen Tiefen des Webs gefunden zu werden, ist nicht mehr realistisch.

Punkt 5 (Videos und Fachbücher) betrifft einen unaufhaltsamen Trend im Markt; sehen Sie nur den Erfolg und die zunehmende Bedeutung von YouTube und Amazon **für** Suchmaschinen – und **als** Suchmaschinen. Bei YouTube und Amazon als Anbieter einer Dienstleistung gefunden zu werden, bringt enorme Vorteile bei der Sichtbarkeit. Jeder Kunde wird Sie googeln – spätestens, wenn Sie in die Endauswahl kommen. Und dann können Sie mit Videos und Fachbüchern noch punkten!

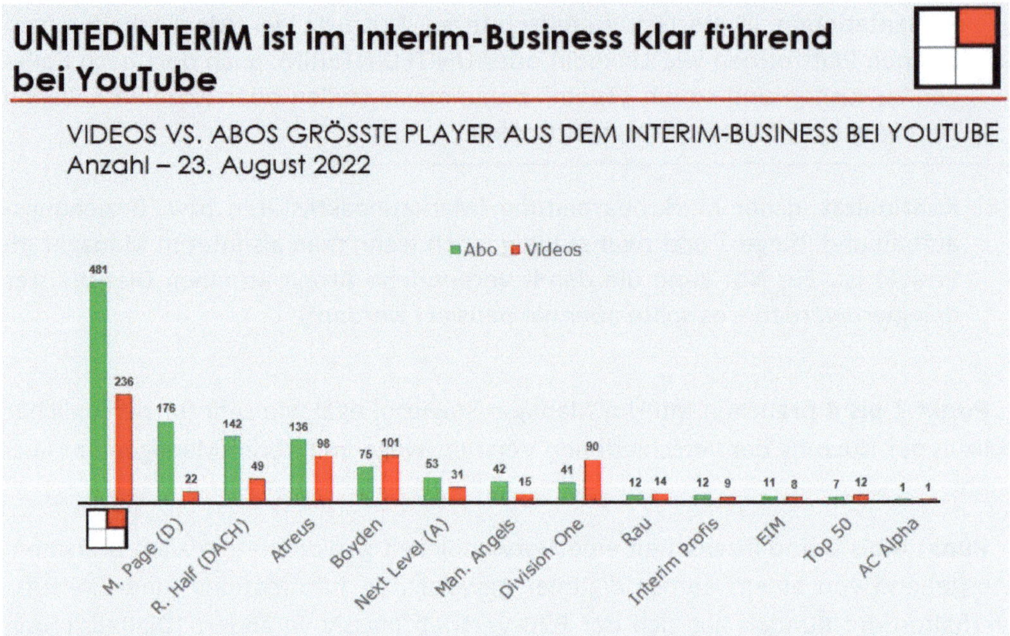

Abb.7: Player bei YouTube im Interim-Business (Quelle: Eigene Analyse und Darstellung).

Im Interim Management hat sich bei Videos inzwischen eine klare Reihenfolge ergeben. Selbst wenn im Ranking bei YouTube (Analyse vom 23.August 2022) auch alle „Generalisten“ berücksichtigt werden, die neben Interim Management auch noch das gesamte Spektrum der Personaldienstleitungen (z.B. Personalberatung für die Festanstellung und Zeitarbeit) anbieten: Eine **offene Plattform** hat sich an die Spitze gesetzt und verweist selbst börsennotierte Personaldienstleistungs-Unternehmen wie Michael Page (Nr. 2) und Robert Half (Nr. 3) auf die Plätze. Klassische Provider folgen mit weitem Abstand und zeigen einen enormen Aufholbedarf.

Erfahrung aus der Praxis: Aktuell ist es fast allen Interim Managern in der DACH-Region klar, dass sie eine möglichst spitze **(Experten-) Positionierung** rund um ein spezifisches Kundenproblem brauchen. Es zählt die Darstellung eines überzeugenden Mehrwertes ihres Einsatzes. Dafür arbeiten viele Interim Manager bereits sehr erfolgreich mit Case Studies, Blogs und Beiträgen in Fachmagazinen und Fachbüchern, die sie dann auf digitalen Wegen nochmals vermarkten (syndicated content, siehe oben). Videos ziehen deutlich nach. In den Coronajahren 2020 bis 2022 hat sich zudem die Einsicht durchgesetzt, dass die professionelle Nutzung und Verknüpfung mehrerer Vertriebskanäle, also analoger und digitaler Wege zum Kunden, gleichzeitig notwendig ist, um die Anzahl an relevanten Kontakten zu steigern, Beziehungen aufzubauen und zu pflegen.

So wird der digitale **Marktauftritt** vieler Interim Manager professioneller, wenn auch zum Zeitpunkt der Veröffentlichung dieses Handbuches im Jahr 2022 erst gut drei Viertel aller Interim Manager über eine eigene, aussagefähige Website verfügen, die über eine reine digitale Visitenkarte hinaus geht. Die meisten sind zwar „irgendwie" bei Xing oder LinkedIn zu finden, doch abseits der Nutzer von UNITEDINTERIM verfügt die überwiegende Mehrheit der Interim Manager immer noch nicht über ein detailliertes und aktuell gehaltenes digitales Profil, das Kunden eine sichere Einordnung des professionellen Leistungsangebotes und Mehrwertes erlaubt. Meist handelt es sich um Vergangenheitsbetrachtungen, die kaum eine Schlussfolgerung auf die Fähigkeit zulassen, zukunftsweisende Problemstellungen in den Unternehmen lösen zu können.

Zwei Aspekte gelten in der Branche als echte Lücken und offenbaren damit Potential auf dem Weg zu mehr Anfragen und mehr gut bezahlten Projekten:

(1) Der **Nachweis** (sprich: die Belegbarkeit) **des aktuellen Wissensstandes**. Die Lösung liegt auf Hand: Es ist die Teilnahme an entsprechenden Schulungen, Seminaren, Kursen oder Zertifizierungslehrgängen. Etliche davon können inzwischen auch online absolviert werden (also auch parallel zu einem Kundenprojekt) – oder finden hybrid statt.

(2) Kompetenz in der **Marktbearbeitung.** Nur eine Minderheit der aktuell am Markt tätigen Interim Manager verfügt über das Wissen, die Übung und die Ausdauer (Kontinuität), mit potentiellen Kunden selbst in Beziehung zu kommen und zu bleiben. Viele, gerade langjährig tätige Interim Manager, verhalten sich bei diesen Themen eher passiv oder lassen den Kontakt nach einem ersten Austausch wieder ruhen. Sie verlassen sich auf langjährige, persönliche Kontakte und auf Dritte, mit Angeboten auf sie zuzukommen (*„Man kennt mich ja und weiß, was ich kann"*). Andere setzen auf die Gedächtnisleitung eines Kontaktes (*„Der wird sich dann schon wieder an mich erinnern, wenn er jemanden konkret braucht*"). Bei einigen Interim Managern kommt möglicherweise eine gewisse Scheu vor dem Vertrieb und „Klinkenputzen" in eigener Sache hinzu, was sich gerade beim Thema „Video" immer noch zeigt. Gerade digital affinen Neueinsteigern bietet sich somit eine echte Chance, schnell von potentiellen Kunden wahrgenommen und engagiert zu werden.

10.7. Schlusswort: Erfolgreich auf dem Karriereweg als Interim Manager

Als Interim Manager gilt es, nicht nur dann etwas für sich selbst zu tun, wenn das alte Projekt zu Ende gegangen ist und ein Anschlussprojekt fehlt. Schon im inzwischen eine Dekade alten Bestseller *„The Start-up of You – Adapt to the Future, Invest in Yourself, and **Transform your Career**"* (Hoffmann & Casnocha, 2013) wird eindringlich daran appelliert, in eigenverantwortlicher Weise **unablässig wie ein Unternehmer** zu denken und zu handeln: Verabschieden Sie sich radikal vom Denken und Fühlen eines „Angestellten", einschließlich dem damit verbundenen Selbst- und Weltbild!

„Run the start-up of you. Be nimble, self-reliant, innovative, network effectively and stand out from the crowd".

Die größten Hebel, wenn Sie in Ihrer Tätigkeit als Interim Manager nicht nur „richtig gut“ sein, sondern dabei noch “richtig Geld verdienen” wollen? Nach unserer langjährigen Praxiserfahrung in dieser Branche und Arbeit mit vielen Tausend Führungskräften sind es drei:

1. Professioneller **Businessplan in eigener Sache.** Erstellen Sie ein grundsätzliches Business-Model Ihrer Karriere als Interim Manager. Jedes Jahr: Planung, einschließlich Ziele, Strategien, Maßnahmen und Budget. Controllen Sie das auch, damit Sie immer sehen, wo Sie stehen. Das ist nicht anders als bei jedem anderen professionellen „Unternehmen“ auch.

2. **Expertise** in einem klar definierten Spezialgebiet. Seien Sie Träger von wertvollem Wissen, einschließlich dem entsprechenden Skillset und Toolset. Seien Sie damit faktisch und nachweislich in der Lage, einem Kunden bei einem spezifischen Problem einen möglichst hohen Mehrwert zu bringen. Sorgen Sie kontinuierlich für aktuelle Weiterbildung! Idealerweise: Zeigen Sie Kunden Zertifizierungen bzw. Weiterbildungsnachweise zu all den Themen, bei denen Sie Experte sind!

3. Fähigkeit zur kontinuierlichen **Selbstvermarktung**. Überprüfen Sie ständig Ihre Expertenpositionierung, Ihren Marktauftritt und Ihre Kundenbeziehungen. Halten Sie im Markt Ausschau nach neuen, innovativen Maßnahmen, attraktiven (Content-) Formaten und modernen Tools für Ihre Marktbearbeitung. Nutzen Sie diese und betrachten die Ausgaben dafür als wichtige Investition. Auch hierbei hört das Lernen nie auf – und der Mut zum Ausprobieren gehört dazu!

Weil „Karriere“ etwas Dynamisches ist, sind Sie kontinuierlich gefordert, an Ihrer eigenen Transformation als Anbieter, an der Entwicklung Ihrer Skills und auch an der Beziehung zu Ihren Kunden zu arbeiten. Investieren Sie ohne Unterlass in sich selbst; und zwar mit Leidenschaft. Das Schöne daran: Auf diese Weise werden Sie immer besser – Ihre Kunden erkennen das – und Sie sind erfolgreich unterwegs auf Ihrem Karriereweg als Interim Manager: Als **Unternehmer und CEO in eigener Sache**!

Wir hoffen, dass wir Ihnen in diesem praxisorientierten Handbuch einiges „zur Hand“ haben geben können. Für Ihren Weg in der Königsdisziplin des Managements wünschen wir, die Autoren, weiterhin viel Erfolg!

10.8. Quellenverzeichnis

AIMP - Arbeitskreis Interim Management Provider. (22. Juni 2022). *AIMP-Providerumfrage 2022.* Von Website AIMP: https://www.aimp.de/aimp-umfragen/aktuelle-aimp-umfragen abgerufen

Aydin, Ulvi I. (22.06.2022). Bist du keine Marke, hast du keine Chance! Von Webseite Xing https://www.Xing.com/news/insiders/articles/bist-du-keine-marke-hast-du-keine-chance-3779427 abgerufen

Blank, H. (15.02.2022) Posting bei Linkedin. Von Linkedin: https://www.linkedin.com/posts/helmut-blank-4ibiz_robert-leadersmedia-activity-6797594777949876225-7fY3 abgerufen

butterflymanager GmbH. (02. Juni 2020). *Wissen Interim Management - Welchen Mehrwert hat ein Interim Manager für ihr Unternehmen?* Von Website der butterflymanager GmbH: https://www.butterflymanager.com/mehr-als-15-jahre-butterflymanager/welchen-mehrwert-hat-ein-interim-manager-fuer-ihr-unternehmen/ abgerufen

Chang, G. (16.02.2022). *3 Ways to build your personal brand as a remote assistant.* Von Website Goldie Chang https://www.goldiechan.com/post/3-ways-to-build-your-personal-brand-as-a-remote-assistant abgerufen.

DDIM – Dachgesellschaft Deutsches Interim Management (16.02.2022). forma interim.

Marketing für Macher – Marketing für Interim Manager. Von Website der DDIM https://ddim.de/portfolio-item/forma_interim/#:~:text=%20forma%20interim%2C%20Spezialist%20f%C3%BCr%20die%20Positionierung%20und,3%20Professioneller%20Marktauftritt%20mit%20Logo%2C%20Gesch%C3%A4ftsausstattung%2C...%20More%20 heruntergeladen

Evans, H. (04. Juni 2020). *"Content is King" — Essay by Bill Gates 1996.* Von Website A Medium Corporation: https://medium.com/@HeathEvans/content-is-king-essay-by-bill-gates-1996-df74552f80d9 abgerufen

Forbes Media LLC. (08. November 2018). *10 Golden Rules Of Personal Branding. Contributor: Goldie Chan*. Von Website Forbes Media LLC: https://www.forbes.com/sites/goldiechan/2018/11/08/10-golden-rules-personal-branding/#730e88fd58a7 abgerufen

Forma-Interim. (02. Juni 2020). *Marktauftritt: Perfekt aufgestellt – startklar für die Pole Position*. Von Website Forma-Interim: https://www.forma-interim.de/marktauftritt-perfekt-aufgestellt-startklar-fuer-die-pole-position/ abgerufen

Gute Zitate (16.02.2022). Benjamin Franklin. Von Website Gute Zitate: https://gutezitate.com/zitat/166077#:~:text=Zitat%20von%20Benjamin%20Franklin%20%E2%80%9E%20Eine%20Investition,in%20Wissen%20bringt%20noch%20immer%20die%20besten%20Zinsen abgerufen

Hoffmann, R., & Casnocha, B. (2013). *The Start-up of You.* London: The Random House Group Limited - Adapt to the Future, Invest in Yourself, and Transform your Career.

Management Angels GmbH. (02. Juni 2020). *Ihre Voraussetzungen*. Von Website der Management Angels GmbH: https://www.managementangels.com/de/interim-manager-voraussetzungen abgerufen

Parker, G., Van Alstyne, M., & Choudary, S. (2016). *Platform Revolution – A Practical Guide to the New Economy that is Transforming the Way We Live, Work, and Play.* New York: W.W. Norton & Company.

Schönfeld, H. (27. September 2019). *Widerwillig gezwungen zum Vertrieb als Interim Manager? Drei Dinge auf die Sie nicht verzichten sollten!* Von Blogbeitrag auf Website der UNITEDINTERIM GmbH: https://www.unitedinterim.com/blogs/widerwillig-gezwungen-zum-vertrieb-als-interim-manager-drei-dinge-auf-die-sie-nicht-verzichten-sollten-1.html abgerufen

Team Giso Weyand. (04. Juni 2020). *Arbeitsbereiche.* Von Website Team Giso Weyand: https://www.teamgisoweyand.de/media/arbeitsbereiche.pdf abgerufen

Team Guiso Weyand. Die Berater-Berater. (02. Juni 2020). *Arbeitsbereiche.* Von Website Team Guiso Weyand: https://www.teamgisoweyand.de/media/arbeitsbereiche.pdf abgerufen

UNITEDINTERIM / Diplomatic Council (15.02.2022). Autorenclub. Von Webseite UNITEDINTERIM: https://www.unitedinterim.com/autorenclub-automotive abgerufen

Watzlawick, P., Beavin, J. H., & Jackson, D. D. (1969). *Menschliche Kommunikation.* Bern, Stuttgart, Wien: Huber.

11. Autorenvorstellung:

Jürgen Becker

- Gelernter internationaler Banker.
- Internet-Spezialist der ersten Stunde (1995) bei Burda Medien (Luxemburg), debis Systemhaus und Accenture.
- Seit fast 20 Jahren im Interim-Business tätig.
- Gilt als Innovator, kreativer Vordenker und „analytisch-kritischer Geist" mit offenem, aber immer fairem und respektvollem Wort.
- War Gründungsmitglied und Vorstand der Branchenvereinigung AIMP (Arbeitskreis Interim Management Provider) sowie Co-Autor der renommierten jährlichen Provider-Studie zum Markt.
- Geschäftsführender Gesellschafter der UNITEDINTERIM GmbH, der ersten offenen, auf das professionelle Interim Management spezialisierten Plattform.
- Co-Herausgeber (zusammen mit Dr. Harald Schönfeld) der Buchreihe *„Von Interim Managern lernen"* im Verlag des Think Tank Diplomatic Council (UNO reg.); u.a. mit Büchern zur Automobilindustrie, dem Maschinen- und Anlagenbau sowie zur Business Transformation.

Dr. Harald Schönfeld

- Diplom-Volkswirt (Trier), Zusatzstudium Innovationsmanagement (TU Berlin), Promotion in Wirtschafts- u. Sozialwissenschaften (WU Wien).
- Positionen im Marketing und Vertrieb sowie in der Geschäftsführung von international tätigen Unternehmen, vor allem Health Care.
- Seit 2003 im Interim Business tätig. Gründer und Geschäftsführender Gesellschafter des Interim Management Providers butterflymanager GmbH (Kreuzlingen / Schweiz).
- War 8 Jahre Stellvertretender Vorsitzender der Branchenvereinigung AIMP (Arbeitskreis Interim Management Provider).
- Geschäftsführender Gesellschafter der UNITEDINTERIM GmbH, der ersten offenen, auf das professionelle Interim Management spezialisierten Plattform in der DACH-Region.
- Co-Herausgeber (zusammen mit Jürgen Becker) der Buchreihe *„Von Interim Managern lernen"* im Verlag des Think Tank Diplomatic Council (UNO reg.); u.a. mit Büchern zur Automobilindustrie, dem Maschinen- und Anlagenbau sowie zur Business Transformation.
- Referent, Keynotespeaker und Moderator bei Veranstaltungen zum Thema Interim Management, Dozent für Interim Management an der Steinbeis Augsburg Business School.
- Dazu Tätigkeit als Beirat.

Dr. Günther Singer

- Promotion im Bereich Bildungsmanagement (Universität Klagenfurt), Executive MBA (California State University Hayward, East Bay).
- Fachliche Schwerpunkte: Human Resource Management, Change Management, Coaching, Online Services für Assessments, Recruiting und Personalentwicklung.
- Keynotespeaker und Moderator bei Unternehmensworkshops und Fachveranstaltungen.
- Geschäftsführender Gesellschafter der Life and Career Design Consulting GmbH und Eigentümer von ChangeStrategy Consulting.
- Professor: SBS Swiss Business School; Dozent: Universität für Weiterbildung Krems und Technische Universität Wien.
- Internationale Portfolio Karriere als Unternehmer, Manager, Professor.
- In seiner beruflichen Laufbahn hatte er unter anderem folgende Position inne: CEO, Executive Director, Academic Director, Beirat.
- Passionierter Fotograf; Instagram @guenthersinger

12. Weitere Veröffentlichungen der Autoren zu Interim Management sowie Bücher im Diplomatic Council Verlag

Fachbücher „Von Interim Managern lernen“

Das Diplomatic Council (DC) veröffentlicht gemeinsam mit UNITEDINTERIM (UI) die Fachbuchreihe „Von Interim Managern lernen“ mit den beiden UI-Gründern und Geschäftsführern Dr. Harald Schönfeld und Jürgen Becker als Herausgeber. Die Buchreihe wird kontinuierlich um neue Themen erweitert. Bislang sind folgende Bücher erschienen:

Interim Manager berichten aus der Praxis: Automotive, Reihe „Von Interim Managern lernen“, Jürgen Becker, Ulf Camehn, Ludek Cermak, Hanno Goffin, Ralf-Peter Hanrieder, Dr. Dr. Stefan Hohberger, Andreas Kälber, Dr. Gerhard Müller-Spanka, Frank P. Neuhaus, Christine Pfisterer, Christian Ritzer, Dr. Harald Schönfeld, Jane Enny van Lambalgen, 404 Seiten, Paperback, ISBN 978-3-947818-29-7

Interim Manager berichten aus der Praxis: Maschinen- und Anlagenbau, Reihe „Von Interim Managern lernen“, Jürgen Becker, Eckhart Hilgenstock, Falk Janotta, Peter Lüthi, Hans-Rolf Niehues, Manfred Richter, Dr. Harald Schönfeld, Dr. Uwe Seidel, Götz Stapelfeldt, Michael Weimar, 300 Seiten, Paperback, ISBN 978-3-947818-75-4

Interim Manager berichten aus der Praxis: Business Transformation, Reihe „Von Interim Managern lernen“, Dr. Bodo Antonic, Jürgen Becker, Udo Fichtner, Rudi Grebner, Michael Gutowski, Lothar Hiese, Eckhart Hilgenstock, Falk Janotta, Kirsten Klomfass, Stefan Löffler, Susanne Möcks-Carone, Frank P. Neuhaus, Manfred Richter, Dr. Harald Schönfeld, Rolf Marcus Schuss, Rainer Simko, Dr. Detlef Weber, ca. 380 Seiten, Paperback, ISBN 978-3-98674-009-2

Marketing- und Sales-Intelligenz im Maschinen- und Anlagenbau, Eckhart Hilgenstock, 76 Seiten, Paperback, ISBN 978-3-98674-020-7

Technischer Einkauf im Maschinen- und Anlagenbau, Manfred Richter, 84 Seiten, Paperback, ISBN 978-3-98674-018-4

Verhandlungen in der Automobilindustrie, Hanno Goffin, Andreas Jüstel, 216 Seiten, Paperback, ISBN 978-3-98674-036-8

Darüber hinaus sind im Verlag des Diplomatic Council die nachfolgend aufgeführten Sachbücher erschienen. Der Verlag ist neuen Autoren gegenüber aufgeschlossen.

Sachbücher

Denken 4.0 – Welt im Umbruch. Was die klügsten Köpfe eines globalen Think Tank über unsere Zukunft, denken, Buddhi K. Athauda, Thi Thai Hang Nguyen, Andreas Dripke, 332 Seiten, Hardcover, ISBN 978-3-947818-00-6

Mein Atomknopf ist größer – America vs. North Korea, Jamal Qaiser, 184 Seiten, Paperback, ISBN 978-3-947818-01-3

Stasi 2.0 – Wie wir durch den staatlich-industriellen Digitalkomplex zu gläsernen Bürgern werden und was das für unsere Zukunft bedeutet. 2. aktualisierte Auflage, Andreas Dripke, Markus Miksch, 444 Seiten, ISBN 978-3-947818-05-1

Rechtsruck – Wie das Wiedererstarken des Nationalismus Deutschland in die Katastrophe führt. Anonyme Autoren, 660 Seiten, Paperback, ISBN 978-3-947818-06-8

Pandemie – Die Welt im Corona-Krieg, 2. aktualisierte Auflage. Andreas Dripke, Markus Miksch, 148 Seiten, Paperback, ISBN 978-3-947818-13-6

Covid-19 Falsche Pandemie – Die fatalen Fehler der WHO und ihre verhängnisvollen Folgen. Jamal Qaiser, Markus Miksch, 234 Seiten, Paperback, ISNB 978-3-947818-15-0

Die Dekade 2020-2030 – Das kommt auf uns zu!, Andreas Dripke, Hang Nguyen, 362 Seiten, ISBN 978-3-947818-17-4

75 Jahre UNO – Macht und Ohnmacht der Vereinten Nationen. Andreas Dripke, Hang Nguyen, 330 Seiten, Paperback, ISBN 978-3-947818-07-5

Corona und Impfen, Andreas Dripke et al., 188 Seiten, ISBN 978-3-947818-18-1

Hacker – Angriff auf unsere Computer-Zivilisation, Anonyme Autoren, 432 Seiten, ISBN 978-3-947818-23-5

2045 – Das Jahr, in dem die Künstliche Intelligenz schlauer wird als der Mensch, Andreas Dripke, Dr. Horst Walther, 104 Seiten, Paperback, ISBN 978-3-947818-57-0

Migration nach Europa – Wir schaffen das und die Folgen, Anonyme Autoren, 510 Seiten, Paperback, ISBN 978-3-947818-32-7

Auto – Vom Diesel-Desaster bis zum selbstfahrenden E-Auto, Autorengemeinschaft Diplomatic Council, 572 Seiten, Paperback, ISBN 978-3-947818-09-9

Digitale Disruption – Alles wird anders, Andreas Dripke et al., 216 Seiten, Paperback, ISBN 978-3-947818-34-1

Welt ohne Bargeld – Bitcoin und andere Kryptowährungen, Andreas Dripke, Stephanie Stoerk, 176 Seiten, Paperback, ISBN 978-3-947818-41-9

Die biometrische Vermessung der Menschheit, Andreas Dripke et al., 212 Seiten, Paperback, ISBN 978-3-947818-39-6

Apple Car – Wie der iKonzern das Auto neu erfindet, Andreas Dripke et al., 284 Seiten, Paperback, ISBN 978-3-94-7818-43-3

Der Wahn mit dem Datenschutz, Marc Ruberg et al., 136 Seiten, Paperback, ISBN 978-3-947818-51-8

Die Apple Agenda – Welche Märkte der iKonzern künftig revolutionieren wird, Andreas Dripke et al., 260 Seiten, Paperback, ISBN 978-3-947818-47-1

Hilfe, wir werden gechippt! – Vom Mikrochip unter der Haut bis zum Hirn-schrittmacher, Andreas Dripke et al., 176 Seiten, Paperback, ISBN 978-3-947818-55-6

Denken 5.0 – Was die klügsten Köpfe eines globalen Think Tank über unsere Zukunft denken; Andreas Dripke, Claude Piel, Detlef Schmuck, Dr. Harald Schönfeld, Helmut von Siedmogrodzki, Stephanie Stoerk, Dr. Horst Walther, 292 Seiten, Paperback, ISBN 978-3-94-7818-36-5

Cyber War – Die digitale Bedrohung, Marc Ruberg et al., 244 Seiten, Paperback, ISBN 978-3-947818-45-7

Digitale Identität – Unser Zwilling im Datennetz, Andreas Dripke et al. 164 Seiten, Paperback, ISBN 978-3-947818-53-2

Ewige Pandemie – Freiheit ade, Andreas Dripke, Markus Miksch, 204 Seiten, Paperback, ISBN 978-3-947818-59-4

Der digitale Euro – Computergeld statt Bares, Andreas Dripke, Stephanie Stoerk, 232 Seiten, Paperback, ISBN 978-3-947818-61-7

Europa am Scheideweg – Was Europa tun muss, um seine Zukunft zu retten, Andreas Dripke, Hang Nguyen, Dr. Horst Walther, Paperback, ISBN 978-3-947818-65-5

Der Dritte Weltkrieg – Das Undenkbare denken, Hang Nguyen, Jamal Qaiser, 268 Seiten, Paperback, ISBN 978-3-947818-67-9

Metaverse – Was es ist, wie es funktioniert, wann es kommt, Andreas Dripke, Marc Ruberg, Detlef Schmuck, 256 Seiten, Paperback, ISBN 978-3-947818-87-7

Der Wahn mit der Bürokratie – Wie Bürokratismus unsere Gesellschaft zerstört, Andreas Dripke, Hubert Nowatzki, 260 Seiten, Paperback, ISBN 978-3-94-7818-89-1

Alles über Krypto – NFT, Blockchain, Bitcoin & Co., Andreas Dripke, Stephanie Stoerk, 160 Seiten, Paperback, ISBN 978-3-98674-007-8

Klimakatastrophe – Wahn oder Wirklichkeit?, Hang Nguyen et al., 184 Seiten, Paperback, ISBN 978-3-947818-49-5

Alles über Künstliche Intelligenz – Woher sie kommt, wie sie sie denkt, was sie kann, wohin sie führt, Andreas Dripke, Dr. Horst Walther, 208 Seiten, Paperback, ISBN 978-3-947818-25-9

Computer wie Götter – Die Rechenknechte übernehmen die Herrschaft, Andreas Dripke, Hang Nguyen, 148 Seiten, Paperback, ISBN 978-3-98674-005-4

Das Versagen des Westens in Afghanistan, Syrien und der Ukraine, Hang Nguyen, Jamal Qaiser, 148 Seiten, Paperback, ISBN 978-3-947818-97-6

Wenn sich China und Russland verbünden... Andreas Dripke, Hang Nguyen, Jamal Qaiser, 260 Seiten, Paperback, ISBN 978-3-98674-016-0

Widerstand gegen die digitale Überwachung – Wofür Julian Assange und Edward Snowden kämpften, Marc Ruberg, Detlef Schmuck, 220 Seiten, Paperback, ISBN 978-3-947818-93-8

Das Internet der Dinge – Das Netz umschlingt uns. Andreas Dripke, Wolfgang Odenthal, 136 Seiten, Paperback, ISBN 978-3-947818-99-0

Kampf ums All – Wie Jeff Bezos, Richard Branson und Elon Musk den Weltraum erobern, und die Rolle der NASA, der ESA, Russlands und Chinas, Andreas Dripke, 260 Seiten, Paperback, ISBN 978-3-98674-014-6

China versus USA – Kampf um die Vorherrschaft, Dr. Horst Walther et al., 280 Seiten, Paperback, ISBN 978-3-947818-63-1

Spion im Smartphone – Wie unser Alltagsbegleiter zur Falle wird und wie wir uns davor schützen können, Marc Ruberg et al., 208 Seiten, Paperback, ISBN 978-3-947818-85-3

Kampf ums Wasser – Die Herausforderung des 21. Jahrhunderts, Claude Piel, 384 Seiten, Paperback, ISBN 978-3-98674-024-5

Die atomare Bedrohung – Die Risiken der Kernkraft sind groß, Jamal Qaiser, Marc Ruberg, 276 Seiten, Paperback, ISBN 978-3-98674-032-0

Die digitale Zivilisation – Andreas Dripke et al., Die Genesis und Zukunft unserer Informationsgesellschaft, 232 Seiten, Paperback, ISBN 978-3-98674-044-3

Kampf um Taiwan – Die gefährlichste Insel der Welt, Jamal Qaiser, Dr. Horst Walther, 236 Seiten, Paperback, ISBN 978-3-98674-046-7

Was nach dem Smartphone kommt – Eine Reise in unsere digitale Zukunft, Andreas Dripke et al., 152 Seiten, Paperback, ISBN 978-3-947818-69-3

13. Über Diplomatic Council

Das vorliegende Werk ist im Verlag des Diplomatic Council (DC) erschienen: DC Publishing. Das Diplomatic Council verknüpft einen globalen Think Tank, ein weltweites Business Network und eine Charity Foundation in einer einzigartigen Organisation mit Beraterstatus bei den Vereinten Nationen.

DC Mitglieder vertreten die Überzeugung, dass Wirtschaftsdiplomatie ein tragendes Fundament für die internationale Völkerverständigung und den friedlichen Umgang der Nationen darstellt. Aus dieser Erkenntnis heraus überträgt das Diplomatic Council das Ziel der globalen Völkerverständigung in ein ökonomisches Mandat. Die Methodik eines weltweiten Wirtschaftsnetzwerkes wird hierzu mit der diplomatischen Kommunikationsebene der Staaten untereinander verknüpft.

Vor diesem Hintergrund sind im Diplomatic Council Persönlichkeiten aus Diplomatie, Wirtschaft und Gesellschaft engagiert, die mit Augenmaß ausgewählt werden und die sich durch eine hohe Akzeptanz, eine hohe Kompetenz und ein mit den Grundpfeilern des Diplomatic Council übereinstimmendes Wertesystem auszeichnen. Ebenso sind Unternehmen willkommen, für die Corporate Social Responsibility mehr als ein Schlagwort ist.

Zwei der Autoren des vorliegenden Werkes, Jürgen Becker und Dr. Harald Schönfeld, sind mit ihrem Unternehmen UNITEDINTERIM als langjährige Mitglieder im Diplomatic Council engagiert.

Es wird eine Doppelmitgliedschaft speziell für Interim Manager angeboten, die sich im Diplomatic Council wie auch bei UNITEDINTERIM engagieren wollen. Wer sich dazu entschließt, profitiert nicht nur von dem Know-how und Netzwerk von UNITEDINTERIM, sondern darf sich aufgrund seiner Mitgliedschaft im Diplomatic Council mit Fug und Recht auch „Berater der Vereinten Nationen“ nennen – ein deutlicher Differenzierungsfaktor im Wettbewerb um Aufträge und Mandanten. Die Mitgliedschaft wird durch ein Siegel dokumentiert, das auf der Website, im Letterhead, in der E-Mail-Signatur, in sozialen Medien etc. verwendet werden darf.

Weitere Informationen: www.diplomatic-council.org/unitedinterim

14. Über UNITEDINTERIM

UNITEDINTERIM (UI) ist das erste digitale Ökosystem im professionellen Interim Management der DACH-Region (Deutschland, Österreich, Schweiz). Es bringt alle am Interim-Business beteiligten Parteien auf einer Online-Plattform zusammen: jederzeit, offen, direkt und provisionsfrei. Unternehmen, die einen Interim Manager bzw. eine Interim Managerin suchen, können kostenfrei qualitätsgesicherte Kandidaten über die Plattform finden, kontaktieren – und direkt mit ihnen Projektverträge abschließen. Kein Vermittler steht dazwischen.

Für Interim Manager ist die Nutzung von UNITEDINTERIM der Goldstandard in der digitalen Selbstvermarktung. Die offene Plattform bringt ihnen Sichtbarkeit und Relevanz – präzise bei den Zielgruppen. Ihre Dienstleistung können sie auf professionelle Weise jederzeit anbieten und ihren CV, ihr Video, Ergebnisse eines Diagnostic Tools zur Persönlichkeit, Case-Studies und Kundenreferenzen sowie Fachbeiträge über ein Blog zur Verfügung stellen. Für die Nutzung der Infrastruktur von UNITEDINTERIM zahlen die Interim Manager eine monatliche Flatrate.

Provider und Vermittler sowie Kapitalbeteiligungsgesellschaften und Unternehmensberater können ebenfalls – als Nachfrager nach Interim Managern – kostenlos auf die Interim Manager und Managerinnen direkt zugreifen und im eigenen Projektgeschäft einsetzen. Das bringt den Interim Managern, die sich auf UNITEDINTERIM präsentieren, zusätzlich weitere Projektanfragen.

Auf der Website von UNITEDINTERIM finden sich ebenfalls Partnerunternehmen, die geprüfte Dienstleistungen und Produkte rund um Interim Management zu günstigen Konditionen anbieten (zum Beispiel Berater für Positionierung und Unterlagen, Weiterbildung, berufsspezifische Versicherungs- und Finanzthemen oder Mobilität).

UNITEDINTERIM geht auf konkrete Anregungen von Kunden und Interim Managern zurück: Immer wieder wurden die Gründer Dr. Harald Schönfeld und Jürgen Becker, die als Herausgeber der vorliegenden Fachbuchreihe fungieren, gefragt, ob es denn nicht möglich sei, einfach selbst in Interim Manager-Datenbanken zu suchen und dort Projekte auszuschreiben. *„Wie bei unseren Festanstellungen wissen wir doch auch bei Projektaufgaben ganz genau, welche Fähigkeiten wir suchen! Wir wissen nur nicht, wo!“*, lauteten die Aussagen der Unternehmen. UNITEDINTERIM ist als Antwort auf diese Anforderungen entstanden.

UNITEDINTERIM GmbH

Kohlrainstrasse 10, CH-8700 Küsnacht / ZH, Schweiz

E-Mail: info@unitedinterim.com, Web: www.unitedinterim.com

15. Über Life and Career Design Consulting

Life and Career Design Consulting GmbH

promoting meaningful careers

Life and Career Design fokussiert sich seit 1999 auf Human Resource Dienstleistungen. Personal-Entwicklungsprogramme und Change Management Projekte werden gemeinsam mit unseren Klienten maßgeschneidert entwickelt und umgesetzt.

Von unserem Firmensitz in Wien aus arbeiten wir international; unter anderem in den Branchen Industrie, Finanzdienstleistung, Medien und Bildung.

Sinnhaftes Leben und Handeln geben dem Einzelnen und Organisationen Kraft. Dies ist uns in Unternehmensprojekten bei der Schärfung der Vision und Mission und deren Umsetzung wichtig. Im Coaching achten wir darauf, dass der "Sinn" - trotz der Notwendigkeit der Bewältigung von unmittelbaren Herausforderungen - nicht vergessen wird.

Kernkompetenz sind die Persönlichkeitsentwicklung und Diagnostik im organisationalen Umfeld. Die Persönlichkeits Struktur Analyse (PSA®) haben wir 2007 entwickelt und weiter optimiert. Sie unterstützt Auswahlentscheidungen in Assessments, Coaching und Teamentwicklung.

Im Coaching sind unsere Klienten sowohl Privatpersonen als auch Mitarbeiter in Unternehmen. Unsere jüngsten Klienten sind etwa 18 Jahre und treffen – basierend auf Talenten und Persönlichkeit – Entscheidungen für die Studienwahl. Unsere Executive Coaching Klienten steigern ihre Performance, verbessern das Leadership Verhalten und optimieren die Work/Life Balance. Personal Coaching unterstützt beim Jobwechsel und in der Kompetenz, mit Rollenerwartungen, Spielregeln in der Gesellschaft und sozialen Normen besser umzugehen.

HR-Online Services (iCareer.Online) sind für Persönlichkeits-Assessments, Recruiting, Skill-Management und Online-Kurse verfügbar.

In früheren Jahren haben wir Trainingsprojekte für bis zu 60 Unternehmen im Jahr durchgeführt. Die Expertise, die erworben wurde, wird nun für maßgeschneiderte Trainingsmaßnahmen genützt. Hierzu gehören die Themen „Führungskraft als Coach“, „Kommunizieren mit Persönlichkeit“ und „Teamentwicklung“.

Life and Career Design Consulting GmbH

Rauhensteingasse 7/24, A-1010 Wien

office@lifeandcareer.eu

Homepage https://www.lifeandcareer.eu

iCareer.Online https://www.icareer.online

https://www.linkedin.com/company/life-and-career-design-consulting

Twitter: https://twitter.com/lifeandcareer1

YouTube https://www.youtube.com/channel/UC15qEglAyRs0QAFdj53j1aQ/